高标准绿色农林水畜业知识教程

王晓东　王　宇　辛　蕾　贾凤松　主编

东北大学出版社
·沈阳·

图书在版编目（CIP）数据

高标准绿色农林水畜业知识教程 / 王晓东等主编
. — 沈阳：东北大学出版社，2023.1（2025.1 重印）
ISBN 978-7-5517-3211-6

Ⅰ. ①高…… Ⅱ. ①王… Ⅲ. ①绿色农业－农业技术－教材②林业－技术－教材③水利工程－教材④畜牧业－农业技术－教材 Ⅳ. ① S-0 ② S7 ③ TV5 ④ S81

中国国家版本馆 CIP 数据核字（2023）第 018656 号

出 版 者：东北大学出版社
地址：沈阳市和平区文化路三号巷 11 号
邮编：110819
电话：024-83687331（市场部）　83680267（社务部）
传真：024-83680180（市场部）　83687332（社务部）
网址：http://www. neupress. com
E-mail:neuph@ neupress. com
印 刷 者：三河市万龙印装有限公司
发 行 者：东北大学出版社
幅面尺寸：787 mm × 1092 mm　1/16
印　　张：23
字　　数：650 千字
出版时间：2023 年 4 月第 1 版
印刷时间：2025 年 1 月第 2 次印刷
组稿编辑：郭爱民
责任编辑：项　阳
责任校对：汪彤彤　邱　静
封面设计：潘正一

ISBN 978-7-5517-3211-6　　定　价：88.00 元

《高标准绿色农林水畜业知识教程》编委会

主　编　王晓东　王　宇　辛　蕾　贾凤松

副主编（按姓氏笔画为序）

于秀智　王　娜　王　冰　王春艳　王复营　王树彦　王新江　韦　佳　付彦鹏
石得华　冯　璐　吕学良　刘晓东　刘海进　刘朝金　孙占东　孙志强　邢艳艳
闫凤辉　杨继忠　杨普佳　杨舒广　杨赫男　时　岩　陈　亮　陈建玲　辛宏远
李　韬　李　洋　李东华　张爱华　张仕奇　张井军　张亚鹏　张宏霞　宋丽媛
邵丽娟　周　爽　周文娟　周明明　郑秀梅　相琳琳　赵　迪　姚伊娜　徐东洋
徐连营　郭芳琴　高　磊　柴晓彪　盖秀敏　曹文红　葛健楠　智　宇　暴军宏

编著者（按姓氏笔画为序）

丁肇明　马　良　马文枝　马凤廷　于　啸　于　宏　广金钟　王　松　王　凤
王　雨　王　翔　王　杰　王　霞　王阜郡　王乐陶　王爱东　王云明　王玉红
王玉梅　王艳峰　王德峰　王志刚　王晓光　王祥龙　王永强　王宜坤　边爱勇
边志军　白家溪　白金芳　丛秀娟　包海丽　包震川　冯晓光　卢燕玲　孙凤茹
孙秀梅　孙喜虎　孙晓飞　刘　伟　刘　航　刘　洋　刘　杰　刘大波　刘春苓
刘玉丽　刘晓辉　朱桂红　邢　斌　祁守辉　杨　娜　杨永胜　杨文斌　吴春艳
邹雪波　苏东波　杜　朋　杜艳娣　陈　为　陈东明　陈子新　陈宝虎　李　杨
李　刚　李　盖　李　丹　李　鑫　李　巍　李秀娥　李秀芳　李鸿伟　李艳红
李翠云　李玉环　李自强　李志军　李萍萍　李大智　张　丽　张　亮　张　磊
张慕鸿　张玉龙　张兆利　张明雨　张立彬　张艳秋　张丽君　张连生　张玉芬
张琳琳　张国辉　张静超　张筱桄　范玲玲　周剑辉　罗宗辉　季葆青　郑　伟
郑宪丽　苗　俊　胡秀华　侯慧颖　战宏丽　赵华伟　赵国华　柳晶轩　钟振军
贾宝珠　贾宝胜　贾文杰　徐新颖　徐千惠　郭润雨　秦伟英　隋晓舟　梁　帅
黄　玲　阎　红　崔世莉　崔庆锋　盖思岐　康　静　康艳娟　舒积成　韩志强
焦　亮　谢晓勇　雷鸣雷　翟秀艳　潘广凤　暴国兴　霍立兴　薛　鹏　戴淑云

作者简介

◎王晓东，中共党员，毕业于锦州医科大学动物医学专业，高级兽医师。现就职于北票市凉水河动物卫生监督所，辽宁省区域病虫监测站首席预报员。2017 年参与研发的“蜱 – 羊焦虫病防控技术研究与推广”荣获辽宁省畜牧科技贡献奖三等奖；2019 年参与研发的“规模饲养场畜禽用净水器的研发及推广应用”技术荣获辽宁省农学会开发类应用技术成果一等奖；2016 年被辽宁省畜牧兽医局授予“辽宁省畜牧业推进计划目标责任制考核先进个人”荣誉称号。

◎王宇，中共党员，毕业于中国农业大学农业推广与创新管理专业，学士学位，教授、研究员级高级农艺师。现就职于朝阳市农业综合行政执法队。完成的项目“抗旱玉米新品种北育 288 选育与推广”等荣获辽宁省农业科技贡献一等奖 2 项、二等奖 1 项、三等奖 3 项；获得“辽宁省农村经济委员会种子管理先进个人”、朝阳市人民政府“113 人才工程”二梯队人选等荣誉称号。2018 年行政处罚案件被评为全国农业行政处罚优秀案卷；2021 年在朝阳市“千名专家进园区”活动中被评为突出贡献专家。

◎辛蕾，中共党员，毕业于吉林农业大学农学专业，高级农艺师。现就职于喀左县老爷庙镇农业站。2016 年参加的“温室蔬菜病虫综合防控技术研究与推广”项目获得辽宁农业科技贡献奖三等奖；2020 年参加的朝阳市社科规划重点招标项目“朝阳市设施农业科技信息资源建设与服务开发对策”获得朝阳市第十六次哲学社会科学成果奖一等奖，被喀左县老爷庙镇人民政府授予“脱贫攻坚”先进个人和农业工作先进工作者。

◎贾凤松，中共党员，毕业于吉林农业大学农学专业，学士学位，正高级农艺师。农业农村部技能人才评价质量督导员，现任喀左县农业广播电视学校校长。完成的科研项目获辽宁农业科技贡献奖一等奖 2 项、二等奖 1 项，辽宁省林业科学技术奖二等奖 2 项、省级科技成果 1 项、朝阳市科学技术进步奖二等奖 1 项、论文成果奖 10 项。在 2020 年朝阳市“千名专家进园（景）区活动”中被授予“突出贡献专家团队牵头专家”称号；2021 年被中央农业广播电视学校评为“100 位优秀农民教育培训教师”。

前　言

为深入学习习近平总书记关于“三农”工作的重要论述，共建乡村振兴的工作格局，我们适应新形势新任务新要求，立足全局抓重点，担当作为抓落实。围绕“巩固、增强、提升、畅通”深化农业供给侧结构性改革，稳定脱贫攻坚成效，全面推进乡村全面振兴。提升农业发展质量，稳定粮食生产，保障重要农产品供给，发展壮大乡村产业，促进农民持续增收，确保农村改革发展目标任务如期推进。全面推进农业等高科技人才进村入户，主导品种推广和高标准绿色技术、设施农业、农业全程机械化、特色林果、水利工程、畜牧兽医、自然资源、土地整理等绿色技术模式，加以集成示范与推广应用。

本书内容分九章，分别为：高标准绿色农业与栽培技术，包括航粉高糖番茄高产栽培与病虫害绿色防控等；设施农业与植保土肥，包括“四位一体”设施生态模式建设及应用技术等；农业全程机械化与农产品质量安全，包括农业机械化中物联网技术的应用与发展等；农村经济管理与土地承包流转，包括现代信息技术助推农村经济现代化发展等；林业技术推广与果树栽培管理，包括新形势下果树栽培技术研究集成与推广等；水利工程与流域治理及饮用水安全，包括大凌河流域水文特征与河道治理等；畜牧养殖与兽医技术推广，包括肥牛标准化培育养殖技术模式等；自然资源与土地整理及收购储备，包括国土测绘与国土 GIS 一体化集成模式分析等；科学技术成果奖与学术交流，包括辽宁省新型职业农民培育模式研究与实践等。本书为技术培训、科研、推广提供了科学依据，具有较强的针对性、政策性、前瞻性和可操作性。

感谢辽宁省农业农村厅，辽宁省绿色农业技术中心，各市、县级农业农村局，各市、县级林业和草原局，各市、县级水务局及大凌河管理局，各市、县级自然资源局及土地整理中心等专业技术人员的大力支持、参与编写和热忱帮助。由于作者水平所限，书中如有不足之处，敬请各位专家和同人批评指正。

编委会

2023 年 4 月

目 录

第一章 高标准绿色农业与栽培技术 ……………………………………1

第一节 农业生产中绿色植保技术的应用模式 ……………………………1

第二节 植保无人机在现代农业中的应用前景分析 ………………………4

第三节 有机农业种植中的病虫害生态防控 ………………………………8

第四节 生态植保技术在农业生产中的应用前景分析 ……………………11

第五节 数字化监测预警在农作物抗灾减灾中的应用 ……………………14

第六节 航粉高糖番茄高产栽培与病虫害绿色防控 ………………………15

第七节 辽宁省北镇市三代棉铃虫发生规律及绿色防控 …………………19

第八节 全面完善强化农作物种子检验工作措施 …………………………23

第九节 加强农作物种子管理体系建设应用模式 …………………………27

第十节 农作物种子管理工作存在问题及策略 ……………………………30

第十一节 高标准无公害红辣椒高产栽培技术模式 ………………………33

第十二节 绿色高标准红辣椒栽培主推品种 ………………………………39

第十三节 玉米主要越冬害虫立体式综合防控技术集成 …………………42

第十四节 农业植物检疫在农产品安全生产中的重要性 …………………47

第十五节 苹果非疫区疫情监测站实施建设 ………………………………48

第十六节 玉米单粒精播密植保护性耕作节本绿色模式 …………………51

第十七节 玉米大垄双行膜下滴灌节本绿色模式 …………………………52

第十八节　玉米二比空种植单粒精播密植高效绿色模式 …… 53
第十九节　玉米清种改种小麦与白菜复种栽培技术模式 …… 54
第二十节　玉米增施农肥深松单粒精播密植绿色模式 …… 58

第二章　设施农业与植保土肥 …… 60

第一节　设施农业光照分布特点及调控技术 …… 60
第二节　设施农业温度变化特点及调控技术 …… 61
第三节　设施农业湿度特点及调控技术 …… 63
第四节　设施农业气体特点及调控技术 …… 65
第五节　设施农业土壤特点及管理技术 …… 67
第六节　设施蔬菜栽培叶面施肥技术 …… 69
第七节　微生物肥料种类及应用技术 …… 71
第八节　设施蔬菜膜下软管微喷灌技术 …… 75
第九节　设施农业频振式杀虫灯应用技术 …… 76
第十节　设施农业黏虫色板应用技术 …… 78
第十一节　设施农业利用反光幕增温补光技术 …… 79
第十二节　“四位一体”设施农业生态模式建设及应用技术 …… 80

第三章　农业全程机械化与农产品质量安全 …… 87

第一节　农业机械化中物联网技术的应用与发展 …… 87
第二节　农业机械化推广中存在的问题及解决建议 …… 90
第三节　农业机械化生产的安全管理与事故预防 …… 92
第四节　农机具安全合理使用与保养及常见故障排除 …… 95
第五节　机械化保护性耕作实施现状与发展趋势 …… 99
第六节　辽宁省黑土地玉米保护性耕作技术集成与示范 …… 102
第七节　农机农艺融合技术在马铃薯种植中的应用研究 …… 110
第八节　玉米秸秆综合利用机械化技术模式 …… 113
第九节　北票市农产品安全示范县治违禁 控药残 促提升 …… 116

第四章 农村经济管理与土地承包流转 ……125
第一节 农村土地承包经营权确权登记相关政策 ……125
第二节 现代信息技术助推农村经济现代化发展 ……126
第三节 辽宁省朝阳市生态农业品牌发展研究与前景规划 ……129
第四节 辽宁省朝阳市设施农业绿色发展研究与展望 ……132
第五节 土地流转对农村经济发展的作用 ……134
第六节 辽宁省朝阳县农村土地流转摸底调查情况分析 ……138
第七节 农业农村土地承包管理中的实用措施 ……139
第八节 家庭农场对农村经济的促进与推动作用 ……141
第九节 辽宁省朝阳县家庭农场培育工程技术应用模式 ……144
第十节 辽宁省北票市全面决战脱贫攻坚具体措施及亮点模式 ……146

第五章 林业技术推广与果树栽培管理 ……154
第一节 葡萄高产绿色栽培技术 ……154
第二节 金丝王枣高产绿色栽培技术 ……163
第三节 油桃高产绿色栽培技术 ……168
第四节 樱桃高产绿色栽培技术 ……175
第五节 果树常用的修剪方法和技术模式 ……181
第六节 果树园艺技术与果树营养诊断措施探究 ……183
第七节 新形势下果树栽培技术研究集成与推广 ……186
第八节 新型果树栽培的施肥技术模式 ……189
第九节 果树发生药害后的补救措施 ……191

第六章 水利工程与流域治理及饮用水安全 ……196
第一节 水利建设中的生态水利工程设计运行模式 ……196
第二节 水利现代化管理与水利信息化资源合理利用 ……197
第三节 水利技术领域创新与水利管理能力提升 ……200
第四节 水利工程计划用水管理与科学调度 ……202
第五节 农田水利建设助力农村经济与现代农业发展 ……205

第六节　建立农田水利建设新机制 完善水利建设 …………………… 207
第七节　基层水利信息化建设集成与示范推广 …………………… 209
第八节　生态型河道治理与河道设计技术研究 …………………… 211
第九节　河道治理防洪工程设计及洪水计算技术模式 …………………… 213
第十节　河道泥沙治理的水文测验及其治理技术 …………………… 215
第十一节　集中式饮用水水源地保护与安全措施 …………………… 217
第十二节　强化农村自来水设施建设 确保饮水安全 …………………… 219
第十三节　自来水水质化验分析技术集成与推广 …………………… 221
第十四节　自来水工程施工常见问题分析与解决措施 …………………… 224
第十五节　农村供水工程设计问题探究模式 …………………… 226
第十六节　农村供水中集中供水管理模式 …………………… 229
第十七节　节水灌溉技术在高标准农田建设中的应用 …………………… 231
第十八节　新时代智慧水利建设的技术模式应用 …………………… 234
第十九节　大凌河流域水文特征与河道治理 …………………… 236
第二十节　顾洞河流域河道治理工程和规划技术 …………………… 238

第七章　畜牧养殖与兽医技术推广 …………………… 244

第一节　鸡的生物学特征 …………………… 244
第二节　鸡的饲养环境调控技术模式 …………………… 245
第三节　蛋鸡饲养日常管理技术要点 …………………… 248
第四节　蛋鸡的季节管理技术模式 …………………… 249
第五节　蛋鸡产蛋期发生问题与原因分析 …………………… 250
第六节　肉种鸡的饲养管理技术模式 …………………… 252
第七节　毛驴的起源和基本特性 …………………… 254
第八节　驴饲料调制及饲喂技术模式 …………………… 254
第九节　母驴哺乳期饲养管理技术模式 …………………… 259
第十节　提高仔猪成活率养殖技术新模式 …………………… 260
第十一节　非洲猪瘟的诊断技术要点与防控措施 …………………… 266
第十二节　肥牛标准化培育养殖技术模式 …………………… 267
第十三节　肉牛的科学饲养和管理技术 …………………… 274
第十四节　肉牛养殖中育肥技术集成与应用模式 …………………… 276

第十五节　牛饲养中常见病害的诊断与治疗方法 …… 279
第十六节　高产奶牛养殖与疾病预防控制技术应用 …… 285
第十七节　畜牧养殖中青贮饲料的制作方法与应用 …… 287
第十八节　强化畜牧兽医队伍建设及技术推广步伐 …… 292

第八章　自然资源与土地整理及收购储备 …… 296

第一节　卫星遥感影像在国土资源管理与调查中的应用模式 …… 296
第二节　基于国土资源大数据应用的土地资源管理模式 …… 298
第三节　国土综合整治与生态保护修复探析模式 …… 301
第四节　地籍测绘在国土资源管理中重要性的探析模式 …… 304
第五节　新时期国土资源档案管理工作的创新模式 …… 306
第六节　土地收购储备制度的探索与思考模式 …… 309
第七节　国土测绘与国土 GIS 一体化集成模式分析 …… 310
第八节　提高国土资源行政管理效能 促进国土资源合理利用 …… 312
第九节　国土资源土地整理中的农田水利设计技术模式 …… 314
第十节　高标准农田建设促进农业现代化进程技术 …… 317
第十一节　高标准基本农田建设与土地整理分析 …… 319
第十二节　RTK 测绘技术在国土资源测绘工作中的运用 …… 322
第十三节　国土资源测绘过程中 3S 技术应用的有效策略 …… 324
第十四节　土地整理中秸秆资源化利用策略分析 …… 326
第十五节　辽宁省北票市土地整理高标准基本农田建设模式 …… 329

第九章　科学技术成果奖与学术交流 …… 333

第一节　辽宁省新型职业农民培育模式研究与实践 …… 333
第二节　2BGQM-2 型谷子全膜覆盖精量穴播机示范推广项目 …… 346

参考文献 …… 350

第一章　高标准绿色农业与栽培技术

第一节　农业生产中绿色植保技术的应用模式

农业在国民经济发展中占据着相当重要的位置。在推动现代农业发展的过程中，应重视先进技术的应用，将技术所具备的优势最大限度地发挥出来，以实现农业生产质量与效率的提高。以此为背景，越来越多的地区在农业生产中开始使用绿色植保技术，实现农业的绿色、健康、可持续发展。

绿色植保技术在农业生产过程中的主要作用是降低农药和化学肥料的使用量，既可以提升成本的控制水平，也可以降低对环境的负面影响。此外，考虑在农业生产过程中需要综合多种因素，包括病虫害防治能力、材料使用量以及实际取得的收益等，在绿色植保技术的使用过程中，需要以这类参数为分析要点，综合探讨绿色植保技术的具体使用方法。

一、绿色植保技术

绿色植保指将植保工作作为人与自然和谐共处的一部分，在强调农业发展高产、优质、高效的基础上推动生态农业的发展。绿色植保技术就是能够与自然生态系统友好相处的植保技术或手段。绿色植保具有技术性和强制性的特点。其有三个核心要求。

（一）禁止使用高毒高残留农药

早在 1983 年，我国就明确发布了禁止生产和使用的农药列表，将 DDT、毒杀芬、艾氏剂、甲基对硫磷等多种农药列入了“黑名单”。

（二）提倡生态防治

在面对农业病虫害时，绿色植保技术强调尽量采用生态防治的方法。例如，可以实施种植结构调整优化的生态改造措施，轮作、水肥管理、深翻伏晒等农业防治措施，天敌防治、Bt 生物农药防治等生物防治措施，搭配良种培育和物理手段，实现对病虫害的预防和治理，尽可能避免使用化学农药。

（三）保证农产品及生态环境安全

要真正提高农产品的质量、保障消费者及生态环境的安全，最简单、也是最有效的方式是杜绝化学农药的使用。但就目前的农业发展情况来看，完全避免使用化学农药很难，在病虫害尤其是大范围的病虫害防治中，化学农药依然是最为关键的防治手段。对此，农业技术人员需要进一步加强对绿色植保技术的研究和应用，争取以农业防治、生物防治等手段取代化学防治。

二、应用绿色植保技术的意义

（一）有利于农业的现代化发展

农业的现代化发展不仅应当从培育高产种子、研究新的种植设备等方面入手，还应当针对我国原有的生产理念进行转变，并针对我国农业的发展理念进行转变。在过去，我国很多农户在农产品种植的过程中，为了使农产品的生长速度更快、具有更加美观的外形，大量地施加农药、化肥，这样做虽然能够使农作物的产量提升，但是却会导致农产品当中所蕴含的营养降低，还可能会影响农产品的口感。有一些农户还会给农产品上色、打蜡，这种被“化妆”了的农产品如果被人食用，很可能会给人身体健康造成损害。目前，随着我国经济技术的不断发展，人们对食品健康的重视程度也提升了许多，绿色农业、绿色植保技术已经被很多农民应用在了种植过程中。

（二）降低污染

农业生产过程中必然会产生污染，但是如果这类污染可控，那么就意味着今后只需要投入相对较少的成本，就可以相应地改善周边的环境。绿色植保技术追求对绿色环保技术的应用，包括有机肥料的使用、生物防治技术的使用；注重控制各类药物对周边环境的影响、污染后期处理等。从化学肥料和化学药物的使用来看，如果施加量过多，会导致土壤板结、透气性下降以及土壤中有益微生物的数量减少等问题，绿色植保技术对这类物质的使用量较低，因此可以达到有效地降低污染的目的。

（三）提高产品质量

绿色植保技术的合理应用能够显著提升农产品的质量。在社会经济飞速发展的背景下，人们越发关注食品安全问题，青睐绿色产品和无公害产品。高毒高残留农药的使用被禁止，绿色植保技术理念也在农业生产中得到了推广和普及，为农作物提供了更加绿色、健康的生长环境，在提高农产品质量的同时，也可以为消费者提供绿色无公害的农产品，保障了消费者的身体健康。在国际市场竞争中，我国的农产品也可以具备更强的竞争力。

三、绿色植保技术在农业生产中的应用

（一）采用稻田耕沤灭螟技术

在农作物的种植过程中使用稻田耕沤灭螟技术，将示范区的稻田进行整体翻耕，可以改善土壤环境。然后，采取深水灌浸的方式来影响螟虫羽化，通过杀蛹灭螟的方式能够有效避免螟虫对稻田生长的不利影响。其中，一般螟虫化蛹的时间是春天，所以在这个时间段使用稻田耕沤灭螟技术能够有效防治螟虫。将稻田耕沤灭螟技术应用于螟虫控制后，稻田枯心率下降了 6.0%。因此，在农作物的种植过程中使用稻田耕沤灭螟技术，能够有效

抑制螟虫的生长，促进农作物增产，最大限度地提升农业生产的经济效益。

（二）生物农药防控病虫害技术示范

在农业生产中，最主要的污染来源当属农药。然而，作物在生长过程中受病虫害侵袭是无法避免的，因此，针对相关技术的研究也成了当务之急。基于此，近年来，诸多地区开始运用生物农药防控技术，该技术不仅能达到安全的相关标准，还能在减少害虫危害的同时不破坏生态平衡。该技术还能对付部分已产生抗药性的害虫。这等同于消除了一项危害作物生长的顽疾。因此，要想发展无公害农业，生物农药防控是不可或缺的重要技术。就现阶段而言，许多新型农药已投入到实际生产之中，并取得了较为理想的效果。

（三）创建专业机构

各级政府应建立专业的植保机构，为广大农民提供相应的技术服务，提升绿色植保技术应用的水平和效果。在实践中，应注意以下三个方面。

第一，建立多方联合的服务机构，植保人员可以寻求地方政府的帮助，加强与当地农业科研机构、农业高校及涉农企业的合作，结合区域农业的发展情况，寻找农业发展的新道路，提升农业生产的整体效果。

第二，提供病虫害防治服务，向当地农民普及常见的农作物病虫害及绿色防控手段，使得农民在开展农业生产活动的过程中能够主动应用绿色植保技术。

第三，政府部门应该加大扶持力度，提供相应的资金，帮助购买植保设备，在减轻农民经济压力的同时，确保绿色农业生产的顺利推进。

（四）建设病虫害防治监测系统

在农业生产的过程中，病虫害是阻碍农产品产量提升的主要原因之一。农民为了使农产品的产量得到有效提升，不得不加大农药、化肥的使用。因此，我国必须要在病虫害防治方面加强建设，强化针对病虫害的防治手段。我国可以针对病虫害防治监测系统进行有效建设，通过建设监测系统的方式对农作物的生长情况实时进行监控，如果发现了病虫害，就立刻报告，使从业人员可以及时制定病虫害的防治策略；还可以通过对当地农作物的区域分布、当地环境数据的分析以及过往病虫害的多发、频发事件记录进行整合的方式，制订完善的防治方案，做到第一时间发现问题、第一时间解决问题，降低病虫害对农业生产带来的负面影响，推进绿色植保技术的普及。

（五）生态系统保护

生态系统的保护过程，一方面是针对农业生态系统的保护，另一方面是针对整个周边大循环性的生态系统保护。

（六）新型技术开发

要确保绿色植保技术在农业生产过程中取得更好的应用效果，就需要对相关技术进行进一步的开发和应用。在开发过程中，首先当地的农业技术部门以及农业资源技术的管理部门要共同介入，以分析相关技术在发展核心、发展使用方面所存在的问题。如果发现存在缺陷，要进行自我修复。其次，在相关技术开发后，要在当地开辟的试验田内进行重点性监管，以分析该项技术是否存在从理论层面上无法发现的问题。如果发现在试验田的验证阶段不存在缺陷，那么就需要向相关的农户说明如何使用该项技术，从而让农户可以主动使用这类新型的技术。最后是针对相关技术使用模式的分析，要完全根据这类技术的应用原则和应用方法得到科学完善的结果。

（七）综合防治技术集成与推广

第一，对于农业生产中存在的各种害虫，可以采取绿色防治策略，如物理防治、农业防治等，将虫害控制在一定范围内，配合遮虫网等方式对昆虫进行诱杀。也可以借助害虫的天敌进行生态防治，在保证害虫防治效果的同时，避免对自然生态环境的破坏。

第二，为了减少化学农药的使用，可以引入植物检疫及生物防治措施，保证农产品的质量。有关部门需要结合实际情况贯彻落实相应的防治措施，将病虫害问题控制在一定范围内。如果病虫害蔓延速度较快、范围较大，可以使用生物农药配合低毒低残留化学农药进行防治，尽可能将农业生产对自然生态环境的危害降到最低。

绿色植保技术作为融合了农业、物理与生物等众多领域及其相关理念的新型技术，不仅能有效提升农作物的产量及质量，而且能维护好经济与环境之间的微妙关系，在保护农作物生长安全的同时，也能最大限度地避免各种危害的产生。因此，绿色植保技术值得大力推广及应用，要让更多的农业种植户受益于绿色植保技术，以此推动我国农业的现代化发展，继而为我国的繁荣昌盛作出贡献。

第二节　植保无人机在现代农业中的应用前景分析

植保无人机具有高效安全、绿色节能、防治效果优良、精准作业等优异特征，对于我国现代农业发展具有重要意义，是我国革新现代化施药器械的重要途径之一。农业是我国第一产业，常年需投入大量的植保工作。大面积推广植保无人机不仅可以解决植保工作劳动力短缺的问题，而且可使植保作业安全高效，因此受到市场的广泛欢迎。

农业是我国经济建设的重要基础，粮食安全则是确保经济安全和国家安稳的前提。农作物在生长过程中不可避免地受到病虫害的影响，若想确保农作物健康生长，实现粮食增产增收，就必须采取切实可行的植保方式。在农业植保中，改进施药技术和方式，促使施药装备机械化，能大大提高病虫害防治效率，进而保障粮食安全，促使农民增产增收。因此，植保无人机将逐渐发展成为现代农业病虫害主要的防治器材，且具有广阔的发展前景。

一、植保无人机的优势

（一）高效且安全

农业病虫害问题由来已久，且通常具有来势汹、面积大的特点，这使农业病虫害防治面临严峻挑战。与以往的防治器械相比，植保无人机具有高效、安全的优势，尤其是面对重大农业病虫害时，传统的人工防治方式难以取得快速、大面积的扑灭效果，而植保无人机可以实现每分钟 1334 m^2 的喷洒面积，并且每次喷洒时间为 10~25 分钟，喷洒效率甚至可以超出人工百余倍，极大地提升了农业病虫害的防治效率；植保无人机在空中作业，喷洒宽度通常为 4~8 m，可以与农作物保持 1~2 m 的高度，能确保农药喷洒效果。从安全性上看，植保无人机由于采取非人为接触的操作方式，较好地减少了喷洒过程中农药对人体造成的危害，更符合现代农业的发展要求。

（二）操作更便捷

植保无人机是现代农业高技术装备，以网络信息技术为应用前提，以便利、高效、智能的理念作为研发方向。因为其体积比较小，且实际操作中对场地要求不高，通常在田间地头就可以实现起降，大幅度提高了应用便捷程度，并且可以实现低空作业，操作人员在可视范围内进行操作，有效降低了控制难度。尤其是植保无人机在发挥自身功能方面有较大优势，可以根据农作物的需求进行精密调整，地理、环境及温湿度等因素都不会造成阻碍；也能根据不同农作物的特点来调整高度、路线及喷洒浓度，操作和应用都更加人性化。此外，其所具备的定位功能也提高了操作的便利性。此项应用包括远程操作、自主定位及飞控导航等科技元素，在实际使用过程中，通过预设飞行程序，借助其自主采集 GPS 信息功能，可实现自主喷洒、反馈信息以及作业评估等，操作更具便捷性和智能化。

（三）环保且成本低

植保无人机解决了农业环保问题。首先，相较于以前的作业方式，植保无人机的使用可取得节水、省药及降低附加污染的效果。数据显示，采用植保无人机喷洒农药，节水量可达 90%，节省药量 30%，还可减少农田土壤与水质污染 60%，大幅度减少了理论农业成本与资源成本。其次，因为植保无人机属于高端农业装备，我国非常注重其大规模的应用管理，有针对性地颁布了相关技术指标和应用规范，大幅度降低了农药滥用与过度使用等问题的发生率，并有效减轻了农业成本与环境污染，推进了农业稳定与持续发展。最后，在应用效果方面，凭借科学的技术手段，植保无人机喷洒时形成的螺旋气流可以让喷雾具有更强的穿透力，直达农作物冠层深处，使留药面积最大化，从而更均衡地发挥药效。

二、国内外运用现状

近年来，随着我国经济的发展和工业水平的快速提升，农业机械也进入快速发展期。我国植保无人机虽然起步较晚，但作为现代农业机械的重要组成部分，也得到了快速发展。目前，国内主要的植保无人机生产厂商有极飞、大疆、天途、壮龙等。据统计，截至 2021 年底，我国各类植保无人机保有量为 5.5 万余架，防治作业面积超过 5667 万 hm^2。虽然植保无人机行业整体得到了快速发展，但与我国目前的市场需求和应用范围相比，还存在普及率低下、搭载药箱容量小、作业续航时间短、服务体系不健全等问题。

从全球植保无人机市场的发展状况来看，目前生产制造植保无人机的主要国家有日本、韩国、澳大利亚、美国和俄罗斯等，各国由于地理环境及政策的不同，表现出较大的差异。美国于 1918 年开辟使用无人机用于农业作业的先河，针对牧草害虫防治采用无人机喷施砷制剂进行防治。随后，其他发达国家也开始跟随研制并将无人机应用于农业领域。1985 年，日本 Yamaha 公司推出农用“R~50”型无人直升机用于航空施药。经过 35 年的发展，日本已成为植保无人机作业领域最发达的国家之一。近年来，日本为进一步推动无人机的普及和安全使用，制订了其在农业领域推广普及无人机的计划，扩大无人机的使用领域，提升其普及度，包括农药化肥喷洒、鸟兽害防治等，实现 50% 以上的粮食和大豆种植区域引入无人机作业。

三、农用植保无人机面临的问题

（一）造价较高

目前，很多企业和技术部门对无人机的研究还处在实验阶段，这就导致无人机的造价相对较高。虽然政府投入了补贴，但是由于地方之间的经济有差异，只有农业发展较好的地区才能使用农用植保无人机，很多相对落后的地区由于购买力不足，无法投入使用植保无人机。对此，政府要大力扶持无人机技术的研发，并针对经济欠发达地区制定相关的扶持政策，务求为农用植保无人机研发企业和农民带来真正的帮助，推进农业科技和农用植保无人机技术的可持续发展。

（二）技术性人才缺乏

农用植保无人机作为新兴科技的产物，很多人不知道怎么进行专业化操作。如果没有一个规范的使用培训流程和专业的培训机构，就会导致使用者无法熟练操作，这势必会让农用植保无人机的实际使用效果大打折扣，也会导致农用植保无人机产生故障或发生事故。由于目前农用植保无人机用户较少，地区分布也比较分散，因此很难对用户进行统一的培训。对此，植保无人机的研发机构和制造企业要考虑这个问题，在研发完成之后要录制操作教程视频，在视频中清晰流畅地将使用的过程展现给用户，并开通服务热线和官方微博与微信的账号，在其中实时更新问题解答视频和操作方法，让用户可以利用互联网进行学习，以保障农用植保无人机的作业安全，并降低故障率，让农用植保无人机可以真正服务于用户。

（三）续航问题

续航和载重问题是无人机的关键指标，也是研发的重中之重。在研究和发展无人机的同时，还要对无人机的硬件设施进行强化，从根本上降低无人机的故障率，增大无人机的电池容量，提高无人机的续航能力。

（四）行业发展有待规范

在发展过程中要制定无人机的行业标准，用标准规范行业，防止出现“劣币驱逐良币”的现象，保障研发团队、生产商和使用者等多方权益，保障监管补贴措施的施行，让推广农用植保无人机的政策能够落到实处，进而保障农用植保无人机行业的发展符合我国的国情与用户诉求。

四、建议与对策

（一）提升植保无人机的应用实效

为切实提高现代农业发展中植保无人机的利用价值，在具体的应用推广中，植保部门需要加强与无人机制造企业及农户的合作，组织植保无人机应用推广专题研讨会，全面分析植保无人机的各项功能与各种农作物的关系，同时对喷洒作业程序加以尝试探索，健全无人机应用参数，提升其在现代农业中的应用实效。

（二）增强植保无人机的技术性能

通常情况下，植保无人机通过蓄电池提供动力。为保障无人机的工作时间最大化，需要提高蓄电池的性能与容量。另外，在植保无人机设计上，应改进其飞行控制范围，令其集扬肥、打药、抛秧于一体，从而提高植保无人机的现代化与智能化性能。在现代农业发展过程中，农业生产必然趋向规范化。植保部门需要和无人机生产制造企业密切联系，研究出载重更高、效果更佳的植保无人机，保证农药喷洒更具高效性和精准性。

（三）充分发挥政府引领与扶持职能

政府需加大对植保无人机应用于现代农业的扶持力度。一方面，要为相关生产企业提供科研支持，有针对性地加大技术、投资、政策等方面的扶持力度，促使企业不断革新研发，以减少成本投入；另一方面，政府还要充分发挥自身职能，推行农机补贴政策，引领农民积极应用植保无人机。

（四）加强专业人员的培训教育

在推广应用植保无人机的过程中，只有加强对农民群众进行专业的培训教育，提升整体的专业素养，才能够确保植保无人机在农业生产领域发挥其应有的作用，为农作物高产稳产、有效控制病虫害发生蔓延奠定坚实的基础。在培训教育过程中，政府部门和农机技术推广部门可以安排专业的植保无人机技术人员，或者由生产厂家配置专业的技术人员对购买植保无人机的用户进行专业化的技术培训和技能教育，确保购买了植保无人机的用户都能够准确地操控无人机、科学地维护无人机，发挥无人机的高效能，促进植保无人机在农业生产领域的顺利应用。政府部门也需要与生产企业进行有效的沟通与交流，要指导生产企业构建完善的配套服务体系，随时随地地解决无人机在使用过程中所面临的各种疑难问题。

（五）加快科学研究，提升机械设备使用性能

为了更好地推动植保无人机产业的又好又快发展，需要继续加强对植保无人机产业的有效研发，并逐步提升植保无人机的生产性能，及时加强对植保无人机带电时间、药量等多方面内容的攻关。在此过程中，技术人员也需要不断完善和优化植保无人机，确保其能够有效分析所处的环境和地理信息，以此来提高植保无人机喷药的针对性和科学性。此外，还需要本着科学操作、方便操作、安全操作、提高设备使用寿命的原则，确保用户在

实际应用过程中能够更加方便，以此来提升整体的经济效益。在现代农业发展过程中，植保无人机技术的有效应用能够大大提升工作效率。植保无人机的飞行速度相对较快，作业效率和精确度相对较高，具有良好的病虫害防治效果，对农业生态环境造成的污染较小，有利于转变传统的植保作业模式。但是我国关于植保无人机的研究还处于初始阶段，各种植保机械设备的使用性能还存在一定的问题，不能够满足现阶段的农业生产需求。未来需要我们不断加强技术攻关，从植保无人机的操作系统、药物选择等诸多方面入手，确保植保无人机发挥其应有的病虫害防控成效，推动现代农业发展，提高资源利用效率。

第三节　有机农业种植中的病虫害生态防控

在农业生产和发展过程中，病虫害问题始终是制约农户种植效益和农业可持续发展的主要问题，不仅影响农作物生长，还会降低农产品质量，因此必须采取科学有效的防治策略降低病虫害发生率。在传统病虫害防治对策中，多数农户会采用喷施化学农药的方式，久而久之，害虫抗药性增加，防治效果不好，且对人类身体健康造成损害。如果采用有机种植方式，禁止使用人工合成的除草剂，禁止使用基因工程，并充分利用动物肥料，或者施加绿色有机肥料，依靠生物防治技术就可以更好地达到病虫害防控目的。

近年来，国家大力扶持有机农业，使有机农业取得了很大的进步和发展，与此同时，新的问题和挑战随之出现。在有机农业种植中，严重的病虫害问题影响着有机农业持续发展。究其原因，主要是农业生态平衡不受重视、田间管理不到位、防治措施不合理等。因此，在有机农业种植中，要维持生态平衡、加强田间管理、综合治理农业病虫害，从而提高农作物的质量和产量，提高有机农业的生产水平，推动有机农业健康持续发展。

一、有机农业种植的特殊性

有机农业种植在生产和管理中不再使用化学药剂，不再施加化学肥料，而是利用当地的自然环境和水土资源、土壤资源、生物资源来维护农业生态平衡，用物理防治方法代替化学药剂防治方法，既对水体和大气起到保护作用，也能增加土壤的可持续利用效果。在有机农业种植中，一般采用绿色防控技术，以“绿色植物保护”为生产理念，利用绿色化手段（比如生物防治、农业防治、生态防治、物理防治等）降低农药使用量，从而强化农业生产绿色性，增加农产品的食用安全性，提升农业种植户的经济效益，提升生态效益，最终促进农业贸易的健康发展。

二、有机农业种植中产生病虫害的原因

（一）农业生态平衡不受重视

在有机农业种植中，不重视农业生态平衡是病虫害发生的重要原因。很多农民仍旧沿用传统的种植方式，在农田上长期种植单一的农作物，没有进行合理轮种。品种单一导致生物多样性丧失，打破了农业生态系统的平衡。在这种被破坏的农业生态系统中，病害初始菌源量会大大增加，土传病害和地下害虫出现频繁，增加了病虫害的防治难度。

（二）田间管理不到位

有效的田间管理可以大大降低病虫害的发生率。就目前有机农业种植情况来看，田间管理工作不到位是病虫害问题发生的主要原因之一。第一，农户在进行农作物种植时，没有选择适宜的农作物品种。农户选择的品种多是产量高的品种，并不是抗病、抗虫的品种。同时，农户在选种后没有对其进行有效的消毒灭菌处理。第二，农户在进行农作物种植时，没有合理选择播种期。播种时间会直接影响田间病原物的种类和数量。例如，秋季早播的小麦，由于其早期生长阶段处于高温环境中，因此，易发生叶锈病。第三，农作物种植后，没有制订合理的浇水、除草计划。很多农户认为矮小的杂草不会影响农作物生长，一般等到杂草丛生后才开始清理，这无疑加速了病虫害的繁殖和扩散。

（三）防治措施不合理

在目前的有机农业种植中，农户对病虫害的认识还不够全面，缺乏科学有效的病虫害防治措施。一方面，大部分农户文化程度不高，进行农药配比时，对农药的使用量把握不准确，配比不合理，配制出来的农药不仅不能抑制病虫害，还会加速病虫害的繁殖，破坏农作物自身的免疫系统，降低农作物的抵抗能力。另一方面，农作物病虫害的种类比较多，农民又比较依赖农药，在没有找到病虫害发生原因的情况下，就盲目使用化学农药进行防治。这种病虫害防治方法治标不治本，还会阻碍农作物病虫害防治工作的开展，同时，在喷洒农药的过程中会危害其他农作物的正常生长。

三、有机农业种植中病虫害防治措施

（一）合理选择种植品种

在有机农业种植前，需选择抗病虫害能力较强的品种，例如，大蒜可驱除绿丽金龟、蚜虫、根蛆、蜗牛、胡萝卜种蝇及白蝇，促进胡萝卜、芹菜、葱科等植物生长。生菜可全年栽培，害虫极少，主要害虫有红蜘蛛和蚜虫。这些病虫害一般每年发生 2~3 次，在 5 月中旬、9 月初和 1 月上旬发生。另外，还需做好种子消毒和风干工作，切断病虫害源头，从根本上提升农作物抵抗病虫害的能力。

（二）加强土壤环境处理，为农作物生长提供良好的环境

需对土壤做特殊处理，清除土壤中的隐藏病虫害，为农作物生长提供良好的生存环境。一方面，需适当地进行深耕细作，清除杂草，以利于农作物生长发育，增强抗虫害能力；另一方面，需适当深耕，抑制害虫的发育和繁殖，还可使用敌百虫处理土壤。将敌百虫与土壤按 1∶1 的比例搅拌均匀，直接撒施于土壤中，然后翻土或开条沟；也可将敌百虫与肥料混合，作为底肥或追肥施入土中。

（三）利用无菌育苗技术

无菌育苗技术就是将提升农作物的抗病能力作为培育重点，对农业苗木进行处理。在种苗基地，技术人员致力于培育无病虫害的种苗，从根本上提升种苗的生命力，从而降低

病虫害发生率，促进农作物的健康生长。但是在种苗培育方面，普通的农户很难独立完成，一般由农业种植基地和相关农业科研院所完成。因此，对于普通农业种植户来讲，要想降低病虫害的危害，就应该科学选种。选择那种抗病性、抗逆性强的种子，并且对种子进行预处理，以预防为前提。在种植有机农作物前，做好种子风干工作，通过浸种、干消毒、晾晒等方式，提升其抗病虫害能力，消灭种子中的残留病菌，提升其发芽率和成活率。

（四）垂直化种植

在有机农业种植中，农业害虫种类较多，每种农作物都会有其特定的、常见性的病虫害种类，再加之生物习性和生长条件各不相同，因此病虫害的防治工作较为复杂。可以通过垂直化种植管理方式，用生物的多样性发展来防治病虫害。一方面，要合理布局，摒弃传统农业种植理念，增加农作物品种，提高植被覆盖面积，模拟自然生态系统，改善单一化种植带来的弊端。如果仍然采用传统种植方式，一旦发生病虫害，很容易引起大规模的传播和蔓延，不利于科学防控。如果采用垂直化种植，可以有效降低病虫害的传播速度，从而提升病虫害防治能力。另一方面，还应该调整种植间距，合理规划农作物种植面积，注重种植效益和成本投入之间的关系，科学规划种植密度，最大化地提升土地利用率。

（五）加强田间管理

第一，为了提高农作物的抵抗能力、减少病虫害的侵袭，选择农作物品种时，不能只关注农作物的产量，要把提高农作物的抗病性放在首位，要选择具有较强抗病能力的品种。选完种子后，要对其进行科学处理。剔除质量不好、带有病虫的种子，将其他质量优良的种子放入温水中浸泡并放置在阳光下晾晒，对种子进行消毒处理。这样不仅可以提高种子的成活率，还能增强种子的抵抗力，抑制病虫害的发生，大大降低后期的防治难度。第二，根据当地的实际情况制订科学的栽培计划，选择合适的种植时间和种植方式。播种时间要避开病虫害高发期。种植方式上需要有效调整农作物的种植面积，合理把握农作物的种植间距，这样不仅能提高土地利用率，为农作物的健康生长提供良好的光照和通风条件，还能避免病虫害传播。第三，栽种农作物后，需要适时适量浇水，确保田间湿度适宜，创造不利于病原菌和害虫繁殖的湿度环境。同时，做好田间清理工作，及时清除田间的杂草、枯枝落叶等，破坏病原菌和害虫的栖息场所，以有效预防病虫害。第四，在农作物生长期间，需要经常查看农作物的生长情况，如果发现病虫害，需要及时清除病苗或者病叶，然后根据病虫害的类型采用有效的防治措施，将病虫害扼杀在发病初期。

（六）农业生态防控技术

在使用农业生态防控技术的过程中，要做好土壤培育工作，给种子提供良好的生长环境，为种苗的长成和培育提供充分的营养物质，进一步消除土壤中残存的病害，提升土壤活性。同时，还应做好播种前的深耕工作，对土地进行人工消毒灭菌，科学利用旋转技术，确保土壤有机肥力，防止土壤退化，禁止使用化学药剂和化学肥料，在农作物生长过程中可以适当施加有机肥，还可以利用深耕休耕、清沟排淤、晾晒、通风方式，杀灭土壤中的虫卵，降低病虫害发生概率。利用半透明通风处理方式，改善种植环境，利用温度条件对土壤进行杀菌处理，做好清理工作。除了土壤培育，种植户还应该进行农业轮作，合理安排播种期，一定要确保同一块农田的种植作物及时更换，运用换茬技术合理规避病虫害高发期，根据农作物的生长规律，让益虫也生长起来，从而提升病虫害预防效果，通过合理轮作，提高经济效益。

（七）化学防治法

化学防治法主要是使用化学药剂来防治病虫害。化学药剂的种类有杀虫剂、杀菌剂、除草剂和杀线虫剂等。农户可以根据病虫害的实际情况选择合适的化学药剂。农作物常用的施药方法是喷雾法，即先将药剂兑水配成规定浓度的药液，再使用喷雾器将药液均匀喷在植物和有害生物表面。使用化学防治法时，农民需要正确掌握药剂的使用时间和使用剂量，规范合理地使用化学农药，避免化学农药危害生态环境。

（八）物理防治技术

在农业种植示范区和大规模种植示范基地，可以利用太阳能杀虫灯来防治病虫害。使用太阳能杀虫灯之前，要做好安装调试，每 1.47 hm^2 安装一台太阳能杀虫灯，有效利用害虫的趋光性捕杀螟虫和飞虱，降低田间落卵量；也可以使用大螟性诱剂、卷叶螟性诱剂，根据种植面积具体规划和设计安置密度方案，有效控制病虫害发生；还可以构建病虫监测机制，综合分析农作物生长情况，及时观察害虫迁入迁出情况，从而确保防治行为具有及时性和有效性，避免传统种植方法中防控滞后的弊端。通过绿色防控体系，提升防控效能。

综上所述，有机农业可使动物、农作物及环境和谐共处，提高土地的利用价值，维持生态系统的平衡。随着社会生产力及人民生活水平的不断提高，人们对农产品的需求也在大幅度提升。

第四节　生态植保技术在农业生产中的应用前景分析

农业的发展直接关系到社会的发展，若化学药剂残留过多或被污染的农作物流入市场，会对人们的身体健康造成一定的威胁，这就使得国家越发重视农产品的安全问题。因此为了保证农产品的质量，需要引入生态植保技术来促进农业生产，以便为农业生产保驾护航，促使农业生产更加生态、安全。

当前，人们的环保意识不断提高，越来越多的人开始关注食品安全问题和农业生产过程，而化肥和农药的使用已经无法满足生态农业生产的需要。生态农业植保技术就是在此背景下产生的。将生态农业植保技术划入生态发展系统中，能够有效保证农业生产的安全性和高效性，从而推动生态健康发展。生态农业植保技术就是对植物开展安全保护，通过合理采取农业、物理和生态防治方式来保护农作物，并灵活使用高效低毒的农药和先进的施肥方式，着力解决农作物中有害物质的残留情况，从而促进生态农作物健康生长。

一、生态植保技术的使用目的

（一）提高收益

农业生产工作的最终目的是提高农户的实际收益。因此，在相关技术的使用阶段，需要完成开源和节流两项工作。生态植保技术既降低了对环境的污染和土壤的破坏程度，又提高了产量。所谓节流，是指化学农药以及化学肥料的使用量减少，这就意味着农业生产的成本降低，这自然能够提高收益。

（二）降低病虫害传播速度

农业不仅是社会发展的基础，也是维持社会稳定的根基。目前在朝阳市一些地区，虽然农业生产范围、种植规模都得到了有效的提升，农产品的产量也较为喜人，但是在这些成果背后，也存在着诸如农药残留、化肥滥用等问题，且由于药物的滥用，也导致病虫害的抗药性更强，这些情况都给朝阳市农业的可持续发展蒙上了一层阴霾。例如，病虫的抗药性提升，导致根结线虫病大面积蔓延，致使作物出现死亡以及减产，这种情况也极大地影响了朝阳市的生态平衡，导致朝阳市的农业生态系统不再稳定。为了使农产品的安全性得到提升，也为了使朝阳市农业的生态平衡重回稳定，农民在进行农作物种植的过程中必须要合理应用生态植保技术，使生物治理、物理防治、生物防治等措施逐渐替代化学防治措施，在病虫害防治过程中采用一种更加环保、生态的植物保护技术。建立病虫害精准控制系统，减少农业生产中化学药剂的使用，实现人与自然的和谐发展，使生态植保技术能够得到有效的发展。

（三）节约成本

在生态植保技术的使用阶段，一方面，专业技术目前正处于验证过程和升级过程中，如果能够在使用过程中取得良好的成果，且各类技术具有延续性，则当地的农户无须投入更多的成本，只需要一次性投入一定成本，就可以起到防治病虫害以及有效保护土壤的作用。另一方面，如果周边能够建立基于生态植保技术的生态系统，那么该系统就可以处于自发性的运行状态，无论是在病虫害防治方面，还是对于产量的提高，都具有更高的使用价值，在成本的节约方面也具有良好的效果。

二、制约生态植保技术推广的因素

（一）防治方法可操作性差

在推广生态植保技术的过程中，防治方法的实际可操作性较差是制约生态植保技术发展的最主要原因之一。以朝阳市为例，当地在生态植保技术推广的前期已经进行了有效的推广，当地农民对这一技术的热情也比较高，甚至有部分农民经常打电话询问生态植保技术的相关问题。但是在将生态植保技术进行落实时，经过一段时间的数据收集，发现生态植保技术的推广效果并不好，有 52% 以上的农民在生态植保技术落实时没有完成对这一技术的有效应用，还有很多农民在应用了一段时间生态植保技术后，仍然选择传统的化学药剂进行病虫害的防治。这是因为相比立竿见影的化学药剂防治手段，生态植保技术的防治起效较慢。且生态植保技术在通常情况下只能够针对一两种病虫害起到防治作用，对其他病虫害的防治效果并不明显。这就使得当地农民最后仍然选择了化学药剂作为病虫害的主要防治手段。

（二）整体发展技术较低

当前，在朝阳市仍然存在着农业技术水平发展程度较低的问题。这种情况在一定程度上也加剧了病虫害防治与环境保护方面的矛盾。朝阳市虽然具有较好的农业发展状态，连续十几年保持着丰产丰收，但是农民们在实际进行农业先进技术应用的过程中仍然存在着较大的问题，这些问题直接导致了农民在农产品生产种植中难以实现对新技术的合理应用，且农民大多数文化水平较低，这种情况更在某种程度上制约了他们接受新鲜种植理念与技术的能力。

三、生态植保技术在农业生产中的使用方法

（一）开展品种选择工作

生态植保技术的应用原则是，要最大限度地减少化学农药和化学肥料的使用量。如果当前相关栽培品种本身就具有良好的环境适应能力以及病虫害防治能力，那么自然就能够取得应有的效果。所以，在该项技术的使用中，必须要重视栽培品种的选择工作。选择的方法是：通过对当前市场上所提供的各类品种进行选择以及信息分析，研究品种在栽培过程和后期的生长过程中是否具备对病虫害的自我抵抗能力。如果具备这种能力，那么就可以认为该品种可以起到对病虫害的有效防范作用，则今后无须投入更多的农药采购成本就可以提高产能并且防范病虫害。此外，也需要根据当地的实际土壤情况进行选择，尤其是需要分析土壤中当前已经存在的遗留性化学药物和肥料的总量，以完成土壤参数的调整工作。

（二）实施田间管理工作

田间管理工作是应用生态植保技术时需要关注的重点。如果田间管理工作落实不到位，那么就无法保障所使用的相关药物和相关资源符合田间管理工作的各类需求。在实际工作中，田间管理工作必须要全面落实好针对各类参数的分析工作，比如，土壤中的肥料含量、土壤的保水率、相关区域的杂草含量等。通过对这类参数的处理与整合，土壤的各类参数会更具科学性、完善性与合理性。

（三）提升植保技术人员的整体素质

要想使生态植保技术在农民种植农产品的过程中真正发挥作用，就必须依靠技术人员来对生态植保技术进行有效推广与普及。因此，在农业生产的过程中，当地政府必须要针对生态植保技术推广工作人员进行能力、素质等多方面、全方位的优化与培养。

政府的相关部门首先可以邀请生态植保技术领域的专业人士，让这些专业人士前来进行实地考察，并为相关的从业人员讲授与普及相关科学知识，使从业人员的工作能力能够

得到有效的发展与提升；其次，相关部门可以搭建信息化平台，使从业人员能够在平台内讨论问题，使每一名从业人员都能够通过这样的方式增强对生态植保技术的了解，并提升对生态植保技术的热情；最后，从业人员在进行生态植保技术普及的过程中，还可以将一些领悟力较高、乐于进行技术宣传的农民吸纳进普及技术的队伍当中，通过这样的方式使生态植保技术能够更快地完成在农民群体之间的普及，加快生态植保技术与农业产业的融合。

（四）加大研发力度

对生态植保应用技术进行研发是使生态植保技术得到有效普及的最直接方式。以朝阳市为例，实际上很多农民都对生态植保技术非常感兴趣，他们也明白这项技术如果能够得到广泛的普及，有着非常大的益处。但是由于该技术目前的整体发展水平较低，因此难以完成对其的应用。如果国家想要完成对生态植保技术的普及，那么必须针对该技术进行不断的研发。例如，国家可以在农村建设农业生态示范基地，通过基地的带动作用来普及生态植保技术，还可以对生态植保技术应用时所需要的设备进行研发，使生态植保设备的价格更加亲民，使更多的农民在种植农产品的时候可以完成对生态植保设备的有效应用。由此，生态植保技术的应用程度才能够得到较大的提升，真正在农民群体中间扎下根来。

（五）应用生态栽培管理技术

作物栽培的关键在于如何保证作物的健康生长，而生态栽培管理技术便是达成上述目标的关键技术之一。应用生态栽培管理技术不仅能防止作物受到天气灾害的影响，也能在一定程度上起到防治病虫害的作用。不仅如此，运用正确的耕作手段，还能让作物种植过程的农业生态污染减少，从而有效提升作物的生长速度，并最终实现提高作物收益的目标。例如，生态栽培管理技术在某乡推广应用后，使当地的花生产量达到了以往的9倍，而随着应用范围的进一步拓宽，当地的经济整体状况也得到了极大改善。在生态栽培技术管理的具体运用过程中，需重点关注以下细节：一是需要将农作物种植所在地的排灌特点考虑在内，而后也需根据其特点选择相应的地段，定期开展整地工作。二是需管理好作物生长的全周期，尤其是肥水方面，绝大多数作物均需依靠科学的施肥与管理方能保持良好的生长态势，因此，科学的施肥与保水不容半点儿疏忽。三是病虫害的防治，大多数作物均无法避免受到病虫害的侵袭，对此，有效的预防与及时的治疗当属首要。关于病虫害的防治，具体可根据作物的生长状况来选择合理的防治手段，核心目标是要让防治手段尽可能避免对作物本身及周围环境带来伤害，以此保证良好的经济效益，同时实现种植的可持续发展。

在农业生产的过程中，应用生态植保技术能够有效提升农业生产过程中保护生态环境的能力，并使农业生产保持良性的发展趋势，为农业生产发展指明前进的道路。

第五节　数字化监测预警在农作物抗灾减灾中的应用

农作物病虫害的预测预报是以监测植物病虫害的动态发生为基础，运用适当的方法和技术，对研究对象的未来状态进行科学的分析和推断。目前，农作物病虫害的预测预报主要利用遥感、地理信息系统和全球定位系统技术，灯诱、性诱和田间抽样调查技术，对农作物病虫害的发生为害动态开展系统监测，结合计算机信息技术、数理统计建模、人工智能和大区域宏观分析等技术，进行发生为害动态趋势的评估与预测和防治决策，并通过电视、广播、短信等方式及时向各乡镇人民政府的农业主管部门、生产企业、专业合作社、种植大户等提供相应信息，以指导农业生产。

近年来，受气候环境变化和农业结构调整多方面因素的影响，我国农作物重大病虫害重发频发，对我国的粮食生产安全构成了严重的威胁。而在此背景下，传统的农业病虫害测报手段也显现出极大的局限性，很难适应病虫害防控工作的新要求。因此，在现阶段，为了进一步提升我国农作物重大病虫害监测预警能力和植保防灾减灾科学化水平，开展农作物重大病虫害数字化监测预警系统建设是十分重要的，也是十分必要的。

农作物重大病虫害数字化监测预警系统是一种充分利用信息化手段来将各个测报系统串联在一起，并通过网络化完善全国农作物重大病虫害监测预警的网络体系。利用该系统可以准确掌握病虫害发生信息，并及时上报测报信息，准确发布病虫情报，牢牢把握防控工作主动权。农作物重大病虫害数字化监测预警系统建设对于当前农业植保信息化的发展具有以下重要的作用和意义。

第一，加强农作物重大病虫害数字化监测预警系统建设是推进现代植保体系发展的必然要求。我们知道，病虫测报是植保工作的基础，而发展现代农业需要现代植保体系和信息化手段作支撑。通过农作物重大病虫害数字化监测预警系统，加强病虫测报信息化建设，既是现代植保的重要内容，也是推进现代植保体系发展的必然要求。

第二，加强农作物重大病虫害数字化监测预警系统建设是提升病虫害监控能力的重要手段。农作物病虫害的发生具有千变万化、此起彼伏、防控措施多样化等特点。如果测报手段停留在过去的基础水平，那么就很难取得应有的效果。只有利用好农作物重大病虫害数字化监测预警系统全面准确地对其发生发展动态进行实时监测和调度，才能进行科学决策和组织有效防控。该系统对于增强监测预警能力和防控决策的科学性、时效性，迅速组织和指挥防控行动，有效控制病虫危害，具有十分重要的作用。

第三，加强农作物重大病虫害数字化监测预警系统建设是增强病虫害测报公共服务能力的有效措施。病虫害检测预警和防控的最终目的是为农业生产服务，也是为广大农业工作者服务，通过构建农作物重大病虫害数字化监测预警系统，一方面可以提高农作物病虫害测报防控的技术水平，另一方面也能够增强植保部门病虫测报公共服务的能力，使农业生产者能够更好地控害防灾，提高从事农业种植的收入水平。

第六节　航粉高糖番茄高产栽培与病虫害绿色防控

航粉高糖番茄采用获得国家发明专利的航天育种技术选育而成，早熟，长势强健，品质优良，商品性好。航粉高糖番茄种植面积不断扩大，经济效益突出，现已成为农村经济发展的主导产业之一。

一、育苗

（一）播种期确定

日光温室早春茬育苗宜选在 1 月上旬，苗龄 40~45 天；秋冬茬育苗宜选在 6 月中旬，苗龄 30~35 天。露地栽培 3 月 20 日—3 月 25 日育苗。

（二）品种选择

根据当地的气候特点及航粉高糖番茄实际市场需求，选择合适的优秀品种进行栽培。例如，水果型：太空绿钻、太空红钻、太空黄钻、太空紫钻、太空黄甜蜜、太空红甜蜜、太空粉宝石、太空红珍珠樱桃番茄；大中果型：如番茄宇航 3 号、宇航 4 号等。

（三）播前准备

1. 苗床准备

苗床宽 120 cm，畦埂高 20 cm，苗床要水平，确保浇水均匀。用 1% 高锰酸钾 500 倍液和 40% 辛硫磷 500 倍液进行全面喷洒消毒处理后，密闭苗棚 4 小时以上。冬季育苗要在苗床上架设小拱棚，拱高 1.2 m，拱宽 2.4 m，拱棚上覆盖棚膜或保温被。还要加设地热线保温，地热线之间的距离设为 8~10 cm，否则起不到应有的增热作用。地热线要铺直，铺完后，上面盖一层 1 cm 左右厚的细沙，起到均匀导热的作用。

2. 营养土的配制

营养土的配制一般选择未种过蔬菜的田园土、充分腐熟的有机肥和草炭，田园土、有机肥、草炭的比例为 3∶3∶1。这三者都必须耙细过筛，每立方米营养土拌入复合肥 1.5 kg、尿素 0.5 kg、磷酸二氢钾 0.5 kg。在均匀混合时，还要对其进行杀菌杀虫处理。常用 40% 辛硫磷 800 倍液与 50% 多菌灵 600 倍液处理，混匀后用塑料膜覆盖，闷 10~15 天备用。之后装入 8 cm × 8 cm 规格的营养钵，营养钵装土到八分满为宜。装好后将营养钵整齐排列于苗床，用多菌灵 1000 倍液喷洒表面后充分浇足底水，并用塑料膜覆盖保温，待水渗下后便可播种。

3. 种子处理

浸种催芽有利于番茄种子迅速整齐地出芽，热水浸种可杀死种子表面和内部所带的病菌，防止种子传染病虫害。播种前先将种子放在报纸上，在阳光下晒 3~4 小时，之后将种子装入网袋，用 55 ℃的水浸种 20 分钟，此间要不停地搅动，再用农用链霉素 500 倍液和多菌灵 100 倍液浸种 1 小时。浸种完成后用清水淘洗 3~4 次，即可点播。

（四）播种

播种应在晴天进行，播前浇足底水，以使营养钵充分湿润；每穴 1~2 粒，覆土 0.8~1.0 cm，然后用多菌灵 1000 倍液喷洒浇透杀菌，最后在苗床上覆盖白色塑料膜以保温保湿。

（五）苗期管理

出苗期地温控制在 25~30 ℃，若冬季气温太低，可在苗畦上用竹板或竹棍搭成 1 m 左右高的小拱棚增温，出苗后及时揭膜放苗，以防幼苗徒长。出苗后白天温度控制在 22~25 ℃，夜间控制在 15~18 ℃。尽量增加光照强度，延长光照时间。子叶期尽量不要浇水，否则易造成幼苗猝死和徒长。出现真叶后，视土壤干湿程度对幼苗进行水分补充。每天至少通风 3~4 小时，以利于棚内外空气的流通，抑制病虫害的发生。冬季光照不足，应最大限度地补光。若遇连续 1 周左右的阴天，可以在夜间用日光灯进行适当的人工补光。当出现 1 片真叶时即可开始间苗，一般按少量多次的原则进行，整个苗期间苗 1~2 次。苗长至 5 叶 1 心时即可定植，定植前一周进行炼苗，对棚内进行降温降湿，以适应环境。

二、定植

（一）定植时间

选择晴天的下午定植，当棚内最低气温稳定在 5℃ 以上、10 cm 地温稳定在 12~15 ℃时即可定植。在大棚、中棚内加盖地膜或小拱棚的，可以适当提早定植，露地栽培时间是无霜期后。

（二）整畦定植

搞好冬耕、冬灌，有前茬作物的，前茬作物收后抓紧整地。底肥施优质腐熟农家肥每亩[①] 3~5 m^3、过磷酸钙每亩 80 kg、尿素每亩 20 kg、硫酸钾每亩 20 kg。施肥后把肥料与土壤充分混匀，耧平地面。定植前起垄，垄长 80 cm，垄面宽 80 cm，垄高 20~25 cm。定植前 15 天扣棚增温，以提高地温。适时定植，定植后浇一次透水。

（三）定植方法

选择在晴天下午定植。每垄两行，株行距 45 cm × 55 cm，如太空绿钻、太空红钻、太空黄钻、太空紫钻、太空黄甜蜜、太空红甜蜜、太空粉宝石、太空红珍珠樱桃番茄等品种单株定植，每亩种植 2600 株左右；大中果番茄每垄两行，株行距 50 cm × 55 cm，单株定植，每亩种植 2400 株左右。

三、定植后管理

（一）温湿度管理

定植后至缓苗前，棚内通小风，保持高温、高湿环境，促进缓苗。缓苗后，白天气温保持在 22~25 ℃，地温 20~23 ℃，夜间气温 15~18 ℃。进入 4—5 月份，外界温度超过 12 ℃时可夜间通风，棚外温度平均高于 22 ℃时加大通风或撤除棚膜。棚温高于 30℃时授粉不良，会影响坐果和产量。

---

① “亩”是民间常用的非法定计量单位，1 亩 ≈ 666.67 平方米。为便于读者阅读和使用，本书中仍用“亩”。

（二）水肥管理

灌水要坚持膜下小沟暗灌或膜下滴灌、小水勤灌的原则。缓苗期一般不浇水或少浇水，促进缓苗，以防水分过多引起徒长，造成落花落果。第一穗果“瞪眼”大小时，结合浇水进行第一次追肥，每亩可随水冲施氮、磷、钾水溶性冲施肥 10 kg；进入盛果期，加强肥水管理，每亩每次施入尿素 5 kg、硫酸钾复合肥 7~8 kg，每隔 1~2 天追肥一次；结果后期，每 7~10 天叶面喷施一次 0.3% 磷酸二氢钾，促进植株生长，延长采摘期。

（三）搭架、绑蔓

当植株长至 30~35 cm 高时需要及时搭架和绑蔓，以防倒伏。一般搭人字架，把畦沟作为蔓架空间进行搭架，以利于通风、减少病虫害和便于人工操作。在第一次绑蔓后，每隔 3~4 叶绑蔓一次。绑蔓时注意不要捆得太紧，不能过于束缚主茎，一般采用倒 8 字形绑蔓法。日光温室及网棚则需要吊蔓。在棚顶沿南北向拉铁丝固定，将植株用塑料绳绑在铁丝上。植株逆时针缠绕在塑料绳上，每隔 2 天绑 1 次。

（四）整枝、打叶

采用单干整枝，即仅留植株主干结果而把其他的侧枝全部摘除。之后 2~3 天抹一次芽，可以见芽就抹。当基部叶片生长到一定程度后形成又大又厚的老叶，要及时摘除老叶，以防老叶消耗大量养分，造成基部通透性不良，产生病害。

（五）保花保果

用 2，4– 二氯苯氧乙酸和防落素等激素在番茄开花前后两天内处理花朵。2，4– 二氯苯氧乙酸浓度为 10~15 mg/kg，用毛笔涂抹在花萼和花柄上，避免碰到茎、叶和生长点，以免产生药害。注意在配好的溶液中加入红墨水等作标记，以免重复点花造成药害。可以用防落素喷花，浓度为 30~40 mg/kg，注意喷洒时要用戴手套的手隔开枝叶，防止药害。用激素处理花朵，低温时浓度高些，取上限值；高温时浓度低些。

四、病虫害防治

番茄常见病虫害有晚疫病、病毒病、叶霉病、灰霉病、早疫病以及蚜虫、白粉虱、潜叶蝇等虫害，需遵循提前预防、早期治疗的原则，采取农业措施、物理防治、化学防治相结合的综合防治方法。

（一）农业措施

与非茄科类蔬菜轮作，深耕晒垄、夏季高温闷棚；加强肥水管理，整个生育期间，促秧、攻果、返秧、防衰 4 次肥水不可少，雨季少浇水，高温季节暴雨后及时排水；收获后及时清洁地块，深翻土壤；高垄覆膜栽培，应以“综合防治为主，化学防治为辅”，从而达到防治病虫害的目的。

（二）物理防治

温烫浸可减少种子自身所带病菌；可采取防虫网隔离、黄板诱杀等方法防治虫害。

（三）化学防治

1. 晚疫病

可选用杀毒矾可湿性粉剂 500 倍液、乙铝锰锌可湿性粉剂 500 倍液、甲霜锰锌水分散粒剂 500 倍液、烯酰吗啉可湿性粉剂 700 倍液、霜脲·锰锌 800 倍液、氢氧化铜可湿性粉剂 1000 倍液，单独喷施。

2. 病毒病

结合病毒 A 可湿性粉剂 500 倍液或盐酸吗啉胍水剂 500 倍液喷施。

3. 灰霉病

用速克灵可湿性粉剂 1000 倍液；霜脲·锰锌 800 倍液，夜间放速克灵烟剂或百菌清烟剂，每次每亩 250 g，点燃熏蒸。

4. 叶霉病

多菌灵可湿性粉剂 500 倍液；甲基托布津可湿性粉剂 800~1000 倍液；百菌清 600 倍液；氢氧化铜颗粒剂 1000 倍液喷施；夜间放百菌清烟剂，每次每亩 250 g，点燃熏蒸。

5. 早疫病

在未发病期每 10~15 天喷一次代森锰锌 600 倍液。发病期喷霜脲·锰锌 800 倍液。

6. 蚜虫、白粉虱、潜叶蝇等虫害

防治上可选用阿维菌素 2500 倍液、甲维盐 1000 倍液交替防治。用吡虫啉可湿性粉剂 2000 倍液，喷雾使用。

五、采收

航粉高糖番茄以鲜食为主，采收时期尤其重要。一般根据品种类型和市场供应情况来决定采收时期。如果是就地就近销售，可以在果实完熟期采收，这样品质佳、营养成分高。如长距离运输，宜在转色五六成时开始采收，这样不仅有利于运输，而且可充分利用果实的后熟作用。采收时要保留萼片和一段果柄，可延长货架期。

第七节　辽宁省北镇市三代棉铃虫发生规律及绿色防控

辽宁省北镇市共有耕地面积 138.1 万亩，其中玉米种植面积 68 万亩、水稻种植面积 20.3 万亩、花生种植面积 34 万亩、蔬菜种植面积 15.8 万亩（其中设施蔬菜种植面积 13.8 万亩）。北镇市地处北半球中纬度地带，属温带半湿润大陆性季风气候，年降水量可达到 604.8 mm，全年平均气温 8.2 ℃，无霜期 154~164 天，日照时数为 2871 小时，适合各种农作物生长。由于气候与生态环境适宜，每年棉铃虫都有不同程度的发生，特别是三代棉铃虫，每年都对北镇市粮食、油料、蔬菜等作物生产造成一定的损失，一般年份减产 5% 左右，偏重发生年份减产 20% 以上。2021 年北镇市棉铃虫发生面积：玉米 35 万亩，花生 25 万亩。其中三代重于二代，由于防控得力，未造成重大损失。因此，及时有效地控制北镇市农作物病虫害尤为重要。

一、北镇市三代棉铃虫发生特点

棉铃虫属于远距离迁飞害虫，在北镇市一年发生两代，即二代和三代。二代虫源主要是南方迁飞来的一代成虫，受台风影响，二代棉铃虫在北镇市一般发生较轻；三代虫源主要是当地虫源，由于二代发生较轻，一般不防，因此三代虫源丰富，又由于前一年 7—8 月份高温高湿，适合棉铃虫卵和幼虫发育，因此三代棉铃虫发生较重。特别是高粱田，偏重发生年份百株虫量高达 300 头。三代棉铃虫在北镇市主要危害高粱、花生、玉米、大豆、稻谷等作物。幼虫为害盛期为每年的 8 月中下旬。棉铃虫多蛀食作物穗部、花蕾、花朵、花铃、嫩叶等部位，成虫一般隐藏在叶背位置，于黄昏时开始活动，取食花蜜，并在植株的上部或者粮食、油料作物的幼嫩部分产卵。

二、形态特征

棉铃虫成虫一共有四种形态，包括卵、幼虫、蛹和成虫。其中，成虫体长为 15~20 mm，展翅直径为 24~37 mm。雌蛾的前翅为黄褐色，雄蛾的前翅为灰绿色，两者的前翅前端部分均有一个环形斑、肾形斑。成虫前翅内横线不突出，有斜向的中横线，直至翅膀后端。亚外缘线为波形，但幅度不大，和外横线形成黑色宽带，并附着了几个白色小点；翅脉间分布了红褐色小点。后翅为灰白色，翅脉为褐色，带纹附着牙形白色斑点。虫卵外观为半球形、馒头形，宽约为 0.45 mm，高约为 0.50 mm，顶部隆起，底部略平。初产卵为乳白色，第二天慢慢变为黄色，生成紫红色的环纹；三至四天开始孵化，变为黑红色。幼虫在初龄时期，外表为青灰色，头部为黑色，前胸为红色；年龄稍大的幼虫体长为 40~45 mm。幼虫的各体节均附带毛片，且身体颜色变化速度较快，呈现绿色、红褐色等，前胸气门处有两根刚毛，与气门下缘部位相切，气门线呈白色。蛹为纺锤形，体长为 15~21 mm，外观为赤褐色。第 5~7 腹节前缘分布着密集的刻点，较为明显。尾部有臀棘。初期呈灰褐色，复眼为淡红色。临近羽化时，逐渐变为有光泽的深褐色。

三、生物学特性

生活习性：雌成虫的寿命约为 10 天，而雄成虫的寿命约为 8 天。它们往往会在夜间羽化，以 19 时至第二日凌晨 2 时为盛，占据总羽化数量的 65% 以上。在行动上，成虫的飞行能力是最强的，并且一般在夜间活动，6 时便会停止飞行，主要栖息在高粱、花生或其他作物上。成虫表现为明显的趋光性，特别是黑光灯。雌雄交尾时间一般在 3 时至 5 时，羽化后 3~6 天开始产卵，持续一个星期左右。所产的卵附着在植株嫩梢、叶片等部位。卵多分布在作物的第 1~2 果节。成虫产卵的孵化率可达 80% 以上，孵化时间集中在 12 时至 18 时。初期，幼卵会吃掉卵壳，然后开始侵蚀植株叶片、嫩梢、苞叶等，并逐渐移动到叶片背部栖息。3 龄期的幼虫，会钻入花铃进行侵害。在花蕾期，幼虫侵蚀花瓣，进入花中，产生的虫粪排到蕾外，被侵蚀后的花蕾苞叶会自动脱落。花期，幼虫会钻入花中进行侵食，主要危害雄蕊和花柱，导致花朵无法正常结铃。等到棉花进入铃期后，幼虫会钻入铃基部，而虫体的一大部分都留在外面。随着虫龄的增长，幼虫逐渐危害到嫩叶、蕾、铃。1~2 龄期的幼虫危害性较低，3 龄期危害约为 3 个棉桃，4 龄期危害 5 个棉桃，5 龄期危害 8 个棉桃。1~2 龄期的幼虫拥有吐丝下垂的特点。蛹期，雌虫持续时间短于雄虫，所以蛹化时期的雌虫数量高于雄虫。等到高峰期，雌雄比例相当。蛹期一般为 10 天左右。

发生特点：第一，转移扩散和迁飞性较强。据调查，棉铃虫的平均累积飞行时间约为 43 个小时，平均飞行距离约为 240 km，最远飞行距离可达 312 km，多在空气湿度达到 60%~90%、环境温度达到 20~25 ℃时飞行。棉铃虫的飞行距离由取食性能、产卵数量和植物布局所决定。近年来，短距离转移扩散的现象越来越多。我国虽然在不断加大对棉铃虫的防治力度，也采取了各种措施，但部分地区的虫害依然严重。对此，明确棉铃虫的迁飞转移特点对于控制棉铃虫的大规模暴发具有重要作用。第二，寄主普遍。棉铃虫多危害棉花、玉米、小麦、大豆、花生等，在进行防治时，应当从维持生态系统的稳定性出发，统筹考虑。第三，种群质量。随着自然环境、寄主生长特性的变化，棉铃虫的种群质量也发生较大改变。以往棉铃虫越冬代羽化虫体相对较小，前期成虫羽化高峰期并不显著，而当前这个特性发生了变化。

四、三代棉铃虫发生与环境的关系

三代棉铃虫发生的最适宜环境温度为 25~28 ℃，相对湿度达 70% 以上，北镇市 7—8 月份降水较多，多雷阵雨天气，月平均温度 25 ℃左右，特别适合三代棉铃虫发生。外界温湿度的变化在很大程度上影响着蛹的羽化过程和产卵活动，当 20 ℃温度持续 5 天以上，成虫产卵活跃。如果寒流侵袭，那么成虫的产卵活动会受到阻碍，降低了发生量。除此之外，成虫产卵量还与降雨量有着密切关系，降雨量较大的地区，越冬代死亡率较高。降雨量还影响蛹的存活率，蛹无法浸泡在水中，否则会大量死亡。据统计，当土壤含水率达到 40% 左右时，蛹的死亡率为 31%；含水率达 50% 时，蛹的死亡率高达 95%。

五、三代棉铃虫的综合防治对策

（一）做好虫情调查

为做到针对性防治，需要全面了解田间作物的生长情况。当三代棉铃虫产卵量达到 5 粒 / 百株时，需要及时喷药防治。尽量避开高温天气施药，实现均匀、细致、全面覆盖的目标。加强田间监测，每天要查看杨树枝把、测报灯、高空灯设备，做好田间卵量调查。根据调查数据和当地气象情况作出中短期预测预报，时刻把握虫情动态，并及时向相关部门或植保部门反馈虫情信息，在指导下开展防治工作。

（二）农业防治措施

首先要做好越冬代的防治，主要目的是控制越冬虫源数量，避免来年大规模虫害的发生。棉铃虫具有惧湿的特性，因此可以在越冬时期向田内适量浇灌一些水。秋季可对土壤进行轻微翻耕，以 25 cm 为宜，使土壤保持松动，破坏棉铃虫的越冬环境，降低来年春季的羽化率。其次是科学间作套种。棉花可与其他作物进行间作和套种，对于减轻棉铃虫的危害具有极大的作用，实现绿色防治。最后是结合整枝打杈，清除部分卵粒，让成虫的产卵环境变得恶劣，从而抑制产卵，等到棉花生长到蕾铃时期，就可以摘除顶心、打掉无效花，将其全部带出销毁，以减少虫卵数量；也可以进行人工捕杀，即等到药剂防治流程结束或幼虫数量较多时，立即进行人工捉虫，以达到减轻虫害的目的；同时要加强水肥运筹管理，长期的棉铃虫防治经验表明，当土地存在水肥不足、田间管理不善问题时，棉花生长容易出现徒长的状况，并且棉铃虫发生时期较早，危害较为严重，因此，加强水肥运筹管理，及时控旺，可以有效防止徒长和虫害状况。

（三）物理防治措施

在三代棉铃虫的成虫羽化期以及产卵期，利用物理杀虫的方式组织人工开展灭虫行动，通过成虫对黑光灯的强趋性，在田间安装黑光灯、高压汞灯等，也可使用性诱剂、柳枝来诱杀棉铃虫，降低成虫交配率和孵化率。高压汞灯诱蛾：在三代棉铃虫的盛期，可在田间每间隔 80 亩安装一盏高压泵灯，并在灯下放置水盆或铁锅，取适量机油添加到水中，可取得杀虫的效果。管理人员要时常打捞盆中的虫子。该措施可大面积使用。管理人员要做好设施的维护工作，当发现断电、灯管及配件损坏时，应及时进行维修，使其保持良好的工作状态，降低成蛾在植物上的落卵量以及幼虫数量。大规模种植区可以定点安装杀虫灯，利用成蛾的趋光性来达到杀虫的目的。

（四）生物防治措施

性诱剂诱蛾灵多用于二代、三代成虫盛期。在高粱田周围使用三脚架放置装满水的诱蛾盆，然后将诱蛾灵穿插在铁丝上，将其搁置在诱蛾盆的盆沿处。注意时刻保持盆中的水量，该措施的诱蛾效果能够维持 30 天左右。生物防治是近年来兴起的一种虫害防治技术，具有成本低廉、实用性较高的特点。保护好天敌：目前我国拥有 200 多种害虫天敌，其中棉铃虫的天敌是蜘蛛、瓢虫、草蛉等，防治效果非常显著，并且减少了对周围环境的破坏。

（五）选用高效农药

防治三代棉铃虫的最佳药剂是氯虫苯甲酰胺、吡虫啉、高效氯氰菊酯等，不得使用危害性过大的农药。防治时必须做到交替使用。由于三代棉铃虫在防治时期作物体形高大，施加药物时应当注意均匀全面，可选用无人机飞防；喷药时间一般选在 10 点之后或 16 点之后，不得在正午喷药，以防药物蒸发引起中毒现象。喷洒药物后要检查防效，如果喷药后防效较差或在喷药后 6 小时内出现降水，则要及时补喷。

棉铃虫是作物种植的重要虫害，发生时会导致作物减产。因此，要把握好棉铃虫的防治要点，注意掌握要领，到第三代时如果不及时进行防治，必然会使得棉铃虫持续侵害农作物。防治棉铃虫必须遵循早治、治小的原则，抓住产卵盛期，通过综合防治手段，切实提高防治效果，降低三代棉铃虫发生基数。

第八节　全面完善强化农作物种子检验工作措施

种子质量的评估方法主要是种子检验。科学合理的种子检验可减少种子企业销售的不确定性，带来农业生产的丰收，也可提高种植者与经营者的收益，带动农业产业的稳定发展。种子检验是基础性工作，其对应的检验要求较高，特别是针对细小的误差都要最大限度地确保其在合理范围内。当前种子检验技术水平明显提升，种子检验效果更为理想，但一些检验误差也不能忽视。

一、农作物种子检验

种子检验是种子管理体系的重要组成部分，也是种子质量控制的重要手段之一。农作物种子检验就是利用先进、科学的检验方法及技术，检测农作物种子质量，并对检测结果进行分析鉴定，以明确种子质量优劣的一项技术。这是保证种子质量的一项重要措施。

二、农作物种子检验的意义

（一）评估种子种用价值

通过检验农作物种子，可及时掌握种子具体质量情况。应选择符合国家标准要求的种子作为种源，及时淘汰不合格及不达标种子，以避免农业生产损失，降低农业生产风险，为农业生产安全提供保障。

（二）延长农作物寿命

农作物种子检验工作的开展，可避免不同农作物、品种的种子混杂，避免种质资源提前退化、有毒杂草蔓延，充分发挥优良品种增产、增收效果。

（三）阻止伪劣种子流通

近年来，国家对农作物种子提出了严格要求，需按照相关检验规程操作，制定质量真实标签制度，这样可避免伪劣种子在市场中流通，以防种子质量事故的发生。

（四）促进对外贸易

在国际贸易中，种子的重要性日渐凸显。检验机构需对进口种子的质量进行严格检验，同时也要出口符合质量要求的种子，以提升经济效益。

（五）加强行政监督及执法

农作物种子检验能有效维护种子生产者、经营者及使用者的合法权益，为种子纠纷处理提供依据。

三、农作物种子检验工作现状

（一）检验规程及方法落后

我国现有农作物种子检验规程及方法均远远落后于国际水平。具体表现为将种子净度、发芽率、水分及纯度作为检验重点，而对种子健康状况、实际生活能力及品种真实性的检验工作有所忽视，很难满足当前种子质量检验的实际需求。

（二）观念落后

当前，我国主要根据行政区域设置种子质量检验机构。因不同区域内种子流通存在较大差异，区域间种子检验工作存在严重的不平衡。省级和市级种子检验机构检验工作较多，而县级种子检验机构因检测设备落后、缺乏资金，大量检验工作无法正常开展。因检验机构观念过于落后，对种子检验业务拓展缺乏主动性，致使检验工作很难满足市场经济实际发展需求。

（三）对检验新技术研发缺乏重视

各种子检验机构对新技术研发工作有所忽视，缺乏交流合作，致使自身业务水平很难提升。

（四）人员操作问题

在农作物种子检验中常出现由人为操作引发的检验误差。以种子发芽率检验为例，其作为种子检验的重要指标，需要检验人员重复同样的劳动。有的检验人员对品种认识不到位，容易将杂交粳稻作为常规粳稻进行计数分析，从而影响最终的检验结果。部分检验人员存在判断失误的情况，甚至因为工作不够严谨、筛选不仔细，容易将有病害的种子（如缺残、畸形、腐烂、根萎缩成纤细状、水肿无根毛的种子）作为正常种子计数检验。

四、做好农作物种子检验工作的相关措施

（一）严格把控农作物种子检验标准

种子检验标准可为农作物种子质量及检验工作质量的衡量提供量化指标，为种子产业质量管理奠定基础。符合农作物种子检验相关标准的种子，即可判定为合格的种子，但并不表示其品质优良。因此，相关种子生产及经营单位需结合不同时期的科学技术水平，以国家标准作为基础，不断完善检验及质量标准，为现行标准中存在的技术问题制订解决方案。只有制定完善的检验规程及严格的质量标准，检验工作人员才可严格落实相关检验规程，提升农作物种子检验水平。

（二）引入先进仪器及技术

当前，种子产业对种子质量检测手段的先进性提出了越来越高的要求，只有先进的检验仪器及技术才可为种子检验的现代化发展奠定物质基础。检验仪器的先进性直接决定种

子检验结果的准确性，因而，种子检验机构需及时淘汰陈旧、老化的检测仪器及设备，引入精密度较高的设备，严格按照相关规定，定期对仪器设备进行测试及校核，以保证检验结果的准确性。在西方发达国家，光谱分析、电子探测、化学分析等先进技术已得到广泛应用；在我国部分经济发达地区，生化测纯技术也已开始应用。先进的检测仪器及设备还需配套相关检测技术，因而检验工作人员需勇于开展技术试验，严格遵循仪器及设备使用规程，按照监督部门要求开展认证工作，提升自身的检测水平。

（三）建设种子质量检测体系

农作物种子质量包括播种质量和品种质量两个部分，播种质量主要涉及净度、水分、纯度及发芽率，而品种质量则涉及种子营养品质、抗逆性及丰产性等。然而，我国多数地区现有种子质量检测技术水平较低，仅开展净度、水分和发芽率 3 项指标检验，在品种真实性及适应性方面检测水平不高，阻碍了种子管理工作的顺利开展。因而，种子管理部门需强化种子质量监督检测体系，以提升检验水平，落实种子质量认证，进而为种子管理及行政处罚提供依据。

（四）强化种子检验队伍建设

检验工作人员自身业务水平及思想素质水平的高低直接决定了种子检验的准确性，因而需对检验工作人员强化业务培训。第一，需深入学习相关法律法规。采取集体学习及自学方式，利用培训及讲授研讨，全方位夯实检验人员的法律基础。第二，定期组织检验人员学习检验专业知识，结合检验工作实际，学习检验规程、质量控制相关文件，广泛开展业务交流培训，帮助全部检验人员掌握知识，提升其业务素质。第三，对检验人员加强检验技能培训，可选派适量检验人员接受继续教育培训或技能培训，鼓励其积极参与技能考核，以获取种子检验员证。在落实检验人员外出培训的同时，需强化内部岗位技能培训及交流，凝聚检验技术人员力量，激发其工作热情，进而保证各项种子检验工作顺利开展。

（五）与国际检验规程接轨

近年来，我国市场经济实现了快速发展，种子检验部门由过去的行政部门逐渐进入国内市场，并朝着国际市场发展。随着种子行业产业化建设的日益推进，我国种子检验行业逐渐摒弃过去分散的小规模生产经营方式，转变为专业化的企业集团模式，并开始积极参与国际市场竞争。因我国现有种子检验方法与国际标准差距较大，我国相关管理部门需积极参与国际种子检验协会各项活动，掌握种子检验发展方向及动态，深入学习与借鉴国外先进检测方法及手段，以提升我国种子检验结果在国际上的有效性，为我国种子参与国际贸易及竞争奠定基础。

（六）掌握种子检验技巧，提升种子检验实效

1. 扦样

扦样作为农作物种子检验的重要环节，要求扦样样品必须具有代表性。《农作物种子检验规程》规定，不同作物按照相应的最大种子批扦取足够数量的送检样品，且送检样品

编号统一，准确记录扦样时间、品种名称、扦样样品来源、数量等关键信息，及时封存样品。对于需要做水分测定的种子样品，可提前装在防湿容器中，减少外界因素的不良影响。

2. 种子检验中的含水量测定

对于报告有争议的种子，采用烘干减重法进行含水量的测定。由于种子收购、运输及干燥加工中采用电子水分测定仪测定种子含水量，其测定的数据受环境、温度的影响会出现误差，因此在实验室进行水分测定时，应随时用烘干减重法校核，以确保检测的准确性。

3. 净度分析

为确保净度分析的准确率，根据不同作物称取相应质量的样品，进行两个半试样的净度分析，取两次结果的加权平均值。若其在允许范围内，则为净度测定值；若超出容许范围，则要重新测定，让结果接近真实。数值分析后，将净种子、其他植物种子及杂质分别称重，并以质量百分率表示。

4. 发芽试验

要求试验样品必须是净度分析后的净种子，随机取数，每 100 粒进行一次测定，多次重复。若多次重复结果差距大，增加试验重复次数，并将不符合规定的结果舍弃。

5. 纯度测试

使用盐溶蛋白电泳鉴定方法进行种子纯度测定时，需严格按照程序操作，防止样品粉碎过程中出现交叉感染的情况，溶液要符合配方比例，称量时试剂要适量、电泳操作规范，准确判定结果。将农作物种子各项检验数据准确填写在检验报告上，确保检测结果按照规定规范填写，以百分率表示。严格遵循检验标准和要求，规范检验操作，能有效减少误差。

6. 种子健康测定

种子健康测定就是测定种子是否携带病菌。测定后，可明确种子病原菌感染情况，采取针对性的处理措施，以降低病虫害发生概率，减少农药使用。常见的检测方法有剖粒检查、比重检查、染色检查及 X 射线检查等。

当前，影响农作物种子检验的因素较多，这使得农作物种子检验中会出现一些问题。因此，必须重视农作物种子检验，采取有效的措施，尽可能地减少误差或确保误差在容许范围内。在种子检验中，应掌握科学的检验方法，准备相应的检验设备。检验人员要加强检测技术的学习，规范操作，善于观察分析，尽可能地将误差降到最小。在种子检验工作开展中，检验人员除了按照检验流程规范、准确地操作外，应了解并分析各种误差的产生原因，明确其消除办法，发挥主观能动性，合理控制检验误差，有效确保检测结果的科学性、准确性。

第九节　加强农作物种子管理体系建设应用模式

农业作为我国的第一产业，一直以来都占据着不可或缺的重要地位。在农业生产的众多环节中，农作物种子是最为重要的农业生产资料之一，直接影响着农业生产的产量及质量，进而对人民群众的收入和生活水平产生影响。在日趋激烈的市场竞争环境下，只有不断优化农作物种子管理体系的建设，才能更好地实现农业的可持续发展，满足人民群众提高收入和生活质量等方面的需要。

一、我国农作物种子管理体系的现状

种子对农业生产来说极为重要。在播种前，选择高质量品种进行科学培育，是提高作物产量及质量的必要基础性工作。种子管理是影响农业发展的主要因素之一，对农业发展和社会稳定有直接影响，关系到农民的根本利益。为了有效提高农民的收入，必须对种子质量予以严格把关。因此，应在实践中认真审查和分析种子管理过程中出现的问题。

种子研发是农业生产的基本手段，也是农业生产的基础和来源。尽管国家颁布了《中华人民共和国植物新品种保护条例》和《中华人民共和国种子法》，但仍有一些优良品种的知识产权受到侵犯。此外，工资水平低与机制不完善在很大程度上挫伤了农业科研人员的积极性，影响了我国种业的快速发展。

二、当前我国农作物种子管理存在的问题

（一）企业规模小、数量多，核心竞争力不强

据统计，截至 2021 年，我国的育种企业数量超过 6000 家。在这些企业中，绝大多数企业的利润主要来自对农作物的常规育种，其育种的科技水平却远远落后于发达国家，真正实现了培育、繁殖、销售和售后体系化的企业不超过 80 家。规范化问题显然成为种子企业亟待解决的重要问题之一。众所周知，市场竞争一年比一年激烈。除了这些规范化经营的种子企业之外，众多的小企业在经营管理中时常无视法规、钻法律的漏洞、侵犯他人知识产权。归根结底，这是我国农作物种子企业的生产水平有限、缺乏核心竞争力的体现。

（二）我国育种科研投入少、成效低

我国在育种方面的科研投入少。在缺乏经费、技术人员的环境下，科研单位同育种企业之间产生不良竞争，极大地阻碍了合作，这对于优良种子的培育或育种技术的创新而言都是不小的阻碍。要改变这种局面，缩小与发达国家科技水平的差距，政府部门要加大对育种科研的投入，在资金等方面给予更多政策的优惠和倾斜。

（三）种子市场比较混乱

种子经营管理过程具有复杂性、多样性等特点，搞不好可能会导致市场失衡。一些种

子公司试图降低成本，通过垄断等手段获得最大利益，甚至不惜违反道德规范。如果继续任由其发展，将难以保证种子的质量，甚至出现作物产量减少和质量降低的情况，为种子市场的健康发展和社会稳定增添了许多不确定性因素，并对种子机构的管理造成严重影响。

三、优化农作物种子管理体系建设的策略

（一）强化种子市场监管

1. 明确不同管理机构的具体职责范围

就目前而言，种子经营活动没有形成规范化管理的总体趋势，有一部分原因在于种子的生产经营活动受不同机构管理且机构之间权责不明确。当发生问题需要划分责任时，容易导致相互推诿的现象出现。《中华人民共和国种子法》规定，种业的执法主体是农业行政主管部门，获得资质的种子质量监督管理站是监管种子质量的唯一合法机构。必须明确权责关系，由专业的合法机构来监督完成管理的过程，避免出现因管理主体过多而导致的秩序混乱局面。明确不同管理机构的具体职责范围，有利于规范种子市场、减轻种子生产经营者的压力、逐步构建起良好的种子经营环境。

2. 组织开展种子质量抽检工作

种子管理的中心环节是种子的质量问题，而大宗农作物种子是需要特别关注质量情况的重点种子，尤其是粮食作物种子，如水稻、大麦、小麦、杂交玉米等。组织开展种子质量的监督和抽检工作是种子管理部门应当采取的重要措施之一。在正式采取措施前，可以优先制定好相关的抽查制度，根据当地的播种情况安排合理的抽检时间，从种子的根源解决问题，避免劣质种子流入市场，损害广大农民的合法权益。除此之外，对检查的范围和内容都应当进行详细的规划，从种子的交易市场到经销户、从种子的质量到标签等，都应当纳入抽检的考量范围中。

3. 规范种子企业的生产经营活动

种子企业生产经营活动的规范需要依靠管理部门、企业和经销商三者的共同努力。从管理部门来看，应当在做好对种子企业及经销商业务培训的同时，不断加强对道德的约束，提高行业的整体素质；从企业的角度来看，应当自觉遵守相关的法律法规，形成强烈的社会责任感，严格规范种子生产，尊重他人的智力劳动成果，进而形成良好的经营环境；从经销商的角度来讲，诚信经营、不制假、不掺假、不售假，自觉配合相关部门的管理工作。

4. 加强对品种的试验示范管理

对新品种的试验示范，可以起到引领农业发展的作用，因此，相关农业部门、种子管理机构等应当做好技术指导、跟踪管理工作。要联系当地的宣传工作人员及时做好新品种的信息发布工作，科学、合理地规划本地品种区域布局，在保证传统良种不被淘汰的前提下，引导农民正确选用良种。对于存在重大缺陷的品种，要严厉杜绝推广和使用。

（二）提高农作物种子管理能力

1. 完善工作人员配备体系

种子管理工作对工作人员专业性、技术性等的要求是非常高的。在完善种子管理体系这一问题上，相关工作人员应当既懂技术又懂管理。除了政策之外，相关部门还应当在财政上给予支持。要对工作团队实行系统化管理，确保种子管理队伍稳定且每一名工作人员都能够明确自身责任、系统目标和管理措施。

2. 提高工作团队专业素质

在提高工作团队专业素质这一问题上，开展一些创先争优活动还是很有必要的，这些活动有助于提高工作人员参加培训活动的积极性。除了学习必要的技术与管理知识之外，加强政治理论培训也必不可少，应当强化每一个人的责任感和使命感。上级管理部门应当严格推进依法行政，规范管理行为，建立健全并强化责任制，定期开展考核活动。

3. 完善基础设施建设

除了具备技术与管理知识这些主观条件之外，完善基础设施等客观条件也十分重要。相关农业部门可适当加大对种子质量检测设施资金投入的力度，提高对主要农作物品种示范、试验基地的重视程度，经过层层筛选后保证所选择的优良品种具备市场前景，配备相应的仪器设备，提高种子管理机构的现代化水平。

（三）给予相关部门优惠政策支持

鉴于种子本身的特殊性，企业在进行相关生产经营活动时所承担的隐性风险十分巨大。农业生产受气候、区域适宜性等因素影响，容易出现产量低、农民收入减少等问题。在出现减产时，农民在第一时间会考虑种子的问题。一般情况下，种子生产经营企业不需要承担法律责任。而部分企业迫于压力或者为了树立良好口碑，会选择直接对农民进行经济补偿。如果种子事故发生面积过大且企业无法赔偿，那么政府就将承担起最终责任。为了最大限度地降低此类风险，除了相关部门需要出台一些优惠政策，例如，对企业所得税进行减免之外，企业还应当根据相关要求，按照利润比例建立风险基金。

（四）建立健全种子救灾储备体系

自然灾害会对正常的农业生产产生不利影响。为了保障农业生产安全，种子储备制度必不可少。近年来，国际粮油市场价格十分不稳定，许多水稻主产国都由于灾害而减产，随之停止水稻出口，这对于本国及他国来说都是一种损失。由此可见，农作物种子储备对于防灾抗灾来说是十分重要的。在具体的救灾储备问题中，为了保证种子的活力，种子储藏需要一定的技术条件提供支持。一般情况下，可借助减弱种子的呼吸能力来降低病虫害的发生率。南方地区往往会采用低温低湿库等方式储藏种子。在农作物种类呈现多元化特点时，种子的储藏年限并不单一。在较为成熟的种子救灾储备体系中，储备作物的种类往往较丰富。在当今社会，农业产业结构不断调整，蔬菜中的油菜等一系列经济作物对农业经济发展具有一定的积极意义。储备体系的建立需要特别注意蔬菜作物种子的储备问题。

因部分蔬菜具有耐寒性差、生育期早等特点，在自然或者非自然灾害来临时，蔬菜作物容易大面积受灾，严重时会导致绝收。因此，在完善救灾储备体系时，必须要深化调整种植业结构，满足广大民众的基本需求，尽最大努力降低农民的经济损失。

作为一种重要的农业生产资料，种子与农业生产安全、农村社会稳定等有直接关系。在所有种子工作中，种子管理是重要基础。应从现阶段种业存在的问题入手，从建立种子救灾储备体系、提高管理能力与加强市场监管等角度对农作物种子管理体系进行分析。政府相关部门有必要在这一工作上多管齐下，推动政府部门、科研单位与企业、农民等一体化发展。

第十节　农作物种子管理工作存在问题及策略

农业种植是国民经济发展的命脉。在农业种植中，种子作为农业生产基础的重要性不言而喻。近年来，为了方便农民购买种子，辽宁省有关部门出台了一系列相关政策，优化种子交易渠道。然而，目前市场上仍有一些劣质种子存在，一些农户在种子保存方面存在一些问题，影响了农户的经济收入和农产品生产质量。随着人们对食品安全和食品质量的日益关注，农民要想更好地保护自己的合法权益，就必须了解农业执法的相关内容。同时，为了保证我国农业的发展，种子产业必须落实国家要求，为农业发展提供强大动力。有关部门要打破传统的经营模式和管理模式，借助现代技术手段，使种子市场更加多样化、更加安全。

一、我国种子市场的现状

我国种子行业目前新品种多到数不胜数，然而真正的好品种却屈指可数，特别是在玉米种子和蔬菜种子市场。套牌种子、仿冒种子、无证经营种子占据着相当比重，并且已经形成了从生产、加工、包装到销售完整的套牌产业链条。育种不如买种，买种不如仿制，仿制不如套牌。育种专家历尽艰辛刚通过审定的品种，市场上很快就有套牌品种；育种基地刚收获扩繁的种子，套购者马上开始秘密收购，很快进入市场售卖；专卖店刚拥有一个主打品种，随后就有假的品种在低价促销了。

二、种子管理工作中出现的问题

（一）缺乏物资支持

目前，上级部门拨给种子管理部门的资金与种子管理所需的设施和器材有时仍然不足，种子管理人员的有些工作环节难以完善，影响了整个种子管理工作。

（二）管理人员不足

种子管理人员大部分是从其他岗位调来、只经过简单培训后上岗的，专业从业人员少，很难更好地完成种子管理工作。

（三）种子市场开放存在监督管理问题

种子市场开放以及监管问题，很大程度上是种子供应和种子市场获取利润之间的矛盾所在。种子生产商和一些中小企业为了生存，想要在市场上占得一席之地，采取了非法措施和手段，以逃避监管机构的监管。此外，长期以来，人们受到传统管理方法的影响，对种子市场的监管未能充分关注；市场对种子质量没有严格而统一的要求，也没有特别的测量仪器；未能对市场进行有效控制。这使得建立有效的调节机制变得异常困难。

三、完善种子管理的对策

（一）健全种子质量检测体系

各级政府为种子的质量管理工作进行了更为细化的分配，设立了专门的种子管理部门，以此来加强对种子质量管理体系的建立和完善，保证种子检验工作的有效开展。

（二）扩大质量监督管理规模

1. 提高技术水平

种子质量检测内容主要包括检测种子的纯度及品种。应推进 DNA 分子标记技术及蛋白质凝胶电泳技术的应用，此类技术的推广能够有效提升种子质量检测水平。DNA 分子标记技术能够对种子在整个生产过程中的微观变化进行统一记录，以便实验研究；同时能够在对种子内部微观结构不做调整的基础上保证种子的保存质量，有效减少传统检测中受种植周期、气候等因素影响导致的检测异常情况。随着种子质量检测技术的应用，种子纯度控制的效果也有明显提升，且高精度仪器设备可有效解决种子前期处理问题，有助于减小实验误差，进而提升检测速度，缩短检测周期，降低检测成本。

2. 重视作物检验

随着种子管理体系的不断建立健全，管理结构也更为细化完善。早期种子质量检测主要分析种子水分、浓度、净度等物理指标。这些指标往往通过人工操作的方式进行检测，但很容易因操作不当等出现检测结果失误等情况。为了进一步提升种子质量检测的准确性及全面性，种子质量检测的内容也在不断拓宽，即增加了效益、外观等检测指标。种子 DNA 检验及蛋白质检测内容的丰富能够从内外两个方面对种子的综合质量进行考察分析，以此来建立相对应的种子数据库。随着种子交易范围的不断扩大，不同地区的种子交易数量均有明显提升，相应的质量要求也越来越高。为了保证种子产业的健康发展，需提高检测技术水平，通过引入先进的检测技术及设施设备，保证种子质量。

（三）优化种子业务

为了更好地处理新品种的问题，有关部门需要进一步改进登记程序，并对种子管理实施全面登记制度，开展种子市场专项检查。一是组织开展种子质量抽检。二是检查种子标签、经营许可及经营档案、品种审定及授权情况等。三是依据相关法律法规及时查处市场监管中发现的违法行为，健全种子案件的举报制度，增强种子突发事件应急处理能力，妥善处理种子质量纠纷。同时，必须调整种子生产趋势，测试种子品种，根据新种子品种特征，明确其培育技术与方法，使新技术在提高农作物产量和其他方面发挥积极有效的作用。在引入新种子品种的过程中，地方政府必须提供物质和政策支持，建立有效的种子档案机制，确保种子市场的有序发展。要建立统一的种子管理系统，创新种子管理工具，并提高种子的管理与服务水平。

（四）明确种子经营的管理任务

为了确保种子管理的有效性，符合该地区的农业发展指标，有关部门必须明确种子管理过程中应遵循的原则。一方面，必须严格界定种子功能并对种子进行有序管理，以便对区域农业时间、农业生产状况和农业管理进行深入分析，并建立全面的管理系统。另一方面，加强技术人员培训，以便其能更好地控制种子质量。重点建立种子管理小组，有效提高种子管理效率，加强执法能力。查明生产、经营和使用种子过程中存在的问题，集中精力提高种子管理人员的技能，从源头上控制种子质量，以便于本地区农业种子市场有序运作。

（五）加强种子管理队伍建设

农业执法系统是一个复杂而庞大的系统，具有自上而下的结构和多层次、多样化的人员构成。从行政管理人员到服务群众的工作人员，有时难免存在工作偏差，这将给种子管理工作带来困难。因此，必须加强员工的思想政治工作，进一步增强团队的凝聚力。同时，要加强对种子管理人员的培训，及时选拔外来人才，经过认真培训后上岗，以确保种子管理人员既有高素质、高能力，又有一定的思想政治意识，从而更好地完成种子管理工作。

（六）增加种子管理部门的资金投入

加强种子管理意义重大，不仅关系到农民的正常耕作，而且关系到当地的经济发展。有关领导和工作人员要与时俱进，把种子管理作为农业执法的重中之重，加大种子管理部门的投入，及时引进先进的种子检测设备和执法管理手段，结合地方特点对这些引进技术进行改进，最大限度地发挥种子管理的作用，确保种子管理人员能够随时对市场上的种子进行检查，使种子管理覆盖整个市场。

（七）提升管理人员综合素质

高技能、高素质、高水平的种子质量管理队伍也是保障种子质量的关键。种子质量管理人员必须符合相关规定标准，既要有高超的技术水平及专业能力，还需要具备责任心及严谨的工作态度，在日常工作中能够独立完成种子管理工作，且需要具备一定的学习能力，能够不断进行自我知识储备的丰富和强化，实事求是地完成种子管理工作；同时需加强管理力度，定期组织相关管理人员参与培训及考核，紧跟时代发展，不断提升种子管理水平。

（八）完善种子市场的监督管理体系

种子市场监督管理体系的建立和完善是种子管理的基本保证。从目前存在的问题来看，国家应高度重视农业种子管理，严格遵守现行法律，依法完善相关法律法规，制定严格的标准，在种子进入市场之前控制种子质量，防止问题种子进入市场。在完善种子管理制度的过程中，有关部门需要进一步提升种子管理力度，不断完善种子管理组织机构，加强种子管理服务队伍建设，并对种子管理制度采取保障措施。只有这样，才能更好地完善种子管理制度，实现对种子生产各个环节的严格控制，使种子管理的各个环节更加规范，以利于种子质量水平的提高。

随着粮食产量的不断提高，种子质量不容忽视。种子发育速度与种子质量控制密切相关。随着科学技术的不断进步，种子质量管理取得了可喜的成果，但仍需进一步创新检测技术，提高检测水平。

第十一节　高标准无公害红辣椒高产栽培技术模式

一、无公害红辣椒安全生产基本知识

（一）无公害蔬菜

要栽培无公害红辣椒，先要了解无公害蔬菜的基本概念和标准。

1. 无公害蔬菜的概念

无公害蔬菜是指栽种在水、气、土符合国家有关标准的环境中，不使用禁用农药，农药残留及其他有害物质含量在国家标准允许范围内的商品蔬菜。从广义上讲，无公害蔬菜是集安全、优质、营养于一体的蔬菜的总称。

2. 无公害蔬菜的标准

无公害蔬菜属于无公害食品。无公害食品标准主要包括无公害食品行业标准和农产品安全质量国家标准，二者同时颁布。无公害食品行业标准由农业部制定，是无公害农产品认证的主要依据；农产品安全质量国家标准由国家质量监督检验检疫总局制定。无公害食品行业标准：农业部 2001 年制定、发布了 73 项无公害食品行业标准，2002 年制定了 126 项、修订了 11 项无公害食品行业标准，2004 年又制定了 112 项无公害食品行业标准。这些标准涉及包括多种蔬菜在内的 120 多个（类）农产品品种。无公害食品行业标准以全程质量控制为核心，包括产地环境质量标准、生产技术标准和产品标准，主要参考绿色食品蔬菜标准的框架而制定。无公害蔬菜产地环境质量标准：无公害蔬菜的生产首先受地域环境质量的制约，即只有在生态环境良好的农业生产区域内才能生产出优质、安全的无公害蔬菜。无公害蔬菜生产技术标准：无公害蔬菜生产过程的控制是无公害蔬菜质量控制的关键环节，无公害蔬菜生产技术操作规程是按蔬菜种类和不同农业区域的生产特性分别制定的，用于指导、规范无公害蔬菜生产活动。无公害蔬菜产品标准：无公害蔬菜产品标准是衡量无公害蔬菜最终产品质量的指标尺度。按照国家法律法规规定和食品对人体健康、环境影响的程度，无公害蔬菜的产品标准和产地环境质量标准为强制性标准，生产技术标准为推荐性标准。

（二）农业标准化

标准化是指在一定范围内获得最佳秩序，对实际的潜在问题制定共同的和可重复的规则的活动。农业标准化是以农业为对象的标准化活动，即遵循“统一、简化、协调、选优”的原则，通过制定和实施标准，把农业生产前、生产中、生产后各个环节纳入标准生产和标准管理的轨道。

二、无公害红辣椒生产对产地环境条件、肥料和农药的要求

（一）无公害红辣椒生产对产地环境条件的要求

1. 产地选择要求

无公害红辣椒产地是指具有一定面积和生产能力的无公害红辣椒生长地。产地的生态环境、质量状况是影响无公害红辣椒质量的基础因素。

2. 空气环境质量

生产无公害红辣椒离不开大气环境，如果大气环境受到污染，就会影响和危害红辣椒植株和果实，使其细胞、组织和器官受到伤害，进而导致生理功能和生长发育受阻，产量下降，产品品质降低。

3. 灌溉水质量

工业和城市大量排放的未加处理的废水和废渣，使我国一些江、河、湖及部分地区的地下水都受到不同程度的污染。灌溉水的污染物质主要包括氰化物、氟化物、石油类污染物、重金属和有害致病微生物等。

4. 土壤质量

土壤是栽培的基础，辣椒生长发育中所需的水分、矿物质都是从土壤中吸收的。土壤受到污染就会给辣椒的生长发育带来影响，降低产量和品质，被食用后还会危及人的身体健康。无公害红辣椒生产不仅要满足辣椒生长发育土壤环境的需求，而且对土壤性状也有要求。

（二）无公害红辣椒的施肥准则

1. 肥料种类

肥料种类有：农家肥料、堆肥、沤肥、厩肥、沼气肥、绿肥、饼肥、腐殖酸类肥料、微生物肥料、有机无机复合肥、无机（矿质）肥料、叶面肥料、微量元素肥料、植物生长辅助物质肥料。

2. 禁止使用的肥料种类

禁止使用未经国家或省级农业部门登记的化肥或生物肥料；禁止使用硝态氮肥、重金属含量超标的商品有机肥或有机无机复合肥。可用肥料中主要重金属含量指标应为：砷（As）不大于 20 mg/kg，镉（Cd）不大于 200 mg/kg，铅（Pb）不大于 100 mg/kg。

3. 施肥原则

无公害蔬菜施肥以提高土壤肥力、降低蔬菜中硝酸盐含量、改善品质和提高产量为指导思想。原则上以有机肥为主，其他肥料为辅；有机养分与无机养分之比不小于 1:1，以多元复合肥为主，单元素肥料为辅；以施底肥为主，追肥为辅。

（三）无公害红辣椒病虫害防治对农药的要求

1. 无公害红辣椒病虫害防治常用农药

无公害红辣椒生产中允许并推荐使用的低毒少残留农药品种，目前主要有以下五大类别。防治真菌性病害药剂用 50% 多菌灵、75% 百菌清等；防治细菌性病害药剂用农用链霉素等；防治蔬菜病毒病的药剂用菌毒清等；防治蔬菜害虫的药剂用 90% 敌百虫等；床土消毒药剂用 50% 拌种双粉剂、72.2% 霜霉威盐酸盐水剂等。

2. 无公害红辣椒生产上禁止和限制使用的农药

国家明令禁止使用的农药有：六六六、滴滴涕、毒杀芬、二溴氯丙烷、杀虫脒、二溴乙烷、除草醚、艾氏剂、狄氏剂、汞制剂、砷类、铅类、敌枯双、氟乙酰胺、甘氟、毒鼠强、氟乙酸钠、毒鼠硅等。在蔬菜上不得使用和限制使用的农药有：甲胺磷、甲基对硫磷、对硫磷、久效磷、磷胺、甲拌磷、甲基异柳磷、特丁硫磷、甲基硫环磷、治螟磷、内吸磷、克百威、涕灭威、灭线磷、硫环磷、蝇毒磷、地虫硫磷、氯唑磷等。

三、无公害红辣椒栽培技术要点

红辣椒栽培的品种应具备以下几个特点：果形细长、颜色鲜红、晒干后不褪色；有较浓的辛辣味；果肉含水量小，干物质含量高。

（一）育苗

选择具有抗逆性强、适应性广、品质好、产量高、抗病虫害等优良性状，并在本地区试验、示范两年以上，被认定为定向推广的红辣椒系列辣椒品种。目前，北票市大面积种植的品种有辽红系列、园艺 5 号、北京红、金塔系列、鲁红系列等。

红辣椒根系不发达，根量少，入土浅，茎基部易生不定根，为获丰产，最好选择土壤肥沃、地势平坦、通透性良好、能浇易排的地块种植。富有团粒结构的土壤，如壤土、砂壤土和黏壤土，其保肥、保水及通气条件都好，最适于红辣椒生长。红辣椒不宜连茬和迎茬种植，选玉米、大豆、高粱、葱、蒜、瓜类、豆角等茬为宜，避开黄瓜、茄子、番茄、青椒、马铃薯、甜菜等作物茬口，实行 3~4 年轮作，以避免病虫害的传染。

1. 种子处理

选用籽粒饱满、色泽浅黄、生命力强的种子，晴天晒种2天。温水浸种：水温30 ℃左右，保持6~8小时，只促进发芽，并无消毒作用。温汤浸种：55 ℃的恒热水温，保持10~15分钟后倒入冷水，耐寒蔬菜20℃、喜温蔬菜30 ℃下浸种，除加快吸水外还有杀菌作用。热水烫种：70~75 ℃的热水，保持1~2分钟，用于难吸水的种子。

2. 药剂处理

常用药剂：多菌灵、高锰酸钾、福尔马林等，可分为拌种和浸种两种，拌种最好是干拌，用药量为种子质量的0.2%~0.3%。采用药剂浸种消毒时，必须严格掌握药液浓度和浸种时间，否则易产生药害。浸种前，先用清水浸种3~4小时，然后将种子浸入药液中，按规定时间捞出种子，再用清水反复冲洗至无药味为止。

3. 育苗

采用日光温室进行育苗。每亩育苗面积为10 m^2，用种量为50 g，可育辣椒苗约6250株。床土配方如下。播种床床土配方（按体积计算）配方一：1/2园田土、1/2马粪；配方二：1/3园田土、1/3细炉渣、1/3马粪。移苗床床土配方（按体积计算）配方一：2/3园田土、1/3马粪（通用）；配方二：1/3园田土、1/3马粪、1/3稻壳。床土消毒：用50%多菌灵可湿性粉剂与50%福美双可湿性粉剂按1∶1混合，或25%甲霜灵可湿性粉剂与70%代森锰锌可湿性粉剂按9 ∶ 1混合，每平方米用药8~10 g，与15~30 kg细土混合，播种时2/3铺在床面，1/3覆在种子上。也可在播前床土浇透水后，用72.2%霜霉威盐酸盐水剂400~600倍液喷洒苗床，每平方米用药2~4 L。

4. 播种

播种期以3月5日—3月15日为宜。床土10 cm深处温度稳定超过15 ℃时，选择晴天上午播种。播种前将苗床铺平、压实，畦面要求做到"肥、暖、净、细"，播前灌足底水，待水渗下后撒施1/3的药土（每平方米用多菌灵8~10 g，兑细土3 kg），种子均匀点播在床面上（也可画边长为40 cm的方格，在格内播1粒种子），播种完毕再撒施剩下的2/3药土，然后覆营养土0.8~1.0 cm。可分两次覆盖，第一次薄些，等到吸湿后再覆第二次，这样可以防止猝倒病。

5. 覆土和盖地膜注意事项

播种后，立即覆盖，防止晒干和底水过多蒸发；盖土黏性不可过大，防止硬盖；盖土厚度因种子大小而不同，一般0.5~1.5 cm；盖土后立即盖上地膜，出苗前不宜浇水，必须靠保湿来保证正常出苗。发现出苗后立即将地膜撤掉。

6. 苗床管理技术

（1）温度管理：辣椒苗期对温度的要求比较高。播种后注意保温，日温低于15 ℃、夜温低于5 ℃，幼苗将停止生长，时间过长会出现死苗。白天温度应当保持在24~28 ℃，夜间温度保持在15 ℃。

（2）水分管理：苗期需水少，保护地育苗苗期要控水，以防徒长；幼苗出土到第一片真叶展开期间，尽量不浇水，防止湿度过大，造成幼苗徒长和猝倒病的发生。后期要适当喷水或浇小水。

（3）光照管理：棚膜保持清洁透光，经常去掉外膜上的覆土和碎草，及时抹去内膜上的水滴。

（4）苗龄：苗龄为55~60天，生长苗龄的植株高18 cm，具有10~12片真叶。

（5）炼苗：定植前7天炼苗，以适应定植后的气候条件。即从定植前7天开始，选择晴天上午开始放顶风。定植前4天开始，选择晴天上午加放低风，让小苗在定植前逐步接受露地环境的锻炼，以便定植后缩短缓苗时间，尽快进入营养生长阶段。

（6）壮苗标准：幼苗叶面可用0.2%磷酸二氢钾加0.2%尿素混合营养液或用喷施宝一袋兑水15 kg等叶面肥喷施。株高18 cm，茎粗0.4 cm，10~12片叶，叶色浓绿，现蕾，根系发达，无病虫害。

（二）定植

1. 整地、施肥与作畦

整地施肥：大垅起台作床，小行距50 cm，大行距70 cm，覆膜。结合合垅整地，在中等肥力条件下，每亩施优质有机肥（以优质腐熟猪厩肥为例）5000 kg、尿素8.7 kg、过磷酸钙42 kg、硫酸钾8 kg。

大垅双行覆膜栽培：一般在秧苗定植前10天覆膜，有利于提高土壤温度，促进秧苗早发壮苗。覆膜以黑色地膜为宜。

2. 定植方法

定植日期：5月5日—15日为定植最佳时期。应合理密植：肥沃土壤以每亩4000株为宜，即每平方米6株；中等土壤以每亩5000株为宜，即每平方米8株。

3. 定植操作

选择晴朗无风天气，用打孔器按预定株行距打深10 cm的圆柱形定植穴。将苗坨置于穴中，用土封严，形成小土堆，土堆略高于畦面。这样可防止水分蒸发、热气溢出、雨水流入、杂草滋生，并可提高根部地温。定植时剔除散坨苗、病苗、弱苗。定植后立即浇定植水，水量要适当，以浸润苗坨为宜。

（三）定植后管理

1. 缓苗期和蹲苗期管理

在此阶段，幼苗以营养生长为主，根系较弱，而此时的气温和地温都较低，因而管理重点应是：促进幼苗营养生长，尤其是根系的生长。定植水后第三天要及时中耕松土，提高地温。1周后再浇第二水，再中耕，中耕时靠近根系处浅耕，距离植株远处深耕，以提高土壤的通气性和温度，促进根系发育。第二水以后，进入蹲苗期。蹲苗就是通过适当控制水分，促进根系纵深发展，为将来结果打下坚实基础。蹲苗时间的长短要根据辣椒品种和当地气候而定。早熟品种蹲苗时间短，中晚熟品种蹲苗时间相对较长。辣椒的开花坐果与空气的相对湿度有关，空气湿度较高时，坐果率也高，因此，蹲苗时间不宜过长。一般来讲，当第一果（门椒）达到 2~3 cm 时，即可结束蹲苗。此时，要将辣椒第一花穗下的侧枝和叶全部打掉。

2. 结果前期管理

当第一穗果长到 2~3 cm 时，植株进入旺盛生长期。此时应及时浇水，同时可施入尿素，每亩 15 kg。这一水是辣椒植株从营养生长到营养生长与生殖生长同时进行的转折点，即栽培上由促进辣椒根系发育转向促进开花结果的转折点。进入结果期，辣椒植株高大，一般每两周浇一次水，随水施肥。每次可施硫酸铵 15 kg 或磷酸二铵 15 kg。植株结果要消耗大量的养分，植株下部的果实要及时采收，尤其是门椒，不必等其长成，采收时期可适当提前，只有这样，才能防止植株早衰，有利于植株继续开花坐果。门椒采收以后第二、三层果继续膨大。在水肥管理上要防止高温干旱造成的植株早衰发病以及落叶、落花、落果，还要防止因雨水过多、土壤湿度过大导致根系生长受到抑制，吸水、吸肥能力降低，植株脱肥变黄，抗病能力降低，病害流行。因此，浇水应采取少量多次的方法。下大雨时，要立即到田间排水，不要等到大雨过后再排。雨过天晴时还要及早喷药，预防病害流行。

3. 盛果期管理

由于大量结果，导致养分大量消耗，植株需水、需肥量很高，同时由于夏季光照强、地温很高，有时地表温度会达到 50 ℃以上，会强烈抑制辣椒根系的生长，这时浇水不仅仅是满足辣椒对水分的需要，还能起到降低土壤温度的作用。浇水要勤，每 4~5 天一次，水量要小，因为辣椒属于浅根系作用，呼吸作用旺盛，浇水过多会影响土壤的通气性。

6 月上旬，辣椒进入生长盛期，开始大量结果。但此时正逐渐进入高温多雨季节，土壤营养流失严重，要不断施肥。一般随水施用，隔一次水施一次肥。7 月中上旬，要重施一次化肥，每亩可施硫酸铵 25 kg。在大雨过后，特别是雨后暴晴的天气，植株根系由于下雨时土壤湿度过高，呼吸微弱，吸收能力降低，天晴后吸水能力跟不上，植株的水分蒸发量大，往往造成植株萎蔫，严重时，引起叶片黄化，甚至发生“三落”现象。因此，大雨过后，要及时浇水，冲洗土壤，降低土温，提高土壤的通气性，促进根系呼吸，防止根系衰弱。随着辣椒的结果量加大，植株上部长势旺，开张角度大，再加上雨水冲刷，植株极易倒伏，因此要在植株茎基部培土。当植株封垄时，要用铁线或聚丙烯绳在每一行的两侧拉直，把倾倒或开张度过大的枝条架起，使之呈杯状开张，充分接受光照，改善株间通风条件，扩大立体结果数量。

进入 7 月中旬，辣椒生长发育受到高温和强光的抑制，植株生长受阻，新生叶片变小，果实体积也变小，颜色加深，品质下降。如果要继续进行秋延后栽培，此时只要保持辣椒植株不死即可；如果秋季要种植其他作物，此时就可以拉秧，结束栽培。

4. 结果后期管理

8 月 10 日以后，雨量少，晴天多，日照充足，昼夜温差大，白天不再炎热，天气变得有利于辣椒生长发育，辣椒植株逐渐繁茂起来，开花增多，坐果率显著提高，称为“秋发”。以后逐渐进入辣椒第二次产量高峰，需要每隔 7~8 天浇水一次，并随浇水施两三次肥。处暑时，随浇水每亩追施 20 kg 磷酸二铵；白露时，随浇水施入 500 kg 农家肥；秋分时，再随浇水每亩追施 20 kg 尿素。每次追肥后 3~4 天要再浇一次清水。

进入辣椒采收后期，要及时摘除辣椒下部的枯黄叶片，去掉内层的徒长枝或过旺枝，以利通风透光。此时辣椒的结果部位上升，生长缓慢，每条分枝的负荷都比较重，枝条明显变脆，田间操作时要小心，不要碰断果枝。另外，可以对结果枝进行更新，降低结果部位，即在四面斗椒的下端，缩剪侧枝，每株留 4 个分杈，剪后追肥浇水，促发新枝。在这种新枝上形成的果实大，坐果率高。这样做可延长采收期。在高畦双行、双株栽培条件下，一般应采用 4 条主枝整枝法，也就是在第三层果实处发生的两条分枝，当其中的一条弱枝显蕾后，留下花蕾和节上的叶片，掐去刚发生的两条分枝；而当另一条强枝出现第四层花蕾和分枝时，则留下强枝和花蕾，于第一节处掐去弱枝，以后每层花蕾和分枝出现后，都在第一节处掐去弱枝。打杈时间宜早，太晚会消耗太多养分，影响生长发育，而且要选择晴天进行，以利于伤口愈合。在拉秧前 10~15 天，将辣椒植株摘心，打掉所有枝杈的顶部，以除去顶端优势，促进养分回流，使顶部的小果实迅速长大，达到商品采收标准；否则，到拉秧时，这部分果实就会因为太小而损失掉。摘心不宜过早，以免降低产量。

（四）采收和晾晒

在果实达到红熟辣椒采收标准时采收，分一次采收和多次采收。红辣椒成熟标志是 85% 以上呈现紫红色，底层果实已经皱缩。采收时间为晚秋来霜前 2~3 天。

收获方法：整株拔起，最好多带一些根茎，以利于果实的后熟和转红。拔起后捆成捆，头朝上堆在空地上晾晒 3~4 天，待叶干后抖落叶片，再根朝上晒 2~3 天。这样反复几次，整株七成干时，根和根相对双排堆起，头朝外，不要堆得太实，过几天翻一次堆，将上面的翻到下面，直到用手捏果实无空气、用手转果实不再转动时，表明已干透，即可上垛储存。码垛时必须根对根，枝头朝外，垛高 1.6 m 以下。垛底铺木杆等，以防垛底受潮造成辣椒霉烂。码垛后，初期经常检查垛中央干湿情况，如有热量应及时翻垛。自然风干，再摘取果实摊开晾干，还可采取人工加温烤干。采收后及时进入干制程序。

第十二节　绿色高标准红辣椒栽培主推品种

绿色高标准红辣椒生产上推广使用的几乎都是杂交品种，这些品种在抗病性、丰产性、商品性和对环境的适应性方面各有所长。所以，椒农应选择适宜本地种植的杂交品种，尽可能不用常规品种。在选择品种时，不仅要看品种的丰产性，而且要看到它的商品质量，要把辣椒生产从“产量效益型”转变为“质量效益型”。

一、干椒品种

（一）辽红 3 号

该品种中早熟，一般株高 55 cm，株幅 40 cm，初花节位 8~9 片叶，果长 15 cm 左右，粗 2.5 cm 左右。鲜椒单果重 25 g 左右，果绿色，成熟后浑红色，果实脱水快，色价高，一般在 16% 左右。亩产干椒 360 kg 左右，抗病性强，是目前干椒生产首选品种。适于中等肥力以上的地块种植，应选择地势平坦、排灌方便、土层深厚、富含有机质的壤土或砂壤土栽培。育苗适宜播期为 3 月中上旬，不宜超过 3 月 20 日。栽植密度为每亩 5000 株左右。

（二）韩国大红辣椒 F1

韩国品种。植株高度 75~85 cm，开张度 60~70 cm，亩栽植 4000 株左右，不宜密植。坐果率高，平均单株成熟果 35 个以上，果长 12~16 cm，果径 1.8~2.3 cm，果肉厚，色素含量高，适宜做鲜椒或干椒销售。抗病性强、高产，亩产鲜椒可达 2000 kg。亩产干椒 300~400 kg，高产地块可达 500 kg。

（三）鲁红 6 号

该品种由胶州市宏隆辣椒研究所杂交选育而成，是传统益都椒的升级换代产品。植株长势强、抗病、连续坐果能力强，坐果多、高产，亩产干椒 300~400 kg，高产田可达 500 kg 以上，果实呈短锥形，长 8~10 cm，宽 4 cm，干椒单果重 4 g 以上，鲜果实脱水快、易制干，干椒一级率高，商品性好。内外果品均呈紫红色，果皮厚，平整光滑，有光泽。色素含量高，椒香浓郁，风味佳，是提取天然色素、食品加工及外贸出口的最佳干椒品种。栽培时亩栽 5500~6000 株，不可过密。

（四）彩虹经典干椒王

常规品种，成熟果实呈深红色，植株高度 70 cm 左右，开张度 60 cm 左右，果肩宽 3.0~3.5 cm，果长 10~15 cm，抗病性、适应性强，易管理，易晾晒，脱水快，适合采收干椒，色价高，为市场畅销品种。亩栽植密度宜为 4000~4500 株，亩产 200~300 kg。

（五）红龙 3 号

该品种是从山东胶州辣椒研究所引进替代益都红椒的优质干椒品种，其品质在干椒品种中占首位。该品种荣获青岛首届农业新品种展评会金奖。植株长势强、抗病高产，一级干椒 80% 以上，株高 65 cm 左右，开张度 60 cm 左右，果长 12~16 cm，果径 2.8~3.5 cm，干椒单果重 3.5 g，单株商品果 20 个以上，果实呈羊角形，易晾晒、脱水快、上市早，内外果皮均呈紫红色。皮厚、平整光滑，色素含量超过益都红椒。亩栽植密度宜为 4000~5000 株，亩产干椒 250~300 kg。

（六）彩虹板椒

常规品种，成熟果实呈深红色，植株高度 70 cm 左右，开张度 60 cm 左右，果肩宽 3 cm

以上，果长 10~15 cm，抗病性、适应性强，易管理，易晾晒，脱水快，适合采收干椒，为市场畅销品种。亩栽植密度宜为 4000~5000 株，亩产 200~300 kg。

（七）天津宝坻天鹰椒

该品种是从天津市宝坻区种子公司引进的，属中晚熟品种，适应性强、产量高、整齐度好，品质优良，辣度高、抗病性好。其株型紧凑，椒果向上簇生，花冠呈白色，果实深红，千粒重 4.5~5.0 g，每亩 8000~10000 株，亩产干椒 250~300 kg。

二、干鲜两用品种

（一）辽红 2 号

该品种是从辽宁省农科院蔬菜研究所引进的杂交一代辣椒种，中早熟，初花节位 7~8 片叶，株高 60 cm 左右，株幅 45 cm 左右，果长 15~16 cm，果粗 2.5~3.5 cm，单果重 30 g 左右。一般单株坐果 45~50 个。每亩鲜椒产量 3500 kg 左右，干椒产量 400 kg 左右。色价高，抗病性强，适合北方露地栽培。经试验示范，该品种平肥地和坡地均可种植，该品种株型紧凑，增产潜力巨大。正常每亩种植 5000 株左右，在水肥条件非常好的地块，种植密度可为每亩 6000 株左右。

（二）园艺 1 号

园艺 1 号是杂交辣椒品种，也是专用的加工型辣椒品种。植株生长健壮，根系发达，株型紧凑，株高 70 cm 左右，开展度 60 cm，果径 1.8~2.0 cm，果长 13~16 cm，连续坐果能力强。在水肥和温度适宜的条件下单株坐果 60 个以上。鲜椒颜色亮丽、椒面光亮平滑，椒型顺直、美观，鲜果重 16~20 g。果实呈羊角形，成熟时果实深红油亮，含油量高，色素含量高。抗病力极强，抗旱、耐涝。对病毒病、疫病、炭疽病、枯萎病及落花落果等有较强抗性。干椒亩产 300~500 kg。适于中等肥力以上的地块种植，应选择地势平坦、排灌方便、土层深厚、富含有机质的壤土或砂壤土栽培。育苗适宜播期为 3 月中上旬，不宜超过 3 月 20 日。栽植密度为每亩 4000~4500 株。

（三）韩国红都 F1

韩国品种，植株高度 80 cm 左右，开张度 70 cm，亩栽植株数 4000~4200 株，坐果率高，单株成熟果高达 50 个以上，且节间短、成熟期一致。果长 12~18 cm，果径 1.8~2.1 cm，微辣，果肉厚，色素含量高，色价高。抗病、抗逆、稳定性强，亩产鲜椒 2000 kg 左右，亩产干椒 300~400 kg，高产地块可达 500 kg。

三、鲜椒品种

（一）园艺 5 号

园艺 5 号属于中早熟辣椒杂交品种，辣味强，果实呈羊角形，株高 65 cm 左右，果长 12~14 cm，果径 2~3 cm 左右，单果鲜重 15~20 g，干椒重 3.0 g 左右，干椒暗红光亮，高油脂，辣椒红素含量高。该品种坐果能力强，单株坐果可达50~60个。抗性极强，抗旱，抗涝，高抗病毒病、青枯病、叶斑病、疫病。商品椒烂椒、病椒很少，品质优良。园艺5号是绿椒、红椒和加工干椒多用品种，亩产红鲜椒2000 kg以上，高产地块可达2500 kg以上，干椒亩产300~500 kg。园艺5号适应性强，在平肥地和坡地均可种植。由于该品种株型紧凑，为了提高产量，可以适当加大种植密度，根据地力，平肥地可每亩种植4500~5000株。

（二）辽红4号

红鲜椒专用品种，中早熟一代杂交种，植株生长健壮，株型紧凑，一般植株高60~65 cm，开张度50~55 cm，叶片中等大小，8~9片叶着生第一朵花。果长15~16 cm，粗22~25 cm，果面光滑，果型顺直，色素含量高，辣味浓。一般亩产红辣椒4000 kg左右。该品种抗病毒、抗疫病能力强，适合我国黄河以北地区露地或春大棚栽培。

第十三节　玉米主要越冬害虫立体式综合防控技术集成

农作物害虫预测预报是根据影响其种群动态的因素，对当年虫害发生量、发生期及危害程度进行预测。农作物害虫预测预报是害虫综合管理的重要组成部分，是一项检测昆虫未来种群变动趋势的重要工作。其目的就是服务于虫害防治决策的提出和防治工作的展开，根据准确的虫情预测，可以及早做好各项防治准备工作；可以更合理地运用各种防治技术，提高防治效果和防治效益；也可以减少不必要的防治费用和减少滥用农药所带来的环境污染。因此，在防治玉米主要越冬害虫的工作中探讨农作物害虫预测预报是十分必要的。

目前，国内虫情预报大多采用统计法、实验法和观察法等。统计法是指根据多年观察积累的资料，探讨某种因素与害虫某一虫态的发生期、发生量的关系，以此进行相关回归分析，或数理统计运算，建立各种预测式。实验法是应用实验的方法，求出害虫各虫态的发育速率和有效积温，然后应用当地气象资料预测其发生期。同时，也可以用实验方法探讨营养、气候、天敌等因素对害虫生存、繁殖能力的影响，提供发生量的依据。观察法是指直接观察害虫的发生和作物物候变化，明确其虫口密度、生活史与作物生育期的关系，应用物候现象、发育进度、虫口密度和虫态历期等观察资料进行预测，是我国目前通行的预测方法。

一、玉米生产、玉米螟危害和防治现状

北票市是辽宁省农业大市，玉米是北票市第一大粮食作物，在国民经济发展中具有重要的战略地位和不可替代的作用，是关系国计民生的重要战略物资，是保障人们生产生活的重要资源。2014年，北票地区玉米种植面积达112.54万亩，2015年为109.73万亩，2016年为102.24万亩，2017年为96.42万亩，2018年为93.81万亩，2019年为96.49万亩，2020年为95.87万亩，2021年为94.58万亩。玉米种植面积占粮食播种总面积的89.16%。

玉米螟是影响北票市粮食稳产和粮食品质的主要害虫，是玉米生产中的头号生物灾害。一般情况下，受害株率达到30%时，危害损失率可达到5%~7%；大发生年份，病株率可达90%，危害损失率可达30%，若与风灾、水灾叠加，损失率可达到50%~70%。北票市植保站调查结果显示，2010—2013年北票地区玉米螟虫害连续4年为中等偏重发生，百株虫量达到40头以上，造成的产量损失率达到10%~15%（重发生地块损失率高达30%），全市年玉米产量损失约4300~6600万kg，严重影响玉米产量和品级。

北票地区传统的玉米螟防控方式是使用呋喃丹、辛硫磷、氯氟氰菊酯等化学药剂，于心叶末期投药或喷雾防治，杀灭一代玉米螟幼虫。但受种植模式的改变、社会的变革和广大群众对食品安全的意识越来越高等因素影响，逐棵投放药剂防治玉米螟的方法越来越难以执行。首先，当前玉米种植模式已由过去的稀植大穗广种薄收型改为高产密植型，每亩玉米株数普遍增加到4000~5000株。高产密植、大水大肥的栽培措施和气候条件的影响，造成了玉米螟虫量不断增加，危害程度不断加重。其次，当前农村劳动力越来越短缺，劳动力成本不断增加，使用原有的防治手段费工费时，农民防治意愿不强，致使玉米螟发生基数越来越高。最后，随着社会的发展，人们对健康无公害食品的认识和环保意识越来越强，通过高毒农药防治玉米螟的防治手段越来越不得人心。而且农药残留对水源、土壤、农产品及生态系统均造成严重污染，影响农产品产量及品质，给粮食生产和食品安全带来极大隐患。因此，研究推广新的绿色防控技术势在必行。

二、项目来源与参加单位

按照国家和省、市关于进一步提高粮食综合生产能力的战略部署，北票市支持转变农业发展方式，强化玉米病虫害“统防统治”和生物防治的规模化、组织化水平，有效降低病虫灾害给农业生产带来的损失，确保玉米稳产、增产和质量安全。自2013年起，辽宁省大力开展玉米螟绿色防控项目。2014年将项目范围扩大到锦州市、阜新市、朝阳市、葫芦岛市及绥中县，全域整体推进玉米螟生物防治。在项目实施过程中，以保障玉米生产安全及产品质量为核心，以玉米螟生物防治技术为支撑，全程应用生物防治、理化诱控等非化学防控技术，使玉米螟防控完全实现无化学农药投入。在实施技术上采取“1+1”模式，即北票市玉米面积全覆盖“人工释放赤眼蜂防治一代玉米螟”这项绿色防控核心技术，并在此基础上因地制宜地在白僵菌封垛、设置杀虫灯和性诱剂诱控等防控辅助技术中任选1项以上作为配套措施。

2014—2016年，北票市共接受辽宁省财政补助资金740.60万元、市财政专项资金60万元。主要用于采购赤眼蜂蜂卡、杀虫灯及生物药剂，培训技术人员8000人次，推广松毛虫赤眼蜂防控玉米螟绿色综合防控技术面积总计275.80万亩，绿色防控覆盖率为84.99%，基本实现全区域覆盖。总体防治效果达到74.86%，危害损失率控制在5.00%以下。增加玉米产量11036万kg，新增产值22235万元，相当于全市新增耕地15800亩。挽回产量损失16.53万吨，价值33091.80万元，同时，减少化学农药施用量313.4余吨（商品量），节省农业成本949万元，有效避免了农产品农药残留和面源污染，经济、生态、社会效益十分显著。

在项目实施过程中，北票市植物保护站与沈阳农业大学、宁波纽康生物技术有限公司、沈阳新丰生物科技服务有限公司、各县（市）区植保站等相关单位联合攻关，对玉米螟发生规律和生物学特性、玉米螟监测预报技术、赤眼蜂适期释放技术、性诱技术、灯诱技术等开展研究和试验。与此同时，开展玉米螟绿色防控技术试验与示范研究、玉米螟绿色防控技术集成研究，并将最新研究成果应用于玉米螟绿色防控工作中。

三、项目研究目的及意义

北票市植物保护站对当地玉米螟发生情况进行了常年监测，采用测报灯诱集成虫、冬前冬后剖秆调查幼虫越冬基数及田间诱卵等手段，积累了大量数据。此项研究通过对北票地区多年来玉米螟发生情况的前期数据进行分析，并继续对近年来的发生情况进行调查研究，确定当地各世代、各虫态发生的起始期、高峰期、末期；分析发生规律和几种相关因子的关联程度，根据天气预报值，结合预测公式，可直接计算出放蜂日期。该研究具有两个优势：一是减少了以往每 3 天一次的田间系统调查，减少了工作量；二是此方法根据越冬代蛹的发育起点与有效积温值，利用天气预报值逐日计算，提高了预测的准确性。通过玉米螟单项防控技术及多项防控技术在田间的应用试验，对田间防效进行测定和综合评价，从而确定适用于北票地区的玉米螟绿色综合防控的最佳模式，完善田间应用技术，减少化学农药的使用甚至完全不使用化学农药，避免农业生产对环境的污染和对生态系统的破坏，提升玉米品质，保障农业生态安全。

四、技术路线

在越冬基数调查、成虫诱测、田间卵量调查的基础上，根据气象数据进行玉米螟发生时期和发生程度的预测预报，根据预估出的发生严重等级，综合考量各项绿色防控技术的特点、防治效果及投入成本，在将玉米产量的损失率降低到 5% 以内的基础上，实现成本投入与产出比的最大化，由此来更好地确定北票市玉米螟绿色防控技术模式。

综合考虑田间防效、增产率、实用程度、投入成本、经济效益等因素，在距离村屯较近或是玉米秸秆较集中的地块，可选用频振式杀虫灯防治玉米螟。在玉米螟发生较重的地区，优先选用白僵菌封垛 + 频振式杀虫灯 + 释放赤眼蜂的综合应用技术；在玉米螟中等程度发生地块或年份，选用单项绿色防控技术模式。在面积较大的玉米地块，宜选用田间释放赤眼蜂的防控技术；在零散播种、面积稍小的早熟甜玉米田或是玉米螟成虫及卵期未能得到及时防治时，选用投放 Bt 颗粒剂防控技术模式。

在玉米螟中等偏重发生地块或年份，在距村屯较远的大面积地块选用白僵菌封垛 + 频振式杀虫灯 + 释放赤眼蜂综合防控模式。在应用白僵菌封垛 + 频振式杀虫灯 + 释放赤眼蜂技术时，应在 5 月上旬前做好封垛，压低越冬虫量。设置频振式杀虫灯一般选择玉米秸秆垛集中堆放于地边或离村屯较近的地块，每 2 hm^2 安装一盏频振式杀虫灯。从当地越冬代玉米螟羽化初期开始，即开始诱杀成虫，开灯时间随季节调节，至羽化末期结束。

在田间释放赤眼蜂需要根据幼螟化蛹、羽化进度和灯诱成蛾消长情况来确定具体的放蜂时间。在玉米螟田间卵量始盛期为第一次放蜂最佳时间（诱测成虫也为始盛期），以放蜂 2 次效果为佳。

五、主要研究成果及推广成效

本项成果的应用，提高了北票地区作物生产的综合经济效益、生态效益及社会效益。

该项目填补了辽西地区玉米螟综合防控技术方面的空白。下列主要技术成果达到了国内先进水平。

（1）通过对 2001—2021 年玉米螟幼虫、成虫和田间卵量进行系统调查与研究，首次对北票地区玉米螟越冬幼虫、成虫、田间卵量及幼虫钻蛀危害程度、发生面积及造成的损失程度方面进行系统调查与研究，明确了北票地区玉米螟发生代数与发生规律，确定了不同虫态玉米螟（成虫、卵、幼虫、蛹）田间发生动态及其与气候因子的关系，为玉米螟的防控提供了基础数据。

（2）根据 4—5 月的气候因子变化计算出北票地区玉米螟越冬代化蛹率为 20% 的日期，在此基础上，根据未来 10~15 天的天气预报值，结合预测公式，直接计算放蜂日期。应用上述方法确定放蜂日期，可减少以往每 3 天进行一次田间系统调查，降低了工作量。同时该方法根据越冬代蛹发育起点与有效积温值，利用天气预报值逐日计算，提高了放蜂时间预测的准确性。

（3）集成了“控田外、治田内、压虫口”的二代区玉米螟一、二代联防的绿色防控技术模式，推动向玉米螟防控绿色化和标准化方向发展。以白僵菌、性诱剂、杀虫灯等措施灭杀成虫，以赤眼蜂生物防治寄生玉米螟虫卵，以高效低毒低残留的生物制剂和化学药剂结合大型施药机械扑灭玉米螟高密度幼虫。

（4）通过玉米螟绿色防控技术单项试验，明确了田间放蜂次数和放蜂量，以及频振式杀虫灯诱杀玉米螟成虫、Bt 颗粒剂防治幼虫、冬季白僵菌封垛防治玉米螟越冬幼虫的防治方法和防效。2014—2016 年，通过在全市玉米田普遍推广人工释放赤眼蜂这项绿色防控核心技术，并以白僵菌封垛、设置杀虫灯和性诱剂诱控等防控辅助技术作为配套措施，玉米螟防控完全实现无化学农药投入。推广绿色综合防控技术面积 275.8 万亩，平均防效达到 74.86%，减少农药用量 313.4 余吨（商品量），挽回产量损失 16.53 万吨，价值 33091.80 万元，经济、生态、社会效益十分显著。

（5）创新了玉米螟绿色防控工作推广机制，形成了具有北票特色的“四个模式”，即管理上的政府主导、部门服务、企业配合、农民参与的防螟“公共模式”，推广组织上的统一领导、统一组织、统一技术、统一防螟物资、统一防治时间、统一田间操作、统一检查验收、统一档案管理的“统防统治模式”，推广策略上的关键技术绿色化、技术体系规模化、推广应用产业化、综合效益最优化的“绿色模式”，防控技术组装上的依据各地玉米螟发生实际情况，科学选取防控技术，确定绿色防控技术的“分区治理模式”。这“四个模式”为玉米螟绿色防控项目的实施提供了可靠的组织制度保障。

六、田间数据积累

2014 年玉米螟田间卵量调查结果：田间一代玉米螟落卵始见期在 6 月 11 日，高峰日在 7 月 1 日，盛末期在 7 月 16 日，末期在 7 月 25 日。一、二代玉米螟卵期断代明显。二代落卵始见期在 8 月 6 日，高峰日在 8 月 9 日，末期在 8 月 27 日，与一代卵量相比较少。全年累计卵量 42 粒，与历年（52.6 粒）相比数量较少，与全年诱蛾量（8750 头）趋势有所不同。

2015 年玉米螟田间卵量调查结果：田间一代玉米螟落卵始见期在 6 月 11 日，高峰日也在 6 月 11 日，以后逐渐减少。一、二代玉米螟卵期断代明显，末期在 8 月 18 日，没有形成高峰，卵量一直很少。全年累计卵量22粒，与历年（52.6粒）相比数量最少，与全年诱蛾量（4797头）趋势相同。

2016年玉米螟田间卵量调查结果：田间一代玉米螟落卵始见期在6月9日，高峰日在6月10日，以后逐渐减少。一、二代玉米螟卵期断代明显。二代玉米螟落卵始见期在8月12日，高峰日在8月15日，末期在8月30日，卵量一直很少。全年累计卵量32粒，与历年（52.6粒）相比数量较少，与全年诱蛾量（4875头）趋势相同。

2017年玉米螟田间卵量调查结果：田间一代玉米螟落卵始见期在6月13日，始盛期在6月25日，高峰日在7月10日。一、二代卵期断代不明显，二代玉米螟落卵高峰日在8月18日，末期在9月11日。全年累计卵量68粒，与历年（52.6粒）相比数量较多，与全年诱蛾量（26746头）趋势相差较大。

2018年玉米螟田间卵量调查结果：田间一代玉米螟落卵始见期在6月11日，始盛期在7月19日，高峰日在7月22日，一、二代玉米螟卵期断代不明显，末期在9月5日。全年累计卵量51粒，与历年（52.6粒）相比数量稍少，与全年诱蛾量（8107头）趋势相差较大。

2019年玉米螟田间卵量调查结果：田间一代玉米螟落卵始见期在6月10日，高峰日在7月16日，一、二代玉米螟卵期断代不明显，盛末期在8月24日，末期在9月5日。全年累计卵量53粒，与历年（52.6粒）相比数量基本持平，与全年诱蛾量（9579头）趋势相同。

2020年玉米螟田间卵量调查结果：田间一代玉米螟落卵始见期在6月10日，始盛期在7月1日，一、二代玉米螟卵期断代不明显，盛末期在8月21日，末期在8月27日。全年累计卵量56粒，与历年（52.6粒）相比数量稍多，与全年诱蛾量（10462头）趋势相同。

2021年玉米螟田间卵量调查结果：田间一代玉米螟落卵始见期在6月9日，始盛期在6月28日，高峰日不明显，一、二代之间断代不明显，盛末期在8月24日，末期在9月17日。全年累计卵量59粒，与历年（52.6粒）相比数量较多，与全年诱蛾量（8812头）趋势有一定差异。

七、防控技术效果分析评价

综合分析各单项和综合玉米螟防控技术的防治效果、玉米产量、挽回产量损失率、投入产出比、经济效益、生态效益，根据当地的技术水平和社会发展程度，制定出玉米螟绿色综合防控技术模式，并在生产实践中不断完善和推广。

计算公式：

卵寄生率（%）=（被寄生卵块数 / 调查总卵块数）×100%

校正寄生率（%）=（放蜂区卵块寄生率 - 对照区卵块寄生率）/（1- 对照区卵块寄生率）×100%

被害率（%）=（被害株数 / 总调查株数）×100%

防治效果（%）=（对照区被害率—防治区被害率）/ 对照区被害率 ×100%

平均防治效果（%）=（被害株防效＋虫口防效＋虫孔防效）/3×100%

挽回产量损失率（%）=（防治区产量—对照区产量）/ 对照区产量 ×100%

通过对全市数据进行整理分析，可得出以下结论：全市共调查防治田 5.8 万株玉米，被害株率为 16.3%，百株活虫数 15.9 头；对照田调查 1.6 万株，被害株率达 52.3%，百株活虫数 64.8 头。全市整体防效达到 74.86%，达到预期目的。

测产结果：防控区产量均有很大程度的提高，平均增产 8.92%，效果非常明显。

防效结果和测产结果都表明：此项技术完全可以不使用化学农药，这样每年可减少农药使用量 500 多吨（商品量），避免农产品农药残留和环境污染，实现经济效益、社会效益和生态效益同步提升。

八、技术集成与推广应用

北票地区与黑龙江、吉林和辽宁的其他地区相比，春季降雨较少，温度在 5 月下旬即达到 20 ℃，因此，5 月中下旬是玉米螟发生始盛期的关键温度临界期。全年降雨量较其他地区少许多，直接决定田间环境湿度对玉米螟的发生产生重要影响，直接决定玉米螟的田间种群成活率，也直接影响赤眼蜂的田间种群存活和寄生率。特别是干旱年份较多，抑制了玉米螟的种群发展，使其并没有形成逐年增加的趋势。同时，也影响了田间释放赤眼蜂的寄生率（即防治效果），因此需要增加放蜂量和放蜂次数来提高防治效果。

在各单项防治技术试验中，赤眼蜂防治虽然省工省时，但防治效果与化学防治相比略低，还有待提高。杀虫灯防治效果也不能取得令人满意的效果，且其安装受地理条件和成本的限制。在抗虫性品种上，还没有适合本地区大面积推广的高产优质品种，需要育种工作人员继续努力。

本项目对各单项绿色防控技术及绿色综合防控技术的防治效果、增产率、投入产出比、经济、生态及社会效益进行了细致评价。北票市地处辽西丘陵地区，地势复杂，玉米品种多样，自然天敌种类较多。由于时间和条件所限，本项目没有进行更加详细的调查和更深入的涉猎，今后在工作中将做进一步细致的研究。

第十四节　农业植物检疫在农产品安全生产中的重要性

植物检疫是通过法律、行政和技术的手段，防止危险性植物病、虫、杂草和其他有害生物的人为传播，保障农林业的安全，促进贸易发展的措施。它是人类同自然长期斗争的产物，也是当今世界各国普遍实行的一项制度。植物检疫是一项特殊形式的植物保护措施，涉及法律规范、国际贸易、行政管理、技术保障和信息管理等诸多方面，是一个综合的管理体系。

植物检疫是一项传统的植物保护措施，但又不同于其他的病虫防治措施。植物保护工作包括预防（或杜绝）、铲除、免疫、保护和治疗等 5 个方面。植物检疫是植物保护领域中的一个重要组成部分，其内容涉及植物保护中的预防（或杜绝）或铲除，是最有效、最经济、最值得提倡的一项措施，有时甚至是某一有害生物综合防治（IPM）计划中唯一——项具体措施。植物检疫不同于植物保护通常采用的化学防治、物理防治、生物防治和农业防治等措施，其从宏观上预防一切（尤其是本区域范围内没有的）有害生物的传入、定植与扩展。由于它具有法律强制性，在国际文献上常把“法规防治”“行政措施防治”作为它的同义词。中国的植物检疫始于20世纪30年代。

植物检疫学是一门为保护植物的健康，阻止某些对植物（含种子、种苗等繁殖材料及植物产品）有严重危害的有害生物随植物或其他应检物调运而传播，对有害生物进行风险分析，提出检疫对策，制定与执行检疫法律、法规的科学。其主要研究有害生物的生物学、生态学、流行学、防治学，研究它们的检验和检测技术及相关的杀灭与除害等检疫处理。因此，植物检疫学是一门与法律、法规和贸易密切相关的综合性科学，是植物保护领域中的新兴学科。

植物检疫法规以某些病原物、害虫和杂草等的生物学特性和生态学特点为理论依据，根据它们的分布地域性、扩大分布危害地区的可能性、传播的主要途径、对寄主植物的选择性和对环境的适应性，以及原产地天敌的控制作用和能否随同传播等情况制定，其内容一般包括检疫对象、检疫程序、技术操作规程、检验检疫和处理的具体措施等，具有法律约束力。该法规对进口植物材料的大小、年龄和类型，检疫对象的已知寄主植物、转主寄主、第二寄主或贮主，包装材料以及可以或禁止从哪些国家或地区进口，只能经由哪些指定的口岸入境和进口时间等，都有相应的规定。此外，国际签订的协定、贸易合同中的有关规定，也同样具有法律约束力。

凡属国内未曾发生或曾仅局部发生，一旦传入对本国的主要寄主作物造成较大危害而又难于防治者；在自然条件下一般不可能传入而只能随同植物及其产品，特别是随同种子、苗木等植物繁殖材料的调运而传播的病、虫、杂草等，均为检疫对象。确定的方法一般先对本国农林业有重大经济意义的有害生物的危害性进行多方面的科学评价，然后由政府确定正式公布。有的会列出统一名目，在分项的法规中针对某种（或某类）作物加以指定；也有的会在国际双边协定、贸易合同中具体规定。

植物检验检疫按检验场所和方法可分为入境口岸检验、原产地田间检验、入境后的隔离种植检验等。其中，隔离种植检验是指在严格隔离控制的条件下，对从种子萌发到再生产种子的全过程进行观察，检验不易发现的病、虫、杂草，克服前两种方法的不足。

通过检验检疫发现的有害生物，可采取禁止入境、限制进口、进行消毒除害处理、改变输入植物材料用途等方法处理。一旦危险性有害生物入侵，则应在未传播前及时铲除。此外，在国内建立无病虫种苗基地，提供无病虫或不带检疫性有害生物的繁殖材料，是防止有害生物传播的一项根本措施。

第十五节　苹果非疫区疫情监测站实施建设

北票市地处辽宁省西部丘陵山区，东临阜新市的阜新蒙古族自治县，西临朝阳市的朝阳县和双塔、龙城二区，南临锦州市的义县和凌海市，北接内蒙古自治区。总面积4469平方千米，全市地貌呈“七山一水二分田”的自然结构。辖区境内山峦起伏，河川纵横，地貌以低山丘陵为主。北票市植物保护站主要负责全市农作物病虫害预测预报工作、农作物病虫害防治指导工作、植物检疫工作和农药管理工作。

一、任务和目标

北票市苹果非疫区疫情监测站建设完成后，可为上级部门制订农业有害生物控制防治方案提供基础资料和科学依据，将大幅度提高农业有害生物疫情和苹果蠹蛾的监测与控制科学性，为上级部门制定农作物病虫害防治决策提供基础资料，使决策、方案具有科学性、前瞻性和可操作性。

该项目投入运行后，将完成北票市 100 万亩粮食作物、16 万亩保护地蔬菜、28 万亩裸地蔬菜、15.4 万亩果树病虫害的监测、检验、化验和防治任务，使一般发生地区的产量损失由现在的 5% 以上转为 3% 以下，重发生地区的产量损失由现在的 15% 以上转为 5% 以下。每年可挽回粮食损失 4900 万 kg，增效 0.49 亿元；挽回蔬菜产量损失 1.1 亿 kg，增效 1.65 亿元；挽回果树产业损失 390 万 kg，增效 1050 万元，共计增加社会效益 2.2 亿元，实现农业可持续发展。

二、建设单位和建设选址

北票市苹果非疫区疫情监测站项目建设单位为北票市植物保护站。

项目建于北票市玉米高新研究所院内和玉米高新研究所试验地内。

三、项目建设规模和内容

土建工程：新建苹果非疫区疫情监测用房 500 m^2，建应急防治药品药械库 300 m^2、电增容及给排水等附属设施。

标准病虫观测场建设：建温室 1200 m^2，养虫网室、作业室（工具管理用房）120 m^2，围栏、田间路 410 延长米，田间喷灌系统和低压配电及气象观测场等附属设施，打机井 1 眼。

仪器设备购置：常速大容量离心机、微量移液定容器、电子天平、数码体式显微镜、ELISA 检验设备、数码摄像机、多媒体投影仪、苹果蠹蛾监测诱捕器、苹果蠹蛾应急防治诱捕器、笔记本电脑、自动虫情观测仪、孢子捕捉仪、数据采集设备及 GPS、病虫电视预报编辑制作设备、小气候自动观测仪、实验药品冷冻柜、试验台、病虫疫情专用软件、诱蛾杀虫灯、应急防治施药专用设备、机动喷雾机等配套仪器设备 53 台（套）。购置监测防控专用车 1 辆和病虫调查专用摩托车 2 辆。

四、投资规模、资金来源和概算

项目固定资产投资规模为 283 万元。项目资金来源为中央预算内专项投资 185 万元，地方配套投资 98 万元。

项目工程概算：项目工程投资 87 万元。其中，新建苹果非疫区疫情监测用房 500 m^2，投资 52 万元；建应急防治药品药械库（砖混轻钢结构）300 m^2，投资 24 万元；场区电增容、给排水等附属设施，投资 11 万元。

标准病虫观测场建设投资 44 万元。其中，建温室 1200 m^2，投资 18 万元；建养虫网室、作业室（工具管理用房）120 m^2，投资 6.5 万元；建围栏、田间路 410 延长米，投资 6.5 万元；打机井 1 眼与田间喷灌系统和低压配电及气象观测场等附属设施，投资 13 万元。

购置常速大容量离心机、微量移液定容器、电子天平、数码体式显微镜、ELISA 检验设备、数码摄像机、多媒体投影仪、苹果蠹蛾监测诱捕器、苹果蠹蛾应急防治诱捕器、笔记本电脑、自动虫情观测仪、孢子捕捉仪、数据采集设备及 GPS、病虫电视预报编辑制作设备、小气候自动观测仪、实验药品冷冻柜、试验台、病虫疫情专用软件、诱蛾杀虫灯、应急防治施药专用设备、机动喷雾机等配套仪器设备 53 台（套）及安装投资 113 万元。购置监测防控监管专用车 1 辆和病虫调查专用摩托车 2 辆投资 19 万元。工程建设其他费用与管理投资 20 万元。

五、建设期限和实施进度

该项目建设期限为 2018—2021 年。项目实施进度为：2018 年完成项目年度投资计划下达、初步设计与概算编报审批、施工设计与预算编审备案和配套资金落实等相关施工准备及全面组织建设，2021 年 10 月末前完成项目竣工和验收工作。

六、项目建设和管理

项目单位要在当地政府的领导下，组织成立建设领导小组，按照国家与行业标准及基本建设程序要求，认真抓好项目建设和竣工、审计等管理工作；项目资金实行专户专账管理，专款专用，超支不补；项目建设所形成的固定资产，按有关规定，加强国有资产管理工作，不得擅自变更或改变用途。

依据批复精神，我们于 2018 年末开始实施项目建设。经过三年的项目建设，工程建设详细情况如下：

土建工程：初步设计投资 87 万元。其中，新建苹果非疫区疫情监测用房 500 m^2，投资 52 万元；建应急防治药品药械库（砖混轻钢结构）300 m^2，投资 24 万元；场区电增容、给排水等附属设施，投资 11 万元。实际投入项目资金 78.6 万元［新建苹果非疫区疫情监测用房 500 m^2，投资 54.6 万元；建应急防治药品药械库（砖混轻钢结构)，投资 24 万元］。

田间工程：初步设计投资 44 万元。其中，建温室 1200 m^2，投资 18 万元；建养虫网室、作业室（工具管理用房）120 m^2，投资 6.5 万元；建围栏、田间路 410 延长米，投资 6.5 万元；打机井 1 眼与田间喷灌系统和低压配电及气象观测场等附属设施，投资 13 万元。实际投入项目资金 9.2 万元［其中建养虫网室、作业室（工具管理用房）120 m^2，投资 6.2 万元；田间道路 410 延长米，投资 3 万元］。

购置仪器：初步设计投资 113 万元，用于购置常速大容量离心机、微量移液定容器、电子天平、数码体式显微镜、ELISA 检验设备、数码摄像机、多媒体投影仪、苹果蠹蛾监测诱捕器、苹果蠹蛾应急防治诱捕器、笔记本电脑、自动虫情观测仪、孢子捕捉仪、数据采集设备及 GPS、病虫电视预报编辑制作设备、小气候自动观测仪、实验药品冷冻柜、试验台、病虫疫情专用软件、诱蛾杀虫灯、应急防治施药专用设备、机动喷雾机等配套仪器设备 53 台（套）及安装。实际投入项目资金 66.62 万元（其中，微量移液定容器 1 套，1 万元；石英高纯水蒸馏器 1 台，0.99 万元；台式精密 pH 计 1 台，0.45 万元；稳压电源 1 台，0.34 万元；除湿机 2 台，0.59 万元；超声波清洗器 1 台，0.34 万元；实验台 1 套，5 万元；药品柜、资料柜、档案柜 1 套，2.25 万元；数码体式显微镜 1 台，4.5 万元；电子天平 1 台，0.5 万元；多媒体投影仪 1 台，1.4 万元；苹果蠹蛾监测诱捕器三角型 500 只，4.25 万元；苹果蠹蛾应急防治诱捕器 500 只，8.5 万元；小型机动喷雾器 120 台，9.36 万元；诱蛾杀虫灯 200 台，4.9 万元；GPS 2 台，0.98 万元；自动虫情观测灯 2 台，2.99 万元；孢子捕捉仪 1 台，0.5 万元；移动数码采集设备及 GPS 1 台，0.95 万元；病虫电视预报编辑制作设备 1 套，9 万元；病虫疫情专用软件 1 套，1.99 万元；数码摄像机 1 台，2.99 万元；数硬驱照相机 1 套，0.5 万元；台式电脑 4 台、笔记本 1 台，2.35 万元）。

购置专用车辆：购置监测防控监管专用车 1 辆和病虫专用摩托车 2 辆，投资 19 万元。实际投资为 18 万元（购买监管车辆 1 辆，18 万元）。

工程其他费用：工程建设其他费用与管理投资 20 万元，实际投资为 12.58 万元。

上述工程项目共计初设投资规模为 283 万元，项目资金来源为中央预算内专项投资 185 万元，地方配套资金 98 万元。中央预算内专项投资 185 万元于 2019 年 11 月 12 日到位，地方配套资金没有到位，所以部分工程、仪器未动工、采购，但主体工程已完成，已可发挥该项目作用。

在项目建设过程中按规定操作，严格执行法人责任制、招投标制、工程监理制、合同制四项制度。资金管理由植物保护实行专人专户管理，建设单位法人经请示主管领导后方可签字报销。项目建设中，省、市部门随时进行不定期的检查，发现问题及时解决，现完成的项目已投入使用，产生了很好的社会和经济效益。

第十六节　玉米单粒精播密植保护性耕作节本绿色模式

一、关键技术

耐密品种 + 单粒精播密植 + 保护性耕作 + 生物防治 + 机械化收获。

二、技术内容

（一）选用良种

选择熟期适宜、高产稳产、耐密抗倒、抗病抗逆，特别是高抗玉米大斑病、丝黑穗病、玉米螟，后期脱水快，适合全程机械化作业的优良玉米品种（联达 522、联达 F085、东单 1331）；种子发芽率不低于 95%，活力高，顶土能力强，发苗快。

（二）合理密植

利用免耕播种机进行单粒精播，播种深度 5 cm 左右；留苗密度每亩 4000 株左右，耐密性好的品种可适当增加密度。

（三）保护性耕作技术要点

前茬作物留茬收获后，秸秆还田时要覆盖均匀，覆盖率不低于 30%，玉米留茬覆盖处理的茬高应不低于 20 cm。免耕播种机原垄迎茬直播，苗带宽度（开沟宽度）仅为 2 cm 左右，没有开闭垄，有效保持土壤墒情和生态环境。要求作业无堵塞，播种质量好，亩用籽粒量 1.5~2.5 kg，播种深度控制在 3~5 cm，墒情好时可偏浅，墒情差时可偏深。施肥深度一般为 5~8 cm（种肥分离），即在种子下方或侧方 4~5 cm，亩用长效缓释肥 30 kg 或二铵 15 kg、硫酸钾 15 kg、尿素 15 kg。

（四）适时播种

待土壤温度稳定超过 7 ℃时开始播种，一般年份适宜播种期为 4 月下旬至 5 月上旬。

（五）化学除草

播种后出苗前，土壤墒情适宜时用 40% 乙阿合剂或 48% 丁草胺 · 莠去津、50% 乙草胺等除草剂，兑水后进行封闭除草。也可在玉米出苗后用 48% 丁草胺 · 莠去津或 4% 烟嘧磺隆等除草剂兑水后进行苗后除草。

（六）适时追肥

拔节至小喇叭口期（7~9 叶），在玉米根部 5~10 cm 处进行侧深施追肥，侧施深度 10 cm 左右，亩施尿素 15 kg。

（七）病虫害防治

种子全部采用种衣剂包衣，防治地下害虫和丝黑穗病，利用赤眼蜂或 Bt 颗粒剂或糖醋溶液防治玉米螟。

（八）机械收获

可用玉米联合收获机收获后秸秆还田，或割晒机高留茬收获后进行秸秆粉碎还田，起到保护土壤、减少风蚀和有效水分蒸发、提高天然降雨利用率、保墒养地的作用。

（九）成本效益

以平均亩产 750 kg、价格 1.8 元 / 千克计算，每亩目标产量收益 1350 元，亩均成本投入 700 元，亩均纯收益 650 元。

第十七节　玉米大垄双行膜下滴灌节本绿色模式

一、关键技术

耐密多抗品种 + 单粒精播 + 膜下滴灌 + 水肥一体化 + 生物防治 + 全程机械化作业。

二、技术内容

（一）选用高产、抗病、耐密、抗倒伏的优良品种（联达 522、联达 F085、东单 1331）

所选种子应色泽光亮，具有本品种固有颜色，籽粒饱满，大小一致，无虫损，要求种子纯度不低于 96%，净度不低于 98%，发芽率不低于 95%。

（二）翻耕整地

耕作深度 30 cm 左右，耕后及时耙压保墒。

（三）机械化单粒播种、铺管和施肥（覆膜）

用播种施肥铺设节水滴管带覆膜一体机进行单粒精播，播深 4~6 cm，播种密度每亩 4000 株左右，播种时一次侧深施入长效缓释肥 20 kg 或二铵 15 kg、硫酸钾 15 kg、尿素 15 kg。

（四）节水滴灌、水肥一体化

干播湿出，播后滴灌上水，玉米全生育期滴灌 8~10 次，每次灌水量 20~30 m，亩灌水定额 200~300 m^3。全生育期需氮肥（N）20~25 kg，按照苗肥 10%、拔节肥 20%~30%、大喇叭口期攻穗肥 40%~45%、吐丝期攻粒肥 20%~30%的比例，结合灌水，实行水肥一体化施用。

（五）病虫草害综合防控

采用 40%乙阿合剂或 48%丁草胺·莠去津、50%乙草胺等除草剂苗前封闭除草，全生育期采用无人机药物防治病虫害。

（六）机械收获

收获后抽出滴灌带，应用残膜回收机清理地表残留地膜后，将秸秆粉碎翻埋还田。

三、成本效益

以平均亩产 850 kg、价格 1.8 元 / 千克计算，每亩目标产量收益 1530 元，亩均成本投入 800 元，亩均纯收益 730 元。

第十八节　玉米二比空种植单粒精播密植高效绿色模式

一、关键技术

耐密多抗品种 + 比空种植模式 + 单粒精播密植 + 生物防治 + 全程机械化作业。

二、技术内容

（一）选用增产潜力大，抗病性强，生育期在 128~130 天以内的高产稳产、耐密的优质玉米品种（联达 522、联达 F085、东单 1331）统一播种

种子质量要求纯度不低于 98%，净度不低于 98%，发芽率不低于 95%，含水量不高于 14%。玉米比空种植模式栽培技术即玉米“双行紧靠”栽培，种植二垄空一垄，三垄为一组，将其三垄应栽的株数集中在两垄上，再增加 10%~15% 的密度。北票市目前玉米生产行距多数在 45~50 cm，把株距调整到 20~21 cm，亩保苗 4000 株左右。施肥也是将三垄的肥施入两垄中，而且空垄也可以种植矮棵作物，增加效益。

（二）尽早采用大型农机具（904、1004、1304 等）旋耕、灭茬、深松、施肥、起垄、镇压一次作业完成，达待播状态

耕深 20 cm 以上，垄距 50 cm，做到垄向直、无漏耕、无坷垃。

（三）测土配方施肥

根据测土数据和专家推荐施肥量科学施肥，做到两个“三结合”，即农肥、化肥、微肥三结合，底肥、种肥、追肥三结合。空垄不施肥，不播种。推荐底肥施肥量为二铵 15 kg、硫酸钾 15 kg、尿素 15 kg。

（四）田间管理

定苗后至拔节期要及时打杈，去除田间杂草。适时追肥，拔节至小喇叭口期（7~9 叶），在玉米根部 5~10 cm 处进行侧深施追肥，侧施深度 10 cm 左右，亩施尿素 15 kg。

（五）病虫害防治

种子全部采用种衣剂包衣，以防治地下害虫和丝黑穗病，利用赤眼蜂或 Bt 颗粒剂或糖醋溶液、无人机统一防治玉米螟。

（六）机械收获

可用玉米联合收获机收获后将秸秆还田，或割晒机高留茬收获后进行秸秆粉碎还田，起到保护土壤、减少风蚀和有效水分蒸发、提高天然降雨利用率、保墒养地的作用。玉米二比空种植模式利用空垄的边际效应增加田间通风透光量，改善玉米生长环境，达到增产增收的目的。

（七）成本效益

以平均亩产 850 kg、价格 1.8 元 / 千克计算，每亩目标产量收益 1530 元，亩均成本投入 720 元，亩均纯收益 810 元。

第十九节　玉米清种改种小麦与白菜复种栽培技术模式

一、关键技术

小麦栽培 + 白菜复种模式。

二、技术内容

（一）选择地块，精细整地

小麦对土壤的要求是：有机质丰富、结构良好，养分充足，保水力强，通风性能良好的中土壤，土壤容重是1.14~1.26 g/cm^3，pH值6.8~7.0，耕层全盐量不得高于0.25%。高产麦田要求土层深厚，土壤肥沃，土地平整。具体指标：熟土层24 cm以上，孔隙度50%~55%，有机质1.2%以上，全氮0.06%以上，速效钾60×10^{-6}以上，速效磷20×10^{-6}以上，速效氮50×10^{-6}~60×10^{-6}以上。按小麦对土壤的要求选好地以后，播前抓紧时间整地，深翻细整，打碎坷垃，清除残茬，保好墒情，做好畦，修好田间灌溉渠道，配套水利灌溉设施，搞好冬灌，每亩灌水50~60 m^3，播前达到“深、齐、平、松、碎、净、墒”七字要求。

（二）施足底肥，施用种肥

小麦是“胎里富”作物，对底肥和种肥要求较高。以农家肥作底肥，肥效长，养分高，又能增强地力，每生产50 kg籽粒，大约需向土壤补充2000 kg质量较好的有机肥，结合耕翻，施入土层与土壤混合效果最好。种肥能壮苗保蘖，增强抗寒能力。机械播种时亩施磷酸二铵20 kg加5 kg尿素。从小麦的需肥规律来看，也必须施足底肥，施用种肥。苗期生长量小，吸收养分较少；到拔节期，吸收量急剧增加；开花以后，又逐渐减少，春小麦对氮、钾元素的吸收以拔节至孕穗期最高，开花至乳熟期次之，对磷的吸收在拔节后需求量增加，但是，苗期需磷量少。磷酸对小麦分生组织的生长影响很大，对生根增叶有很大作用，所以磷肥必须做种肥，早期施用最好。

（三）选用良种

做到良种良法配套：我们选用的品种是辽春18号小麦，特性是春性、对光照敏感，生育期70~90天，株高84 cm。

（四）播种技术

适时早播，适当浅播：小麦种子在0~3 ℃的条件下就能发芽。当春季平均气温回升到2~4 ℃时，土壤化冻5 cm，春小麦即可以顶凌播种，春小麦适时早播使苗全、苗壮，能获得高产。辽宁省春小麦一般在3月中旬到4月初播种。播种时要适当浅播，以3 cm左右为宜，浅播有利于早出苗和幼苗早发。适当增加播种量：由于春小麦分蘖少，成穗率低，故以主茎成穗为主来达到一定的亩穗数，一般播种量为每亩20 kg。提高播种质量：播种质量的好坏是影响苗全、苗齐、苗匀、苗壮的重要因素，对播种质量的要求是：播量准确，下种均匀，畦行整齐（畦宽1~2 m，播6行），无漏播和重播，覆土深浅适宜，防治地下害虫，每亩随种施氮、磷肥各5 kg、硫酸锌1.5 kg，覆土深度要求3~4 cm，黏土浅些，沙土深些。前期早促早管：出苗后，及时查田验苗。二叶期疏松表土，增湿保墒，促进根系生长。三、四叶期耙苗除草，但整地质量差地块伤苗严重，不宜耙青苗。在分蘖后期、拔节（生理拔节）初期，压青苗，有促根蹲节、壮秆防倒作用。压青苗一定要掌握好时期；否则，早压无作用，晚压影响发育，穗子变小。

（五）肥水管理

春小麦第1次肥水在三叶期，能促使低位分蘖早生快发，提高分蘖成穗率，促进幼穗分化，有显著的增产作用。此外，还要注意在拔节期及孕穗期适时浇水和适当追肥，防止后期贪青或早衰。3次追肥，要本着“前重后轻”的原则，重追叶肥，结合灌水亩追施尿素20~25 kg，补追拔节肥和孕穗肥。小麦的灌水要根据土壤墒情、气候条件和苗情三方面考虑。小麦不同生育期对土壤水分的要求都有一个适宜的界限：出苗期至拔节期要求土壤水分为最大持水量的70%左右，拔节期至抽穗期为80%，抽穗期至成熟期为70%~75%。而北票地区从春小麦的播种期至分蘖期，降水只能满足40%，分蘖期至抽穗期只能满足30%，只有蜡熟后，如果遇到正常年份，降水才能满足需水或大于需水。水是小麦生产的主要因素，因此麦田必须实行水利化。春小麦一般浇4次水，结合追肥在三叶期、拔节期、孕穗期和灌浆期进行。三叶水宜早不宜迟，灌水量要大，浇足灌透；拔节水要看苗情，适时适当；孕穗水要及时；灌浆水，量不可大，浇“跑马水”，正如人们所说“头水满，二水赶，三水及时，四水洗个脸”，当然也不能生搬硬套，如果遇到特别干旱的年份，要增加灌水次数。有条件的小麦扬花后期到乳熟期间，向叶片喷施少量肥料，如每亩喷50 kg、0.2%~0.3%的磷酸二氢钾1~2次，或喷施宝2次，有较好的增产效果。

（六）病虫防治

危害小麦的虫害主要是麦蚜和二代黏虫，麦蚜在小麦抽穗以后出现，可用啶虫脒乳剂进行防治。二代黏虫每年6月中上旬发生，主要危害叶片，可用菊酯类农药的溶液喷雾防治。小麦的病害主要是锈病和白粉病，辽春18号小麦抗锈病能力较强，一般不发病或发病较轻，白粉病个别年份发病较重，小麦锈病和白粉病均可用“粉锈宁”每亩30 g兑水50 kg喷雾防治。

（七）适时收获

蜡熟末期是小麦最适收获期，适时收获粒重高，品质好；过早收获，籽粒成熟度不够，不便脱粒，粒重低；延迟收获，呼吸、淋溶作用使粒重变轻，并且易落粒，损失大。

（八）大白菜栽培技术

大白菜是小麦下茬复种蔬菜作物中的主要种类之一，具有面积大、好管理、经济效益高等优点，一般亩产大白菜可达5000~10000 kg，亩产值3000~5000元，纯收入2000~4000元。

1. 选用优良品种

北票市麦茬复种大白菜主要品种有沈阳快菜、秋杂2号、新5号。沈阳快菜，白帮、叶淡绿、包心好，品质佳，抗病，但不耐储藏，生育期50~55天。秋杂2号，青帮，短储后变白色，叶球呈长筒形，抗病耐储藏，生育期90天左右，一般亩产8000~10000 kg。新5号为晚熟品种，生育期85~90天，抗病、高产，一般亩产9000~13000 kg。

2. 整地施肥

要选择保水保肥性能好、中等以上肥力的麦田复种大白菜。麦收后，及时灭茬翻地，随即做垄或做畦。亩施腐熟发酵好的农肥 3000~4000 kg。

3. 播期技术

播种时间是关系白菜能否高产的关键。播种过早，常因气温高、病虫害加重影响生长；过晚，生长期不够，结球差，净菜率降低，影响产量和质量。白菜的适宜播期为 7 月末至 8 月初。播种方法有条播和点播两种。点播行距 50~60 cm，株距为 45~60 cm，每穴 8~10 粒种子；条播用镐开浅沟，均匀撒种，覆土 1 cm 厚为宜。播种时，如果土壤底墒不足，要坐水播种，并亩施口肥磷酸二铵 10~15 kg。播种 10~12 小时后，进行镇压保墒。

4. 田间管理

幼苗期（幼苗“拉十字”到“团棵”形成）：播后如遇干旱，应浇 1~2 次水。在幼苗“拉十字”期，应进行第一次间苗，每穴留苗 4~5 株；第二次间苗在真叶 4~5 片时进行，每穴留 2~3 株；9~10 片叶时便可定植单株。结合定植，每亩追施硫酸铵 15~20 kg。为促进幼苗生长发育，要及时中耕、除草、松土，一般苗期要中耕 3~4 次，注意不要伤根。莲座期（“团棵”到开始包心）：此时期是叶片分化的重要时期，也是叶片数增加的高峰期。这个阶段叶片数的多少对叶球生长影响很大。管理重点是：促进根系发育，防止地上部徒长。浇水要适宜，使莲座叶壮而不旺。每亩追施尿素 15 kg，以满足根系发育和球叶生长的营养需要。结球期：结球期是大白菜增重最快的时期，这一时期大白菜的生长量约占整个生长量的三分之二。要求光照足、水分足、粪肥足。除防止土壤干旱外，每亩应施硫酸铵 30 kg、硫酸钾 10 kg。施钾肥有利于加快养分的制造和运转，增加糖的含量，加快结球速度。

5. 病虫防治

白菜的主要病虫害是软腐病和地蛆、菜青虫、蚜虫。防治地蛆可用 40% 毒辛合剂稀释 300~500 倍液灌根；菜青虫可在幼虫 3 龄前，用 2.5% 高效氯氟氰菊酯乳油 1000 倍液每隔 5~7 天喷一次，连续喷两次；蚜虫可在苗期用 5% 啶虫脒乳油 800~1000 倍液喷雾；软腐病可在定棵后发病前，用代森锌 500~600 倍液或 30%DT300 倍液喷雾防治。

6. 及时收获

白菜的收获期应根据其生育期长短和当地的气候条件来确定，一般在 10 月中下旬收获。

三、效益分析

成本效益：亩收获小麦 450 kg，以 4 元 / 千克计算，产值 1800 元；亩收入大白菜 3200 kg，以 0.6 元 / 千克计算，产值 1920 元；亩投入 1600 元，种植小麦复种白菜亩纯收入 2120 元。

第二十节　玉米增施农肥深松单粒精播密植绿色模式

一、关键技术

耐密品种＋增施农肥＋深松＋单粒精播密植＋生物防治＋机械化收获。

二、技术内容

（一）选用良种

选择熟期适宜、高产稳产、耐密抗倒、抗病抗逆，特别是高抗玉米大斑病、丝黑穗病、玉米螟，后期脱水快，适合全程机械化作业的优良玉米品种（联达 522、联达 F085、东单 1331）；种子发芽率不小于 95%、活力高、顶土能力强、发苗快。

（二）播前准备

在秋收后入冬前利用拖拉机进行耙茬深松的同时，亩施农肥 3000 kg 以上，播种时施用底肥二铵 15 kg、硫酸钾 15 kg、尿素 15 kg。

（三）合理密植

待土壤温度稳定超过 7 ℃时开始播种，一般年份适宜播种期为 4 月下旬至 5 月上旬；利用精量播种机进行单粒精播，播种深度 5 cm 左右；留苗密度每亩 4000 株左右，耐密性好的品种可适当增加密度。

（四）化学除草

播种后出苗前，土壤墒情适宜时用 40% 乙阿合剂或 48% 丁草胺·莠去津、50% 乙草胺等除草剂，兑水后进行封闭除草。也可在玉米出苗后用 48% 丁草胺·莠去津或 4% 烟嘧磺隆等除草剂兑水后进行苗后除草。

（五）提墒增温

玉米 3~4 叶期时利用拖拉机进行中耕，中耕深度 20 cm 以上，达到提墒、增温、蓄水，促进土壤养分释放的目的，为玉米根系生长创造良好的环境条件。

（六）适时追肥

拔节至小喇叭口期（7~9 叶），在玉米根部 5~10 cm 处进行侧深施追肥，侧施深度 10 cm 左右，亩施尿素 15 kg。

（七）病虫害防治

种子全部采用种衣剂包衣，防治地下害虫和丝黑穗病，利用赤眼蜂或 Bt 颗粒剂或无人机药物防治玉米螟。

（八）机械收获

在玉米籽粒含水量降至 25% 以下时，利用四行玉米联合收获机直接收获玉米籽粒。当玉米已达完熟期，但籽粒水分难以降至 25% 以下时，可用摘穗型玉米收获机收获玉米果穗。

（九）灭茬整地

用拖拉机进行灭茬起垄秋整地，并在起垄的同时施入农家肥 2000 kg 以上。

三、成本效益

以平均亩产 800 kg、价格 1.8 元 / 千克计算，每亩目标产量收益 1440 元，亩均成本投入 790 元，亩均纯收益 650 元。

第二章　设施农业与植保土肥

第一节　设施农业光照分布特点及调控技术

一、设施农业光照分布特点

设施农业光照分布特点有两个：第一，垂直方向高处较强，向下逐渐递减，近地面最弱；从屋顶至地面的垂直递减率，每米下降 10% 左右。第二，水平方向室内不同位置的水平照度比较均匀，只是由于温室及作物本身的遮阴，导致光照分布不均。

二、设施农业光照调控技术

根据季节以及作物栽培时对光的需求不同，可以将设施内光照调控分为增加光照、补充光照和光照遮阴三个方面。

（一）增加光照

（1）温室布局合理，避免前后遮阴。

（2）采用优型温室结构。

（3）保持透明覆盖物良好的透光性。

① 选用新的优质无滴膜。一般新棚膜的透光率可达 90%；使用一年后的旧薄膜，视棚膜的种类不同，透光率一般下降到 50%~60%，覆盖效果比较差。目前生产中农户多选用 EVA 或 PO 棚膜，其透光率高，耐候性好，静电吸尘差。

② 保持覆盖物表面清洁。定期擦拭棚膜。有的农产用刀条布自动清洁，省工、省力，效果也很好，值得大力推广。

③ 保持膜面平紧。棚膜变松起皱时，反射光量增大，透光率降低，因此应及时拉平拉紧，有利于增加流滴性。

（4）利用反射光。一是在地面上铺盖反光地膜；二是在设施的内墙面张挂反光幕，使北部光照增加 50% 左右；三是将温室的内墙面及立柱表面涂成白色。

（5）减少保温覆盖物遮阴。在保证温度需求的前提下，上午尽量早卷草苫，下午晚放草苫。白天要及时撤掉设施内的保温幕和小拱棚等保温覆盖。

（6）农业措施。对高架作物实行宽窄行种植，并适当稀植，及时整枝抹杈，摘除老叶，用透明绳架吊拉植株茎蔓。

（二）补充光照

连续阴天以及冬季温室采光时间不足时，应进行人工补光。人工补光一般用补光灯，主要有白炽灯、植物生长调节灯等。

（三）光照遮阴

夏季的光照强度往往超过 10 万 lx，超过了植物适宜的光照强度，如绿叶菜适宜的光照强度多为 2 万 ~3 万 lx，番茄适宜的光照强度为 7 万 lx。遮阴的方法主要有覆盖遮阳网、覆盖草苫以及向棚膜表面喷涂泥水、杂草等，以遮阳网的综合效果为最好。盛夏时遮阴可使地表温度下降 4~6 ℃，最大可降低 12 ℃，5~10 cm 地温降低 5~8 ℃，近地 30 cm 处的气温可降低 1 ℃左右。

（1）遮阳网的覆盖形式。目前设施农业生产中主要采用一网一膜覆盖法。

（2）遮阳网型号。目前，国内生产的遮阳网从颜色上分主要有黑色、银灰色及两色相间等种类，从宽度上分有 90、150、160、200、220、400 cm 等几种规格。其产品型号主要依据遮光率的大小来划分，市面上产品的遮光率范围在 25%~95%。

（3）使用注意事项。

① 因地因作物选用适宜遮光率的遮阳网。根据覆盖时自然光照强度、作物光饱和点和覆盖栽培管理方法，选用适宜的遮阳网，蔬菜栽培多选用黑色遮阳网。

② 晴天中午前后光照强、温度高时要及时覆盖，清晨、傍晚、连阴天、温度不高、光照不强时，要及时揭网。

③ 采用遮阳网后，作物生长加快，要针对作物生长特点，加强肥水管理。

第二节　设施农业温度变化特点及调控技术

一、设施农业温度变化特点

（一）气温日变化

温室内的最高温度值一般出现在 13：00—14：00，最低温度值出现在上午日出前或保温覆盖物揭起前。

（二）地温日变化

最高地温一般比最高气温晚出现 2 小时左右，最低地温值较最低气温也晚出现 2 小时左右；地温的变化幅度比较小，夜间的地温下降幅度更小。

（三）地温与气温

设施内的气温与地温表现为互利关系，即气温升高时，土壤从空气中吸收热量，地温升高；当气温下降时，土壤即向空气中放热，气温降低。低温期提高地温，能够弥补气温偏低的不足，一般地温提高 1 ℃，气温即可提高 2~3 ℃。

二、设施农业温度调控技术

（一）保温

1. 后墙培土

墙厚度大于当地最大冻土层的 2 倍。

2. 挖防寒沟

挖 50 cm 深、30~40 cm 宽，用废旧塑料薄膜铺垫上，内装干燥碎草，用薄膜将上部封严，压上田土，防止进水。

3. 减少缝隙散热

设施密封要严实，薄膜破孔以及墙体的裂缝等要及时粘补和堵塞严实，通风口和门关闭要严，门的内外两侧应张挂保温帘。

4. 多层覆盖

多层覆盖材料主要有塑料薄膜、草苫、纸被、无纺布等，一般采用一层棉被、一层草苫覆盖为最佳。

（1）塑料薄膜主要用于临时覆盖。覆盖形式主要有地面覆盖、小拱棚、保温幕以及覆盖在棚膜或草苫上的浮膜等。一般覆盖一层薄膜可提高温度 2~3 ℃。

（2）草苫覆盖通常能提高温度 5~6 ℃。不覆盖双层草苫的主要原因是便于草苫管理，草苫数量越多，管理越不方便，特别是不利于自动卷放草苫。

（3）棉被加草苫，保温效果优于双层草苫，棉被置于上层，草苫置于下层。

（4）纸被多用于临时保温覆盖或辅助覆盖，覆盖在棚膜上或草苫下。一般覆盖一层纸被能提高温度 3~5 ℃。

（5）无纺布主要用于保温幕或直接覆盖在棚膜上或草苫下。

（二）蓄热

1. 通过蓄热来保温

蓄热是冬季日光温室经常采用的措施。应用秸秆反应堆技术，覆盖透光率较高的无滴地膜，可有效提高地温，达到蓄热目的。

2. 采用滴灌、微喷等方式合理浇水

低温期应于晴天上午浇水，不在阴天及下午浇水，一般当 10 cm 地温低于 10 ℃时不得浇水，只有地温 20 ℃以上时才可浇水。采用滴灌、微喷等方式浇水可减少浇水量，有利于减少空气湿度。另外，低温期要尽量浇预热的温水，一般农户在温室一端建一地上蓄水池，以提前储水，提高灌溉水温。

（三）增温

1. 增加光照，提高棚温

棚室北侧的墙上悬挂反光幕，可以增加透光量，也可以提高设施内温度 2~3 ℃。日出后及时揭帘，以光补热，经常打扫、擦洗棚膜。

2. 熏烟

在寒流到来之前，在设施周围点火熏烟，可以减少棚内的热量损失。

3. 人工加温

在遇到特别寒冷的天气或生育期温度骤降时，可利用炉火、热风炉、电热加温器、增温灯等措施临时增温。

（四）降温

通过开启通风口及门等，散发出热空气，同时让外部的冷空气进入设施内，使温度下降。具体通风时应注意以下两点：

（1）要严格掌握好通风口的开放顺序。低温期坚持顶部通风，随着外界温度的升高，当顶部通风口不能满足降温要求时，再打开中部通风口协助通风，下部通风口只有当外界温度升高到 15 ℃以上时方可开启。

（2）要根据设施内的温度变化来调节通风口的大小。放风初期的通风口应小，不要突然开放太大，否则会导致放风前后设施内的温度变化幅度过大，引起植株萎蔫。适宜的通风口大小使放风前后设施内的温度下降幅度不超过 5 ℃，之后随着温度的不断上升，逐步加大通风口，最高温度一般要求不超过 32 ℃，下午当温度下降到 20 ℃左右时，将通风口适当关小。

第三节　设施农业湿度特点及调控技术

空气湿度有两种表示方法：一种叫绝对湿度，表示每立方米空气中所含水蒸气的克数；另一种叫相对湿度，表示空气中的实际含水量与同温度下最大含水量的百分比值，通常所说的空气湿度一般指空气的相对湿度。设施内湿度的主要特点是空气湿度大、土壤湿度容易偏高。

一、设施农业内湿度日变化特点

（一）空气湿度变化

空气相对湿度最高值出现在上午设施升温前，不通风时相对湿度通常在 95% 以上；中午当气温达最大值时，空气相对湿度降到最低值，一般在 75% 左右。

白天随着温度的升高，空气相对湿度值减小；到中午时，相对湿度值降到一日中的最低值；而夜间的相对湿度值则由于温度的下降而增大。空气的绝对湿度变化则同气温的变化规律基本一致，白天随着气温的升高，绝对湿度值也升高，到中午时达到最大值；夜间则由于气温的下降，空气中大量的水蒸气凝聚到薄膜、铁丝、立柱等物体的表面，形成露珠，而使空气中的含水量减少，一般到日出前，空气绝对湿度值下降到最低值。设施内的空气湿度变化除了受温度变化影响外，还受到以下因素的影响：

（1）土壤湿度。当土壤湿度增高时，地面以及作物向空气中散发的水蒸气也增多，故空气湿度变大。一般以浇水后的第 1~3 天内的空气湿度增大较为明显，主要表现为：薄膜和蔬菜表面上的露珠增多，温室内的水雾也较浓。

（2）植株的高度。由于植株的表面积随着植株的增高而增大，因此空气湿度也因植株散水量的增多而增大。此外，植株增高时，设施内的通风排湿效果变差，也造成了内部的空气湿度增大。

（3）薄膜表面水滴。薄膜表面水滴增多，当上午设施升温时，水滴汽化，向空气中散发的水蒸气量也增多，白天的空气绝对湿度值增大。

（4）设施规模。大型设施内的空间较大，湿度变化相对平缓，空气湿度一般较小型设施的低。

（5）覆膜种类。有色膜覆盖设施内的空气湿度一般较无色膜偏低，无滴膜覆盖设施内的空气湿度较普通薄膜低。

（二）土壤湿度变化特点

土壤湿度也有绝对湿度和相对湿度两种表示方法，生产上常用的是相对湿度表示法。与空气湿度相比，土壤湿度比较稳定，变化幅度较小。土壤湿度受设施温度、作物生长情况、空气湿度及浇水情况等的影响较大。低温期，土壤湿度容易偏高且变化较小；高温期，变化则较大，设施内各部位的土壤湿度因地温分布上的不同而有所差异。

二、设施农业内湿度调控技术

（一）空气湿度调控

1. 通风排湿

设施的通风排湿效果最佳时间是中午，此时设施内外的空气湿度差异最大，湿气容易排出，其他时间排湿时也要在保证温度要求的前提下，尽量延长通风时间。温室排湿时，要特别注意加强以下 5 个时期的排湿：浇水后的 2~3 天内、叶面追肥和喷药后的 1~2 天内、阴雨（雪）天、日落前后的数小时内（相对湿度大，降湿效果明显）和早春（温室蔬菜的发病高峰期，应加强排湿）。

2. 减少地面水蒸发

覆盖地膜，在地膜下起垄或开沟浇水，浇水后几天内，应升高温度，保持 32~35 ℃的高温，加快地面的水分蒸发，降低地表湿度。

3. 合理使用农药和叶面肥

低温期，设施内尽量采用烟雾法追肥，不用或少用叶面喷雾法。叶面追肥以及喷洒农药应选在晴暖天的 10 时后、15 时前进行，保证在日落前留有一定的时间进行通风排湿。

4. 排出薄膜表面流水

常用方法是在温室的前柱南面，拉一道高 30~40 cm 的薄膜，薄膜的下边向上折起压到南边的薄膜上，两道膜构成一排水槽，水槽西高东低，便于流水。水槽的东口与塑料管相连接，用水管把水引到温室外。

5. 减少薄膜表面的聚水量

选用无滴膜（若选用普通薄膜，应定期做消雾处理），保持薄膜表面排水流畅，薄膜松弛或起皱时应及时拉紧、拉平。

6. 升温降湿

当植株长到具有抵抗力时，浇水后棚内升温达到 30 ℃时持续 1 小时，再通风排湿，3~4 小时后棚温 25 ℃时可重复一次。此方法既可满足植株对温度的需要，又可降低空气的湿度。

（二）土壤湿度调控

第一，用高垄栽培增加地面水分的蒸发量，主要是保持适宜的土壤湿度，防止湿度长时间过高。

第二，采用膜下滴灌微喷技术，适时浇水，晴暖天设施内的温度高时浇水，低温阴雨（雪）天，温度低，不宜浇水。

第四节　设施农业气体特点及调控技术

一、设施农业中的有益气体

设施农业中的有益气体主要是二氧化碳，二氧化碳是绿色植物制造碳水化合物的重要原料之一。据测定，蔬菜生长发育所需要的二氧化碳气体最低浓度为 80~100 mL/m^3，最高浓度为 1600~2000 mL/m^3，适宜浓度为 800~1200 mL/m^3。在适宜的浓度范围内，浓度越高，越有利于蔬菜的生长和发育。

（一）二氧化碳气体浓度日变化

二氧化碳气体浓度在上午揭开草苫前达到最高值，浓度值可达 1000 mL/m^3 以上。揭开草苫后，由于蔬菜的光合作用消耗，二氧化碳气体浓度迅速下降，2 小时后开始低于温室外的二氧化碳气体浓度，到温室通风前，温室内二氧化碳气体浓度降低到一日中的最低值。通风开始后，由于温室外的二氧化碳气体进入温室内，温室内的二氧化碳浓度开始回升。但由于温室的通风量比较小，补充进的二氧化碳气体数量也有限，直到下午覆盖草苫前，温室内二氧化碳气体浓度始终低于温室外。覆盖草苫后，蔬菜的光合作用停止，温室内的二氧化碳气体浓度开始迅速回升。从覆盖草苫到 24 时前，由于温室内的温度比较高，氧气的浓度也比较高，蔬菜和土壤微生物的呼吸活动比较旺盛，放出的二氧化碳气体量也比较多，使得二氧化碳气体浓度上升较快。下半夜随着温室内温度的下降以及氧气浓度的下降，蔬菜和土壤微生物的呼吸作用减弱，二氧化碳气体的释放随之减少，浓度增加比较缓慢。到第二天上午揭开草苫前，浓度升到一日中的最高值。

（二）二氧化碳施肥方法

1. 颗粒气肥坑埋法

产品为二氧化碳增长剂、90% 的可湿性粉剂，使用时根据植株长势确定使用量，拌潮湿的细砂 15 kg 后，一次性均匀撒到潮湿的土壤上即可，有效期可达 10~15 天。苗期每亩每次 1 袋，生长期 1 次 1 袋，花期每次 3 袋，盛果期每次 4 袋。

2. 化学反应法

应用二氧化碳发生器或者简单的塑料容器，利用碳酸氢铵和稀硫酸反应或二氧化碳法施肥。此法简单易行，缺点是不安全。具体方法：在塑料桶中加入水 1 kg，然后将浓硫酸 0.7 kg 沿桶壁慢慢倒入水中，边倒边搅拌，切勿喷到身上，每桶再加入碳酸氢铵 1.05 kg，静置即可。

3. 吊袋式二氧化碳气肥发生剂

（1）吊袋式二氧化碳气肥产品形态为粉末状固体，由二氧化碳发生剂和二氧化碳促进剂组成，发生剂 110 克 / 袋，促进剂 5 克 / 袋。使用时将小袋促进剂倒入大袋发生剂内，将二者充分搅拌均匀，在袋上扎几个孔，吊袋内产生的二氧化碳不断从气孔中释放出来，供植物进行光合作用。

（2）每袋二氧化碳发生剂使用面积为 33 m^2，每亩需均匀吊挂 20 袋，一般有效期 30 天左右。使用时将两种粉料充分混合，吊挂在植物上端 50~60 cm 处。

（3）注意事项：瓜果类品种在开花前使用，每天于揭开草苫后 30~50 分钟开始，释放速度不宜过快。棚室如需放风，则应在进行完 1 小时后进行，最佳使用季节为 10 月至次年 2 月。二氧化碳发生剂使用前，棚内需通风时最好使用上通风口通风。因为二氧化碳气体密度大，向下沉降，使用下通风口通风会使二氧化碳外漏，影响使用效果。吊袋式发生剂使用 30 天后，二氧化碳气体全部释放完成，吊袋内会剩下少量黏土成分的物质，对环境不会造成任何污染。温室大棚内的湿度较大，发生剂试用期间，吊袋内会有部分积水，属正常现象，不影响使用效果。应加强田间管理。增施二氧化碳后作物生长旺盛，应加强水肥管理，增加浇水次数，适当冲施肥料，加大昼夜温差，适当控制生长，防止植株早衰。

二、设施农业中的有害气体

（一）主要有害气体及其危害

设施内的有害气体主要来自施肥（氨气和二氧化氮）、燃料（二氧化硫、乙烯等）以及塑料制品（磷苯二甲酸异丁酯等）。主要有害气体及其危害症状见表 2–1。

表 2-1 设施农业中主要有害气体及危害症状

有害气体	主要来源	产生危害的浓度 / （$mL \cdot m^{-3}$）	危害症状
氨气	施肥	5.0	由下向上，叶片先呈水浸状，后失绿变褐色干枯，危害轻时一般仅叶缘干枯
二氧化氮	施肥	2.0	中部叶片受害最重。先是叶片气孔部分变白，后除叶脉外，整个叶面被漂白干枯
二氧化硫	燃料	3.0	中部叶片受害最重。轻时叶片背面气孔部分失绿变白，严重时叶片正反面均变白干枯
乙烯	燃料	1.0	植株矮化，茎节粗短，叶片下垂、皱缩、失绿转黄脱落，落花落果，果实畸形等
磷苯二甲酸异丁酯	塑料制品	0.1	叶片边缘及叶脉间叶肉部分变黄，后漂白枯死

（二）预防措施

1. 合理施肥

有机肥要充分腐熟后施肥，并且要深施肥，不用或少用挥发性强的氮素化肥，深施底肥，不地面追肥，施肥后及时浇水等。

2. 覆盖地膜

用地膜覆盖垄沟或施肥沟，阻止土壤中的有害气体挥发。

3. 正确选用与保管塑料薄膜和塑料制品

应选用无毒的农用塑料薄膜和塑料制品，不在设施内堆放塑料薄膜或制品。

4. 正确选择燃料，防止烟害

应选用含硫低的燃料加温，并且加温时，炉膛和排烟道要密封严实，严禁漏烟；有风天加温时，还要预防倒烟。

5. 勤通风

设施内要按时通风，当发觉设施内有特殊气味时，要立即通风换气。

第五节 设施农业土壤特点及管理技术

由于农民栽培习惯以及设施农业本身不可移动的特点，设施蔬菜生产中连作现象非常普遍，土壤生物学障碍严重发生。水肥的过量投入不仅带来资源浪费问题，而且引发土壤酸化、盐渍化，导致土壤微生物群落失衡。只有合理结合栽培措施，改善根际环境和根系生长发育情况来调控根际微生物生态系统中的生物群落，使之向有利于作物生长的方向发展，才能消除土壤生物学障碍因素。通过优化水肥调控和管理措施，避免蔬菜生产体系种植结构单一、过量肥料投入等所带来的土壤氮、磷富营养及其对环境造成的潜在危害。

一、土壤酸化

（一）症状表现

土壤酸化是指土壤的 pH 值明显低于 7.0，土壤呈酸性反应的现象。土壤酸化对作物的影响很大，主要表现为以下几个方面：

（1）直接破坏根的生理机能，导致根系死亡。

（2）降低土壤中磷、钙、镁等元素的有效性，间接降低这些元素的吸收率，诱发缺素症状。

（3）抑制土壤微生物活动，肥料的分解转化缓慢，肥效低，易发生脱肥。

（二）发生的原因

引起土壤酸化的原因比较多，其中施肥不当是主要原因。大量施用氮肥，会导致土壤中积累较多的硝酸。此外，过多地施用硫酸铵、氯化铵、硫酸钾、氯化钾等生理酸性肥也能导致土壤酸化。

（三）改良技术

（1）增施充分腐熟的有机肥料或采用秸秆生物反应堆技术施入大量的有机肥料，不仅能增加土壤的有机质含量，提高土壤对酸化的缓冲能力，使土壤的 pH 值升高。而且能增加土壤有效养分，改善土壤结构，并能促进土壤有益微生物的活动，抑制蔬菜病害的发生。

（2）测土配方，合理施肥。按土壤、作物需求进行测土配方施肥，降低化肥的施用量，能有效地防止土壤酸化。

（3）施入生石灰。将生石灰施入土壤中可中和酸性，提高土壤的 pH 值，直接改良土壤的酸化状况，并且能为蔬菜补充大量的钙。

（4）覆盖栽培，减轻淋溶。在蔬菜生产中进行覆盖栽培（地膜覆盖和草覆盖），可减轻降水对土壤的冲刷，降低土壤中碱性盐的淋溶，是防止土壤酸化的有效措施。

（5）使用土壤调理剂，每亩 100~200 kg。

二、土壤盐渍化

（一）症状表现

土壤盐渍化是指土壤溶液中可溶性盐的浓度明显过高的现象。当土壤发生盐渍化时，植株生长缓慢、分枝少，叶面积小、叶色加深，无光泽，容易落花落果。危害严重时，植株生长停止，生长点色暗，失去光泽，最后萎缩干枯。叶片色深，有蜡质，叶缘干枯卷曲，并从下向上逐渐干枯脱落，落花落果，根系变褐色坏死。土壤盐渍化往往会大规模造成危害，不仅影响当季生产，而且过多的盐分不易清洗，残留在土壤中，对以后作物的生长也会产生影响。

（二）发生的原因

（1）施肥不当，尤其超量施用 KCl、$(NH_4)_2SO_4$、K_2SO_4 等化肥。

（2）沙质土壤、黏性土壤缓冲能力弱，易盐渍化。

（3）保护栽培年限越长，土壤盐渍化越重。

（三）改良技术

（1）合理施肥。包括调整施肥量，改进施肥方法，选择肥料品种等，其中最重要的是调整施肥量，可选用长效或可控释肥料，也可施用半腐熟有机肥，以肥压盐。

（2）阻止土壤水分向上运动的通道形成。可采取地膜覆盖、秸秆覆盖等方法，防止盐分随水分蒸发积聚于表土。比较实用的防止措施是：合理用水，灌水洗盐。在夏秋季节，宜在蔬菜收获后，深翻起垄，揭去薄膜，让雨水淋洗，并深挖保护地周围的排水沟，使耕层多余盐分随水排走。

（3）轮作倒茬。不同的蔬菜作物对盐害的敏感度不同，轮作倒茬时，根系发达、需肥量大的蔬菜能吸走较多的盐分。在作物行间套种生长速度快的蔬菜，如苋菜等，也能在一定程度上抑制返盐和吸走盐分。

（4）种植吸盐作物。对于建棚时间长、盐渍化严重的土壤，可种植一茬吸盐的苏丹草、盐蒿、禾本科之类植物，能有效降低盐分。

（5）客土改造。经多年保护栽培，土壤表层盐渍化严重，可采用客土改造的方法来改良盐渍化现象。客土改造只换土表层至 15 cm 的土壤。

第六节　设施蔬菜栽培叶面施肥技术

蔬菜叶面施肥，就是用富含速效养分的肥料，掺水稀释至一定的浓度，喷洒在蔬菜的茎、叶、果实上。实践证明，蔬菜叶面施肥能迅速补充作物所需的营养元素，克服作物因缺乏营养元素而引起的缺素症（特别是微量元素，作物吸收利用少，在土壤中施用易被固定或分解）。但叶面追肥只能作为土壤施肥的补充，而不能替代土壤施肥。一般每亩花费 1~2 元肥料成本，可增收上百元，增产增收效果显著。

一、根外追肥常用的肥料种类及浓度（表 2-2）

表 2-2　根外追肥常用的肥料种类及浓度

肥料名称	使用浓度	肥料名称	使用浓度
尿素	0.20%~0.50%	氯化钙	0.30%~0.50%
磷酸二氢钾	0.20%	硫酸锰	0.10%~0.20%
硫酸镁	1.0%~2.0%	硫酸锌	0.20%
硫酸铁、氯化铁	0.10%~0.20%	钼酸铵、钼酸钠	0.01%~0.03%
硼酸钠	0.50%~1.0%	硫酸铜	0.02%~0.05%

二、设施蔬菜叶面施肥的一般原则

叶面施肥技术作为保护地蔬菜栽培的一项辅助措施，在具体施肥技术、时间、营养液种类和浓度等许多方面有一定的条件要求。

（1）要根据蔬菜的类型进行叶面施肥。不同蔬菜对叶面施肥的要求是不相同的，一般果实类蔬菜对磷、钾的需求量比较大，结果期叶面施磷、钾肥效果比较好；叶菜类蔬菜对氮的需求比较大，叶面补施氮肥效果比较好。

（2）根据蔬菜的缺肥情况进行施肥。叶面施肥对防治蔬菜缺肥症效果最为明显。因此，当蔬菜表现出缺肥症状时，应及时根据缺肥情况进行叶面补肥。蔬菜常见缺肥症状如下：

缺氮症：蔬菜基部的叶片首先整叶变黄（干旱引起的叶片变黄，是全株叶片同时变黄）或色变淡，并逐渐干枯死亡；新叶窄小、叶薄，生长缓慢，色泽淡绿；植株矮小，茎秆细弱，分枝少，侧芽容易枯死；落花落果严重，果实生长缓慢，色浅，果形变小，畸形果增多；植株长势弱，抗性差，易发病；生产时间短，产量低，品质差。

缺钾症：植株的基部老叶尖端和边缘变黄，并逐渐干枯，焦干成褐色，但叶脉两边和中部仍保持绿色；缺钾严重时，植株的中上部大部分叶片也发生干尖和干边；茎秆细长，易倒伏，有时出现坏死斑；果实发育不良，容易长成畸形果，品质降低；植株长势弱，抗病能力差，容易早衰，产量低。

缺磷症：植株生长缓慢，茎秆细弱，分枝少或不分枝；根系发育不良，生根少，根系不发达；叶片色深无光泽，叶柄变紫色，有些蔬菜的叶子甚至也变为红色或紫色，易落叶；果实味淡，着色不良，果肉软，成熟缓慢；苗期缺磷时，易形成小老苗。

缺钙症：植株生长缓慢，上部嫩叶色变黄，叶变形，初期呈钩状，后从叶尖和叶缘向内坏死；顶芽发育不良，严重时溃烂死亡；茎粗大，富含木质；根尖易发生溃烂坏死。

缺镁症：多发生于蔬菜的生长中后期，主要表现为老叶的叶脉间失绿变黄，有时从叶缘开始黄化，严重时整叶只剩叶脉以及两侧为绿色，其他部分全部失绿变黄。

缺硼症：首先是心叶和花、果实上表现出症状，前期表现为新叶和顶梢停止生长，幼叶畸形、皱缩，叶脉间出现不规则的褪绿；下部老叶加厚，叶和茎变脆；缺硼严重时，生长点坏死，整个植株矮小；开花和结果明显受到抑制，落花落果或花而不实，结果少，果实肉部出现坏死斑点；根细长，根尖坏死。

缺铁症：一般幼叶首先表现出症状，叶脉间失绿，呈清晰网纹状；严重时幼叶全部变为黄白色，而老叶仍为绿色。

缺锰症：一般幼叶上首先表现出症状，幼叶的叶脉间失绿黄化或呈淡黄色；缺锰严重时，叶脉间产生黑褐色小斑点，并逐渐增多扩大。

三、设施蔬菜叶面施肥注意事项

（1）用微量元素进行根外追肥时必须慎重，因为作物对微量元素的需求量很小，从缺乏到过量之间的变化幅度较小，微量元素的缺乏或过量都会造成作物生理失调，使用前应根据作物的症状或通过定量分析加以确诊，使用时也一定要注意使用量。

（2）叶面施肥时最好采用雾化性能较好的工具，以提高肥料溶液的雾化程度，增加肥料与作物的接触面积，提高肥料的吸收率。

（3）喷洒时间最好选择在下午进行，防止强光高温使肥料溶液迅速变干，降低吸收率甚至引起药害。一般溶液在叶片上湿润时间能达到30~60分钟，养分吸收速度快，吸收量大。

（4）从叶片的结构来看，叶背面大多是海绵组织，比较疏松，细胞间隙较大，多气孔，营养液通过比较容易。因此在叶面追肥时，应尽可能喷洒到叶片的背面，以提高吸收速度，提高肥料的利用率。

（5）叶面追肥可与杀虫剂、杀菌剂配合使用，以降低生产成本。也可在肥料溶液中加入适量的湿润剂，降低溶液的表面张力，增大与叶片的接触面积，提高肥效。

第七节 微生物肥料种类及应用技术

微生物肥料是一类含有活微生物，施入土壤后能以其生命活动促使作物产生特定的肥料效应，进而使作物生长茁壮或产量增加的一类制品。它本身并不含有植物生长发育所需要的大量营养元素，而是含有大量的有益微生物，在土壤中或植物体上通过微生物的生命活动改善作物的营养条件，固定大气中的氮素或者活化土壤中某些无效态的营养元素，从而促进作物生长，并使环境中的养分潜力得以充分发挥，为作物生长创造一个良好的土壤微生态环境。

一、微生物肥料的功效特点

（一）改良土壤

（1）通过有益菌的大量繁殖，在植物的根系周围形成优势种群，抑制其他有害菌的生命活动。

（2）快速分解土壤有机物质，促进土壤团粒的形成，且通过有益菌的活动疏松土壤，使土壤的保肥、供肥、保水、供水及透气性都得到很好的调节。

（3）分解土壤中的残留农药，避免残留农药对下季作物产生药害，并对植物生长过程中通过根系排放的有害物质进行分解。

（二）固氮、解磷、解钾

能够利用空气中的氮，通过有益菌生长代谢产生相应的酶和酸，对土壤中难溶性的磷、钾肥（土壤中难溶性磷肥占95%，难溶性钾肥占98%）进行分解，从而成为植物所能吸收的磷、钾肥。其能够大大提高肥料的利用率，从而减少肥料的施用。

（三）提高作物品质

能促使土壤中微量元素的释放，被作物所利用，同时有益菌代谢产生植物所需的多种物质，如小分子氨基酸、生长刺激物质、维生素等。

（四）具有生物防治病害的效果

灌根可抑制土壤中的病菌生长和繁殖，喷到叶面可防止病害的入侵。

（五）调节植物生理过程，改善土壤理化性质

微生物肥料可以促进作物生根、出苗、提早成熟，提高作物的抗逆性，使作物具有抗病、抗旱、抗倒伏的特性。由于土壤理化性质得到改善，土壤养分丰富且平衡，土壤中肥料能够更好地被作物吸收，因此其能够促进作物早熟和延长采收期。

（六）安全性强

微生物肥料不会对作物产生毒副作用，生物菌在土壤中的增殖代谢过程中，能产生赤霉素及其他活性物质等，可调节自身生理过程。微生物肥料本身无毒、无残留，且能分解残留在土壤中的化肥、农药，净化环境。

二、微生物肥料种类

（一）按照作用划分

（1）有固氮作用的微生物肥料。包括根瘤微生物肥料、固氮微生物肥料以及固氮蓝藻等。

（2）分解土壤有机物的微生物肥料。包括有机磷细菌微生物肥料和复合细菌微生物肥料。

（3）分解土壤中难溶性矿物的微生物肥料。包括硅酸盐细菌微生物肥料、无机磷细菌微生物肥料等。

（4）促进作物对土壤养分利用的微生物肥料。包括菌根菌微生物肥料、碳能有机微生物肥料等。

（5）抗病及刺激作物生长的微生物肥料。包括抗生微生物肥料、增产微生物肥料等。

（二）按照微生物种类划分

（1）根瘤菌肥料。能在豆科植物上形成根瘤（或茎瘤），同化空气中的氮气，供应豆科植物的氮素营养。

（2）固氮菌肥料。在土壤和很多作物根际中同化空气中的氮气，供应作物氮素营养，又能分泌激素刺激作物生长。

（3）磷细菌肥料。能把土壤中的难溶性磷转化为作物可以利用的有效磷，改善作物磷素营养。

（4）硅酸盐细菌肥料。能对土壤中云母、长石等含钾的铝硅酸盐及磷灰石进行分解，释放出钾、磷与其他灰分元素，改善作物的营养条件。

（5）复合微生物肥料。含有上述（解磷、解钾、固氮）微生物或其他经过鉴定的两种以上互不拮抗的微生物，通过其生命活动，增加作物营养供应量。

三、设施农业生产中微生物肥料施用原则

设施农业生产是在人工创造的相对密闭条件下进行的，施用肥料过勤、量过大，会造成土壤板结、瓜菜烂根、植株萎蔫等现象。要想改变上述不良现象，就要注意改良土壤，注意微生物肥料的施用。微生物肥料在施用过程中，必须注意以下几个要点：

（1）注意田间实际状况。对于含硫量高的土壤，不宜施用微生物肥料，因为硫能杀死生物菌。

（2）微生物肥料是一种活性菌，施用时必须埋于土壤中，不能撒施于地表，一般深施 7~10 cm。作种肥时，施于种子正下方 2~3 cm 处；作追肥时，尽量靠近根系为好；叶面喷施时，应在 15 时后进行，并喷施于叶的背面，防止紫外线杀死菌种。

（3）注意棚温、地温和水温。施用微生物肥料的最佳温度是 25~37 ℃，低于 5 ℃或高于 45 ℃，施用效果较差，高温、低温、干旱条件下的农作物田块不宜施用。

（4）注意不能和其他农药混用，防止活菌被杀死而降低肥效，不要与杀菌剂、杀虫剂、除草剂和含硫化肥（如硫酸钾）等以及稻草灰混合用，因为这些药或肥很容易杀死生物菌。施用时，若施的微生物肥料与防病虫、除草的药剂相矛盾，可先施微生物肥料，隔 48 小时或更长时间再打药除草。若拌种，不要和已拌好杀菌剂的种子混合使用。

（5）注意与其他肥料配合使用。微生物肥料除固氮菌外不能提供大量的速效养分，只能作为一种辅助性肥料，更不能取代有机肥和化肥，因此其他肥料的配合是必不可少的。

（6）注意因时制宜。微生物肥料不是速效肥，所以，在作物的营养临界期和大量吸收期前 7~10 天施用效果最佳。同时对不同作物或同一作物的不同时期，要选用不同的施用方法，作物叶背茸毛的多少、叶片蜡质的厚薄都会影响其使用效果。

四、目前生产上应用的主要微生物肥料种类简介

（一）酵素菌肥

酵素菌是由细菌、放线菌、酵母菌、丝状菌组成的能够产生多种催化分解酶的有益微生物群体，它能够产生几十种活性很强的酶。酵素菌具有很强的好气发酵分解能力，既能分解各种作物秸秆、树皮、锯末等，又能分解化肥、农药等化学物质，还可分解页岩、沸石、膨润土等矿物质，使之在短时间内转化成为可供植物利用的有效成分。

1. 酵素菌肥的种类

酵素菌肥可分为酵素菌堆肥、土曲子、酵素菌多种粒状肥、液体肥料和叶面喷肥。根据其功能和施用方法，也可分为土壤改良类（酵素菌堆肥、土曲子）、土壤施肥类（酵素菌多种粒状肥、液体肥料）和叶面施肥类（叶面喷肥），这 3 种酵素菌肥被称为酵素菌技术三大支柱。

2. 酵素菌肥的施用技术

（1）酵素菌堆肥是将秸秆用酵素菌的扩大菌发酵而成，一般用量为每亩 3~6 m^3，在作物播种或定植前施入田里。

（2）土曲子一般用量为每亩 200~300 kg，要均匀地施入耕层土壤中，避免直接撒施地

表。

（3）酵素菌多种粒状肥用量一般为每亩 100~200 kg。

（4）液体肥料是用菜叶、青草等绿色植物加入米糠、豆饼、扩大菌和水发酵而成的。其用法为：取出发酵液稀释 100~200 倍在根际浇施或随水灌施，用量一般为每亩 30 kg，一缸原料可连续取液加水发酵 3 次。

（5）酵素菌叶面喷肥由凉开水、大豆、扩大菌、红糖的混合料发酵而成，用法是使其滤液稀释 100 倍喷于作物上，起到增加营养和防治作物病害的作用。

酵素菌肥是配套技术，各种类酵素菌肥配套施用效果较佳。一般大棚蔬菜应该亩施用酵素菌堆肥 4 m^3，底肥应该亩施用土曲子 200~300 kg、高级粒状肥或鸡粪粒状肥 100~200 kg，作物生育中期，配合施用液体肥料及叶面喷肥效果最佳。

（二）奥克微生物土壤调理剂

奥克微生物土壤调理剂，是根据国际先进的土壤微生物理论，采用日本先进技术分离出来的分解能力超强的酵母菌和乳酸菌等微生物以及多种有益矿物成分。其主要功能是疏松土壤，促进作物根系发育，提高作物抗病抗逆性，改善和提高作物品质，促进早熟和增产。可以应用在蔬菜、大田、果树、花卉等各种作物上，采用叶面喷施、拌种、浸根、灌根及浇灌、冲施等多种施用方法。本品为酸性，不得与波尔多液等碱性农药或碱性叶面肥料同时施用；它是土壤和植株调理剂，不能代替大量元素和中量元素，因此必须在正常施有机肥和化肥的基础上施用。

（三）生物钾肥

生物钾肥是一种新型的增产剂，即硅酸盐菌剂。它有两种剂型：一是草炭剂型，外观为黑色粉状固体，湿润松散，含水 30% 左右；另一种是液体剂型，乳白色，混浊，有微酸味。据资料介绍，每亩施生物钾肥 1 kg 比每亩施硫酸钾 15 kg、氯化钾 15 kg 或过磷酸钙 30 kg 增产效果显著，且能培肥地力，对土壤无污染。生产实践表明，施用生物钾肥应注意以下几点：

（1）注意土壤条件。生物钾肥在有机质、碱解氮和速效磷丰富的壤质土地上施用效果好。

（2）注意水利条件。有灌溉条件的水浇地，施用生物钾肥增产效果明显。试验结果证明，在高水肥、高氮磷的田块使用生物钾肥，能平衡氮、磷、钾的供应，农作物增产幅度大。

（3）优先施用于上下茬复种、喜钾作物上。

（4）存放和使用生物钾肥时，不能在阳光下曝晒，施用时要当天拌种当天播完。

（5）生物钾肥用于追肥，可以与尿素、硝酸铵、硫酸铵、硫酸钾、氯化钾等化肥混合使用。但是要现混现用，不宜存放，切不可与草木灰等碱性物质混合使用。

（6）注意早施。在整地以前，基施、拌种、蘸根、移苗时施用效果较好；如果是追肥，宜在苗期早追。

（7）提倡近施，就是要把生物钾肥施在根周围，越近越好。

（8）注意施匀，这样才有利于菌剂作用的充分发挥。

（四）EM 菌肥

EM 是有效微生物群（Effective Microorganisms）的英文缩写，切碎的农作物秸秆上喷施 EM 菌液，成堆后经 8~10 天中温发酵而成的生物肥料就是 EM 菌肥。其起核心作用的是光合菌群，能产生抗氧化物质，消除腐败，消除氧化物质，抑制病原菌，增强或形成适于植物生长的良好环境，可产生大量有益于植物吸收的物质，提高植物的免疫功能，促进植物健康生长。

第八节　设施蔬菜膜下软管微喷灌技术

设施蔬菜膜下软管微喷灌系统利用铺在作物根系地表的塑料薄膜下的微灌带，将水均匀喷洒在根系土层内，不产生大量积水乱流现象。这种方式不仅节约了用水，而且减少了水分的蒸发。

一、部件组成

设施蔬菜膜下软管微喷灌系统包括供水设备、输水管、微喷带、专用接头、吸肥器、过滤网、三通、堵头等部件。

二、安装要点

（1）安装前准备。首先施足底肥，防止后期脱肥，然后平整要铺设微喷带和输水管的畦面或地面，避免出现凸凹而给软管输水带来困难。

（2）安装主管。在水源与输水管的接口处安装过滤网，防止水中杂质进入，然后铺设输水管并在前部与吸肥器连接，做到水肥并施，顺畦延伸到前屋面底端。由于棚室中水源一般在中部，所以利用三通变相，延伸到底端贯穿整个棚室。

（3）布置微喷带。在畦面（或垄间）铺设微喷带，将其尾端封住，微孔向上，据微喷带的位置用剪刀剪出相应的安装孔。

（4）安装接头。将与安装孔数量相等的内接头从输水管两端塞入管内，依次移至各孔处挤出，套上胶垫，拧紧外接头。

（5）连接微喷带。将微喷带放在接头尾部的套圈内，用力套在接头上，整理水管并拉直，再覆上地膜，并将输水管尾部封死，另一头与水源连接即可使用。

三、注意事项

（1）定期对节水灌溉设备进行检修和养护，发现损坏要及时更换。保持各部件清洁，特别是要经常检查并清洗过滤器，防止微喷孔堵塞，影响使用效果。

（2）施肥用药时要将肥料与农药充分溶解并滤去杂质，以保持微喷灌系统正常运转。最好在出肥口装置纱网过滤，防止阻塞，以使系统发挥良好的功效。

（3）打开阀门前要先拉直各软管，再打开阀门灌满管后检查各软管孔是否堵塞；如堵塞，用手捏一下，使其通畅，提高浇灌效果。

（4）按作物种类、生育期等需水量控制供水量，避免灌水量过大，使系统起不到应有的作用。

四、滴灌的优点

（1）实施膜下滴灌，可大大减少植株间水分的蒸发，与传统的大水漫灌相比，节水率达 50%。

（2）提高肥效。软管微喷灌技术使底肥追肥集中，水在土壤中渗透缓慢，避免了养分流失。随水追肥有利于作物均匀吸收养分和水分，进而提高肥料的利用率。

（3）改善土壤的理化性能。软管微喷灌技术使给水时间长、速度慢，土壤疏松、容重小。土壤孔隙适中，减轻了土壤的酸化和盐化程度，为作物正常生长创造了良好的土壤环境，使作物长势均衡，一致性好。

（4）能有效地提高棚室内地温和气温。与畦灌相比，地温可提高 3~6 ℃，气温提高 1~3 ℃，有效地促进了作物的生长发育和产量的提高。

（5）减轻病虫害侵染机会。软管微喷灌技术给水缓慢均匀，加上地膜覆盖，土壤内水分蒸发系数极小，空气相对湿度降低 23% 以上。叶面保持干燥时间长，有效地减少了各种病原菌的侵染，防止了各种病害的发生。

（6）增产增收。软管微喷灌技术使温室大棚保水、保肥、施药效果好，作物供肥、供水均衡，生长整齐，可防止后期脱肥及病虫害的发生。亩增产达到 20%，可提高产品产量和质量，增加农民经济收入。

（7）投资少、省时、省工。喷灌中输水管和微喷带均应由可压成片状盘卷的薄壁塑料软管制成，这是目前国内微灌产品价格最低的一种，每亩投资仅 400 元左右。软管微喷灌给水既减少了工时，也避免了水资源的浪费。

第九节　设施农业频振式杀虫灯应用技术

应用灯光诱杀或诱捕害虫是无公害防治多种作物害虫的有效技术。随着我国蔬菜无公害生产不断推进，根据害虫趋性，采取相对应的诱捕、诱杀方法防治害虫技术，已经在许多蔬菜基地示范应用。其中，灯诱技术应用面积相对较大。近几年，该技术在我国部分地区甜菜夜蛾、斜纹夜蛾、草地螟、多种金龟子等重要害虫暴发成灾，而化学药剂不能有效防治的情况下，发挥了积极作用，并显现了良好的应用前景。

一、频振式杀虫灯的功能

（1）诱杀害虫的种类多。频振式杀虫灯诱杀的害虫主要有鳞翅目、鞘翅目等 7 个目 20 多科 40 多种害虫，尤以鳞翅目、鞘翅目、直翅目、半翅目的害虫数量居多，其中鳞翅目占诱杀总量的 69.8% 以上，斜纹夜蛾、棉铃虫、甜菜夜蛾、甘蓝夜蛾、地老虎、烟青虫等夜蛾科害虫又占鳞翅目害虫的 75.2%（表 2–3）。

表 2-3　频振式杀虫灯诱杀害虫主要种类表

目	科	种
鳞翅目	夜蛾科	斜纹夜蛾、甜菜夜蛾、地老虎、烟青虫、棉铃虫、甘蓝夜蛾、银纹夜蛾
	菜蛾科	小菜蛾
	螟蛾科	玉米螟、菜螟、豆荚螟、瓜绢螟
	卷叶蛾科	大豆食心虫、大豆卷叶蛾
	天蛾科	豆天蛾、甘薯天蛾
鞘翅目	金龟甲科	铜绿丽金龟子、黑绒金龟
	天牛科	豆天牛
	象甲科	大猿叶甲、象甲
半翅目	网蝽科	梨花网蝽
	盲椿科	绿盲蝽
直翅目	蟋蟀科	蟋蟀
	蝼蛄科	蝼蛄

（2）诱杀害虫的数量大。试验结果表明，平均每天每盏灯诱杀害虫几百到几千头。

（3）减少药剂防治的次数和用药量。试验结果表明，在管理中使用频振式杀虫灯比常规管理每茬减少用药 2~3 次，用药量也相应减少，有利于减轻农药对蔬菜和环境的污染。

（4）益害比低。据统计，频振式杀虫灯诱杀的益害不大于 1∶98.5。应用频振式杀虫灯益害比低，对天敌的伤害小。

（5）使用成本低。普通型号的频振式杀虫灯每晚耗电 0.125 kW · h，仅为高压汞灯的 2.35%。

（6）操作方便。使用普通型号的频振式杀虫灯只需每天早晚关灯、开灯即可。如选用光控型频振式杀虫灯，将更为方便。

二、频振式杀虫灯主要使用技术

（一）布局方法

一是棋盘状布局。一般在实际安装过程中，棋盘状布局较为常见，因其在野外顺杆跑线，再进行分线布灯，便于维护、维修。为减少使用盲区，安装时还应呈梅花状错开。二是闭环布局。主要是在某块危害严重的区域使用，以防止虫害扩散。无论采用哪种方法，都要以单灯辐射半径 80~100 m 来安装，以达到节能治虫的目的。使用时将灯吊挂在高于作物的牢固物体上，接通交流电源，放置在害虫防治区域。频振式杀虫灯在蔬菜生产中的使用时间为 5—10 月，每天 8~10 小时。

（二）架线要求

根据所购杀虫灯的类型，选择好电源和电源线，然后顺杆架设电线，线杆位置最好与灯的布局位置相符。没有线杆的地方，可用长 2.5 m 以上的木杆或水泥杆，按杀虫灯布局图分配好，挖坑埋紧，然后架线；绝不能随地拉线，以防止发生触电伤亡事故。

（三）电源要求

每盏灯的电压波动范围要求在 ±5% 之内，过高或过低都会使灯管不能正常工作，甚至造成毁坏。如果使用的电压为 220 V，离变压器较远，且当每条线路的灯数又较多时，为防止电压波动，最好采用三相四线，把线路中的灯平均接到各条相线上，使每盏灯都能在正常电压下启动工作。另外，需要安装总路闸刀，可以方便挂灯、灯具维修以及根据需要开关灯具。

（四）挂灯要求

在架灯处竖两根木桩和一根横杆，用铁丝把灯上端的吊环固定在横杆上；也可以用固定的三角架挂灯，这样会更加牢固。挂灯高度以 1.2~1.5 m 为宜。对于有林带相隔的农田，应在接近林带的地边布灯，同时也要适当提高这些灯的架灯高度，以便诱杀田外的害虫。为防止刮风时灯具来回摆动造成损坏，应用铁丝将灯具拴牢拉紧于两桩上或三角支架上，然后接线。接线口一定要用绝缘布严密包扎，避免漏电，发生意外事故。在用铜铝线对接时要特别注意，防止线杆受潮氧化，导致接触不良而不能正常工作。频振式杀虫灯安装完毕后，要保存好包装箱，以备冬季或变更布灯位置时收灯使用。

（五）管理使用

频振式杀虫灯宜以村为单位安装，并进行集中管理和使用。每村应安排一名专职灯具管理员，具体负责灯具电源开关、灯具保管、灯具虫袋清理、电网虫源清除等工作。

第十节　设施农业黏虫色板应用技术

设施农业黏虫色板及防虫网综合利用能达到控制害虫数量、减少病害发生的目的。黏虫色板诱杀技术是利用昆虫对颜色的趋性，诱杀农业害虫的一种物理防治技术，可诱杀蚜虫、温室白粉虱、烟粉虱、美洲斑潜蝇、蓟马等小型害虫，与化学防治相比具有使用方法简单、绿色环保等优点。

一、黏虫色板的种类和作用

（一）色板种类

根据诱集诱杀害虫的需要，目前色板的种类主要有两种。即黄板和蓝板。黄板用途较广泛，可诱捕杀灭蚜虫、温室白粉虱、烟粉虱、美洲斑潜蝇、部分蓟马等害虫的成虫，而蓝板目前仅用来诱杀西花蓟马、花蓟马、棕榈蓟马等。从制作色板材质区分，有塑料的、尼龙的、PP 板材质的、木质的、纸质的。

（二）作用

主要用来诱捕杀灭蚜虫、温室白粉虱、烟粉虱、美洲斑潜蝇、蓟马和一些其他害虫，因多种蔬菜病毒病由小型害虫传播，因此杀灭传毒介体，可有效控制病毒病的发生与蔓延。此法不使用任何农药防治害虫，不造成害虫抗药性，对蔬菜产品和生产环境不形成农药残留污染。

二、黏虫色板的技术原理及使用方法

（一）技术原理

据统计，这些害虫多数对不同光波、颜色、特异性物质具有趋性，色板诱杀就是利用害虫的趋性来诱捕杀灭害虫的物理防虫技术。其经济有效，符合现代生态农业可持续发展要求。经试验研究，黄板以橙黄色板诱集效果最好，金黄和中黄色次之；蓝板以略显荧光的深蓝色板诱集效果最好。

（二）使用方法

用竹（木）细棍支撑将其固定，或采用细线（铁丝）悬挂，棋盘式分布，密度以每亩 20~25 块板为宜，高度以高出蔬菜生长点 5~10 cm 为宜。当色板黏虫胶失去黏性，要随时更换。

（三）注意事项

（1）色板最好在害虫发生前期或初期、害虫数量极少时使用，此时诱集捕杀效果好，虫口密度容易控制，可以有效预防由害虫传播的病毒病；害虫数量较大时，使用效果不佳。此外，在栽植前要安装防虫网，并对整个温室进行熏蒸消毒，杀灭室内病虫源，这样才能更好地发挥黏虫板的作用。

（2）使用色板期间，最好根据蔬菜的生长不断调节高度，使色板始终高于蔬菜生长点，以便于诱捕害虫。

（3）一定要保证色板在田间的设置密度，因为害虫的飞翔能力和距离是有限的，是通过多次飞翔到达色板被诱捕的；色板太少，害虫不能到达，就诱捕不到。

第十一节　设施农业利用反光幕增温补光技术

反光幕属于设施农业蔬菜生产的辅助设施，冬春季节在设施农业栽培畦的北侧或靠后墙部位张挂反光幕，有较好的增温补光作用。

一、主要特点和作用

反光幕是聚酯镀铝膜，幅宽 1 m，两幅聚酯镀铝膜连接起来可形成 2 m 高的反光幕。当太阳光照射到反光幕，然后反射到 3 m 范围内的地面和作物上，可增加光照 5000 lx，增光率为 33%，提高地温和气温 2 ℃左右。距离反光幕越近，增光越多，温度也越高。

利用反光幕可营造日光温室小气候，减少作物病虫害，提高作物产量和品质。日光温室前部低矮，空间小；后部空间大。前部白天光照强，温度高；后部白天光照弱，温度低。前部昼夜温差大，对作物生长有利，产量高；后部昼夜温差小，作物容易徒长，产量低。反光幕遮住了后墙，减少了蓄热量，不但白天光照增强，昼夜温差也加大，将后部蔬菜的增产潜力挖掘出来，一般可使蔬菜增产 10%~20%。反光幕有避蚜作用，既可减少蚜虫危害，又可减少蚜虫传播的病毒病。反光幕使光照强度增加，气温升高，空气湿度降低，可明显减少气传病害的发生。

二、主要技术方法

张挂聚酯镀铝膜反光幕的方法有 4 种：单幅垂直悬挂法、单幅纵向粘接垂直悬挂法、横幅粘接垂直悬挂法、后墙板条固定法。生产上多随温室走向，面朝南，东西延长，垂直悬挂。张挂时间一般在 11 月中上旬到翌年的 3 月中下旬，叶菜类、青椒、番茄延至 4 月中下旬。反光幕的张挂步骤如下（以横幅粘接垂直悬挂法为例）：按温室的东西延长线剪下相应长度的聚酯镀铝膜 2 幅，将其用透明胶布固定为一体；在温室中柱以北东西拉 16 号铁线 1 根（固定反光幕用），将幕布上端折回，包合铁丝，用曲别针或透明胶布等固定，形成自然下垂的幕布；反光幕的下边卷入塑料绳，两端钉木桩拴塑料绳固定，使反光幕与地面保持 75°~85° 角为宜。

三、使用时注意事项

（1）在靠近反光幕的地方，定植秧苗初期适当多浇水，以防灼苗。

（2）育苗床、架床和苗畦要距离反光幕 50 cm，避免因过近而灼苗。

（3）反光幕在蔬菜定植前即可挂出，蔬菜收获后应及时收藏。将收藏的反光幕放在干燥通风处保管，使用寿命可达 3~4 年。

（4）反光幕是一种镀铝膜，不可用抹布直接擦或水洗，以免影响反光效果及使用寿命。

第十二节 “四位一体”设施农业生态模式建设及应用技术

“四位一体”设施农业生态模式是以土地资源为基础，以太阳能为动力，以沼气建设为纽带，通过生物能转换技术，在农户庭院或田园，将沼气池、畜（禽）舍、厕所、日光温室组合在一起，从而在同一块土地上实现积肥、产气同步，种植、养殖并举，能流、物流循环、能源综合利用的高效能模式。

一、农村能源生态模式的基本结构

日光温室西侧或东侧建一个 20 m^2 的畜（禽）舍（猪舍效果最好）和一个 2 m^2 的厕所，畜（禽）舍下部为一个 8~10 m^3 的沼气池。饲养的畜（禽）可以为日光温室增温并为农作物提供二氧化碳气肥，农作物光合作用又能增加畜舍的氧气含量，而粪便发酵产生的沼气、沼液和沼渣可以被广泛用于农业生产和农民生活中。这样各组成部分相互作用、相互依存，形成一个能流、物流良性循环的小生物圈。

二、沼气池建设

（一）沼气池位置选择及池容大小确定

沼气池应位于畜（禽）舍下部，沼气池、厕所、畜（禽）舍要实现“三连通”，以便于自流进料和出料。池容与养殖量匹配：以 8 m^3 的沼气池为例，常温发酵 1 头奶牛（普通年 2 头）、6 头猪或 150 只鸡的粪便量即可满足沼气池正常运行。

（二）备料

建一个 8 m^3 的沼气池需要水泥 1000 kg、沙子 2 m^3、红砖 600 块、陶瓷管（直径 20~30 cm）1~2 根、钢筋（直径 14 mm）1.2 m。如果建 10m^3 沼气池，其水泥、砖、沙子等用料再增加 10%。

（三）放线

挖坑是保证建池质量的第一关，必须按规定尺寸施工，放线要求：画出总体平面；画出温室、畜（禽）舍面积，畜（禽）舍在东侧或西侧；画出“模式”宽度中心线；在畜（禽）舍内侧找出池的中心点 O，以 O 为圆心，以池的半径加 6 cm 为半径画圆，确定池的位置；确定进料口、出料口位置。要在“模式”宽度中心线上确定进料口中心点和位于日光温室内的出料口中心点，用白灰做好标记。池坑要规圆、上下垂直，因为在混凝土浇筑时，会用池坑的内壁作为外膜、用砖做内膜进行池墙浇筑，如果池坑挖得不圆或上下不垂直，就会浪费混凝土。

（四）利用混凝土浇筑

沼气池一般采用组合式建池。所谓组合式建池，就是池底、池墙、水压间下部采用混凝土整体现浇，池拱盖及水压间上部采用砖砌。在现浇拌制混凝土时，必须控制水灰度比不大于 0.65，沙子中泥土含量不大于 3%，云母含量不大于 0.5%，碎石中最大料径不大于 3 cm，泥土含量不大于 2%。混凝土浇筑工序必须连续进行，间断时间不得超过 1 小时，浇筑时必须振捣密实，防止出现蜂窝麻面现象。施工顺序如下：砌筑出料口通道——池墙及水压间下部的浇筑——池拱盖的施工——池底施工——沼气池密封（专业人员施工）。

（五）沼气池养护

用混凝土浇筑的每个部位都要进行养护，要求在平均气温大于 5 ℃条件下自然养护。外露混凝土应加盖草苫浇水养护，养护时间为 7~10 天。春秋要注意早晚防冻，为达到养护目的，在沼气池密封处理以后要把出料口、进料口、池顶口用薄膜盖严。

（六）沼气池试水试压

一般做法是装水至进、出料管上端 20 cm 高度，观测 12 小时，水位降低无明显变化，视为不漏水。再用打气筒（机）充气（或灌水增压），使压力表达到设计压力的 50%，观察 24 小时，若压力不降低，继续打气至设计压力，再观测 24 小时，若压力降低值在设计压力的 3% 以内，视为不漏气。

（七）内山墙砌筑

畜（禽）舍与日光温室之间设一隔墙（内山墙），在此隔墙基础上，0.7 m 以下增厚 240 mm，上部厚可为 120 mm；墙壁留两个换气孔（氧气和二氧化碳气体的交换孔），孔口大小为 240 mm × 240 mm，低孔下端距地面 0.7 m，高孔下端距离地面 1.5 m。

三、沼气池的启动

（一）投料

沼气池经专业人员打压验收合格后，要进行第一次投料。首次投料要充足，发酵要有接种物。投料量为池容积的 80%，8 m^3 池子加料加水 6.4~6.8 m^3，10 m^3 池子加料加水 8.0~8.5 m^3。即按水、粪便原料、接种物（沼渣或污泥）5∶2∶1 的比例进行投料，将发酵浓度控制在 6%~8%，以便沼气池启动。以 8 m^3 沼气池为例，第一次投料应是：1.5~2.5 m^3 的人畜粪便（夏季加 1.5 m^3，冬季加 2.0 m^3）及 0.9 m^3 的沼渣或污泥，加水至活动盖 30~40 cm 处即可。

（二）发酵接种物的制作

户用沼气池要求加入的接种物占总投料量的 10%~30%，为了沼气池启动顺利、产气更快、池气甲烷含量更高，在条件允许的情况下，尽可能多地加接种物。制作接种物的方法如下：要制作 1000 kg 的发酵接种物，一种方法是将 400 kg 沼气发酵液和 600 kg 畜粪便混合，堆沤在不渗水的坑里并用塑料薄膜密封，7 天后即可作接种物使用；另一种方法是用 500 kg 阴沟污泥加 500 kg 人畜粪便，堆沤 7 天以上。

（三）启动与放气试火

将预处理的原料和准备好的接种物混合在一起，立即投入池内，按要求加水、封好活动盖。沼气池开始启动。初期所产生的气体主要是原料经酸化作用产生的二氧化碳，同时，池内还有大量空气，因而气体中的甲烷含量低，通常不能燃烧。所以，当沼气压力表上的水柱达到 30~40 cm 时，应放气试火。当压力表上的水柱再次上升到 20 cm 以上时，应进行第二次放气，并开始试火，如果能点燃，说明沼气发酵已经正常启动，以后即可使用。一般封池 3 天后即可点燃。

四、沼气池的日常管理

沼气池能否常年正常使用，持续不断地供应充足的沼气和无公害的沼肥，关键在于能否对其进行科学的日常管理。

（一）沼气池要勤加料、勤出料

沼气池加新料一般要在产气量高峰时加入，即在启动后 20 天，最迟不超过 30 天加入新料；每 5~10 天进出料一次，每次加料量占发酵料液的 3%~5%，即每天应加 20 kg 左右的人、畜或禽粪便入池发酵。10 m^3 的沼气池，一般猪舍存栏 4 头猪左右，即可满足发酵要求。沼气池进料时，应先出料、后进料，做到出多少、进多少，控制发酵浓度、酸碱度。

（二）经常搅拌沼气池内的发酵原料

搅拌方法有两种：第一种是用长柄的粪勺或其他器具从沼气池进料管伸入发酵间，来回拉动数十次，以搅拌池内的发酵液；第二种是从出料间舀出 10 桶沼液，向进料口冲入，使粪便流动，起到搅拌作用。

（三）安全发酵

池内沼气接触到有害物质时，会造成沼气池停止产气。因此，不要向池内投入下列有害物质：各种剧毒农药（特别是有机杀菌剂、抗生素、驱虫剂等），重金属化合物，含有毒物质的工业废水、盐类，刚消过毒的畜（禽）类粪便，喷洒了农药的作物茎叶，能做土农药的各种植物（如苦皮藤、桃树叶、百部、马钱子等），辛辣物（如葱、蒜、辣椒、萝卜等的秸秆），电石，洗衣粉，洗衣服水等。如果发现沼气池停止产气，应该将池内发酵料液取出一半，再投入一半新料就能产气。

五、沼气池安全管理

沼气池的进、出料口要加盖，以防人、畜掉进去造成伤亡。每个沼气池都要安装压力表，经常检查压力表水柱变化。当沼气池产气旺盛时，池内压力过大，要立即用气、放气，以防胀坏气箱，冲开池盖造成事故。如果池盖已经冲开，需立即熄灭附近烟火，以避免火灾。严禁在沼气池出料口或导气管口点火，以避免引起火灾或造成回火致使池内气体爆炸，破坏沼气池。经常检查输气管道、开关、接头是否漏气。如果漏气，要立即更换或修理，以免发生火灾。不用时要关好开关。在厨房内嗅到臭鸡蛋味，要开门、开窗并切断气源，人也要离开，待室内无味时，再检修漏气部位。在输气管道最低的位置要安装凝水瓶（积水瓶），防止冷凝水聚集冻冰，堵塞输气管道。安全入池。出料和维修人员进入沼气池前，先把活动盖和进出料口盖揭开，清除池内料液，敞 1~2 天，并向池内鼓风，排出残存的沼气，再用小动物试验。如没有异常现象发生，在池外监护人员监护下方能入池。入池人员必须系安全带，在入池后若有头晕、发闷的感觉，应立即出池，禁止单人操作。

入池操作时，可用防爆灯或电筒照明，不要用油灯、火柴或打火机等照明。

六、沼气系统常见故障与排除

（1）新池启动不顺利，缺菌、酸化要注意。新池装料封池后，不产气，或虽然产气很多，但点不着火，主要原因：接种物太少或料液浓度过大，造成酸化。排除方法：一般先将沼气池料液抽出 30% 左右，然后将腐熟的接种物（正常产气的沼气池料液或腐熟的人粪尿、牛粪等）投入 10% 以上。如果料液偏酸，就用 1 m^3 的水加入 30 kg 草木灰，搅拌均匀后加入池内。发酵初期，沼气池中的其他气体太多，要先把气体排放一下。若温度偏低，启动困难，要设法提高沼气池温度。原料配比不科学，如碳、氮比不合理，或以纯猪粪、鸡粪做启动时的原料，特别是未经腐熟的猪粪、鸡粪，启动就会十分困难，因此投料时最好用腐熟的牛粪。

（2）池子突然停止产气，有可能原料中毒。主要原因：进池的原料中若带有杀菌物质，会使沼气发酵物中毒，造成死池。排除方法：先把原料从池中除尽，重新装料。

（3）压力高气不耐用，“气箱”太小甲烷少。压力计读数高，但气不耐用，很快就用完了，主要原因：储气间有效容积太小。排除方法：适当出料，增加储气容积，改造、增大水压间有效容积。

（4）表的数值不上升，漏气、缺菌最可能。装料后压力表读数上升到一定程度就不再上升，主要原因：沼气池或管路密封性不好，漏水、漏气。排除方法：对池子进行试压检验，可用涂抹肥皂水的方法（绝不能用明火）检查管路上有没有漏水、漏气的部位，发现气孔立即修复。温度过低，菌种繁殖缓慢，这时就要提高池温，使池温达到 15 ℃。若发酵原料不足，一要增加原料投入量；二要增加沼气菌种，最好投入正常产气的老沼气池生产的渣液。

（5）强弱不稳定，异物阻塞气难行。在使用沼气灯、沼气灶时，如果沼气灯光时明时暗、沼气灶火力时强时弱，有时还有灭火现象，主要原因：输气系统内有积水或异物阻塞；沼气灯、沼气灶内或喷嘴处有异物；输气管扭曲（主要是拐弯处）或者折扁，管道通气不畅。排除方法：清理开关、输气管、喷嘴等处的积水；抻直管道，使其拐弯处的角度大小为 120°。

（6）突然没气真难过，及时补漏莫疑惑。平时产气正常，突然没有气了，主要原因：输气管道断裂或脱节，压力表漏气，池子突然出现漏水、漏气，用后未关阀门或关不严。排除方法：更换破损的管道，修复压力表，用气后关紧阀门，检查维修漏气阀门。

（7）沼气灶火焰发红熏锅底。主要原因：一是风门开度小，空气含量低，燃烧不充分；二是燃烧器火孔堵塞。排除方法：一是调节风门开度，增大进气量；二是清洗燃烧器火孔；三是更换火盖或沼气灶。

七、农村能源生态模式的综合利用

沼气的发酵产物即沼气与发酵残余物（沼液和沼渣），具有很高的利用价值，综合利用不仅解决了生活能源的问题，而且可以提高作物、果品的产量和质量，降低生产成本。

（一）增温增光和二氧化碳气肥

1. 技术要点

增温增光。主要通过点燃沼气灯、灶来解决，燃烧时间为 7：30—10：30。棚内利用沼气燃烧产生的二氧化碳作为气肥施用，可以提高二氧化碳浓度 0.1% 左右，使棚内蔬菜提前 15~20 天上市，使农作物产量提高 15%~30%，增加收入。温室大棚内每 10 m 或每 50 m^3 设置一盏沼气灯，每 100 m^3 设置一台沼气灶或沼气取暖炉。

2. 注意事项

释放二氧化碳后，水肥管理必须及时跟上。不能在温棚内堆沤发酵原料，温室大棚室内燃烧沼气时，沼气需经过脱硫后燃烧，以防有害气体对作物产生危害。

（二）沼液叶面施肥

沼液经过充分腐熟发酵，其中富含作物所需的多种营养物质（如氮、磷、钾），因而极宜作根外施肥，其效果比化肥好。沼液叶面施肥在作物生长季节都能进行，特别是当农作物以及果树进入花期、孕穗期、灌浆期、果实膨大期时，喷施效果明显，对麦类、蔬菜、瓜果树都有增产作用。沼液既可单施，也可以与化肥、农药、生长剂等混合施用。叶面喷施沼液，可调节作物生长代谢，补充营养，促进生长平衡，增强光合作用能力，尤其是施用于果树，有利于花芽分化，保花保果，果实增重快，光泽度好，成熟一致，商品果率提高等。

1. 技术要点

施肥方式可采取单施，也可与化肥、农药、生长剂等混合施用。提取沼气内沼液，澄清、用纱布过滤。给蔬菜施沼液一般在苗期、花期、果实膨大期进行。病虫害暴发期时，每隔 10 天喷施一次。在苗期、嫩叶期，沼液喷施的浓度用 1 份沼液加 1~2 份清水；夏季高温，1 份沼液加 1 份清水；气温较低，老叶（苗）时，不加水。用量视蔬菜长势而定，一般每亩 40~60 kg。

2. 注意事项

沼液取自正常产气 1 个月以上的沼气池，沼液以喷叶背面为主，以利于养分吸收。沼液要澄清过滤好，以防堵塞喷雾器。喷施时间：上午露水干后、下午傍晚为宜。温室放风前、闭棚后、中午高温及下雨前后不要喷施，以免增加湿度，加重病虫害发生。

（三）沼肥在温室蔬菜上的使用

1. 沼渣做底肥

沼渣是沼气发酵残留物，沼渣的有机质含量为 40%~60%，含全氮 10%~20%、全磷 0.4%~1.2%、全钾 0.6%~2.0%；含有维生素、激素等有益物质，并转化成能为动植物利用的状态。沼渣可用于农作物的底肥、追肥并可用于改良土壤等。沼渣作为底肥施用前，要在池外适当堆沤。沼渣作底肥施用时，不宜过早施入土壤，以防止氨离子在转化过程中由于硝化作用造成氮素损失，降低肥效；配施适当的磷、钾化肥，可提高肥效。施用于旱地时，最好集中施用，如穴施、沟施，以减少养分挥发。施沼肥可明显改善土壤的生态环境和物理性状，对于提高作物的抗病性有良好的效果。沼渣作追肥施用时，可穴施或沟施，深施 6~10 cm 效果较好。

2. 沼渣做果蔬移栽肥

在菜苗移栽前，将腐熟的沼渣按照每亩 2000 kg 的用量施入土壤并混合均匀，如果定植穴、沟内施，施入量为每亩 1000 kg。同时要求与定植穴、沟内底土充分混匀后再定植菜苗，否则会灼苗。

3. 用沼渣配制营养土

应采用熟度好、质地细腻的沼渣，其用量占营养土混合物的 20%~30%，再掺入 50%~60% 的未种植过蔬菜的大田土、5%~10% 的锯末、0.1%~0.2% 的尿素和磷酸二氢钾即可。

4. 沼液作追肥用

在蔬菜盛花期至盛果期，每 10~15 天追施 1 次沼液。具体方法如下：一是在蔬菜行间开沟施入，施后覆土；二是在蔬菜根部 10 cm 处挖穴浇灌根，施后覆土，提高肥效；三是灌水时把沼液加入水中随水均匀施入菜田。每亩用量为 1000 kg，蔬菜上市前 7 天内，一般不追施沼肥。

（四）使用沼肥注意事项

1. 忌出池后立即施用

沼肥的还原性强，出池后的沼肥立即施用，会与作物争夺土壤中的氧气，影响种子发芽和根系发育，导致作物叶片发黄、枯萎。因此，沼肥出池后，一般先在储粪池中存放 5~7 天后施用。沼渣与磷肥按 10∶1 的比例混合堆沤 5~7 天后施用，效果更佳。

2. 忌不兑水直接追施沼肥

不兑水直接施在作物上，尤其是用来追施幼苗，会使作物出现灼伤现象。因此，用沼肥做追肥时，要先兑水，一般兑水量为沼液的一半。

3. 忌表土撒施

沼液施于旱地时，作物宜采用穴施、沟施，然后盖土。

4. 忌过量施用

沼肥的量不能太多，一般要比施用有机肥少。若盲目大量施用，会导致作物徒长，行间荫蔽，造成减产。

5. 忌与草木灰、石灰等碱性肥料混施

草木灰、石灰等物质碱性强，与沼肥混合会损失养分，降低肥效。

第三章　农业全程机械化与农产品质量安全

第一节　农业机械化中物联网技术的应用与发展

智慧农业是一门新兴的以物联网技术、信息技术和数字技术等为支撑，能够提高农业生产数字化、生态化水平的新型农业生产经营方式。其通过优化整合现有的信息设施、农业基础设施等，为中国农业健康稳定发展打牢了基础。智慧农业是新兴事物，需要各方面加大研究力度，使之不断发展完善。

创新是促使社会经济不断发展的永久动力，在农业技术高速发展的今天，尤其需要对农业机械化发展进行技术创新，利用农业机械化技术创新为农业生产发展注入新的动力。同时，要时刻关注农业技术推广与应用动态，分析农业技术在农业生产经营方面的实际运用，为农业发展储备强劲的技术竞争力支持，促进我国农业经济高质量发展。

一、物联网技术在智慧农业发展中的作用

（一）提高基础信息采集效率

现代农业生产中，引入物联网技术可以更加有效地采集生产管理中的各项信息，在无线传感器、无线基站以及传输设备的支持下，农业种植信息借助自动监控与传输等功能，将被直观展现在管理者面前，便于管理者制订更加科学合理的种植方案。此外，利用软硬件系统与手机客户端，还能实时接收自然灾害监测与预警，提高田间管理效率，为作物生长创造更好的条件。这样不仅共享了农业信息，也提高了农业自动化水平。

（二）有利于环境控制

物联网不仅可以完成农业信息采集，还能发挥环境控制的作用。建设物联网智能监控系统，可以实时传输农业生产现场各种参数与采集的数据。在环境监控过程中，为作物生产、管理与温室控制奠定了良好基础，保证光照、温度、供水、肥料、空气流通性等方面得到充分利用。

（三）实现智慧管理

智慧管理是智慧农业发展中的关键。在生产现场、仓库、生产、销售等环节，都可以

进行全过程智能监控管理，提升了农产品运输管理水平。例如，在农产品运输过程中，将综合应用电子标签、电子条码、无线传感器网络、通信网络以及计算机网络，跟踪单件或包装农产品，达到可视化、数字化管理的目的。

二、智慧农业的现状

在智慧农业体系中，需要在农业生产现场安装专业的物理传感器，及时、全面地采集区域内各种信息。物联网中，传感器是一个重要的信息节点，它可利用系统有效地整合和分析各种信息，然后将整理好的信息上传到智能设备中，帮助农民及时了解农田中的各种信息。同时，农民也可以利用智能终端设备远程操控农田中的各种机械设备，利用物联网内的信息传输制度有效协调运作各种工艺和技术，促使我国农业运营机制朝着自动化、智能化的方向发展。

在环境监测工作中，利用物联网技术可将各个地区的环境信息有效整合在一起，发挥信息同步监控和传输功能。我国农业部门要根据生态环境信息设置农业结构布局。在农业管理过程中，要将各种技术有效融合，积极落实生产经营细节管理措施，实现农业生产精细化管理，提高农业生产发展水平。在食品安全方面，物联网可提供高水平的定位服务，管理农产品的整个生产和销售过程，正确识别和解释产品生产信息，并有效监控农产品的质量。

三、加快推进农业机械化发展的建议

（一）加强农机推广工作经费保障

将农机推广工作经费纳入政府经费预算，加大对农机推广工作的资金投入，加强农机技术人员培训，增强农机推广工作服务水平，提升农机推广体系的公共服务能力，安排农机化技术推广专项项目，依托项目提高推广工作成效。同时，出台新机具推广补助激励措施，引进先进、适用、大型的农业机械进行推广示范演示，让群众了解先进农业机械作业性能，掌握新机具新技术。

（二）制定出台拖拉机及其他农机强制报废实施办法

目前，国家只规定报废拖拉机不能上路，但未出台详细的拖拉机等农机强制报废实施办法，未建立标准规范的拖拉机等农机集中报废点，让部分安全意识淡薄的农民群众继续操作使用报废拖拉机等行为有机可乘。建议尽快出台标准规范的拖拉机及其他农机集中强制报废实施办法。同时，加大农机政策宣传力度，加强公安交警、安监等部门联合执法，完善劝导站网络建设，利用劝导站督促检查并开展好拖拉机等农机“三盯”责任制的落实，做到“三盯”台账清楚，实现人、机、路的有效监控，并通过媒体宣传报道和曝光典型事故案例以及不文明交通行为，警示和教育广大农机驾驶员自觉遵守交通法规，做到安全操作、文明出行，自觉不驾驶报废农机。

（三）积极创新、增加投入

在市场经济发展背景下，根据农业产业结构调整与规划，对当前的农业创新技术推广工作进行改革和创新。一是实施“一站两制”，要求各级农业创新技术推广单位，在保证公益性职能的基础上，允许创办经营实体，实施“一站两制”(“两制”指股份制与股份合作制)，从而提高自身发展实力。二是加大资金支持，积极争取当地相关政府部门的财政支持，确保农业创新技术推广运营资金的投入。例如，成立农业创新技术推广专项基金，在发展过程中使专项基金逐渐制度化，增加财政部门支持农业发展资金用于农业创新技术推广工作上的支出。三是成立展示点，选取农业创新技术应用较好的地区成立农业创新技术展示点，增加直观影响力。

(四)多元化方式推动农业创新技术应用

首先，“农技宝”云平台的推广和使用。在全国范围内进行“农技宝”云平台的宣传推广，为农业生产相关人员提供经验和技术交流平台，成立简单、便捷的农业创新技术推广服务通道，利用网络为农业技术推广提供24小时服务，让农业创新技术成功进村入户。其次，提高农民对农业创新技术的认识。农业创新技术对农业生产发展具有重要的积极意义，可以提高农业产量与农民经济收益，是利国利民的大事。因此，面对农民与相关村落干部对农业创新技术的认识不足，需要提高农业创新技术推广的宣传工作，通过新媒体平台的短视频功能或者宣传手册、海报等多种形式让相关人员认识到农业创新技术的重要性。最后，加强农民培训，根据地区农业创新技术推广和应用实况，采取定期办班培训、专家授课、电视讲座。同时，培养一批农业专业技术人才、农业技术管理人才、农业技术领头人和农民企业家，创造新型农民团体工作，让其可以及时了解和掌握农业先进技术的发展与应用，进而发挥带头和引导作用。

(五)加强对机械维修意识的宣传

注重农业机械维修保养宣传工作，特别是偏远农村地区，基层农机技术人员要自觉履职尽责，主动下到田间地头与农业生产人员展开沟通，通过与农机手和维修工作人员现场算“效益账”和“安全账”等方式，增强农机操作手和维修网点从业人员对机械维修的重要性认识，树立良好的维护保养意识。

(六)加强人员专业素质培训

针对农机手和维修人员知识技能较低的问题，农机主管部门应当制订培训计划，实施巡回轮训。培训课堂要设置到田间地头耕作一线，培训内容要紧紧围绕用、管、修等各个环节，培训方式要深入浅出、通俗易懂。通过深入乡镇村屯举办农机培训“微课堂”，用群众的语言授课，讲解农机操作和维修知识，现场手把手指导常见故障排除和日常保养技巧，不断提高农机手和维修人员的职业意识和专业技能，切实提升他们的综合素质。

(七)合理设立维修网点，提高配套设施

为了破解农机跨地区维修成本高的瓶颈问题，应该合理设立维修网点，出台一些扶持维修网点的政策。维修网点购置维修设备时，政府部门应当给予一定比例的财政资金补贴，帮助维修网点解决资金难题。同时，要定期对维修网点进行巡回指导督查，组织技能比武，开展专业技能鉴定，实施优胜劣汰，对设立不规范、从业人员技能不过关的维修网

点，要坚决予以取缔，不断净化农机维修市场。

四、智慧农业的未来发展方向

据国际咨询机构预测，到2025年，全球智慧农业市值将达到683.89亿美元。在我国，随着经济的发展以及科技的进步，外加人口红利正在慢慢地消失，发展智慧农业的理念已逐渐深入人心。例如，据农业农村部统计，我国农业自动导航系统设备销量在2020年呈现爆发式增长。其中，安装北斗导航系统终端的农机超过2.3万台（套），较2019年翻了将近两番；安装自动驾驶系统的农机1.7万台（套），同比增长188%。然而，目前的智慧农业总体上依然处于初步融合阶段，农业互联网渗入率仅3%~5%，发展空间巨大。未来，从农业大国走向农业强国的道路中，需要把握好智慧农业的发展路径、方向和目的。要求将可复制的物联网技术进行因地制宜的推广，提升基础研究能力和关键技术应用，探索推进相应的模式和机制。一方面，要健全农业数据采集系统，加快物联网技术与农业生产、加工、经营体系的融合，使其向智慧农业转型，加大农业数字经济比重，完善乡村数字治理体系。另一方面，要大力推广"农技宝"云平台。借助卫星、农业企业、大型互联网企业以及科研单位数据库，将农业物联网数据充分整合，对农业生产进行改造，加强农事精准化、品质化、身份化管理，全面提高农业生产的数据化和可持续化发展。

随着物联网技术水平的提升、产品链条的不断完善，智能农业应用程度将会加大，为我国农业发展带来全新的契机；同时有利于促进其他行业的发展，吸引更多服务提供商参与，有效利用社会服务资源，促进我国农业经济结构朝着健康良好的方向发展。

第二节　农业机械化推广中存在的问题及解决建议

农业机械化的推广提高了现代农业生产力，促进了农业高质、高效、健康发展，减轻了农民的劳动强度，解放了部分劳动力，提高了人们的生活质量。目前，我国各地区对农业机械现代化的需求相当大。但是由于地域差别、消费层次不一、接受能力差异、当地政府重视程度不一等，农业机械化推广工作受到了一定的制约。下面就相关问题提出了解决建议，相信对开展当地农业机械化的推广工作具有重要意义。

近几年，辽宁省大力推广农业机械现代化，在辽南、辽中等区域，随着家庭农场、农业专业合作社的增加，对农业机械化的需求越来越高，整地、播种、田间管理、秋收、农产品加工等一系列流程基本实现农业机械现代化，特别是智慧农业物联网技术、无人机防治技术的应用，更促进了农业机械化的推广。但是由于某种原因，农业机械化推广工作在辽宁省其他地区还没有全面推开，仍然存在诸多问题。

一、农业机械化推广中存在的问题

（一）地理环境影响农业机械化推广

优越的地理环境促进农业机械化推广，比如，辽宁省辽河流域基本实现农业机械化，但是辽西属于低山丘陵区，耕地零散分布，实现农业机械化有一定的难度。

（二）消费层次不一制约购买力增长

农民收入决定着农民的购买力。农民收入具有以下几个特点：一是农民群体收入并不均衡，这使购买力体现出过于集中的特点。收入较高的农民可以购买适用且先进的农业生产机械，但是大多数农民收入增长缓慢，购买这类农业生产机械的能力有限，这制约了农机推广和普及的速度。二是农民的收入具有过于单一的特点。农产品的出售是大多数农民主要的经济来源，而在市场以及销售渠道的影响下，农产品出现价格波动会让农民的收入欠缺稳定性。三是我国经济环境导致农民所能够选择的就业范围相对较窄，尤其是下岗待业等问题的出现会对农民收入增长产生严重影响。四是我国当前农村保障事业正处于发展阶段，而农民仍旧倾向于将收入进行储蓄，以应对医疗等问题，这使我国农民在农机采购方面持谨慎态度。

（三）对信息接受能力的差异制约农业机械化推广

农村所拥有的信息渠道相对狭窄，这导致了农机产品市场信息在农村难以得到良好的传播与普及，从而使适用且先进的农业生产机械推广受到一定的制约。另外，农机推广信息传播较慢也会对农民消费产生一定影响，如果农民无法及时了解农机市场信息以及农机推广信息，则会不知道哪种农业生产机械更具性价比与适用性，甚至不知道如何购买以及使用适用且先进的农业生产机械。

（四）当地政府重视不够影响农业机械化推广

政府是农业机械化流通体系的纽带与桥梁。在基层农机推广工作中，农机流通是十分关键的环节。而如果农机流通体系出现不完善以及农机流通发展平衡性欠缺的问题，则基层农机推广工作将难以有效开展。当前农机流通主体主要是个体企业与私营企业，这些企业大多数经营分散、经营实力较弱以及服务意识淡薄，难以适应基层农机推广工作发展的需要。另外，从农机市场整体来看，包括市场管理、市场秩序规范性欠缺以及法律法规有待健全等在内的农机市场发育有待健全的问题，容易导致农机推广过程中的参与行业产生垄断现象，同时地方保护主义为了限制外地优质农机产品进入本地市场而设置关卡也会制约农机市场的发展以及基层农机推广。

二、加快推进农业机械化发展的建议

（一）因地制宜加强农业机械化推广

为促进农业机械化推广进程，缩小地域差别，对耕地零散区域实行小型机械试验示范，鼓励家庭农场、农民专业合作社购买农机具。比如，加大购买补贴力度，特别是无人机、小型收割机、播种机等。

（二）加强农机推广工作经费保障，提高农民购买力

将农机推广工作经费纳入政府经费预算，加大对农机推广工作的资金投入，加强农机技术人员培训，增强农机推广工作服务水平，提升农机推广体系的公共服务能力，安排农

机化技术推广专项项目，依托项目提高推广工作成效。同时，出台新机具推广补助激励措施，引进先进、适用、大型的农业机械进行推广示范演示，让群众了解先进农业机械作业性能，掌握新机具新技术。

（三）当地政府应大力支持农业机械化推广工作

在农业机械化推广工作中，当地政府除了资金支持外，还要在农业机械化流通体系中发挥桥梁和纽带作用。要协调个体企业、私营企业与基层农机推广工作的关系，使其接受农业机械的应用并促进带动周边农民推广农业机械化。另外，当地政府要加强市场管理，健全法律法规，杜绝农机推广过程中的行业垄断，开放外地优质农机产品进入本地市场的大门，为早日实现农业机械现代化保驾护航。

农业机械化的推广促进了农业的高速发展，提高了人们的生活水平，通过多元化方式推动了农业机械化创新技术应用，加快实现了农业机械现代化进程。

第三节　农业机械化生产的安全管理与事故预防

在我国农业生产不断转型升级的推动下，农业机械化生产的普及程度不断提升，现代化农业机械的大量应用显著提高了农业生产效率，减轻了劳动强度，农业生产的实际收益得到了明显提升。这使更多农民热衷于农业机械的购置和使用，有效促进了农业机械化的发展。但是有些农民在使用农业机械的过程中存在着很多不规范问题，加之生产过程的安全意识薄弱，常导致农机故障或安全事故的发生，不利于农业生产的高效实施，更会导致经济损失和人身伤亡等严重问题。因此，农业机械化的合理发展不仅需要先进的农机装备作保障，更需要规范且安全的农机驾驶行为作为辅助，只有这样才能真正发挥农业机械的先进性，确保农业生产安全有序运行。

2021 年，我国农业克服了疫情、洪涝等自然灾害喜获丰收。而我国经济要想得到进一步提高，需要更加重视农业经济发展，并对现有农业架构进行调整，将机械化生产落实到位，进而使农业经济的发展得到迅速提高。此外，农业管理部门应在政策支持上做一些调整，提高农业人员对农业机械化的认可度，辅助农业改革顺利进行。

一、我国农业机械化生产安全管理概况

随着科技水平的飞速发展，机械化生产方式已经在多种行业中取得了较为突出的效果，其中，农业机械化进程的开展有效地推动了我国农业的发展。因此，在农业机械化发展时，如何对农业机械进行有效管理、保证机械使用的合理性便成为当前众多农民关心的问题。同时，我国也对农业机械化管理进行了一定的调整与优化。通过实施机械化管理措施，我国农民在开展工作时，极大提高了工作效率，自身的人身安全也得到了一定的保证。但随着社会需求的不断提高，传统管理措施中的很多弊端和漏洞也突显出来。

二、农业机械安全管理存在的问题

（一）安全管理工作能力不足

随着我国农业机械使用量的不断上升，农业机械的使用愈加频繁，很多地区农业机械的相关工作重点更侧重于农机推广与先进技术应用，而对农机安全管理工作并没有足够重视。尽管设立了农机安全监理部门，但是由于人员配备不足、设施设备缺乏导致安全执法工作覆盖范围不够。此外，尽管国家和很多地区都出台了农机安全相关的法律法规，但是在执行的过程中，农机安全事故和危险行为存在着纷繁复杂的特征，导致农机监理人员依法执行的难度加大，农机安全管理和事故处理等工作在执行过程中存在着一定的不合理性。

（二）管理体系不够健全

从我国目前的农机管理现状来看，管理体系不健全，对农机管理不够重视，有些地区根本就没有管理人员。另外，不够完善的地方扶持政策、管理人员的专业知识水平过低、管理人员学习与借鉴能力较差等问题，都会影响该地区农业机械的管理措施落实到位，从而导致当地农业机械的管理机制过于混乱。目前，我国虽然在不断提高农业机械的研发力度，但与发达国家相比，我国农业机械技术还有较大的提升空间，因此，还需要管理人员与技术优化人员更加努力。

（三）农机使用技能缺乏

部分农机手尽管认识到了农机使用安全的重要性，但是其对农业机械的结构、功能、使用方法、故障特征、维修方法、保养事项一知半解，操作方法不合理，加之日常保养维护意识不足，易存留安全隐患，导致机械故障和安全事故的发生。同时，在农业机械出现故障时，部分农机手为节省维修成本，常采用自主维修或寻求未经许可的私人作坊进行维修，不仅难以保证维修质量，维修过程的不合理操作也可能导致自身或维修人员受伤，并使维修质量不合格的农机存在较大的安全隐患。

（四）管理资金缺乏

为了保证农业机械管理体系能够正常、有效地运行下去，需要有充足的资金支持。然而，多种原因导致了农业机械管理缺乏足够的资金保障。而运作资金减少后，农业机械管理人员便无法研究并创新管理体系，无法更新相应的监管设备，更无法引进新型的农业机械技术，使得农业机械操作人员的技术水平无法得到有效提高，无法满足社会对农业生产的需求，进而导致农业机械管理工作无法顺利进行。

三、农业机械安全生产对策

（一）提升农机安全执法监督能力

农机安全执法工作既是对农机使用违规和事故等问题的查处，也可指导农机手安全使用农业机械。要提升农机安全执法工作能力，主要应从以下几方面入手：一是完善安全执法工作流程和细则，使执法工作人员更清楚地掌握农机安全执法工作的规范流程和处置方式，提高农机安全问题的处理质量；二是提高农机执法人员的专业能力，通过技术培训、法律培训、执法能力培训等方式提高农机安全管理人员的工作专业性，减少工作过程中的不合理问题；三是合理匹配安全执法力量，增加安全管理工作人员人数，并通过与交警部门、公安部门等实施联合执法来加强执法力量和确保执法效果。

（二）提升农民的安全生产意识

农机手安全生产意识的提升对于建立安全的农机生产环境十分重要。农机管理部门应针对农机安全问题开展专项和系列化的宣传教育活动，形成媒体、网络、手机端等多渠道的安全宣传网络，使农机手在耳濡目染中提高对安全生产的认识。同时，农机推广部门在进行农机推广工作时，也要注意安全生产和规范操作农机等意识的渗透，强调正确使用农机的重要性，并注重农机使用技术的讲解与答疑，指出农机手日常使用农机的盲区，帮助农机手解决农机故障维修和保养等疑难问题，提高农机手使用农机的能力。

（三）加强农机管理监督工作

为保证农业机械管理措施能够有效、科学地运行，地方政府应成立相应的监督机构，对农业机械管理的各个环节进行监督管理，进而保证管理措施与管理手段的科学性。监督管理机构可对管理人员进行定期考核，并对管理人员的职业素质进行检查筛选，确保管理人员的职业技能能够满足当前农机管理需求，并保证管理人员不会出现贪污腐败行为。

（四）增加农业机械生产安全的资源投入

我国是农业大国，农业机械化的发展是必然趋势，应将更多农业生产环节由人工替换成机械作业，不断普及农业机械化技术，从而提高农作物产量。另外，也应在农业机械化生产与使用技巧方面加大投入，从而提高农业机械的安全性与使用寿命，让更多的农业人员愿意接受农业机械化技术。在加大投入时，相关部门应相互协调，提高我国农机的生产质量与生产效率，从而为我国农业机械化技术的普及提供保障。

（五）加强农机安全生产知识宣传

加强农机安全生产知识宣传是提高农业机械操作人员安全意识的主要手段。农业机械管理人员应定期组织相应的农业机械操作讲座，在讲座中，管理人员应普及不同农业机械的基本操作方式以及相应的安全防护措施，从而提高操作人员的机械使用水平，提高其安全意识，减少因操作水平与安全意识不达标导致的安全事故。管理人员可针对操作人员进行定期考核，只有通过考核的人员才能正式进行农业机械操作。另外，定期的安全操作讲座也能让操作人员快速接触最新的工作技巧与新型设备，从而提高农户对农业机械的接受度与认知度。

四、农机事故的预防途径

（一）避免危险及违规驾驶

危险驾驶和非法使用农业机械是造成农业机械事故的主要原因之一。因此，从预防农业机械事故的角度出发，提高农业机械的安全驾驶意识是减少农业机械事故的有效途径。一方面，农机安全执法部门要坚决惩治危险驾驶和非法使用农机行为，对超速、超载、载人等危险行为给予相应的经济处罚，要求驾驶员在参加安全学习后继续工作，减少农业机械危险驾驶的相关行为；另一方面，做好农机安全驾驶的宣传指导工作，利用电视和网络播放视频，分析危险驾驶造成事故的原因，提高安全驾驶意识。

（二）规范农业机械的故障排除和调整流程

在处理农机故障的过程中，发生了许多农机事故，因此在农机驾驶员培训和农机安全宣传过程中，必须注意农机故障的合理处置和相关风险因素的分析。通过事故案例，引导机械手以最合理的方式处理农机事故，鼓励机械手通过正规方式处理农业机械故障。

（三）按要求配置安全设施

农业机械在参与农业生产或公路运输过程中，必须按规定配备相应的安全设施，提高作业过程的安全性。一是按照规定粘贴反光标志。反光标志必须反映农业机械的主要尺寸和危险部位，以避免农业机械夜间行驶和夜间作业可能造成的安全事故。二是按要求配备灭火器，特别是秋收期使用的农业机械和秸秆处理机械。消防设备的配置能有效避免农田火灾。三是及时补充丢失的农业机械防护罩等安全部件，严禁擅自拆除防护罩等安全部件。

（四）注意对生产辅助人员的安全防护

在生产过程中，注意加强对其他参与生产人员的安全防护。农机开始作业或作业过程中，随时注意辅助生产人员的位置和动态。由于农田环境复杂，障碍物较多，生产过程中注意通过鸣笛等行为提醒周围人员，避免发生人身安全事故。

总而言之，为了更好地将农业机械化技术普及给所有农户，相关人员需要不断提高农业机械安全管理措施，减少农业机械的事故发生概率，提高农业机械的使用寿命，以保证农业施工人员能够以积极的心态接受新的技术，为新技术做好推广工作。

第四节　农机具安全合理使用与保养及常见故障排除

农机在农忙时期损耗比较严重，极大地阻碍了农业生产和发展。如果缺乏保养，则会进一步加大农机故障和安全事故的风险。定期保养有助于延长农机寿命，也有助于农机工作效率的提高，从而进一步促进农业发展。

一、农机具的正确使用

认真读懂说明书，掌握结构和性能。切忌囫囵吞枣、自以为是。通过阅读产品使用说明书，可以充分了解农机具的基本构造和原理，熟悉某个部位的作用、正确使用农机具的方法以及保养维修机械的要求，了解各种故障的表现形式。操作遵循规范，保养讲究方法，切忌马马虎虎，不能胡乱摆弄。要认真按照说明书的要求操作、使用和保养农机具，严格按照说明书的要求磨合农机具。使用前要按照规定进行日常保养：加油、加水和紧固螺钉，调整胶带松紧和各种间隙，检查刹车、离合器和转向是否正常有效，电瓶是否有电等；使用时按说明书所示的操作步骤进行作业。要注意机械工作时是否有异常响声。如发生故障，应立即停车检查，千万不要在机器运转中排除故障，以免发生意外事故。若无法自行排除故障，应及时与“三包”维修站联系，由专业人员进行维修。特别要提醒农机手的是，要及时按照说明书要求更换空滤器，清洗机油滤清器，注意燃油及润滑油的清洁度。

二、农机机油的使用

在维修或者保养农机时，某些农机手会用机油代替刹车油或齿轮油。农机手对不同油类的差别缺乏明确的认知，非常容易引发农机具故障，后果较为严重。农机手在维修开始前，首先就要了解刹车油和齿轮油的性能，醇类物质和蓖麻油是刹车油的主要构成物，因此刹车油具有较好的溶解性，没有腐蚀性，也不容易沉淀。但是刹车油会与橡胶物质发生化学作用，对橡胶物质的膨胀率产生影响，因而刹车油在农机具中具有关键的作用，不能用普通机油替代刹车油。

三、农机使用中的急加速

在农业生产中，农机手为了提高农机的劳动效率，经常会使用急加速。这一方面不利于快速提高效率，另一方面还会损害农机。在急加速之后，农机耗油量有很大增加。与此同时，农机的负载量也显著增加，损耗农机寿命。研究结果显示，农机起步后，中等车速时进行急加速的油耗量大约是缓加速的 2~3 倍。造成这种现象的主要原因是急加速时油料没有完全燃烧。因而，使用农机时，应当树立农机保养意识。

四、农机具维修

（一）去除农机过滤器中的杂质

为了有效去除农机机油过滤器内壁上的杂物，可以用黄油在转子内壁贴上一张纸。通过这种方法，农机运转中的污染物质就不会粘在过滤网上，而会附着在纸面上。在进行农机保养时将纸取下来，去除大部分污染物质，剩余的就会很容易清理。

（二）去除农机铁质滤芯的污垢

农机的空气滤清器滤芯是铁质的，如果采用汽油进行清洗，成本会相对较高。故可以把柴油浸在铁质滤芯上，通过燃烧去掉铁质滤芯上面的污染物。在燃烧结束之后，利用木棍敲击铁质滤芯，烟灰就会自然脱落。但是在运用这种方法时，一定要防范农机起火。

（三）农机使用中的慢漏气现象

轮胎扎伤很容易导致轮胎慢漏气，如果出现轮胎扎伤，要及时补胎。如果通过检查很难发现轮胎的扎口，可以通过其他方法解决慢漏气问题。这个方法就是：拔出轮胎的气门芯，将滑石粉用硬纸做成的漏斗倒进轮胎里，在滑石粉停止渗入时，将漏斗取下来，轻轻转动车轮，使得滑石粉在轮胎内充分散开，再继续注入滑石粉，最后装好气门芯，充好气，这样慢漏气的问题就能得到解决。

（四）农机的高压油管头

高压油管两端的凸头和喷油器、出油阀连接，接触面的加工精度以及管接螺母的紧固力使其保持密封。如果接触面因为磨损而导致漏油现象，可以从废气缸垫上剪下一块圆形铜皮，中间扎一个小孔，放在凸头与凹坑之间进行连接。

五、农机具的保养方法

（一）农民使用后的保养

首先，使用后的农机应该及时去掉农机上残留的泥土和杂草，同时也应该清理干净农机内存留的农作物杂质等。其次，农机上需要润滑的位置要清理干净，加上适量的润滑油，保证农机再次使用时不会发生严重锈蚀，使其能够正常运转。再次，对农机中容易发生锈蚀现象的部件（例如各类罩壳、薄铁皮件等）进行喷漆，从而有效避免锈蚀现象。另外，在使用农机之前，需要对三角带的松紧程度进行检查，保证其松紧度适当，防止因为三角带过松或者过紧影响农机寿命。此外，农机的电瓶需要定期进行充电和放电。对于已经做好清洁和保养的农机要分类放置。最后，遵照农机保养要求，定期对农机加注润滑油，拧紧螺栓；检查是否出现了部件缺失，如果存在，要及时补上。

（二）新农机保养

当前，农机多数由高新技术制造，从而保证了农机的性能、质量和安全系数，新车的保养显得尤为重要。保养新的农机，需要做好以下三方面的工作：首先，检查农机三级空气滤清器与内部机油状况，在机油不足时，要及时加满。其次，检查并加固松动的螺栓，且随时注意喷油压力状况。最后，定期更换油底壳中的机油，并且清洗油底壳，保证油底壳的油路畅通。总之，有了农机具并不等于实现了农业机械化，关键是如何用好、保养好，使之充分发挥其应有的作用，达到农业增产、农民增收的目的。

六、秸秆打捆机常见故障原因分析及排除方法

随着打捆机的热销，众多打捆机企业一哄而上，良莠不齐，不少小的打捆机公司抱着“赚一把快钱走人”的想法，对产品质量把关不严、控制不力，使打捆机在使用时出现了不少质量问题。下面对打捆机使用中出现的常见故障及排除方法进行分析，希望对使用者有所帮助。

（一）打捆机飞轮安全螺栓被剪断的原因分析、故障排除方法

（1）草捆密度调得太大。故障排除方法：降低草捆密度，调整弹簧的张力。

（2）动、定切草刀片间隙太大。故障排除方法：调整切草刀片的间隙。

（3）柱塞安全挡块失调。故障排除方法：检查和调整柱塞安全止动装置。

（4）喂入叉与柱塞不定时。故障排除方法：检查和调整喂入叉与柱塞的定时。

（5）在打结过程中，打结器、离合器突然分离（离合卡爪转动不灵活、撞块磨损、滚轮支架弹簧失效、滚轮磨损）。故障排除方法：用汽油或煤油清洗离合卡爪销轴，并加注润滑油；更换失效的零件。

（6）切草刀刀刃不锋利。故障排除方法：磨刀片。

（7）物料中有异物。故障排除方法：清除异物。

（8）摩擦离合器的弹簧压力太大。故障排除方法：重新调整弹簧压力。

（9）打捆机制动器弹簧压力太小。故障排除方法：调整打捆机制动器弹簧压力。

（10）切草刀片相撞。故障排除方法：重新调整刀片间隙。

（二）打捆机安全螺栓被剪断的原因分析及排除方法

（1）打捆针与拨绳板、机架等零部件相互干涉。故障排除方法：调整相关零部件位置，排除干涉。

（2）柱塞前端长槽塞满草，清除槽内物料。故障排除方法：检查喂入叉与柱塞的定时调整。

（3）打捆针与柱塞定时调整不正确。故障排除方法：检查柱塞与打捆针定时，如不正确，重新调整。

（三）飞轮主传动链轮安全螺栓被剪断的原因分析及排除方法

（1）草条过于潮湿，而且在草条中掺杂着石块等异物。故障排除方法：风干草条，并制备整齐均匀的草条，降低作业速度。

（2）喂入量太大或喂入叉往复次数太多。故障排除方法：减少喂入量或减少拨叉往复次数。

（3）喂入室表面有油漆或生锈。故障排除方法：清除喂入室表面的油漆或锈斑。

（四）摩擦离合器严重打滑的原因分析及排除方法

（1）动力输出轴转速过高，柱塞往复次数超过了额定值。故障排除方法：拖拉机动力输出轴额定转速不得超过 540 r/min。

（2）草捆密度太大。故障排除方法：降低草捆密度。

（3）物料堵塞或有异物。故障排除方法：清除堵塞物料，降低前进速度。

（4）离合器的传动扭矩调得不合适。故障排除方法：调整离合器弹簧。

（5）离合器摩擦片磨损严重。故障排除方法：更换摩擦片。

（6）切草刀刀刃不锋利。故障排除方法：磨刀片。

（7）切草刀片间隙太大。故障排除方法：调整刀片间隙。

（五）草捆形状不规则的原因及排除方法

（1）草条不均匀，喂入叉工作速率不均匀。故障排除方法：调整作业速度和动力输出轴转速，使喂入量均匀一致。

（2）喂入量太大。故障排除方法：降低作业速度。

（3）密度调节手柄两侧高度不一致。故障排除方法：将两个手柄高度调成一致。

（六）草捆长度不一致的原因分析及排除方法

（1）打捆机离合器离合卡爪转动不灵活。故障排除方法：清洗和润滑离合器离合卡爪。

（2）计量轮轴小齿轮的表面刻纹被磨光。故障排除方法：更换小齿轮，检查打结器促动臂上刻制的齿与小齿轮上的齿啮合是否正常。

（3）打结器促动臂弹簧从挂接点松脱或损坏。故障排除方法：检查弹簧。

（4）计量轮轴锁紧螺母松动。故障排除方法：重新锁紧螺母。

第五节　机械化保护性耕作实施现状与发展趋势

我国土地面积广阔，农业的发展速度也比较快，受大环境以及各地区发展情况的影响，整体农业机械化水平有明显提升，越来越多的传统型农业开始向现代化农业转变。但是随着环境污染问题的逐渐加重，越来越多的行业以及地区认识到了环境保护对社会可持续发展的重要性，而资源节约型发展意识是当前农业产业发展中需要重点遵守的一个基础性原则。农业工作在实际运行过程中，需要加强耕地保护性技术的研发、应用以及推广，需要实现人与自然的和谐相处，既要保护环境、节约资源，还需要尽可能通过农机技术的优化和完善促进农产品种植发展。要加强对低产量耕地、干旱性耕地、难以持续发展性耕地以及土壤流失较为严重的耕地的保护。此类技术的应用对于粮食产量的提升以及耕地发展过程中水资源紧缺情况的改善均有帮助，有效促进了农业的可持续发展，对于环境的稳定建设也有非常显著的促进作用。

机械化保护性耕作以农业机械为作业手段，通过农作物秸秆的地表覆盖，减少土壤受风蚀、水蚀程度，保护耕地资源，促进农业的健康可持续发展。该项耕作制度的提出与原始耕作制度对土壤造成的破坏有关。实施保护性耕作，有利于提高土壤保墒能力，增强土壤肥力，减小劳动强度，大大提升农田作业生产率。

一、原始耕作制度对土壤造成的破坏

长期以来，人们沿袭着灭茬、翻耙、起垄、播种、收获等耕作模式，而收割后的秸秆，或者被直接焚烧，或者被用作牲畜饲料。作业后的田地，遇到春秋雨季，大量的雨水冲刷地表形成径流，将田间残留的农药、化肥等有害物质带入水库，污染水质，威胁民众的饮水安全。同时，传统的铧式犁耕作还将加剧耕作地块的水蚀，进而加重水土流失。相关测试数据显示，当前大面积的水土流失，除与植被覆盖率降低有关，还与过度开垦、裸

露耕作等有关。这将增加降雨径流损失率，降低耕地土壤肥力。有研究证实，由此而流失的表土中，每吨土约损失氮 0.5~0.8 kg、磷 1.5 kg、有机质 56 kg。由此可见，原始耕作制度对土壤造成的破坏触目惊心。

二、机械化保护性耕作对农业可持续发展的重要作用

机械化保护性耕作技术是当前国际社会普遍认同的农业先进生产技术之一。当前，国内沙尘暴危害严重，尤其是从 20 世纪下半叶开始，呈急速上升趋势。沙尘暴这一自然现象严重影响农业的健康可持续发展。而沙尘暴的形成与地表裡露的细小的土壤颗粒移动有关。这其中，有 80% 的颗粒源自裸露的农田。北方地区有很多干旱耕地依然沿用传统的耕作模式，加重了水土流失的危害程度，增加了地表袒露细小土壤颗粒量，成为国内沙尘暴肆虐的主诱因。不少农业发达国家（如美国、加拿大等）都在推行机械化保护性耕作，以根治沙尘暴，取得了不错的效果。当前，该项技术被看作国际社会的一场农业技术革命。

三、机械化保护性耕作技术的内容

农业活动在实际开展过程中通过现代化技术的实施以及机械化技术的应用，有效节约了大量人力以及物力的投入，且整体农业工作效率以及工作水平明显增强，农业机械化水平已经成为各个地区农业产业化发展的重要评价标准。由于各地区的人口数量不断增加，且土地耕作的强度越来越大，土地环境在不断地变化，长久以来的连续耕作以及各类农药化肥等不合理施加情况的出现，均会导致土壤的承受能力受到影响，而农业的可持续发展首先需要重视的便是对耕地的保护。因此，需要重视对耕地保护性工作开展中农业机械化措施的实际应用，推广优质的耕地保护技术以及措施，以促进农业整体的可持续发展。机械化保护性耕作技术在实际实施过程中要注意以下几点：首先，需要对传统的耕地处理方式进行调整和完善，尽可能降低耕作次数。可通过对土壤进行深松处理，避免对土壤表面植被的破坏，稳定土壤的结构分层情况，在不采取任何耕作措施的条件下完成播种。其次，需要加强对地表的覆盖处理，可以将植物的秸秆残渣作为地表覆盖物，以提升土壤肥力水平以及稳固水土，同时能够对水资源进行保护并抵御风沙，降低土壤内水分的蒸发，最大限度地提升对水资源的合理利用。另外，免耕播种在机械化耕作保护操作中的应用也具有显著的优势，可以通过地表秸秆残渣施肥覆土等方式，降低机械化作业对耕地产生的影响，降低成本的消耗。最后，还可以通过分工措施的实施，达到去除地表杂草的目的，这样能够有效减少除草剂等地表除草作业的开展，对于环境保护有明显的促进作用。

四、机械化保护性耕作实施的必要性及优势

（一）机械化保护性耕作实施的必要性

传统的耕作方式实施时间比较久远，部分农村地区的耕作开展仍然采取以往的耕作方式，导致大量的土壤长期暴露在外，受到风雨侵蚀情况较为严重，加上部分地区农村耕作时并未做好对土壤资源的保护，土壤资源过度开发的情况仍然存在，也会造成农田内的各类有机质以及营养大量流失，导致出现养分收支不平衡问题。随着机械耕地时间的延长，

土壤的肥力水平也在不断下降，难以得到有效的养护以及自我恢复，生态系统的恶化情况也会不断加重，进而对粮食的产量以及质量产生影响，不仅不利于我国农业的进一步发展，经济可持续发展的目标也会受到一定的影响以及干扰。为了实现对这一情况的调节和改善，需要加强对农业生态系统的管理，可从各类农作物机械化生产工作方面入手来强调秸秆覆盖农田的应用效果，尽可能采取少耕以及免耕措施，加强对耕地环境的保护。

（二）机械化保护性耕作技术实施的优势

机械化保护性耕作技术的实施以及推广，能够有效稳固耕地土壤，降低土壤表层水土的流失量，对于扬尘以及沙尘暴的抵御也有所促进。秸秆残茬覆盖农田技术的实施，能够有效降低传统秸秆焚烧导致的环境污染，既能够降低火灾的概率，还能够提升耕地土壤肥力。机械化保护性耕作技术的推广对于土地的水分保护、蓄水能力的增强以及抗旱效果的强化均有帮助，对于水资源的保护也是非常重要的。除此之外，还能够促进土壤内氮、磷、钾等各类元素含量的提升，对于土壤自身质量起到一定的改善效果，为农作物的种植提供基础的营养支持，同时能够最大化地降低农药以及化肥的使用量，在降低农作物种植成本的同时提升经济效益。

五、推广使用机械化保护性耕作技术的思路

（一）调查自然资源的适用性

机械化保护性耕作技术是否适用，首先应调查自然环境的推广适用性。根据推广经验，适用性的技术标准为：年降雨量范围为250~800 mm。土壤类型方面，土壤黏重而排水差的地块慎用，其余要求不大。温度范围方面，种植耐寒春小麦，对地域温度要求不高；种植玉米等喜温作物，春季保护性耕作地温要低些，否则会影响后期出苗。由此，地温低于7 ℃的地区，不适宜推广该技术。

（二）积极争取政府的支持

作为一项惠民工程，该技术的推广离不开政府部门的扶持引导。一方面，做好主要领导班子的项目推广汇报工作，成立以县政府主管领导为组长，农机、农业、财政等部门为成员的项目规划小组，肩负起农机推广项目的规划、协调等工作。另一方面，围绕着项目实施，成立以县农机分管局长为组长，农机、农技、植保等部门员工为成员的项目执行小组，切实做好项目的推广实施工作。

（三）选好项目推广实施示范点

为扩大技术推广影响力，要注意发挥好项目点的示范带动作用。为此，在推广之前，组织好下乡调查摸底，汇总各乡镇推广情况，选择好项目示范点。示范点应具备的标准：第一，考虑好全县布局。力求经3~4年的推广，能辐射带动连片经营。第二，干部要有积极性。推广诉求要强，对关键技术环节要把握准。第三，要有机械技术基础。拖拉机、作业机等保有量高，秸秆还田、免耕播种等技术应用水平高。

（四）政府部门加大资金投入

机械化保护性耕作技术的有效开展，离不开相应政府部门的支持以及帮助，需要具有充足的资金作为其发展动力。政府部门要根据农业实际需求给予相应的支持，对于参与了保护性耕作技术实施和推广的农牧民给予相应的技术支持以及补贴，确保其能够踏实地参与该项工作。

（五）加快对机制的创新，促使机械化保护性耕作技术的发展更具规范化

随着农业市场环境的不断发展和变化，要想能够符合当前市场经济体制的发展要求，需要对保护性耕作技术进行市场化、科学化、规范化、特征化的调节，相关部门需要加强相关生产技术的研发以及后期服务的完善，加强对种粮大户的支持以及指导，促进机械化保护性耕作技术在市场中的发展和推广。

（六）在农民群众中大力宣传机械化保护性耕作技术

机械化保护性耕作技术的提出，对于农业产业的发展以及建设均有显著的促进作用，各级部门对其重视程度也在不断提升。他们组织了各类专业的研究分析，通过秋茬免耕试点的建设取得了非常显著的效果。一方面，需要加强相关宣传工作，可以通过媒体平台以及种粮大户或者农业专业合作社演示等方式，对机械化保护性耕作技术的应用优势以及要求进行宣传和推广。另一方面，可以通过试验田或者实验基地的建设，对其实际应用效果进行更为直接的展示，并且组织专业的技术人员参与到一线的指导工作之中，提升农户对机械化保护性耕作技术的认可，使其积极参与到机械化保护性耕作技术的实施以及推广之中。

通过对相关内容的科学分析，我们可以清楚地了解到，机械化保护性耕作技术是农业部门和农民需要关注的一项技术，因为其积极作用非常明显。只有掌握和应用此类技术，才能促进农业生产的逐步优化。随着相关人士对其的不断了解和掌握，我国机械化保护性耕作技术水平将在本质上得到最大限度的提高，这是毋庸置疑的。

第六节　辽宁省黑土地玉米保护性耕作技术集成与示范

保护性耕作是指通过采取少耕、免耕技术及地表覆盖、合理种植等综合配套措施，从而减少农田土壤侵蚀、保护农田生态环境并获得生态效益、经济效益及社会效益的可持续性农业技术。其核心内容是耕地保持永久性土壤覆盖、最低程度的土壤扰动及适当的作物轮作。保护性耕作具有增碳培肥、蓄水保墒、节本增效、保土保水、高产稳产的作用，是土壤可持续利用和农业高质量发展的必然选择。为推动辽宁省保护性耕作发展，提供技术保障和支撑，提高技术应用质量和水平，下面主要针对单作玉米的保护性耕作模式和要点加以介绍，大豆杂粮等其他作物均可参照此模式执行。

一、玉米秸秆全量覆盖还田均匀行免耕播种技术模式

玉米秸秆全量覆盖还田均匀行免耕播种技术模式（简称均匀行）是指前茬玉米收获后秸秆全量均匀覆盖地表，当年春季采用均匀行免耕播种的技术模式。下一年保持原行距，在前茬的行间播种，实现年际交替轮换。

（一）适宜条件

（1）均匀行种植行距根据各地区实际情况确定，以不影响播种作业为宜，建议行距不小于 60 cm。

（2）选择高性能免耕播种机进行免耕播种作业，实现全量还田免耕播种，保证作业质量，满足农艺要求。高性能免耕播种机要求施肥开沟器、播种开沟器、带状耕作部件等入土部件满足免耕播种要求；限深轮、覆土器、镇压轮等土壤接触部件一般应为圆形的滚动部件，保证秸秆作业的良好通过性和越障能力。采用指夹式、气吸式、气吹式等高性能排种器，可以实现高速精密排种作业。配备秸秆、根茬切割装置或表层秸秆、土块清理机构，实现电子监控等。

（3）选择自走式联合收获机（配备秸秆还田装置）进行果穗或籽粒收获，同时完成秸秆的粉碎作业，满足秸秆粉碎作业标准。

（4）选用性能可靠的植保作业机具进行作业，满足植保作业质量要求。

（5）采用单一深松机进行必要的深松作业，并保证作业质量。

（6）作业机手应掌握该模式技术要点和免耕播种机等机具的操作规程，驾驶操作和性能调试要规范、正确、熟练。

（7）辽宁东部低温冷凉地区不宜采用。

（二）技术流程

机械收获 + 秸秆全部覆盖还田→免耕播种→病虫草害防治。

（三）技术要点

1. 机械收获

采用自走式玉米收获机（配备秸秆粉碎还田装置）进行收获作业，在秋季收获果穗或籽粒的同时，将粉碎后的秸秆全量均匀覆盖地表，不进行任何整地作业。割茬高度不大于 8 cm，秸秆切碎长度不大于 10 cm，粉碎长度合格率大于 85%，抛撒不均匀率小于 20%。安装调试合格，满足使用要求方可作业。

2. 免耕播种

春播前需观察地表秸秆情况，如遇冬季风吹等造成堆积或厚薄不均等情况，应适当进行人工调整，确保免耕播种机正常作业。在不动土的情况下，也可对地表秸秆进行二次粉碎处理，或条带秸秆粉碎处理，确保播种质量。当表层 10 cm 土壤平均地温稳定通过 12 ℃、土壤含水率为 10%~25% 时，可进行免耕播种。高性能免耕播种机应具有良好的通过性能，一次性完成苗带秸秆清理、侧深施肥单粒播种、覆土、镇压以及电子监控等作

业。驾驶操作应规范，免耕播种机调试正确；玉米品种须根据土壤、肥力和无霜期等条件选择。肥料宜选用流动性好的颗粒肥料，种子播深、化肥深施等作业质量符合农艺要求。免耕播种的播期较常规播种可稍晚。

3. 病虫草害防治

病虫草害防治方法参照常规种植方式，并遵循当地植保防治要求。

4. 深松

根据田间土壤情况可进行必要的深松作业，深松深度不小于 25 cm，确保深松整地作业质量。

二、玉米秸秆集行全量覆盖还田宽窄行免耕播种技术模式

玉米秸秆集行全量覆盖还田宽窄行免耕播种技术模式是指收获后秸秆全部覆盖地表，采用集行机集行，宽窄行免耕播种，秸秆在行间交替（或间隔）覆盖还田的技术模式。上年玉米收获秸秆还田后，在原均匀行距条件下，采用集行机集行秸秆，相邻两行或三行合并种两行，形成窄行作为苗带、宽行放置秸秆的种植模式，宽行、窄行隔年交替种植。

（一）适宜条件

（1）建议窄行行距不小于 40 cm，宽行行距不小于 60 cm，以不影响播种作业为宜。

（2）选择高性能免耕播种机进行免耕播种作业，实现全量还田免耕播种作业，保证作业质量，满足农艺要求。高性能免耕播种机要求施肥开沟器、播种开沟器、带状耕作部件等入土部件满足免少耕播种要求；限深轮、覆土器、镇压轮等土壤接触部件一般应为圆形的滚动部件；采用指夹式、气吸式、气吹式等高性能排种器，实现高速精密排种作业。配备秸秆、根茬切割装置或表层秸秆、土块清理机构，实现电子监控等。

（3）选择自走式联合收获机（配备秸秆还田装置），配置相应割台，在收获果穗或籽粒的同时，完成秸秆的粉碎作业，满足秸秆粉碎还田作业标准。

（4）选用性能可靠的植保作业机具进行作业，满足植保作业质量要求。

（5）采用单一深松机进行必要的深松作业，并保证作业质量。

（6）作业机手应掌握该模式技术要点和免耕播种机等机具的操作规程，驾驶操作和性能调试规范、正确、熟练。

（7）辽宁东部低温冷凉地区不宜采用。

（二）技术流程

机械收获 + 秸秆全部覆盖还田→秸秆集行处理→免耕播种→病虫草害防治。

（三）技术要点

1. 机械收获

采用自走式玉米收获机（配备秸秆粉碎还田装置）进行收获作业，在秋季收获果穗或籽粒的同时，将粉碎后的秸秆全量均匀覆盖地表，不进行任何整地作业。粉碎秸秆作

业的质量要求是割茬高度不大于 8 cm，秸秆切碎长度不大于 10 cm，粉碎长度合格率大于 85%，抛撒不均匀率小于 20%。安装调试合格，满足使用要求方可作业。

2. 免耕播种

春播季节，当表层 10 cm 土壤平均地温稳定通过 12 ℃、土壤含水率在 10%~25% 时可进行免耕播种。高性能免耕播种机应具有良好的通过性能，一次性完成苗带秸秆清理、侧深施肥、单粒播种、覆土、镇压以及电子监控等作业。驾驶操作应规范，免耕播种机调试正确；玉米品种须根据土壤、肥力和无霜期等条件选择。宜选用流动性好的颗粒肥料，种子播深、化肥深施等作业质量符合农艺要求。免耕播种的播期较常规播种可稍晚。

3. 病虫草害防治

病虫草害防治方法参照常规种植方式，并遵循当地植保防治要求。

4. 深松

根据田间土壤情况可进行必要的深松作业，深松深度不小于 25 cm，确保深松整地作业质量。

三、玉米秸秆集行全量覆盖还田二比空免耕播种技术模式

玉米秸秆集行全量覆盖还田二比空免耕播种技术模式是指收获后秸秆全部覆盖地表，播种时采用“种两行，空一行”的大宽窄行，秸秆在行间交替（或间隔）覆盖还田、种植 / 休闲相结合的技术模式。上年玉米收获秸秆还田后，翌年春播前采用集行机集行秸秆，在原均匀行距条件下，“种两行，空一行”，形成窄行作为苗带、宽行放置秸秆的种植模式。宽行、窄行隔年交替种植。

（一）适宜条件

（1）窄行行距不小于 50 cm，宽行行距不小于 100 cm，以不影响播种作业为宜。

（2）选择免耕播种机进行免耕播种作业，免耕播种机应配置免耕播种功能部件（如破茬、切草、清垄、开沟、防缠绕等部件）并具备相应功能，实现电子监控等。

（3）选择自走式联合收获机（配备秸秆还田装置）进行果穗或籽粒收获，满足秸秆粉碎还田作业标准要求。

（4）选用性能可靠的植保作业机具进行作业，满足植保作业质量要求。

（5）采用单一深松机进行必要的深松作业，并保证作业质量。

（6）作业机手应掌握该模式技术要点和免耕播种机等机具的操作规程，驾驶操作和性能调试规范、正确、熟练。

（7）辽宁东部低温冷凉地区不宜采用。

（二）技术流程

机械收获 + 秸秆全部覆盖还田→秸秆集行处理→免耕播种→病虫草害防治。

（三）技术要点

1. 机械收获

采用自走式玉米收获机（配备秸秆粉碎还田装置）进行收获作业，在秋季收获果穗或籽粒的同时，将粉碎后的秸秆全量均匀覆盖地表，不进行任何整地作业。粉碎秸秆作业的质量要求是割茬高度不大于 8 cm，秸秆切碎长度不大于 10 cm，粉碎长度合格率大于 85%，抛撒不均匀率小于 20%。安装调试合格，满足使用要求方可作业。

2. 免耕播种

春播季节，当表层 10 cm 土壤平均地温稳定通过 12 ℃、土壤含水率在 10%~25% 时可进行免耕播种。播种前，用秸秆集行机将种植条带（窄行）覆盖的秸秆集中至非种植条带（宽行），清理带 40 cm 以上的种植条后，配合免耕播种机实现免耕播种。驾驶操作应规范，免耕播种机调试正确。免耕播种机应具有良好的通过性能，一次性完成苗带秸秆清理、侧深施肥、单粒播种、覆土、镇压以及电子监控等作业。玉米品种须根据土壤、肥力和无霜期等条件选择。肥料宜选用流动性好的颗粒肥料，种子播深、化肥深施等作业质量符合农艺要求。免耕播种的播期较常规播种可稍晚。

3. 病虫草害防治

病虫草害防治方法参照常规种植方式，并遵循当地植保防治要求。

4. 深松

根据田间土壤情况可进行必要的深松作业，深松深度不小于 25 cm，确保深松整地作业质量。

四、玉米秸秆集行全量覆盖还田苗带浅旋少耕播种技术模式

玉米秸秆集行全量覆盖还田苗带浅旋少耕播种技术模式是指播种时采用秸秆集行，苗带浅旋后春季直接播种的技术模式。在上年玉米收获的同时将秸秆粉碎覆盖在地表，秋季或春季采用秸秆集行机集行后露出苗带，然后用旋耕机浅旋苗带，春季直接播种。

（一）适宜条件

（1）采用宽窄行模式进行播种，窄行行距不小于 40 cm，宽行行距不小于 60 cm，以不影响播种作业质量为宜。

（2）选择高性能免耕播种机进行少耕播种作业，实现全量还田少耕播种作业，高性能免耕播种机要求施肥开沟器、播种开沟器、带状耕作部件等入土部件满足少耕播种要求，实现电子监控等。

（3）选择自走式联合收获机（配备秸秆还田装置）进行果穗或籽粒收获，满足秸秆粉碎还田作业标准要求。

（4）选用性能可靠的植保作业机具进行作业，满足植保作业质量要求。

（5）采用单一深松机进行必要的深松作业，并保证作业质量。

（6）作业机手应掌握该模式技术要点和免耕播种机等机具的操作规程，驾驶操作和性能调试规范、正确、熟练。

（7）辽宁西部风沙干旱区不宜采用。

（二）技术流程

机械收获 + 秸秆粉碎覆盖还田→秸秆集行→浅旋→免耕播种→防治病虫草害。

（三）技术要点

1. 机械收获

采用自走式玉米收获机（配备秸秆粉碎还田装置）进行收获作业，在秋季收获果穗或籽粒的同时，将粉碎后的秸秆全部均匀覆盖地表，不进行任何整地作业。粉碎秸秆作业的质量要求是割茬高度不大于 8 cm，秸秆切碎长度不大于 10 cm，粉碎长度合格率大于 85%，抛撒不均匀率小于 20%。安装调试合格，满足使用要求方可作业。

2. 少耕播种

用秸秆集行机将种植条带秸秆集行到非种植条带，保证种植条带 40 cm 以上基本无秸秆，非种植条带覆盖秸秆。秋季或春季苗带浅旋，浅旋深度不大于 7 cm，地表平整及时镇压。当表层 10 cm 土壤平均地温稳定通过 12 ℃、土壤含水率在 10%~25% 时可进行播种。采用免耕播种机一次性完成侧深施肥、单粒播种、覆土、镇压等作业工序。驾驶操作应规范，免耕播种机调试正确；玉米品种根据土壤、肥力和无霜期等条件选择。肥料选用流动性好的颗粒肥料，种子播深、化肥深施等作业质量符合农艺要求。免耕播种的播期较常规播种可稍晚。

3. 病虫草害防治

病虫草害防治方法参照常规种植方式，并遵循当地植保防治要求。

五、玉米秸秆全量覆盖还田苗带碎混旋耕少耕播种技术模式

玉米秸秆全量覆盖还田苗带碎混旋耕少耕播种技术模式是指玉米收获的同时将秸秆粉碎覆盖在地表，播种前用旋耕机将秸秆打碎且旋入土壤的技术模式。上年玉米收获的同时将秸秆粉碎覆盖在地表，秋季或春季直接用旋耕机将苗带上的秸秆打碎并旋入土壤，春季直接播种。非种植条带不旋耕，保持秸秆覆盖状态。动土率不大于 40%。

（一）适宜条件

（1）采用宽窄行模式进行播种，窄行行距不小于 40 cm，宽行行距不小于 60 cm，以不影响播种作业质量为宜。

（2）选择高性能免耕播种机进行少耕播种作业，实现全量还田少耕播种作业，高性能免耕播种机要求施肥开沟器、播种开沟器、带状耕作部件等入土部件满足少耕播种要求，实现电子监控等。

（3）选择自走式联合收获机（配备秸秆还田装置）进行果穗或籽粒收获，满足秸秆粉

碎还田作业标准要求。

（4）选用性能可靠的植保作业机具进行作业，满足植保作业质量要求。

（5）采用单一深松机进行必要的深松作业，并保证作业质量。

（6）作业机手应掌握该模式技术要点和免耕播种机等机具的操作规程，驾驶操作和性能调试规范、正确、熟练。

（7）辽宁西部风沙干旱区不宜采用，干旱年景不宜采用。

（二）技术流程

机械收获 + 秸秆粉碎覆盖还田→苗带旋耕→免耕播种→防治病虫草害。

（三）技术要点

1. 机械收获

采用自走式玉米收获机（配备秸秆粉碎还田装置）进行收获作业，在秋季收获果穗或籽粒的同时，将粉碎后的秸秆全部均匀覆盖地表，不进行任何整地作业。粉碎秸秆作业的质量要求是割茬高度不大于 8 cm，秸秆切碎长度不大于 10 cm，粉碎长度合格率大于 85%，抛撒不均匀率小于 20%。

2. 少耕播种

春季播种时，表层 10 cm 土壤平均地温稳定通过 12 ℃、土壤含水率在 10%~25% 可进行播种。秋季或春季苗带旋耕整地后镇压、整平。采用免耕播种机一次性完成侧深施肥、单粒播种、覆土、镇压等作业工序。苗带旋耕深度不大于 20 cm，以不影响免耕播种作业为宜。驾驶操作应规范，免耕播种机调试正确；玉米品种须根据土壤、肥力和无霜期等条件选择。肥料宜选用流动性好的颗粒肥料，种子播深、化肥深施等作业质量符合农艺要求。免耕播种的播期较常规播种可稍晚。

3. 病虫草害防治

病虫草害防治方法参照常规种植方式，并遵循当地植保防治要求。

六、玉米秸秆覆盖高留茬还田免耕播种技术模式

玉米秸秆覆盖高留茬还田免耕播种技术模式（简称高留茬）是指在玉米收获时高留根茬，春季直接免耕播种的技术模式。上年玉米收获时，留根茬高度大于 40 cm，春季采用均匀行或宽窄行模式直接进行免耕播种。

（一）适宜条件

（1）如果采用均匀行模式种植，行距不小于 60 cm。如果采用宽窄样模式种植，窄行行距不小于 40 cm，宽行行距不小于 80 cm。均以不影响播种作业质量为宜。

（2）选择高性能免耕播种机进行免耕播种作业，实现全量还田免耕播种作业，高性能免耕播种机要求施肥开沟器、播种开沟器、带状耕作部件等入土部件满足免耕播种要求，实现电子监控等。

（3）选择自走式联合收获机（配备秸秆还田装置）进行果穗或籽粒收获，满足秸秆粉碎还田作业标准要求。

（4）选用性能可靠的植保作业机具进行作业，满足植保作业质量要求。

（5）采用单一深松机进行必要的深松作业，并保证作业质量。

（6）作业机手应掌握该模式技术要点和免耕播种机等机具的操作规程，驾驶操作和性能调试规范、正确、熟练。

（7）适用于辽宁东部低温冷凉地区和辽宁西部风沙干旱区。

（二）技术流程

机械收获高留根茬大于 40 cm→免耕播种→病虫草害防治。

（三）技术要点

1. 机械收获

采用自走式玉米收获机（配备秸秆粉碎还田装置）进行收获作业，在秋季收获果穗或籽粒的同时，留根茬高度大于 40 cm。上部秸秆全部或部分覆盖地表。粉碎秸秆作业的质量要求是秸秆切碎长度不大于 10 cm，粉碎长度合格率大于 85%，抛撒不均匀率小于 20%。

2. 免耕播种

春季播种时，表层 10 cm 土壤平均地温稳定通过 12 ℃、土壤含水率在 10%~25% 可进行播种。如果采用宽窄行播种，则需先进行秸秆集行，保证种植条带 40 cm 以上基本无秸秆，非种植条带覆盖秸秆。

3. 采用免耕播种机一次性完成清茬、侧深施肥、单粒播种、覆土、镇压等作业工序

驾驶操作应规范，免耕播种机调试正确；玉米品种须根据土壤、肥力和无霜期等条件选择。肥料宜选用流动性好的颗粒肥料，种子播深、化肥深施等作业质量符合农艺要求。免耕播种的播期较常规播种可稍晚。

4. 病虫草害防治

病虫草害防治方法参照常规种植方式，并遵循当地植保防治要求。

5. 深松

根据田间土壤情况可进行必要的深松作业，深松深度不小于 25 cm，确保深松整地作业质量。

七、玉米秸秆覆盖还田原垄垄作少耕播种技术模式

玉米秸秆覆盖还田原垄垄作少耕播种技术模式（简称原垄垄作）是指机械收获后秸秆集中覆盖在垄沟、每年播种在相同垄上的技术模式。上年玉米收获的同时粉碎秸秆，还田覆盖在垄沟，翌年春季在垄中央或垄侧进行免耕播种，可在 6 月中下旬进行中耕培垄作业。

（一）适宜条件

（1）选择高性能免耕播种机进行少耕播种作业，实现全量还田少耕播种作业，高性能免耕播种机要求施肥开沟器、播种开沟器、带状耕作部件等入土部件满足免耕播种要求，实现电子监控等。

（2）选择自走式联合收获机（配备秸秆还田装置）进行果穗或籽粒收获，满足秸秆粉碎还田作业标准要求。

（3）选用性能可靠的植保作业机具进行作业，满足植保作业质量要求。

（4）采用单一深松机进行必要的深松作业，并保证作业质量。

（5）作业机手应掌握该模式技术要点和免耕播种机等机具的操作规程，驾驶操作和性能调试规范、正确、熟练。

（6）适用于辽宁东部低温冷凉地区和辽宁西部风沙干旱区。

（二）技术流程

机械收获 + 秸秆覆盖还田→免耕播种→防治病虫草害。

（三）技术要点

1. 机械收获

采用自走式玉米收获机（配备秸秆粉碎还田装置）进行收获作业，在秋季收获果穗或籽粒的同时，粉碎的秸秆和残茬以自然状态留置垄沟越冬。秸秆切碎长度不大于 10 cm，粉碎长度合格率大于 85%，抛撒不均匀率小于 20%。

2. 少耕播种

当表层 10 cm 土壤平均地温稳定通过 12 ℃、土壤含水率在 10%~25% 时可进行播种。采用高性能免耕播种机一次性完成破茬、侧深施肥、单粒播种、覆土、镇压等作业工序。驾驶操作应规范，免耕播种机调试正确；玉米品种须根据土壤、肥力和无霜期等条件选择。肥料宜选用流动性好的颗粒肥料，种子播深、化肥深施等作业质量符合农艺要求。免耕播种的播期较常规播种可稍晚。

3. 病虫草害防治

病虫草害防治方法参照常规种植方式，并遵循当地植保防治要求。

第七节　农机农艺融合技术在马铃薯种植中的应用研究

农机与农艺是辩证统一的关系。一方面，农机要适应农艺的发展要求；另一方面，农艺也要为农机的应用创造良好的条件。农艺是农机的方向，农机是农艺的载体。二者之间既相互制约，又相互依存。只有农机与农艺相融合，才能共同促进农业生产向更高的阶段发展。

辽宁省建平县属辽西山地丘陵区，山区面积占30.4%，丘陵面积占43.3%，平川面积占26.3%，可谓“六山一水三分田”，先后被列为全国商品粮生产基地、全国马铃薯生产基地。马铃薯在辽宁省建平县作为仅次于小麦、玉米的重要粮食作物，在农业生产中占有重要地位。为了进一步推进马铃薯的种植生产，在马铃薯的种植区域，加大马铃薯农机农艺融合生产技术的应用十分必要。在马铃薯种植过程中，农机农艺融合技术能够有效提高马铃薯的生产质量和生产效率，因此，在马铃薯种植生产过程中，要大力引进并应用农机农艺融合技术，从根本上提高马铃薯的种植生产产量和效益。目前，我国农机化已进入快速发展的阶段，农机农艺相融合尤为重要，它不仅关系到关键环节机械化的突破，关系到先进适用农业技术的推广应用，也影响农机化的发展速度和质量。实现农机农艺的融合，对于促进农业稳定增产和农民持续增收、加快推进农业现代化有着十分重要的意义。然而，在相当长的时期内，谈到农机与农艺的关系时，人们往往过多地强调农机对农艺的适应，而忽视农艺对农机的反作用。许多发达国家发展农业机械化的经验也表明，充分发挥农艺的主观能动性，为机械化作业创造更为有利的条件，是促进农业机械化发展的有效途径。

一、播种前的准备工作

（一）播种期的选择

一般情况下，在气温稳定通过5 ℃、地温7~8 ℃时就可以播种马铃薯种子，地膜覆盖栽培马铃薯的播种期可比露地种植提前7~10天。

（二）土地翻耕机械设备选择

采用机械化生产技术种植马铃薯时，其对土地面积的大小、质量、土壤性质等具有较高的要求。基于此，在马铃薯种植区的选择上，需要选择生态条件良好、地势平缓、土质偏酸的地区。在机械化生产过程中，可以采用马铃薯直刀旋耕起垄机进行生产作业。该机器通过简单的手动操作就可以对土地进行全幅宽作业。同时，还可以进行前置悬挂和后置悬挂的全幅宽旋耕作业。对于由尾部的培土器做成截面为梯形的宽厚垄体，可通过调整培土器与地面夹角来调整垄高和垄宽，为马铃薯创造高质量的生长条件。在机械旋耕的影响下，能够将土壤中影响马铃薯生长的作物残茬和土壤硬块进行彻底粉碎，使其获得适宜马铃薯生长的松软适宜的土壤。

（三）马铃薯品种的选择

在农作物的种植过程中，农作物产量的高低取决于种子的质量。因此，在正式栽种马铃薯之前，要对马铃薯的品种进行严格筛选。选择标准一般为芽眼小、抗逆性强、无龟裂与病斑、形状规范等。对于地膜覆盖栽培，由于地膜覆盖栽培的目的是使马铃薯提早上市，卖出好价，提高土地利用率和产值。因而，要选用早熟品种，如中薯3号、早大白等。每亩备种175 kg左右。

（四）种植马铃薯与催芽技术

在马铃薯种植中，对马铃薯进行催芽能够提高苗壮程度、增强出苗率。采用室内催芽，便于调控温度、湿度。在对马铃薯进行催芽时，要把培育室的温度控制在 15 ℃左右，将选择的薯种平放在室内，每 5 天左右翻动一次，以此来保证马铃薯种能够充分吸收养分和空气。当马铃薯种的表面出现 0.5 mm 的壮芽时，就可以开始切块。小种薯不切块，大种薯按芽眼切块，每块质量 40 g 左右，用拌种剂或草木灰拌种。拌后摊开晾晒，使块茎切口风干后再播种。

二、播种

在马铃薯种植中，起垄种植技术逐渐替代了传统的马铃薯种植方式。采用起垄种植时，必须选用专门的起垄装置播种机。在起垄时，对起垄的高度、行距以及每亩株数的间距进行有效控制。一般情况下，起垄的行距要控制在 0.9~1.2 m，高度控制为 25~30 cm，株数为每亩 4500 株。地膜覆盖栽培马铃薯的种植密度可比露地栽培增加 20% 左右。一般垄宽 10 cm，每垄开沟条摆播 2 行，垄上行距 30~35 cm。早熟品种穴距 23~25 cm，每亩 5500 株左右；中熟品种穴距 25~27 cm，每亩 5000 株左右。起垄装置播种机有单行、双行、四行等类型，要根据地形情况进行合理选择。

三、播种后的田间管理技术

（一）查苗、补苗

在马铃薯种植生产中，采取机械化生产方式能够实现马铃薯的精量化播种，但对其密度方面的把握却不够精确，因此，在马铃薯生长出 4~5 个叶片时，就需要人工对其进行查苗和补苗。如果在查苗过程中发现缺苗问题，那么相关人员要及时移栽备用苗进行补苗；如果在查苗过程中出现多苗现象，则要及时去除多余的杂苗，留下壮苗，防止其出现养分吸收不足的问题。

（二）地膜覆盖栽培马铃薯及时放苗

对于地膜覆盖栽培马铃薯，在其出苗后，要及时破膜放苗，破口要小。放苗出膜后，随即用细土将苗基部地膜破口封平，既能防止幼苗接触地膜烧伤，又能阻隔膜内温度散失；喷施除草剂的地块，更应该及时破膜放苗。在寒潮过后的冷尾暖头破膜放苗，可预防冻害。

（三）中耕培土

在马铃薯的幼苗时期，要对其进行三次中耕培土操作。第一次培土操作在幼苗匍匐茎还没有形成的时候，要对它进行合理深铲，铲挖深度为 15 cm 左右。第二次培土操作与第一次培土操作间隔 10 天左右，铲挖深度为 10 cm 左右。第三次培土操作在马铃薯出现花蕾的初期，这一时期的培土深度要控制在 7 cm 左右，以防铲度太深损伤马铃薯的匍匐茎。在这一时期，同样可以应用马铃薯直刀旋耕起垄机进行中耕培土作业。在中耕状态时，通过拆下部分刀头，可实现垄间碎土。前置悬挂可以翻耕苗床，垄脊预先成型；后置悬挂可做起垄中耕机，用于传统的马铃薯中耕培土，进地后可一次性完成松土、除草、筑垄、追肥等作业，同时兼有提高地温、保墒作用。

（四）马铃薯灌溉

马铃薯的生长需要充足的水分，因此，在马铃薯的生长过程中，要定期对马铃薯进行灌溉，以防其因为干旱而产生苗弱问题。在实际的灌溉过程中，可以采用滴灌的形式，并配合相应的化肥，以此来保证土壤的养分和水分含量。其中，灌溉的水量也不宜过多，其土壤水分含量保持在 60%~70% 即可。

四、收获

及时收获是提高马铃薯品质的重要途径。收获的时候，要确保土壤湿度满足要求，同时田间的最大持水量不能超过 60%，温度不能低于 8 ℃，最佳收获时间在 10 时前或 15 时后，随收随运到仓库存放。如不能随运的，可用茎叶将马铃薯块茎盖严，防止块茎在阳光下曝晒，造成灼伤或变成绿色，降低商品质量。收获时可选择与马铃薯播种机械相配套的马铃薯联合收获机，以提高收获效率。

第八节　玉米秸秆综合利用机械化技术模式

一、玉米秸秆综合利用的意义

玉米秸秆是玉米生产的主要副产品，也是宝贵的生物资源，具有产量大、分布广、供应稳定等特点。辽宁省农作物秸秆以玉米和水稻秸秆为主，产量约为 3400 万吨，除去损失，理论上年可收集量约为 2900 万吨，其中玉米秸秆 2000 多万吨，占 70% 多。农作物秸秆自古就是人们日常生活所用的主要燃料，另外还可用来饲养家畜和沤制肥料。然而，随着农村经济的快速发展、人们生活水平的提高，农村生活用能结构发生了改变，生活用秸秆数量大幅度减少。化肥的大量使用，在一定程度上降低了秸秆沤肥还田率。这些传统的秸秆利用方式逐渐被人们放弃，而现代科学的秸秆利用方式和意识尚未普及。

辽宁省玉米秸秆综合利用主要包括五个方面：一是用于秸秆还田的肥料化利用；二是用于畜牧养殖的饲料化利用；三是用于农村能源及生物质发电的能源化利用；四是用秸秆作为基料栽培食用菌的基料化利用；五是用于其他工副业生产的原料化利用。围绕辽宁省玉米秸秆利用的五个方面，我们推广的玉米秸秆综合利用机械化技术，主要是秸秆还田机械化技术和秸秆回收机械化技术及其他配套技术。实施玉米秸秆还田覆盖模式的保护性耕作技术，能够有效地增加土壤的有机质含量，改良土壤，提高土壤肥力，同时能够有效减少风蚀、水蚀，抵御土壤荒漠化。大量的秸秆还田，可以为土壤微生物提供大量的可利用的营养物质，使土壤生物活性大大增强、土壤肥力大大增加。实施该技术是摆脱干旱、提高土壤肥力和遏制生态环境恶化、提高粮食产量、促进农业可持续发展的重要途径。

二、主体技术

（一）玉米秸秆粉碎还田机械化技术

玉米秸秆粉碎还田是用玉米联合收获机在收获玉米的同时将秸秆直接粉碎还田，或用单一秸秆粉碎还田机将摘穗后的玉米秸秆粉碎还田。玉米秸秆还田后，可以根据秸秆量的大小及当地具体情况，进行多种模式的玉米种植。

（二）玉米收获机的选择和准备

（1）根据地块大小和种植行距及作业质量要求选择合适的联合收获机。秸秆还田机尽量选用弯刀式、直刀式、铡切式等秸秆粉碎性能高的产品，确保作业质量。

（2）作业前应对机具进行全面调整和安装，确保各部件运转平稳。进行试收获，达到农艺要求后，方可投入正式作业。

（3）玉米联合收获机要针对玉米产量、行距、结穗高度等情况，适当调整摘穗辊间隙，检查调整链条皮带松紧度，紧固所有螺丝，正确调整秸秆还田机作业高度，保证留茬高度适合当地农艺要求。

（4）使用不能自行开道的玉米联合收获机时，应在1~2天前人工割除通道；如遇地头不能出车的地块，应提前人工割出机组地头转弯的地段。

（三）玉米秸秆回收机械化技术

一是玉米青秸秆回收机械化技术，就是将蜡熟期玉米通过青贮收获机械一次完成秸秆切碎、收集，装入塑料袋或青贮窖中，直接或通过盐化或氨化等处理后进行密封储存，用作青贮饲料。二是利用茎穗兼收型玉米联合收获机，在玉米收获的同时将粉碎后的秸秆回收装窖，或将摘穗后的玉米秸秆经机械粉碎揉搓后压包装袋，用作黄贮饲料。三是在玉米收获后利用捡拾打捆机将秸秆打捆回收，主要用于饲料、生物质发电、固体成型燃料加工、食用菌培养基料及其他工业用原料等。捡拾打捆的秸秆可以是整秸秆，也可以是粉碎后抛撒在地表的秸秆。

（四）玉米秸秆青贮主要技术要求

（1）青贮收获时玉米秸秆含水率在65%~75%为宜，多了应稍加晾晒，少了应在青贮时适量加水。

（2）青贮收获作业时，要求地面留茬小于15 cm，秸秆切碎长度小于3 cm，揉丝长度小于5 cm。

（3）玉米秸秆黄贮前必须切碎，一般以长2~2.5 cm为宜，揉丝长度应小于5 cm。切碎的目的是使玉米秸秆的汁液渗出，湿润表面，以利乳酸菌迅速发酵，便于压实，提高贮量。

（五）玉米秸秆打捆作业主要技术

（1）捡拾打捆机作业地块坡度要小于10°。

（2）为保证捡拾打捆机正常工作，要求传动轴与地面角度不得超过 30°。

（3）捡拾弹齿或割台与地面间隙，应按不同打捆机的具体要求调整到合适的距离，保证秸秆的含土率和含杂率符合饲料及发电原料的要求。

（4）为避免发生秸秆霉烂现象，应在秸秆含水量低于 20% 时进行打捆作业。

三、配套技术

（一）机械化深松技术

机械化深松技术是不翻土的耕作作业，是在不打乱原有土层结构的情况下，利用机械松动土壤，打破犁底层，加深耕作层，创造虚实并存土壤构造的耕作技术。机械化深松能有效地改善土壤的通透性，提高土壤蓄水能力，利于作物扎深根，起到涝能蓄水、旱能提墒的作用。

（1）地块的选择，当 0~25 cm 的土壤容重大于 1.4 g/cm^3 时，需要进行深松作业。土壤质地为壤土、黏土等地块适宜深松，耕作层 20 cm 以下为沙层的地块不宜进行深松。深松作业土壤含水量在 14%~20% 为宜。一般 2~3 年进行一次。

（2）深松作业质量要求，深松作业要求耕深一致，地表平整。深松深度的确定要因地制宜，以打破犁底层为原则，一般 25 cm 以上即可。各行深度误差为 2 cm。要求行距一致，深松间隔一般为 40~70 cm，最好与当地玉米种植行距相同。深松后的裂沟要合墒弥平，以防跑墒。最好选择带有合墒器或碎土镇压装置的深松机。深松整地机能一次完成土壤深松、旋耕、镇压等作业。深松整地机作业使表层土壤细碎，坚硬的犁底层被间隔打破，利于作物生长发育，具有整地效果好、节本增效等特点。

（二）机械化深翻整地技术

秸秆粉碎还田后，用铧式犁进行深翻掩埋秸秆，春季浅耙播种施肥，或浅旋起垄播种施肥作业。其技术路线为：玉米收获—秸秆粉碎还田—秋季铧式犁深翻—春季浅耙平播种施肥（浅旋起垄播种施肥）—药剂除草。

（三）玉米少、免耕播种技术

免耕播种就是利用免耕播种机，在留茬或有秸秆覆盖的地块，一次完成破茬、开沟、播种施肥、覆土、镇压等多项工序的一项播种技术。免耕播种机除了要有普通播种机的功能外，还需有清草排堵功能、破茬入土功能、种肥分施功能和地面仿形等能力。秸秆量大时，可采用少耕播种，对于秸秆部分回收部分覆盖的地块，可直接进行免耕播种。免耕播种机的正确使用方法是：

（1）播种开始时，应边起步边缓慢降下播种机，以免泥土堵塞导种管和导肥管。

（2）正常作业中，不许倒退，必须先升起播种机再倒车。

（3）作业中应尽量减少停车次数，若因故停车，起步时要先后退 1 m 左右，以防造成漏播现象。

（4）作业时要随时观察排种、排肥和其他传动部件是否工作正常，发现故障及时排除。

（5）随时清除播种机表面泥土和杂物，特别是施肥、播种开沟圆盘上的泥土和杂物。

（6）每天作业前要对需要润滑的部位注入润滑脂，给滚子链涂机油。

第九节 北票市农产品安全示范县治违禁 控药残 促提升

按照上级业务部门在北票市联合实施食用农产品“治违禁 控药残 促提升”三年行动要求，解决禁限用药物违法使用、常规农兽药残留超标等问题，创建食用农产品安全示范县。

一、工作基本模式

针对禁限用农药、食品动物禁止使用的药品及其他化合物、“禁限用药物”违法使用问题以及常规农兽药残留超标问题，聚焦13个农产品，采取“一个问题品种、一张整治清单、一套攻坚方案、一批管控措施”的“四个一”精准治理模式，力争用三年左右时间，使生产方式进一步转型升级，绿色防控技术得到普遍应用，农药兽药使用更加科学合理，违法使用禁限用药物问题基本解决，常规农兽药残留超标问题有效遏制，生产销售的食用农产品符合食品安全国家标准，属地责任、监管责任、生产经营者主体责任进一步落实。

二、治理的重点品种

治理重点品种包括：“三棵菜”，即豇豆、韭菜、芹菜；“一枚蛋”，即鸡蛋；“两只鸡”，即白羽肉鸡、乌鸡；肉牛、肉羊；“四条鱼”，即大口黑鲈、乌鳢、鳊鱼、大黄鱼；海参。不论产量、规模，上述13种重点品种均需开展治理，各地可根据生产实际和监测情况增加治理品种。

三、行动时间

2021年6月—2024年6月，共分4个阶段。

（一）动员部署阶段（2021年6月—2021年8月）

各地各部门根据国家、省、市部署动员及北票市实施方案，对三年行动进行全面安排部署，成立专项工作组，量化具体工作指标，制定可行工作措施，确保责任落实到人。

（二）集中整治阶段（2021年9月—2021年12月）

各地各部门围绕治理行动重点任务、重点环节和治理清单，全面集中开展问题排查和治理。

（三）持续巩固阶段（2022年1月—2023年12月）

各地各部门按照各自职责，以整年度为时间节点，统筹制定食用农产品“治违禁 控药残 促提升”当年行动方案，持续开展问题治理。各级各部门强化督导和飞行检查，推动专项整治行动取得实效。

（四）总结评估阶段（2024 年 1 月—6 月）

总结评估，收集整理相关数据，梳理整治期间解决的突出问题、采取的有效举措、创新的监管方式、建立的相关机制，集中宣传三年行动典型经验和工作亮点。

四、重点任务

（一）强化依法履职，严格农药兽药生产经营管理

农业农村部门要严把农药兽药行政许可审批关口，加大农药兽药质量监测力度，严查隐性添加禁用成分或其他成分。建立健全农药产品二维码标注、追溯管理制度。加强限用农药监管，实行定点经营、实名购买、购销台账、溯源管理；实施兽药二维码追溯管理，确保兽药生产企业的兽药产品全部赋码上市、产品入库出库追溯数据全部上传至国家兽药产品追溯系统；加强兽用原料药管理，要将原料药纳入追溯范围，防止非法流入养殖、屠宰环节。加强水产养殖用投入品管理，加强农药兽药网络销售平台的监督。电信主管部门要加强 ICP 备案管理，配合农业农村、市场监管等部门对从事农药兽药违法经营和宣传活动的网站进行定位、处置，协同开展农药兽药经营网络清理专项整治行动，组织搜索引擎、第三方交易平台等对涉及农药兽药经营和宣传情况开展自查整改，在信息查询、数据提取、违法信息屏蔽、停止服务等方面提供技术支持，有力打击网上违法销售行为。

（二）强化源头管控，摸准种植养殖情况

农业农村部门要组织做好调查，以乡镇为单位摸清 13 个品种生产基地的面积、产量、病虫害发生、用药习惯、农产品上市等情况。推进农产品质量安全网格化管理，按照“区域定格、网格定人、人员定责”要求，每个网格明确专人负责。探索建立 13 个品种农药兽药安全使用指导员制度，负责区域内用药指导及监督。推广“阳光农安”模式，运用视频等电子化工具，推进用药记录便捷化、电子化，强化生产过程控制服务。

（三）强化技术服务，采用先进适用种植养殖方式

推动绿色健康种植养殖方式。农业农村部门要结合本地气候特征和农业生产现状，调整优化种植区域布局，指导农户采用绿色技术模式，摒弃大肥大水大药的传统种植习惯；倡导“三棵菜”科学种植，推广轮作间作模式，降低菌源基数和虫口密度；集成推广生态调控、生物防治、理化诱控、科学用药等绿色防控技术，持续推进农药减量化。强化“两只鸡”、蛋禽、肉牛肉羊、“四条鱼”、海参绿色养殖，推进现代养殖方式发展，继续实施兽用抗菌药使用减量化行动。督促养殖者加强水产、肉鸡、蛋鸡兽药使用管理，如养殖密度较大且管理能力跟不上的，应适度降低养殖密度。有条件的地方可将牛羊禽的屠宰纳入定点管理。

（四）强化突出问题，严查种植养殖屠宰环节违法使用禁限用药物行为

农业农村部门必须坚持“零容忍”，乡镇农产品质量安全监管站要加大日常巡查检查力度，用好快速检测（以下简称“速测”）手段，实行精准监管。在农药兽药经营门店、

种植养殖基地和合作社场所张贴禁限用药物清单等宣传资料。县级农业农村部门要充分利用限用农药经营购销台账，对于限用农药实际用途与标签标注的使用范围不一致的，应依法严厉查处；加大监督抽查力度，提高抽检比例，发现不合格产品及时向社会公布，对违法行为跟进开展执法查处，强化行政执法与刑事司法衔接。

（五）强化培训指导，严查农产品常规农药兽药残留超标问题

农业农村部门要加强安全用药宣传，让种植养殖生产主体牢固树立“不合格不上市”的意识，纠正常规农药兽药可随意使用的错误认识。对13个品种的规模化生产主体，每年至少组织一次安全用药培训。推进常规农药兽药残留速测工作。在13个品种上市高峰期，加强常规农药兽药残留的监督抽查，强化分析研判，一旦发现不合格产品，依法处置并督促整改到位。

（六）强化制度创新，大力推行达标合格证制度

农业农村部门要大力推进食用农产品达标合格证制度试行工作，督促指导生产13个品种的企业、合作社、家庭农场在农产品上市时开展检测并开具合格证。建立健全13个品种生产主体名录，加强合格证开具日常巡查，对冒名开具、虚假合格的，列入农产品质量安全失信“黑名单”。

（七）强化“门槛”管控，严格市场准入管理

市场监管部门要督促食用农产品批发市场开办者和食用农产品销售者严格落实食品安全查验责任，查验并留存13个品种的可溯源凭证和产品质量合格凭证。对无法提供可溯源凭证的禁止入场销售，对无法提供产品质量合格凭证的进行抽样检验或者速测，检测结果合格方可进入市场销售。鼓励食用农产品批发市场开办者对“三棵菜”中克百威、三唑磷等禁限用农药，腐霉利、灭蝇胺等易超标的常规农药残留开展针对性速测。对13个品种要加大监督检查和监督抽检力度，严厉打击在市场销售过程中添加使用禁限用药物，超范围超剂量使用保鲜剂、防腐剂等食品添加剂相关违法违规行为。

（八）强化主体责任，严格食品生产、餐饮服务环节管理

市场监管部门要督促指导食品生产、餐饮服务者严格落实食品安全主体责任，强化食品原料进货查验记录，采购13个品种时应查验并留存可溯源凭证和产品质量合格凭证，杜绝采购无证产品。加大日常监督检查力度，严厉打击食品生产、餐饮服务过程中及水产品暂养期间违法添加非食用物质，违规使用食品添加剂、保鲜剂、防腐剂等行为。对问题企业和食品，及时采取责令停止生产经营、召回等行政强制措施，涉嫌犯罪的坚决移送公安机关追究刑事责任。

（九）强化部门联动，推动行刑衔接

农业农村、市场监管部门对日常检查、风险监测、监督检查抽查中发现的使用禁限用药物、常规农药兽药残留严重超标等问题，开展行政调查，构成犯罪的及时将案件移送公安机关；对公安机关商请提供认定意见、风险评估意见以及无害处理涉案物品的，应予以配合；卫生健康部门在开展食品安全风险监测中发现使用禁限用药物、常规农药兽药残留严重超标等问题时，及时向同级食品安全监管部门通报。公安机关要把打击非法生产经营农药“黑窝点”、非法使用禁限用药物及“瘦肉精”等非法添加物作为“昆仑”专项行动的重点，及时掌握本地农产品抽检情况，对可疑问题开展重点排摸，按照“全链条、全环节、全要素”打击犯罪的工作要求侦办犯罪案件，确保办案质量；对于重大案件，必要时，由上级公安机关挂牌督办。检察机关依法履行批捕、起诉职能，严厉惩治危害食品安全犯罪；强化行政执法和刑事司法衔接机制的落实与完善，严禁有案不移、有案不立、以罚代刑等；充分履行公益诉讼检察职能，探索建立民事公益诉讼惩罚性赔偿制度，加大违法者的违法成本；充分发挥检察建议作用，推动完善管理制度。各级法院充分发挥刑事审判职能，依法及时审理相关案件。

（十）强化会商等制度基础，完善农药兽药残留全链条治理机制

（1）强化组织协调。充分发挥各级食品安全办公室的作用，统筹协调、研究解决农药兽药残留治理中的重要事项、重大问题，将农药兽药残留治理情况纳入相关考核。

（2）健全会商机制。各级食品安全办公室要组织专家对执法司法实践中出现的非法添加、违法使用的性质、毒害性及对人体影响等问题进行研究论证，明确认定标准。

（3）实施准出准入机制。农业农村部门要推进食用农产品达标合格证制度和追溯制度，市场监管部门要督促落实食用农产品进货查验、入市查验制度，切实推动食用农产品产地赋码带证上市、市场验码查证准入，农业农村、市场监管部门建立健全产地、市场不合格产品信息双向通报查处机制，相互通报不合格产品销售流向、产地等信息，实施双向追踪溯源，共同核查处置。

（4）建立联动机制。相关部门联合出台农产品质量安全领域行刑衔接办法，完善犯罪案件移送与案件督办工作机制，各级食品安全办公室要推动建立地区间、部门间食品安全案件查办联动机制，协调相关部门解决办案协作、涉案物品处置等问题。

五、相关要求

（一）深化思想认识，提高政治站位

“治违禁 控药残 促提升”行动是贯彻落实习近平总书记重要批示精神，守护人民群众“舌尖上的安全”的具体措施。各地各有关部门要提高政治站位，强化责任感、使命感和紧迫感，把思想和行动统一到中央部署要求上来，严格落实属地管理责任和部门监管责任，坚持“最严谨的标准、最严格的监管、最严厉的处罚、最严肃的问责”，坚决杜绝形式主义、“走过场”治理，真刀真枪查找问题，拿出管用措施。

（二）成立组织机构，增强领导力量

北票市将联合成立工作组，在食品安全考核评议等考核中提高农药兽药残留超标问题治理分值，组织开展联合调研指导，对于治理过程中存在的问题和薄弱环节，及时发现，及时解决。各地各部门要加强组织领导，参照市级工作组健全工作机制，成立地方工作组，结合本地实际完善工作方案，明确专人负责，持续开展治理。

（三）精准施策，坚持监管与服务指导并举

各地要全链条各环节摸清13个品种问题产生的根源，开展专项会诊，实施精准的规范用药指导、技术服务。针对禁限用药物使用、常规农药兽药残留超标问题采取不同的治理措施。按照辽宁省13个品种治理清单，结合本地实际进一步完善补充，形成精准治理清单，并及时报送市级工作组办公室备案。市级工作组将及时转发国家、省、市制定下发的治理技术性指导意见，并对各地开展督促检查，适时组织飞行检查。

（四）营造氛围，实行社会共治

各地各相关部门要畅通投诉举报渠道，出台相关奖励办法，接受群众监督。要以多种形式加大宣传力度，宣传行动成效，曝光典型案例，营造强大声势，震慑违法犯罪分子，引导社会力量积极参与农药兽药残留问题治理。

（五）加强调度，及时报送信息

各地各部门要建立固定的信息报送机制，每月27日前报送治理情况，年底（每年12月17日前）报送阶段性工作进展情况（包括总体情况、主要措施、存在的问题、下一步工作安排等），同时要注意收集整理监管执法、司法典型案例，可随时报送。若有重大问题，市级工作组要及时调度。各地要切实做好信息统计报送工作，责任落实到人，统计数据要客观真实、反映实际情况、经负责人审核后报送。

六、食用农产品13个品种治理清单

（一）豇豆（长豆角）、韭菜、芹菜突出问题治理

主要问题：违法违规使用禁限用药物和常规药物残留超标。

整治时间：2021年6月—2024年6月。

整治措施：

（1）加强禁限用农药管理。开展豇豆、韭菜、芹菜常用农药质量监督抽查，重点抽查农药中违法添加蔬菜禁用农药成分。

（2）落实限制使用农药定点经营（专柜销售、实名购买）、购销台账和溯源管理等制度。加强对农药生产企业、经营单位的监督检查，严厉查处违法生产、经营行为。将《禁限用农药名录》组织发放至每一个豇豆、韭菜、芹菜种植主体，并在生产场所显著位置张贴。

（3）严格落实生产记录制度。督促农产品生产企业、农民专业合作社落实生产记录制度，完善种植用药档案；指导家庭农场、种植大户、小农户科学合理使用农业投入品，建立健全用药记录。

（4）加强技术指导服务。一是指导基层加强豇豆、韭菜、芹菜病虫害防控、安全用药技术指导，加强生物防治、物理防治等绿色防控技术推广应用；二是指导生产者落实农药安全间隔期规定，针对企业、农民专业合作社、家庭农场、生产大户等生产主体开展关于禁用农药的宣传培训。

（5）建立重点产品名录。指导各地豇豆、韭菜、芹菜主产区建立重点种植主体监管名录，对生产量较大或者发现问题较多的生产者实施重点监管，明确专人开展常态化跟踪检查。

（6）加大巡查检查和飞行检查力度。重点检查将禁用农药、限用农药用于豇豆、韭菜、芹菜生产的违法行为，使用常规农药不执行农药安全间隔期的行为，不落实生产记录和用药记录等行为。

（7）强化风险监测。农产品质量安全监测中，主产地要提高豇豆、韭菜、芹菜的抽检比例，及时发现风险隐患。

（8）加大执法查处力度。针对豇豆、韭菜、芹菜种植基地开展监督抽查，发现不合格产品，要及时跟进执法查处。针对市场上发现的豇豆、韭菜、芹菜不合格产品，涉及本地生产的，要从市场端和产地端同时进行查处，严惩违法违规行为；涉嫌犯罪的，及时移交司法机关处理，并向社会公布案件查处情况。

（9）加大食用农产品达标合格证推广应用力度。指导豇豆、韭菜、芹菜种植主体在自控自检或委托检验的基础上开具食用农产品达标合格证，压实生产者主体责任。

（二）鸡蛋突出问题治理

主要问题：药物残留超标。

整治时间：2021 年 6 月—2024 年 6 月。

整治措施：

（1）摸清底数，建立监管名录。以乡镇为单位摸清底数，精准建立蛋鸡的养殖场户、鸡蛋贩经纪人名录。推进鸡蛋产品质量安全网格化管理，按照“区域定格、网格定人、人员定责”要求，每个网格明确专人负责。

（2）规范兽药经营环节管理。督促兽药经营企业加快兽药二维码追溯系统应用，按规定查处未赋二维码兽药产品。进一步规范兽药经营企业记录档案，查处不按处方药管理规定销售处方药的违规行为。

（3）建立兽药使用环节管理制度。各类蛋鸡饲养主体应当建立处方用药、药物禁用限用、休药期、销售记录等管理制度。养殖场应当依法建立养殖档案。养殖小区、养殖专业户应当建立完整、真实的兽药使用情况记录。

（4）加大执法检查力度。重点检查产蛋期违规使用兽药、不执行休药期等违法违规行为，不落实生产记录和用药记录等行为。严厉打击销售假劣兽药行为。以蛋鸡养殖重点地区兽药经营企业（特别是龙头企业）兽药库为重点，严厉打击销售假劣兽药、兽药标签说明书夸大适应症或用法用量增加靶动物、不按规定标注兽用处方药标识、将原料药销售给养殖者、利用互联网销售假劣兽药等违法违规行为。

（5）强化风险监测和监督抽查。畜产品质量安全监测中，提高鸡蛋主产地鸡蛋的抽检比例，及时发现风险隐患。开展鸡蛋兽药残留专项监督抽检工作，对检测出的超标产品的后续处理，要及时启动追溯程序。要根据残留超标样品反馈信息溯源动物养殖场户，对动物养殖场户用药情况进行核查，重点检查用药记录和库存兽药产品；发现养殖用药不规范、未执行休药期等问题，应提出整改意见、监督整改。

（6）加强宣传教育。通过印发宣传单、小册子、明白纸、宣传挂图等，利用电视、报纸、网络等媒介，深入宣传《辽宁省农业农村厅 辽宁省公安厅关于规范蛋鸡养殖环节兽药使用的通告》。宣传、告知蛋鸡产蛋期禁用兽药名单、蛋鸡禁用药品名单等，规范蛋鸡养殖环节兽药使用管理，引导科学、合理使用兽药，严控药残超标。告知蛋鸡饲料生产企业、蛋鸡养殖企业主体责任，督促鸡蛋经销商与鸡蛋养殖企业建立用药追究责任。

（7）稳步推进食用农产品合格证制度建设。大力推广应用国家农产品质量安全追溯平台，摸清辖区内鸡蛋生产主体底数，建立监管主体名录，鼓励鸡蛋生产主体附带电子合格证、追溯二维码等产品信息等，实现鸡蛋产品来源可溯、信息可查。

（三）白羽肉鸡、乌鸡突出问题治理

主要问题：药物残留超标。

整治时间：2021 年 6 月—2024 年 6 月。

整治措施：

（1）摸清底数，建立监管名录。以乡镇为单位摸清底数，精准建立白羽肉鸡、乌鸡的养殖场户名录。推进质量安全网格化管理，按照“区域定格、网格定人、人员定责”要求，每个网格明确专人负责。

（2）规范兽药经营环节管理。督促兽药经营企业加快兽药二维码追溯系统应用，按规定查处未赋二维码兽药产品。进一步规范兽药经营企业记录档案，查处不按处方药管理规定销售处方药的违规行为。

（3）规范白羽肉鸡、乌鸡养殖环节兽药使用管理。各类白羽肉鸡、乌鸡饲养主体应当建立处方用药、药物禁用限用、休药期、销售记录等管理制度。养殖场应当依法建立养殖档案。养殖小区、养殖专业户应当建立完整、真实的兽药使用情况记录。

（4）强化风险监测和监督抽查。畜产品质量安全监测中，要提高白羽肉鸡、乌鸡的抽检比例，及时发现风险隐患。对白羽肉鸡、乌鸡检测出的超标产品的后续处理，要及时启动追溯程序。要根据残留超标样品反馈信息溯源养殖场户，对养殖场户用药情况进行核查，重点检查用药记录和库存兽药产品；发现养殖用药不规范、未执行休药期等问题的应提出整改意见，监督整改。

（5）加大巡查检查和飞行检查力度。重点是白羽肉鸡、乌鸡养殖过程中违规使用兽药、不执行休药期等违法违规行为，不落实生产记录和用药记录等行为。

（6）加强宣传教育。通过科普宣传教育，指导养殖户合理使用兽药，严控残超标。告知白羽肉鸡、乌鸡饲料生产企业、养殖者主体责任，督促养殖者建立用药追究责任。

（7）稳步推进食用农产品合格证制度建设。大力推广应用国家农产品质量安全追溯平台，鼓励白羽肉鸡、乌鸡生产主体附带电子合格证、追溯二维码等产品信息等，实现产品来源可溯、信息可查。

（四）肉牛、肉羊突出问题治理

主要问题：非法添加使用“瘦肉精”等违禁药物。

整治时间：2021 年 6 月—2024 年 6 月。

整治措施：

（1）精准掌握肉牛、肉羊产业链的情况。各地要组织做好调查，以乡镇为单位摸清底

数，精准建立肉牛、肉羊的养殖企业、贩运经纪人、屠宰企业名录。推进畜产品质量安全网格化管理，按照“区域定格、网格定人、人员定责”要求，每个网格明确专人负责。探索建立肉牛、肉羊兽药安全使用指导员制度，负责区域内用药指导及监督。

（2）开展养殖环节整治。要督促肉牛和肉羊养殖场户建立完整和真实的兽药、饲料和饲料添加剂等使用情况记录，建立处方用药、药物禁用限用、休药期、销售记录等管理制度。要落实肉牛、肉羊出栏未使用“瘦肉精”承诺制度。

（3）开展收购贩运环节整治。要督促肉牛、肉羊经纪人履行查验养殖场的兽药、饲料和饲料添加剂等使用情况记录。督促其建立收购记录，完整、真实地记录所收购肉牛和肉羊的日期、来源、品种、数量、检疫证明编号及销售去向等。

（4）开展屠宰环节整治。要督促肉牛、肉羊的屠宰企业落实待宰制度、“瘦肉精”自检等制度，建立完整的肉牛、肉羊来源和产品流向记录。对每批屠宰加工的肉牛、肉羊产品进行“瘦肉精”检测。未按照规定进行质量安全检验或者检验不合格的肉牛、肉羊产品，不得出厂（点）。

（5）开展“瘦肉精”监督监测。每年对北票市各地的肉牛和肉羊的屠宰环节、养殖环节和市场交易环节开展“瘦肉精”抽检，对重点地区、隐患环节开展拉网式排查。检测工作中要做到筛选检测快、确证检测快、确证阳性的移交快。对现场快速筛查出阳性样品的养殖场企业、屠宰企业，当地农业农村部门要及时依法对其活畜及产品采取临时控制措施。

（6）加强“瘦肉精”监督检查。加强对各环节日常监督检查，及时将相关监督工作记录归档留存，对确证含有“瘦肉精”的涉案线索及时移送公安机关，严厉打击兜售“瘦肉精”、违法使用“瘦肉精”的行为。

（7）深入宣传，群防群治。通过印发宣传单、小册子、明白纸、宣传挂图等，利用电视、报纸、网络等媒介，向养殖场户、屠宰企业、牛羊经纪人、饲料兽药生产经营企业和广大群众大力宣传、告知“瘦肉精”等禁用药物的危害性、国家打击违法添加使用“瘦肉精”的法律法规。

（8）严格落实准出准入机制。实施准出准入机制，对出栏的肉牛、肉羊进行交易必须有产地检疫并附有耳标。对屠宰的肉牛、肉羊产品经肉品品质检验合格的，应当出具肉品品质检验合格证。对分割包装未经熟制的肉品，应当在包装物封口处加封肉品品质检验合格标识。屠宰企业屠宰的肉牛、肉羊产品未经肉品品质检验或者经肉品品质检验不合格的，不得出厂。

（五）大口黑鲈、乌鳢、鳊鱼、大黄鱼、海参突出问题治理

主要问题：违法违规使用禁限用药物和常规药物问题。

整治时间：2021 年 6 月—2024 年 6 月。

整治措施：

（1）推广绿色健康养殖模式。结合辽宁省水产绿色健康养殖技术推广“五大行动”，因地制宜推广多营养层级立体养殖、工厂化循环水养殖、淡水池塘改造、集中连片池塘尾水处理等技术模式。进一步转变养殖方式，大口黑鲈、乌鳢、鳊鱼、大黄鱼、海参主产区要制定区域适应性好、可操作性强、具有一定指导性的技术规范。持续开展水产养殖用药

减量行动，加大水产优良品种覆盖率，全面推行现代绿色健康养殖，从根本上解决水产养殖违法违规使用药物行为。

（2）开展重点品种大排查。组织开展大口黑鲈、乌鳢、鳊鱼、大黄鱼、海参等养殖生产情况大排查，摸清养殖生产单位养殖数量、养殖面积、年产量、养殖方式、用药情况、上市时间等情况，建立重点品种监管数据库。

（3）加大质量安全抽检力度。坚持问题导向，加大对大口黑鲈、乌鳢、鳊鱼、大黄鱼、海参的监督抽检频次。重点检测氯霉素、孔雀石绿、硝基呋喃类代谢物和洛美沙星、培氟沙星、氧氟沙星、诺氟沙星等禁限用药物残留，同时将常规药物恩诺沙星、环丙沙星列为必检项目。

（4）加强质量安全监督执法。积极推进落实属地监管责任，推动养殖生产者主体责任落实，对禁用、停用和限用鱼药、渔业投入品等加大监管力度，深入开展重点水产品质量专项整治工作。同时，组织执法机构深入大口黑鲈、乌鳢、鳊鱼、大黄鱼、海参等水产养殖生产单位开展水产养殖用兽药、饲料和饲料添加剂摸底排查工作，依法检查生产记录、用药记录、销售记录等，严格执行国家有关投入品使用安全间隔期或休药期的规定。督促指导大口黑鲈、乌鳢、鳊鱼、大黄鱼、海参等养殖生产主体建立食用农产品合格证制度，推进水产品质量安全追溯体系建设。强化检打联动机制，加强行刑衔接，严厉查处违法违规用药行为，做到“发现一起、查处一起、震慑一方”。

（5）开展科学用药宣传培训。加强用药技术培训和指导，使养殖生产者了解和掌握科学用药知识，对大口黑鲈、乌鳢、鳊鱼、大黄鱼、海参等养殖生产主体每年至少组织一次安全用药培训，指导养殖户科学安全用药，提高科学防治病害能力。同时，通过发放水产养殖用药明白纸、悬挂标语、开展用药科普宣讲等方式，扎实推进水产养殖规范用药科普下乡活动，积极营造共推共建水产绿色健康养殖的良好氛围。

第四章　农村经济管理与土地承包流转

第一节　农村土地承包经营权确权登记相关政策

坚持和完善以家庭承包经营为基础、统分结合的双层经营体制，进一步稳定现有农村土地承包关系，切实保护农民权益，建立健全承包合同取得权利、登记记载权利、证书证明权利的农村土地承包经营权登记制度，与不动产统一登记相衔接，依法落实和维护农民对农村土地的各项权利，激发农业农村发展活力，促进现代农业建设。

一、确权登记颁证主要任务

（1）开展承包土地现状调查。采取现代科学技术手段，组织开展查田勘界，查清承包地块的面积、四至、空间位置和权属等，制订工作预案，及时解决和处理群体性事件。

（2）各乡镇（街道）要制订工作流程，确定各阶段时间节点和工作要求；组织发包方配合技术服务单位开展查田勘界，清查土地承包方案、会议记录、土地台账、承包合同、集体土地征地补偿分配方案等档案资料，系统收集承包农户和承包地块、地类等信息；认真排查和梳理农村土地承包管理中的突出问题。

（3）村委会应参照省确权办提供的示范性文本，研究制订符合本村实际的工作实施方案。在开展承包地确权前，村委会组织召开村民代表会议，就测量工作结束后可能出现的承包纠纷问题征求村民意见，并签字确认，将问题化解在萌芽状态。

二、公示审核调查信息

发包方要对调查勘测的土地承包经营权信息进行审核公示。公示有异议的，发包方应当及时进行调查处理，答复农民群众；公示期内无异议的，发包方应当对公示结果进行审核。审核的重点是：农户承包地是否全部上图；集体的机动地、开荒地、树影地等耕地资源是否进行了矢量化；集体“四荒地”是否进行了测量；集体所有耕地是否进行了公示；承包农户提出的异议是否全部得到处理和解决。

三、妥善处理承包经营纠纷

乡镇（街道）根据发包方上报的审核报告，结合有关土地承包法律政策、工作方案，指导发包方制定具体措施，在不违背法律政策的前提下，区别不同情况，通过民主协商，妥善解决土地承包经营纠纷问题。对个别村部分群众要求调地的，应当慎重把握、妥善处理。对符合法定情形，需要个别调整的，应当履行法定审批程序。权属争议未解决的，不进行土地承包经营权确权登记颁证。

四、修订和完善承包合同

发包方应当召开村民会议，根据土地承包经营权调查信息公示结果和承包经营纠纷处理结果，修订集体土地台账，完善原承包合同。经实测，原承包合同内容没有变化或者变化较少的，可以直接在原承包合同基础上进行完善，并加盖发包方公章；实测面积发生较大变化的，发包方应当与承包方重新签订承包合同。

五、进一步完善登记颁证工作

建立健全统一规范的土地承包经营权登记簿，登记内容包括：发包方和承包方的姓名、地址，承包共有人，承包方式，承包地块的面积、界址、编码、用途、权属、地类及是否为基本农田，承包合同编号、成立时间、期限，权利的内容及变化等。

六、推进土地承包管理信息化建设

根据土地承包经营权确权登记颁证成果，以县级为单位，建立省、市、县三级土地承包经营权确权登记颁证数据库和土地承包经营权登记业务系统，实现土地承包合同管理、权属登记、经营权流转、纠纷调处、信息发布和统计分析等业务工作的信息化，避免重复建设和各自为政。拓展土地承包管理信息系统在农业生产、服务监管等领域的应用，为现代农业发展提供技术和信息服务。加强土地承包经营权确权登记颁证成果的保密管理，保护土地承包权利人的隐私。

七、建立健全承包资料档案管理制度

在土地承包经营权确权登记颁证工作中，发包方和各级政府收集整理的文字、图表、声像、数据等资料，对国家、社会来说是有保存价值的重要凭证和历史记录。应当在30个工作日内，制作完成电子版确权登记颁证档案，并移交给县级国家档案馆保管；纸质档案按照国家规定，及时向县级国家档案馆移交。

八、启动相关试点工作

全面深化农村改革，做好工商企业租赁农户承包地的监管和风险防范试点、土地经营权抵押担保试点工作。

第二节　现代信息技术助推农村经济现代化发展

我国是一个农业大国，现代信息技术在农业领域的应用极大地推进了农业现代化。21世纪是信息时代，信息技术是当前时代中最为重要的技术之一。信息技术的发展推动了社会和经济的发展，农业领域也开始重视并利用现代信息技术，可以说，信息技术对于农业

现代化起到了关键作用。在生产中，积极应用信息技术来促进农业现代化发展，可以保证农民的切身利益。因此，我们从农业信息化与现代化入手，探究如何利用现代信息技术助推农业现代化发展。

信息化是企业发展建设中的重点，能够使企业的运行更加合理，从而提高企业竞争力，这对于企业发展而言至关重要。但是从目前来看，农业发展中还是不能够较好地融入信息技术，农业发展有时跟不上时代节奏。我国大部分农民都认为农业现代化就是实现机械化生产，从而忽略了农业信息化的作用，导致农业产能过剩却不能较好地进行销售。农村经济的发展如果单纯依靠农产品产量增加，而不是依靠农产品自身经营，那么会让农村经济再次陷入困境。

一、农业信息化及其与农业现代化的关系

（一）农业信息化

农业信息化是现代信息技术在农业领域的应用。它是将最新的信息技术成果用在农业的发展上，也就是把信息技术应用在农产品的生产、消费，农业信息传递和农村的农业活动之中，帮助传统农业向现代化农业转变，推动农村更快、更好地发展。农业信息化主要包括以下几个方面。

1. 农业资源与环境的信息化

一方面，现代信息技术可以很精确地对农业环境进行分析和预测，包括耕地、水、天气、病虫害等方面内容，这可以帮助农民更好地进行相关农业活动。另一方面，还可利用现代信息技术传递相关农业基础设施的信息，让农民掌握有价值的资源与环境情况，安排生产。

2. 农业生产管理的信息化

农业生产管理指对一系列的农业生产活动进行管理，包括农田基本建设、农作物栽培、动物饲养、病虫害防治等方面。利用信息化技术可以传递农业生产经营相关信息，帮助农民更好地选择农作物栽培品种、减少选种育种方面的错误判断，将实时信息及时传递给农民，帮助农民更好地安排农产品的生产经营活动。这不仅可以解决生产效率、及时性等方面的问题，而且可以优化生产布局，促进农业现代化。

3. 农村社会、经济的信息化

农业发展是农村社会、经济发展的基础。农村的人口变化、教育水平、收入水平、道路情况、健康情况、住房情况等关键数据目前主要依靠政府统计，而现代信息技术可以利用信息处理技术和传输技术将这些数据快速整理分享，使各级农业管理部门更好地了解农村、农事情况，从而制定及时有效的政策来帮助农民，促进农业的现代化发展。

4. 农业科技教育的信息化

利用现代信息技术可采集先进的农业生产技术信息，传递给广大农业生产者，供他们学习使用，包括新的作物品种、农用机械、肥料、药物和农业管理模式等。通过多媒体教

学等方式，用科技武装农民头脑，提高农业生产水平。我国每年关于农业的科技成果有很多，但是真正应用于农业生产的却不多，主要原因就是农业科技教育的不足，因此要加快农业科技教育信息化的步伐。

（二）农业信息化与农业现代化的关系

现代信息技术是现代农业科技的重要部分，现代农业信息化设施是农业生产设备运用的基础。在构建现代农业技术推广和经营管理平台的过程中，信息化网络是核心条件。现代农业必须推动农业信息化发展，推动信息技术与农业的融合，提升农业生产智能化和农业产品产业化的水平，从而降低农业生产的成本，减轻环境对农业生产的影响。农业信息技术为农业生产提供指导，所以农业信息化的发展方向对农业现代化的发展方向有重大的影响。目前，我国农业现代化发展处于良好的阶段，但是较先进农业国差距很大，所以必须更好地利用现代信息技术来推动农业现代化。

二、现代信息技术在我国农业领域的应用

（一）调整农业产业结构

目前，我国农民在进行农事生产的过程中，基本以市场为导向，对农产品的结构调整也是如此。现代信息技术应用到农业生产中后，能够有效避免由于对市场需求的不准确把握而造成的损失。构建现代信息采集系统，有效收集市场上关于农业的各类信息，并对这些问题进行科学分析，可以帮助农民更好地控制农业生产规模，进而降低农民的损失。对于很多农民来说，要想提高农作物产量，需加大对现代农业科技的学习与应用，推动科技在农业生产中发挥更重要的作用。

（二）对政府的决策进行优化

乡镇是我国政府的基层部门，也是最熟悉农村问题的部门，在推动农业现代化过程中发挥着重要作用。现代信息技术在乡镇中的合理应用，有助于决策者掌握有效资源信息并对资源进行合理分配，对农业的发展做出准确判断，进而提高政府的决策水平；有助于积极引导农民的生产活动，调整农民的农业管理模式与产品结构，推动农业的现代化发展。

（三）提升农业综合生产能力

农业生产对农民来说十分重要，但在生产中会存在一定风险，而风险多集中在环境与市场的变化方面。在进行农业生产前，合理运用现代信息技术，结合市场与环境中的各类信息进行合理分析，进而做出有效预测，加强传统农业方式的调整与优化，有助于保证农业生产的稳定性，提升农业综合生产能力。现代信息技术在农业生产中的合理应用，还可合理优化农村就业情况，例如，通过现代信息技术可活跃农村经济，帮助分配剩余劳动力、推广农业生产成果。

（四）降低农业生产成本

为了在农业生产中合理应用现代信息技术，需采取该技术对各类信息进行收集，提高分析的科学性，保证农业生产的合理性，降低农业生产成本。农民在农业生产中要加强对现代信息技术的应用，例如，对新的管理模式、机械与化肥知识等进行学习，并将其应用到实际生产过程中，这样做有利于提高生产效率、提高农民收入、降低成本。

（五）提升农业经济发展水平

这些年，我国的农业虽然取得很大发展，但还是以传统的农业生产方式为主，发展水平有待提高。目前，人们以实现农业现代化为主要目标，而现代信息技术在我国农业领域的应用给农业现代化提供了有利条件。所以，政府要抓住时机，促进现代信息技术在农业领域的优化，加快农业现代化发展步伐，促进农业生产的可持续发展。要在农业生产的各个环节中有效融入现代信息技术，加强对农村生产要素的合理开发与利用，提升农业生产的科技水平和农产品质量。

信息技术在我国农业领域的应用起步较晚，但其在农业现代化中的应用却呈现良好的发展趋势，农业生产领域使用的现代信息技术越来越多，这些信息技术的使用不仅推动了农业的现代化，也推动了信息技术的发展。与其他产业相比，农业信息化的内容更多、范围更广，信息技术的推广对农民的作用也更加明显。我国必须要对农业的信息化发展给予更多的关注和支持，建立更有效的农业信息发展模式，对农业科技进行充分利用，加大相关信息技术的研究投入，加强农业信息技术人才的培养，利用现代信息技术来改造、发展现代农业，制定农业信息技术的发展规划，强化农业信息技术上的产学研一体化，通过农业信息化发展促进我国农业更快更好地步入现代化农业时代。

第三节　辽宁省朝阳市生态农业品牌发展研究与前景规划

本节从朝阳市生态农业产业发展现状出发，总结农产品品牌效应在促进经济发展中的重要作用，分析朝阳市生态农业品牌发展存在的问题，指出朝阳市农产品品牌意识有待进一步提高；农业企业生产规模偏小，难以形成集聚优势；政府扶持力度不足；产品科技含量低，品牌潜力有待挖掘等问题。阐释朝阳农业品牌发展的未来方向要从强化品牌意识做起。

一、朝阳市生态农业品牌发展区域经济

近年来，上级业务部门提出“整合特色农产品品牌，支持做大做强名牌产品”的战略目标，要求各地坚持政府推动、市场引导、企业带动、农民实施的原则，积极推行农业品牌带动战略，有重点地培养一批名牌产品，提升质量档次，拓展农产品市场，促进现代农业又好又快发展。随着农产品买方市场的形成、人们生活水平的提高，购买绿色生态品牌农产品正在成为一种消费时尚。实施农业名牌战略，通过创造农产品名牌，提高农产品市场竞争力，并带动农村相关产业的发展，是实现农民增收、农业增效、农村经济全面发展

的重要措施。品牌农业是指经营者通过获取相关质量认证，取得相应的商标权，通过提高市场认知度，生产出在社会上获得良好口碑的农业产品，以此获取较高的经济效益。品牌农产品产业发展要重视特色，特色产业可以发展其独特的自然资源禀赋、历史文化内涵、产品市场等优势，这不仅可以促进区域经济特色化发展，而且可使品牌农产品具有较强的市场竞争力和辐射带动力。

近年来，朝阳市政府大力发展特色农产品，注重特色农产品发展，主要表现在：一是品牌农业提质增效工作成效显著。以品牌农业提质增效为目标，坚持绿色发展理念，紧紧围绕绿色兴农、质量兴农、品牌强农战略，集成示范推广工厂化育苗、水肥一体化、病虫害绿色防控、生物有机肥应用等绿色高质高效技术模式，显著提高品牌农业的生产水平。二是品牌农业竞争优势进一步增强。当前，朝阳市已经成为中国北方最大的日光温室生产基地，享有“日光温室番茄生产全国第一县”“日光温室黄瓜全国第一县”“日光温室越夏番茄全国第一县”“中国百合第一县”等美誉。朝阳市利用本地区的日光照射时间长等优势，发展区域经济产业，尤其是在特色农业产业的发展过程中注重特色农产品的培育，北票番茄、北票红干椒、凌源黄瓜等蔬菜产品先后获得农业农村部地理标志认证。

二、朝阳市生态农业品牌的确立

从农业发展中区域经济品牌发展的角度出发，研究朝阳市如何发展具有特色的、可实现持续性盈利的生态农业发展品牌。在基础规模、科技水平、产品质量管理、市场营销、加工包装等环节达到一定程度后，朝阳市的一些农事龙头企业先后在国家工商总局注册了“凌馨”“德源”“木兰山花卉”“凌源花卉”“第一枝花”等多个蔬菜、花卉商标。其中，“凌馨”牌无公害黄瓜被评为辽宁省名牌产品；“凌馨”商标被评为辽宁省著名商标，“德源”牌绿色蔬菜被评为辽宁省名牌产品；“凌馨”牌花卉被评为辽宁省著名商标，“凌源花卉”被评为辽宁省优质农产品。朝阳市的反季节黄瓜、青椒、番茄等多次获得省优质农产品称号，“凌馨”牌百合、唐菖蒲、玫瑰等花卉在中国第七届花卉博览会暨中国第四届花木交易会上获 31 个奖项，其中：金奖 5 个，银奖 9 个，铜奖 12 个，优秀奖 5 个。通过品牌建设，大大提高了朝阳市设施农业的知名度，促进了产业发展，提高了产业效益和农民收入。

2019 年，全市新建温室 2 万栋，旧棚改造 1.8 万栋，100 万亩设施农业建设小区利用率实现 100%。朝阳市按照基地建设布局，在 5 个县（市）规划了 5 个大型蔬菜批发市场，年育苗能力 5000 万株以上的高标准育苗中心 7 个。为强化市场建设工作，2020 年 6 月，朝阳市政府与驻沈高校举行了“农校对接”洽谈会，东北大学、沈阳农业大学等 18 家驻沈高校与朝阳市 31 家农民专业合作社进行了对接，已有 3 家驻沈高校实现了蔬菜直采直供。“凌馨”“喀绿”“庄头营”等一批品牌成为朝阳蔬菜知名品牌，享誉国内外市场。

三、朝阳市生态农业品牌发展存在的问题

（一）品牌意识有待进一步提高

个别农民或企业对商标、品牌这些有价可估的无形资产认识不足，受传统农业生产经营方式的惯性束缚，认为收获便是生产的结束，缺乏有效的品牌经营，也缺乏可持续生

产、绿色生产等有利于农事向好发展的理念，在淘汰劣质品种、压缩常规品种、扩大名优品种的时候可能会有所犹豫。

（二）农业企业生产规模偏小，难以形成集聚优势

某些农民专业合作组织尚处于初级阶段，社员与社员之间的合作关系松散，合作社与社员只是简单的买方卖方关系，合作组织仅仅停留在生产环节或技术方面的简单合作，没有把农民组织起来进入市场。合作组织的自我约束、服务、协调和管理等功能未能发挥，不能协调行业内部价格，难以进行质量控制。

（三）政府扶持力度不足

政府对农民的生产经营指导和服务工作做得不到位，政府对农业管理服务机构的设置还是沿袭计划经济时代方式，虽然农业局、乡镇农业站等可以提供无偿的农业技术服务，但经常出现推广力度不够、农民不知道在哪些地方可以获得生产技术帮助、农业生产无人规划、科技指导无人问津、缺乏对先进科学技术的投入力度等情况。

（四）产品科技含量低，品牌潜力有待挖掘

名牌之争，说到底就是科技的竞争。农产品创名牌，必须依托科技创新。推广新技术新思路，开发新产品新品种，实现农产品品质的飞跃。农业部门要积极与大专院校、科研院所合作，组织科技攻关，增加农产品的科技含量，侧重对设施栽培、工厂化养殖、深度加工处理、保鲜保活、储藏运输、品牌设计、包装推广等方面的研究，提高产品的品位档次，使更多的优质名牌农产品赢得消费者的青睐，提高朝阳市农产品在国内、国际市场上的竞争力。

四、朝阳市生态农业品牌发展前景规划

（一）政府协调，部门合作，提高认识，强化品牌意识

任何一项工作，政府的重视和支持是最大的驱动力。政府要尊重市场的规律和品牌成长的规律，积极扶持、引导品牌的发展，要以“发展特色产业，培育名牌产品，明确区域定位，做响区域品牌，抓好质量工程，维护区域形象”为思路，共同打造区域品牌，促使企业关注品牌、争创名牌，以做大做强的品牌促进区域经济的兴旺发达。

（二）制定科学的政策措施，扶持农业创品牌

培育和发展品牌产品，基础在企业，关键也在企业，创品牌是企业开辟、占领和扩大市场的重要手段。农业企业可以从以下方面发展：第一，要具有塑造名牌的紧迫意识，提高对品牌农产品的重视程度；第二，要牢固树立“质量第一”的观念，把质量作为产品的生命，将“以质取胜”的经营战略落实到生产经营活动的全过程；第三，要突出重点，打造个性化品牌，避免分散品牌资源，致力于打造一个主商标和一类名牌产品，以集中提高商标和名牌产品的知名度；第四，加大广告投入，加强品牌宣传，培育品牌信誉，扩大品牌的市场影响力，以品牌带动当地产业的发展。

（三）建立和完善农产品管理体系

产业优势是区域品牌形成的基石，主要通过产品优势和品牌企业优势来体现。品牌农业发展中可以充分利用本地的特色资源和既有的企业基础，规划培育品牌产业集群；在专业化交易集散地建立大型专业化市场，积极参加名牌农产品对接会、推广会等会议，充分发挥业内专业人士的推广力度；积极联系农业局、乡镇农业站等科技创新机构，依托政府扶持，营造良好的发展环境。

第四节　辽宁省朝阳市设施农业绿色发展研究与展望

设施农业是利用人工技术手段，改变自然光温条件，优化作物生长环境，使作物高效生产的一种现代农业方式。我国是一个农业大国，设施农业的生产面积位于全球前列，而设施农业技术的发展是现代农业发展的重要标志。本节通过对朝阳市设施农业发展所存在的问题和前景进行分析，在如何利用先进技术优势方面提出改进措施，助力朝阳市设施农业绿色发展。

一、朝阳市设施农业绿色发展背景

从20世纪90年代初开始，朝阳市委、市政府就把设施农业作为抵御自然灾害、稳定增加农民收入、提高社会农产品供给量的主导产业加以强力推进，设施农业规模、质量和效益不断提高。当前，设施农业已成为朝阳市农民稳定增收的重要途径、朝阳市农村经济的支柱产业，朝阳市已发展成为我国北方重要的设施农产品重要生产基地。2021年，朝阳市设施农业占地面积54.6万亩，播种面积24.52万亩，设施农业产量191.85万吨。其中，设施蔬菜产量185.65万亩，设施花卉产量2.52亿枝，设施食用菌产量3.84万吨，设施果树产量2.41万吨。

近些年，在市委、市政府的正确领导下，设施农业取得快速发展。2020年，朝阳市继续把设施农业发展作为重头戏，重点采取强化设施农业后续管理与人员培训、加强市场和工厂化育苗中心建设、努力畅通农产品销售渠道等措施，促使本地设施农业走上具有区域特色的现代农业发展之路，取得了具有一定价值的成果。2021年，朝阳市把全面实现提质增效、加快产业升级作为设施农业发展的核心内容，确保设施农业建设工程实施效果，针对产业发展薄弱环节出台了相关政策，继续巩固建棚成果，对农民自愿建棚的继续给予资金和技术支持。

二、朝阳市设施农业绿色发展存在的问题

我国的农业技术相对于一些西方发达国家来说还比较落后。朝阳市设施农业技术也存在这种情况，推动设施农业技术与国际接轨并共同发展是朝阳市农业绿色发展的重要任务。现阶段，朝阳市设施农业建设中，塑料大棚种植和玻璃温室种植比较普遍。但是设施结构不完善，温室内空间利用率低，造成农业基础设施对土地占用率较大却又得不到高效的使用，从而造成了许多不必要的资源浪费情况。由于农民普遍收入较低，购买能力有

限，所以设施机械化程度不高，有些温室中使用的设施装备水平较差，所采用的设施极其简单，基本上只是起到防雨和保温作用。这种低水平的农业设施对于自然灾害的抵抗能力较差，例如，如果遇到连续的降雪天气，温室顶部的电动卷布机会被冰冻，无法正常工作，影响温室的光照和通风。这种下雪后帘子卷不起来的现象，会导致温室内没有阳光光照，作物不生长，温室内湿度增大，作物生病等一系列问题。个别地区农户种植作物缺乏科学性，种植部分作物时，会将整袋肥料往菜畦里施，生怕肥力不够影响产量，或者大量使用农药，使作物农药残留严重超标。规模化养殖过程中有时会出现过度添加饲料、禽畜污染物影响环境质量、为追求质量过度依赖抗生素等现象。

三、先进设施农业技术的优势

先进设施农业技术在提高农产品产出效益、加强抵御自然灾害能力、增加农民收入方面起着重要的作用。发展设施农业，必须依靠科技，多渠道提高生产效益。例如，施肥前应该先对土壤进行检测，测出土壤中的养分含量，推测出施肥结构、施肥数量、施肥时期和施肥方式；然后根据种植的蔬菜制订出专用的配方施肥方案，对症下药。利用秸秆生物反应堆、二氧化碳施肥等先进施肥方式，改进农业施肥技术。充分利用物理方式灭虫，减少杀虫剂的使用，保护植被和土地。通过安装黏虫板、杀虫灯的方法取代农药，利用害虫自身趋光性等特点，吸引害虫接近，再利用高压电将害虫杀死或者毒药将害虫毒死。高温焖棚技术能消除温室内的病菌，杀灭虫卵，改良土壤，减少后期农药使用量。推动绿色防控技术，可从源头上减少农药残留和污染，保证蔬菜产品质量安全。

四、朝阳市设施农业绿色发展的改进措施

（一）提高设施农业科技水平

只有依靠科技创新，才能使设施农业取得更快、更好、更加持续的发展，才能真正将资源优势转变为竞争和效益优势，真正促进设施农业的良好、平稳发展。朝阳市科学技术局非常重视设施农业发展的科技含量，近年来进行了很多设施农业的科普工作。例如，组织农民技术员培训、建设朝阳市农业科技网络图书馆等。今后也会不断加大设施农业的科研力度，关注农业生产实际中的关键技术，帮助农户解决设施农业使用、维护、管理中的关键性技术问题。笔者所属单位注重充分利用联系农户和发挥政府的宏观调控作用开展工作，例如，进行农用的小型机械设备、温室大棚新型覆盖材料等科技知识的系统性调研；加快研究开发设施农业的配套技术和机械化进程；注重温室大棚先进技术的研究开发等。

（二）注重保障绿色生产技术

随着环境污染问题的不断出现，人们越来越关注自己的生存环境，绿色产品生产技术保障体系的建设是设施农业生产发展的必然趋势。在设施农业中，所使用的生产资料都是专用的，比如生物肥料、生物药剂、生物制剂等。当前，我国的农业发展日益精准化，本着环保、健康、绿色的理念，消费者对具备安全性、无污染、纯天然的绿色农产品需求加大，现有的对具有环保功能并兼具农产品高产的设施农业的研究也在逐步深入和完善。所以，我们在大力发展设施农业、追求农产品高产的同时，也应不断强化农业生态环保的意

识，积极研究和推广符合现代绿色农业特色的设施农业生产技术。

（三）建立一套适合朝阳市的设施农业生产体系

要加快设施农业的产业化进程，必须从农业农事生产企业抓起，加大高新技术所占的比例，加快技术和产品的更新换代。利用龙头企业，将农户、市场及企业以合同形式紧密联系在一起，形成技术、生产及销售的一体化，促进设施农业企业的进步与发展。秉承创新发展、协调发展、绿色发展、开放发展、共享发展的理念，朝阳市努力发展特色乡镇农业，在各乡镇现有产业特色的基础上，因地制宜、分类指导，发展乡镇经济。这就要求，在发展设施农业的时候，必须根据各地区的特点，做到因地制宜，侧重带有特色的设施农业发展。例如，向粮食、蔬菜、花卉、水果种植、食用菌种植、育种产业技术方向倾斜。同时，设施农业的发展也离不开省、市、县各地政府的政策支持，例如，规范设施农业生产建设用地，推动农户养殖观念从散养向规模化养殖转变，鼓励农户优化饲养管理方式，辅助农户降低养殖成本等。

（四）多平台推广设施农业技术

伴随着我国经济的不断发展与进步、人们生活水平的不断提高，越来越多的人注重对高生活质量的追求。为了使广大的农民受益，朝阳市在推进社会主义新农村建设，在加快设施农业发展方面做出了重大的努力。其对农业的产业结构进行合理的调整，实现农民的增产增收，加快农村生产力的发展，改善农村的生态环境。但从朝阳市整个农村设施农业的发展现状来看，其发展水平仍有待提高，设施机械化程度不高，这对乡村设施农业的发展。产生了一定的阻碍作用。由此可见，大力普及与推广生产科技知识是十分重要的。应组织相关的专家深入一线岗位进行指导，运用以点带面的方式加快科技生产知识的普及推广，通过科技示范的建设作用，加快朝阳市农村设施农业的发展。

五、朝阳市设施农业绿色发展的趋势

从总体方向看，我国从事农业工作的人数不断减少，在这一背景下，机械设备将起到更加重要的作用。随着研究的深入，农业工程机械会在设施农业上得到广泛的应用，精准化、智能化将是设施农业的发展趋势。朝阳市设施农业发展将充分利用先进技术优势，不断改进生产措施，助力设施农业绿色发展。

第五节　土地流转对农村经济发展的作用

随着新农村整体建设进程的不断推进，对农村经济原有的调控、管理与规划形式提出了创新的要求。针对当前土地流转形式的多样化、规模的扩大化以及速度加快、主体多元等发展趋势，管理部门需加强与企业、经济单位等相关组织的联合，从整体、长效发展的层面出发，制定规范性的管理机制，强化流转流程的监管，合理发挥政策引导作用，调动农民参与改革的积极性，全面、有序推进新农村建设目标的实现。“三农”问题始终和国家经济发展相连，推动承包地“三权分置”举措是农村经济振兴的重要内容。随着我国农村土地流转规模的扩大，土地流转制度解放了农村剩余劳动力，让想种地的农民可以合理利用土地资源，同时不想种地的农民可以获得土地租金，利用这部分收益去从事新的工作。但是土地流转制度的不完善也损害了部分农民的利益，使其权利无法在土地流转中获得保障。

一、土地流转对农业农村经济发展的促进作用

（一）促进农民收入不断增加

土地流转能够极大地推动农村经济的发展。自开展农村土地流转后，农村发展获得了许多优势，而不断增加农民的收入是开展农村土地流转最显著的优势。现阶段，越来越多的农民主动进城工作，农村劳动力不断减少，土地慢慢荒废，这对农业规范化发展不利，难以对农业进行现代发展规划。开展农村土地流转实践后，农民收入途径不断变多，能够通过转让土地的模式增加收入。

（二）有利于劳动力转移

自从规定了农村土地流转后，国内农村农业便实现了收入与农业的脱离，部分农民不会再被“春种秋收”的种植规律所限制，而是通过当代的工业生产获得稳定的经济来源，并且农户家庭还可以通过土地流转得到租金，所以土地流转使农村土地价值得以增多，也使农村土地利用率有所增加。农户家庭劳动力的选择空间更广，极大地推动了农业劳动力朝非农业方向发展。

（三）提高农村闲置土地的利用率

由于大量青壮年进城务工而荒废的土地，通过土地流转政策，在政府的帮助下进行招标，可以吸引大量外来的瓜农、菜农承包土地；也可以吸引企业购买土地使用权，进行城镇化建设、生态园建设等。通过这种方式，农民可以将土地经营权转让给他人，使原本荒芜的土地得到再次利用，使原本分散在各家各户的土地能够发挥集体土地的作用，从而提高土地资源的利用率。

（四）推动了农业经济结构的多元化建设

在农业经济现代化发展进程中，合理的土地流转规划与形式可以为绿色、高效、科学的农业生产提供支持，同时对农业产业集成化效应的发挥也有着重要的推动作用。农业生产与经营主体将分散的、小规模的农业资源集中整合，借助现代农业生产技术，实现产能的提升。除此之外，生产方还可以结合农产品市场需求结构的变化，对原有的生产结构进行优化调整，推进多元化经济产业模式的建设，降低单一化生产的风险。这种做法有利于增强农业生产综合质效，是现代农业发展战略全面落实的重要途径。

二、当前农村土地流转的影响因素以及存在的问题

（一）土地流转机制不规范，风险保障机制不够完善

一方面，土地流转和商品交易不同，在土地流转的过程中，还需要严格按照制度进行

交易。由于土地流转不是一锤子买卖，因此在发生纠纷时还应解决利益问题，在利益纠纷时还需要考虑农民和承包商之间的责权划分等问题。虽然国家出台了土地流转相关的法律法规，但是在实行中还存在着一些问题。例如，承包商与农民没有签订具有法律效力的合同，或者合同中的条款有漏洞，甚至是双方口头的约定等，一旦发生纠纷，都严重地损害农民的利益。另外，在土地使用权转让出去后，出现的违约、对土地的破坏等问题难以得到有效的解决，致使土地流转中存在着极大的风险。正是这种风险，让广大农民对土地流转始终抱着怀疑的态度。

（二）农民对土地流转的意识不强，政府监督力度不够

农民对土地流转的政策和土地流转的目的了解得还不够深入。在实际的土地流转中，农民认为将土地承包给企业的结果是企业得到了更多的利益，而自己的利益无法得到保障。由此，农民无法深入了解国家的"良苦用心"，导致现代化农业发展无法推进，农民也无法通过其他形式提高家庭收入。

（三）土地流转制度不完善，流转市场程序混乱

农村土地流转在实践中没有相应的流转程序。部分农民由于思想观念滞后、法律观念淡薄、过度重视人情关系，导致其没有签订正式的土地流转书面合同；即使他们有签订合同的观念，但是合同责任的规范不清，且内容也比较随意和模糊，如果发生土地纠纷，无法依法通过合同来保障自身的合法权益。此外，土地中介组织未能发挥职能作用，服务水平不高，农民咨询时无法获得有效的土地流转信息，导致土地流转价格不稳定。在缺少相应的评估标准和市场竞争机制下，由于利益的牵扯作用，土地流转无法完成，农民的土地权益也无法得到保障。因此，需要健全体制机制，依照政策规范，有序推进"三权分置"改革，建立农村土地流转信息咨询和服务交流中心，号召村干部、党员、农业种植大户代表发挥带动作用，相互交流合作，加大宣传力度。

三、乡村振兴优化土地流转综合管理机制的具体策略

（一）统筹全局，科学规划土地流转整体建设路线

在现代农村建设规划不断优化改革的背景下，土地流转的整体规划、实践形式与管理目标等都发生了相应的转变。为有效、全面贯彻乡村振兴新农村建设目标，需要中央与各级政府单位发挥统筹协调、政策引导方面的作用，在正确认识农村经济创新发展需求的基础上，细化管理目标。一方面，政府相关部门应做好统筹规划工作，从宏观建设层面出发，对土地流转相关政策与地区土地实际流转面积、速率、范围等信息进行调查分析，建立多元纠纷解决机制，科学、高效地应对土地流转经营带来的相关风险。同时，在特殊地区，应根据土地开发利用具体形式与需求，制定针对性的经济建设规划，全面落实土地经营管理规划，为土地价值的合理开发夯实基础。另一方面，管理部门应建立高效协调沟通渠道，引导区域土地生产、加工、销售等相关单位深化合作，基于市场需求，加快农业产业链的建设与完善，加强资源整合开发，明确协同化现代农村建设目标，为土地流转项目的有序、高效推进提供保障。

（二）结合实际，建立健全流转管理与服务体系

新时期，土改政策在乡村地区的全面实行转变了原有土地经营管理模式，为更好地提升流转工作的服务质效，管理部门应按照因地制宜、因时制宜、按需规划的原则，建立健全流转管理与服务体系。具体来讲，首先，土地流转中介机构对法律事务处理不规范，在一定程度上影响了各项土地经营管理与服务的质效。针对该种情况，相关管理与经营单位应在加强沟通协调的基础上，立足地区实际发展状况，逐步健全法律体系与管理机制，进一步优化服务流程，强化管理内容建设，为中介单位的服务工作提供规范依据。其次，完善土地信息管理平台的建设。土地管理相关单位应结合地区土地信息管理开发与管理需求，构建起服务更完善、管理更高效、信息整合更及时的管理平台，对土地相关经营信息、流转情况、价格与成交量等进行公布，突破信息壁垒，动态披露信息。最后，注重服务主体的优化建设，组织规划专业能力强、法律认可的服务单位（如土地管理单位可以根据具体的流转经营服务需求建立专业的服务大厅、窗口等）维护流转市场的秩序，为土地资源的高效利用奠定基础。

（三）政府加强对土地流转的监管力度

实践证明，农业土地规模经营如何实现适度、如何增加比较效益，均离不开对土地流转优质服务的监督管理。首先组建素质过硬的监管班子，在土地流转工作中起到带头的作用。让土地流转审批过程更加严格、审批制度更加完善。对监管队伍要进行不断的培训，提高监管队伍内工作人员的素质水平，让土地流转的监督管理工作更加规范化、流程更加标准化、透明化。要加强监管队伍与宣传队伍间的沟通交流，监管队伍将新政策传达给宣传队伍，宣传队伍将基层人民群众的意见反馈给监管队伍。这种双向交流的模式能够使土地流转工作的实施更加顺利，让土地流转相关的体系更加完善。此外，针对监管队伍还要进行绩效考核，确保监管工作落实到位。土地流转的监管不仅是对相关工作人员的工作效率等方面的监管，更是对土地用途、使用情况、项目发展等情况的监督管理，其目的是保护国家和人民的土地财产。

（四）发挥政府作用，加强土地流转政策的宣传力度

由于农村信息相对滞后，农民的文化水平普遍不高，导致农民对土地流转政策了解甚少，只有部分农民愿意实施土地流转政策，因此政府需要加强宣传力度，以确保每个村民都了解土地流转政策以及土地流转所能带来的切身利益。政府要始终坚持在自愿原则的前提下，积极推动政策落实。首先，多办宣传大会，可以通过赠送一些小礼品的方式吸引村民前来旁听。当然进行宣传的工作人员必须做好充分准备，最好是用当地方言进行宣讲，并且将所有重点拆分成一小块知识点，以便村民充分理解。其次，印发宣传单，发至每家每户，方便白天上班无法听宣传讲座的人了解。最后，选择几个村中代表，进行家访，亲自解说此项政策，使得这几户村民了解相关政策后能在村民之间相互传播。

土地流转政策的实施可以有效地解决当前土地资源的浪费问题，提高土地利用率，同时还能推进农业现代化发展，增加村民的经济收入。为了更有效地推进土地流转，政府应建立土地流转机构，健全土地流转制度，加强相关概念及法律法规的宣传，同时建立土地

流转保险基金，保障村民利益，从而有效地推进农村经济发展。

第六节　辽宁省朝阳县农村土地流转摸底调查情况分析

本调查以促进现代农业发展为目的，以维护农民土地承包权益和流转主体地位为核心，加快农村土地流转服务平台建设，切实为土地流转做好信息沟通、发布、法规咨询、价格评估、合同签订、纠纷调处等服务，进一步规范土地流转管理工作，维护农民合法权益，促进农村社会和谐稳定发展。

2021 年 10 月底前，朝阳县所辖乡镇所拥有的土地流转市场、村有土地流转服务站等农村土地流转服务体系和农村土地流转交易平台等。各级流转平台基本框架建设完毕并开始运行，为农村土地流转交易提供交易场所、交易信息、组织交易等服务，有序推进农村土地依法、自愿、有偿流转。各级流转服务机构、服务平台经过一段时间的运行，不断扩展服务领域，逐步实现以下功能：

（1）土地流转市场化服务功能；

（2）农口各部门综合服务平台功能；

（3）农村土地承包网络化管理功能；

（4）农村集体资产和财务网络化管理功能；

（5）农村劳动力转移信息服务功能；

（6）农村土地承包经营纠纷调解仲裁功能；

（7）农业科技信息及视频服务功能；

（8）农村金融信贷信息服务功能。

一、县级农村土地流转市场

县级土地流转市场单独或在公共行政服务中心建立，主要开展辖区农村土地流转信息采集、信息发布、土地流转政策咨询以及大宗和跨乡镇农村土地流转的协调、评估、招投标、纠纷调解仲裁等服务；指导新型农业经营主体、符合条件的社会资本和工商企业集中成片流转农村承包土地，投资农业规模经营项目，兴办或联办农业企业。

二、乡镇农村土地流转市场

乡镇农村土地流转市场原则上单独建立，并整合乡镇“三资”委托代理服务中心、便民服务中心等公共资源，把土地流转作为重要工作职能。主要负责本辖区农村土地流转的政策咨询、信息收集发布、资质审查、资产评估、交易协商、公开招标、流转合同签订、纠纷调处、档案管理等工作。

三、村级农村土地流转服务站

村级农村土地流转服务站设在村委会。其以村委会主任为服务站负责人，包村乡镇干部为副职，村委会其他人员为成员；负责全村土地流转工作，组织有流转意向的双方进行洽谈，做好项目对接，避免农户之间自发无序流转，防止因土地流转不规范发生纠纷。村级报账员负责本村土地流转信息统计和报送工作。

四、农村土地流转平台操作程序

（一）申请受理，调查核实

土地流出方向村土地流转服务站提出流转申请，并提供流转土地的四至界限、面积、价格和期限等信息。调查核实土地流出方土地的证书、位置、面积以及有无权属纠纷等和土地需求方的主体资格、资信状况、土地用途和产业发展方向等。

（二）信息采集与发布

以村为单位，统一收集农村土地流转交易信息，经村级民主议事通过、村主任签字后上报乡（镇）汇总，乡（镇）要对各村上报的供求信息进行核查审定，确认信息真实性后在县、乡、村三级联网平台以村为单位发布。乡镇流转市场主要通过公开栏、电子屏幕、网络平台对外发布流转信息，也可在政府门户网站、公开查询平台等窗口实时公布。

（三）组织洽谈，签订合同

凡对流转项目有受让意向者，应在信息发布期间按规定向流转服务机构递交受让申请及相关材料。土地流转双方洽谈一致后，在乡镇土地流转机构或县级土地流转机构工作人员的指导下签订规范的土地流转合同，可在乡镇进行鉴证或公证。做好价款结算和权属登记、变更事宜。

（四）资料归档，跟踪服务

乡土地流转服务机构及时将土地流转的相关资料和流转合同进行分类整理归档。对流转后的生产经营活动进行跟踪服务，监督流转双方履行土地流转合同，及时调处土地流转纠纷。

五、相关要求

（1）切实加强领导，保障工作经费。

（2）健全配套设施，有效开展服务。各级政府和有关部门要及时将人员配备到位，明确服务对象、拓展服务领域、完善服务功能，确保农村土地流转服务平台发挥作用。

（3）重视舆论宣传，组织专项培训。充分利用电视、广播、报纸、短信、悬挂标语条幅、印发宣传资料等形式进行广泛宣传。

第七节　农业农村土地承包管理中的实用措施

政府高度重视农村土地承包管理工作，在落实土地承包经营权、规范流转行为、推进承包仲裁等项工作中，给予正确指导和大力支持，促进了农村土地承包法律政策的落实，使农村土地承包经营制度得到进一步巩固和完善。随着时间的推移，个别地区在工作中暴露出一些问题，有的是对法律政策认识理解存在偏差，有的是管理部门工作不扎实，有的是法律政策落实不到位。这些问题如果处理不好，极易引发新的矛盾和纠纷。

一、切实维护土地承包经营权

（一）积极落实农村妇女土地承包经营权

对《中华人民共和国农村土地承包法》实施前，因不同村（组）农村土地二轮延包产生的“时间差”，农村婚嫁妇女（包括离婚）的户口迁移造成“两头无地”的，应在现户口所在地落实其土地承包经营权。农村出嫁妇女在原居住地（娘家）获得的承包地不得收回。已经收回的，要坚决予以纠正，能退地的应当退地；不能退地的，也可以采取确权方式予以落实。

（二）依法收回独生子女奖励地

农村土地二轮延包时，部分村组集体经济组织成员的独生子女获得两人份承包地的，当其年满 14 周岁，作为独生子女奖励的承包地，发包方可以依法收回。

（三）妥善解决“双份”承包地

农村居民在户口迁出地和户口落入地都获得承包地的，只能保留一份。从农民生活、生产的习惯出发，对已经得到“双份”承包地的，户口落入地的承包地予以保留，其迁出地的承包地予以收回，并纳入迁出地的村组机动地管理，严格用于解决该集体经济组织的人地矛盾问题。

（四）依法开垦的耕地要纳入承包地管理

经权属单位的集体经济组织同意，农民可以依法开垦“四荒”资源，但要签订书面承包合同或者协议。到期后，如果开垦的“四荒”属于耕地范围的，要纳入耕地管理；如果开垦的“四荒”属于林地范围的，要纳入林地管理，依法承包。册外地、饲料地等耕地资源照此执行。

二、妥善解决土地流转纠纷

（一）认真解决在流转土地上植树的纠纷

受让方在流转耕地上植树，现流转合同约定期限已经届满到期的，应当将承包地无偿退还给原承包方，地上栽植的树木要自行处理，并恢复耕地原貌。对于在基本农田上栽树的，虽流转期限未到，但所栽树木已到或者接近主伐年龄的，在采伐结束后，恢复基本农田原用途，无论流转期限是否到期，不再执行或续签流转协议。

（二）合理解决流转期内依法收回土地承包经营权的问题

符合收回土地承包经营权的承包地，原承包方已经依法流转且流转期限尚未届满到期的，原承包方已经一次性收取流转价款，发包方可以要求承包方返还剩余流转期限的流转价款；如果流转价款为分期支付的，发包方可以要求受让人按照流转合同的约定支付流转价款。

（三）规范设施农业流转合同签订

鼓励农民将承包地流转给设施农业经营者。设施农业经营者应依法先行与农村集体经济组织和承包农户签订土地承包经营权流转合同，合同中要明确约定流转到期后地上物的处置办法。

（四）合理解决流转价款纠纷问题

对由发包方（村委会）代替农民与受让方签订的流转价款明显低于当时相同地块、相同质量的土地流转价款而引发纠纷，且继续履行显失公平的，在流转期内可以予以调整。

三、明确农村集体土地征地补偿费用分配政策

强化集体所有的征地补偿费用管理。对有关部门以农村集体经济组织出现违法、违纪问题为借口，采取冻结、罚没等办法扣缴农村集体经济组织的征地补偿费的行为，应当坚决予以制止。对已经罚没、扣缴的，应当在规定时间内全额退回并归还给该集体经济组织。

四、强化农村土地承包管理部门职责

（一）认真履行法律赋予的职责

符合《中华人民共和国农村土地承包法》相关规定的情形，发包方可以依法收回或者调整承包方的土地承包经营权，但要履行法定程序。

（二）加强农村土地承包经营权证和林权证管理

县级以上地方人民政府负责颁发土地承包经营权证和林权证，农业、林业行政主管部门作为农村土地承包经营权的登记机关。

第八节　家庭农场对农村经济的促进与推动作用

现阶段我国实行的农业政策是针对多种经济形式共同发展而制定的，鼓励规模经营。农业经营主体是由土地承包转型而来的新型的家庭农场、农村合作社，具有集约化和企业化的特点。作为农村农业生产经营模式的全新形式——家庭农场，其不但规模日益扩大，而且生产经营模式不断优化，促使更多农户参与家庭农场生产经营活动、扩大农村就业渠道、提高农户生产积极性、调整农业产业结构、提高农业经营效率。

随着我国社会经济形势的转变，农村越来越多的年轻人选择外出打工，农业生产面临着较多的困难，农村中存在着较为严重的人口老年化情况，大部分老人无法承担繁重的农业生产劳动，生产的效率较低，土地使用效率较低，很容易造成人为浪费的情况。同时，因为农业生产目前收益较低，生产的频率不高，使其长时间处于一种停滞不前的状态，而家庭农场的出现有效地改变了农村这一现状。从我国的社会经济发展情况来看，家庭农场

的出现是一种必然趋势，它必将革新目前的农村经济。

一、家庭农场的基本概述

“家庭农场”一词起源于欧美。在我国，其类似于种养大户的升级版，主要是指以家庭成员为主要劳动力，进行农业规模化、集约化和商品化的生产经营，并且以农业收入为家庭的主要收入来源。2008年，党的十七届三中全会指出，农业规模经营生产的一大主体就包括家庭农场。在之后的2013年，中央一号文件中又一次提到了家庭农场，大力鼓励承包土地逐渐转向专业大户、家庭农场。这一政策的提出，促进了我国农业经济的发展，对农业商品化的转变工作提供了更多的助力，有效地缩小了城乡贫富差距。家庭农场的发展，能使农业从保证功能逐步发展到盈利功能，克服资格不足的小农经济问题，提高商品化程度，给社会提供更多、更丰富的农产品。此外，家庭农场要比普通农户更注重自身农产品的质量安全，可以使政府监管工作更快、更有效地实施。

如果从世界农业演变规律与产业发展的角度来看待我国家庭农场这一经济模式，其已经具备了作为农业生产经营组织所必备的特性，家庭通过内部分工就可以构成一个完整的生产单位。新式的家庭农场在生产方式上不同于传统的小农经济，与传统的种植方式也存在较大的差别。在生产方式上，家庭农场集合了传统种植方式所具备的优势，不仅能够保障规模生产的低利润，还能够使加强家庭农场和传统小农经济之间的合作。农户自身的独立法人资格既能够帮助其在办事的过程中得到法律的保护，又能够避免发生经济利益纠纷。

二、家庭农场对农村经济的推动作用

（一）提高生产管理水平，促进农业企业化

随着农村家庭农场生产模式的出现，农业生产工作出现了很大的变化，变化的内容一般体现在生产形式以及所产生的经济上。在农业生产过程中，管理工作必须得到重视，农业生产管理水平直接决定着农业生产工作的实施效率以及实施质量，无论是农业生产过程中还是农业经营环节，都必须要具备完善的管理制度。管理制度的确定一般与普通企业相类似，主要介绍家庭农场的生产内容以及生产方向，至于对应的管理程序，需要按照生产过程以及经营环节来进行自由制定，使农业生产变得企业化。在管理程序当中，家庭农场一般会存在一个重要的供销体系，这个供销体系可以在生产经营中发挥出巨大的作用，从而帮助农村改变自身的生产结构。农业生产活动不是为了解决简单的温饱问题，而是通过家庭农场创造更大的经济收益。随着时间的推移以及家庭农场的规模越来越大，农业生产企业化管理工作变得越来越多，家庭农场的产业链逐步形成。

（二）增加农场就业机会，改善农业经济面貌

家庭农场经营模式本身属于一种劳动比较密集的企业模式，在农业生产工作中，种植的面积以及种植的类型都会给家庭农场带来一定的就业机会，但无论是哪种种植模式都离不开人员的参加。我国的养殖工作、种植工作都需要大量的劳动力支持，虽然大部分的工作都有机械化的帮助，但是机械化本身也有处理不到位、收获不干净的特点，还是需要较多的劳动人员进行农业生产工作。这也就意味着，如果农村中的年轻人看到了家庭农场的

发展趋势，看到了家庭农场的经济收益，就会减少劳动力的流失，农业生产劳动力缺少的局面就会有所转变，家庭农场工作本身也会产生巨大的能量。由此可见，家庭农场可以很好地帮助农业生产起死回生，农业生产的现状将会有所改变，农村经济也会得到快速的发展。

（三）实现农业集约化，促进农村产业发展

改革开放以来，随着城市化进程的加快，大量农村年轻劳动力进城务工，造成我国农村出现“空心化”、劳动力严重不足的现象。在这种形势下发展起来的家庭农场，有效地促进了农村基础产业的发展和进步，能够更好地满足目前我国农村现代化发展的需求，促进农业水平的进一步提高。家庭农场通过整合资源和农业集约化，有效地提高了农业生产经营水平；通过扩大土地租赁范围，实现生产集约化，达到生产资源充分利用与盈利双赢的目的；通过整合农机器具，提高了农机器具使用率，同时有效降低了农业生产成本；通过整合经营渠道，打破了小农经济的局限性，拓展了家庭农场的市场，实现了经营渠道和规模生产扩大，提高了家庭农场的经营收益。与此同时，家庭农场在生产和经营两个方面有比较完善的管理程序，在产供销体系指导下科学运营，提高了家庭农场生产管理水平和生产效率，能够更好地促进农业生产朝着企业化方向发展。家庭农场在广大农村的普及，达到了农业生产企业化管理的目的，逐渐形成了新的农业产业链条，推动农村产业进一步发展。

（四）增加农村就业机会，优化农村产业结构

家庭农场是一种劳动密集型生产模式，其快速发展增加了农民就业的机会，促使更多的年轻劳动力回归农村，使更多农户参与到农业生产活动中，带动了农村经济发展，改善了农业面貌，调整和优化了农业产业结构，奠定了农村经济现代化的基础。随着我国经济的深入发展，家庭农场生产逐渐朝着水产养殖、农产品深加工等方面转变，对农业经济平稳、快速增长极为有利。

（五）转变传统观念，提升管理水平

家庭农场的出现改变了农村经济的发展方向，推动农村经济朝着规模化、企业化方向发展，农村经济也因此发生了重大变化。传统模式下的农业种植生产是农民独自在自家田地里进行种植，根本不会考虑科学管理的问题，在种植方面也没有时间观念。农村年轻劳动力大多数外出务工，导致农村劳动力严重不足，很多土地只能进行粗放式种植，根本谈不上管理。家庭农场对生产过程和经营管理有很好的规划，具有完善的管理流程，能够帮助农民改变传统的农业生产经营观念，让农民充分体会到种地不是为了简单地满足温饱，而是为了达到致富的目的。

三、家庭农场的发展对策

（一）加强宣传

在宣传方面，各级政府要不断创新，加强宣传，制定相关配套政策或发展方针，广泛

宣传家庭农场带来的效益，让农民和相关基层干部清楚地认识到家庭农场带来的巨大经济效益和优势。营造家庭农场经济发展的氛围，让更多的农民参与家庭农场的发展，激发农民建设家庭农场的积极性和主动性；投资家庭农场的发展，不断提高他们的创造力，促进家庭农场的发展；完善相关土地信息传递网络和服务平台，建立健全土地流转信息系统，使家庭农场在建设和实施前具备良好的基础。

（二）完善培育机制

政府有关部门要加大对涉农项目、农业技术和农业装备的投入，使家庭农场经营规模小、技术含量低的问题得到有效控制。不仅要完善各种服务体系，促进农业生产经营方式的不断转变，还要建立比较完善的制度，增强家庭农场经济发展的活力，使现代农业的发展和改革焕然一新，使家庭农场制度得以准确实施，促进农村经济发展。

（三）注重培养

地方各级政府要做好农业项目和农机配套工作，出台相关农业发展战略，通过家庭农场发展模式实现农村种植业的快速发展。在生产支持工作中，政府职能部门要注意加强惠农强农政策，新的农业补贴要逐步向新兴专业农民方向靠拢；在金融信贷工作中，要建立担保资金体系，有效解决新型专业农民难以扩大生产经营规模的问题；在农业保险方面，还要扩大新型专业农民农业保险的种类和覆盖面，使其享受更多的优惠政策。这样，农民可以在家庭农场经营中获得更多的保障和经济效益，带动农村经济的稳步发展，为我国经济发展和社会进步做出贡献。

（四）家庭农场需要更多的土地资源

家庭农场的经营模式注定需要大量的土地资源，拥有越多的土地资源，就可以得到越多的经济效益。但是随着近几年来我国城市化进程的不断发展，土地资源比较匮乏，家庭农场的发展还需要得到我国政府的介入与帮助。

随着社会经济的不断深入发展，人们越来越重视农村经济的发展。家庭农场的发展是当前形势下我国农业实施进一步发展的重要趋势，需要相关部门不断摸索和调整，使我国农业经济的发展能够更加适应当前发展的基本状况。可以通过激发创业人员自身建立家庭农场的积极性，提高农业经济的发展效率和质量。我国农村的经济发展模式并不能止步于此，还应做好进一步的完善工作。

第九节　辽宁省朝阳县家庭农场培育工程技术应用模式

为促进朝阳县乡村全面振兴，进一步促进家庭农场健康发展，辽宁省朝阳县加大财政、金融、税收、用地等政策扶持力度，加大项目扶持力度，加强人才培养服务；夯实农业农村现代化基础，培育一大批规模适度、生产集约、管理先进、效益明显的家庭农场。

结合朝阳县农业农村发展规划，积极开展品牌创建，打造“一场一品”。围绕粮食、蔬菜、水果等主导优势产业和特色产业，培育一批产业特色鲜明、经营管理规范、经济效益良好的家庭农场，对周边农户起到示范带动作用。引导和鼓励具有生产规模、资金充裕和有专业特长的专业大户，申办工商营业执照登记或农业农村部门认定的家庭农场认定书。支持外出务工农民、个体工商户、农村经纪人等返乡从事农业开发、创办家庭农场，力争到2024年各类家庭农场达150家，总数增加20%以上；各类县级以上示范家庭农场新增20%以上，2026年突破100家。

一、家庭农场培育工程技术模式

（1）农村及城市居民（含国有农场职工利用国有农场土地创办家庭农场）以家庭成员为主要劳动力，常年雇工不超过家庭务农劳动力。符合条件的家庭农场，在发展特色种养业、农业产业化、农业标准化、土地流转、农机购置补贴等方面给予奖补，对家庭农场建设仓储、晾晒场、保鲜库、农机库棚等设施用地予以支持。

（2）具有一定经营规模：从事粮食作物、油料作物种植的，平原地区土地经营面积应达到100亩，山区土地经营面积应达到50亩。从事蔬菜（含食用菌）、水果及其他经济作物种植的，土地经营面积应达到20亩，山区水果经营面积应达到30亩。从事设施农业生产的，设施面积应达到5亩。从事畜牧业养殖的，生猪存栏300头或年出栏500头以上；奶牛存栏50头以上，肉牛年出栏50头以上；蛋鸡存栏5000只以上，肉鸡年出栏5万只以上；羊存栏100只或年出栏500只以上；驴存栏50头以上，鸭、鹅存栏1万只以上。从事种养结合的，根据当地实际比照种植业或养殖业类规模适当缩小。从事渔业养殖的，淡水池塘养殖面积应达到50亩，冷水流水养殖面积达到500 m^2；海水养殖面积应达到100亩，工厂化养殖达到2000 m^2。稻渔综合种养的养殖面积达到100亩。其他类别家庭农场认定参照种植业或养殖业产值或收益规模认定。

（3）种植业家庭农场需签订规范的土地流转合同，大部分经营面积及地块要保持稳定，土地租期或承包期应在2年以上；渔业养殖家庭农场需依法取得水域滩涂养殖证或水域、滩涂的承包合同等有效材料，符合养殖水域滩涂规划。

（4）有与生产经营规模相适应的配套设施、机械装备，能够满足主要生产环节的需要。

（5）按照相关技术规程或标准进行生产，有比较详细的投入品采购和使用记录。

二、推进示范家庭农场带动优势

坚持因地制宜、群众自愿的原则，积极鼓励有一定水平、达到一定规模的家庭农场参加县级及以上家庭农场评选申报。对评选上县级示范的家庭农场，择优推荐进行省级示范农场申报。具体申报程序为：每年3月份开始，县级示范家庭农场创建采取“农场主自愿申报、乡镇审核、县级认定、动态管理”的原则，实行动态管理。乡镇对申请人合同的真实性、合法性负责，县级经管部门对乡镇申报材料的完整性负责；优先考虑从事粮食生产的家庭农场，鼓励和支持发展粮食规模化生产；建立并规范家庭农场名录管理工作。

三、录入家庭农场名录信息

各乡镇（街道、农场）负责收集未纳入名录系统的农场信息，并报送县经管局；县经管局负责家庭农场申办业务的工作人员负责及时对乡镇（街道、农场）上报的家庭农场信息进行录入，确保朝阳县家庭农场信息及时上报，并确保信息全面完整。

四、完善土地流转服务

创新土地流转方式，引导土地承包经营权向家庭农场流转。完善县、乡、村三级土地流转服务体系，开展流转供求信息。提供合同指导、价格协调、纠纷调解等服务，引导土地依法、自愿、有偿、平稳地向家庭农场流转。

第十节　辽宁省北票市全面决战脱贫攻坚具体措施及亮点模式

2020年，北票市脱贫任务是：使2159人贫困人口脱贫，使年人均纯收入5000元以下8159人稳定增收，进一步完善21个贫困边缘村基础设施建设，巩固提升脱贫成果。2020年初，北票市紧盯脱贫任务，强力推进“十大举措”，狠抓“三个到位”，决战决胜脱贫攻坚。

一、2020年脱贫攻坚完成情况

（一）强力推进“十大举措”

1. 产业扶贫

2020年，围绕“四区两基地”发展产业扶贫项目163个，其中设施农业建设项目56个2400亩，辣椒种植20.4万亩，杂粮种植30.1万亩，新建、扩建养殖场82处（含新建扶贫农场16处，企业自建养殖场10处，社会资本投资建养殖场56处），扶贫果园25处2700亩，实现贫困人口新一轮产业项目全覆盖，产业覆盖率达到400%，户均增收1000元以上。同时，开展了扶贫资产清查核实工作，2016年以来共形成扶贫资产149项，资金总量18051.73万元，其中：经营类固定资产135项，资产总额17911.73万元；公共设施类固定资产14项，资产总额140万元。到2020年底，149项扶贫资产已全部确权到村集体，纳入“三资”管理的有137项。

2. 就业扶贫

全市贫困人口中有普通劳动力10151人、弱劳半劳4890人，通过公益岗、“四区两基地”、以工代赈、推荐企业就业等安置方式，已全部实现就业。其中：普通劳动力通过事业编招录176人，国企招录21人，民企招聘501人，护林员284人，草管员116人，水利信息员120人，保洁员1430人，道路养护员100人，长期务工3359人（含北票市外务工2715人、北票市内务工644人），灵活就业4044人（含北票市外316人、北票市内3728人）；弱劳半劳全部通过村级保洁员、卫生监督员、治安协管员、纠纷调解员等公益岗位予以安置。同时，建立完善了就业台账，并继续做好台账的动态调整，及时更新台账信息，县、乡、村保持三级台账“账账相符”“账实相符”。

3. 金融扶贫

对北票市符合贷款条件的建档立卡贫困户发放扶贫小额信贷，力争做到应贷尽贷。

2020年初已为346户贫困户发放扶贫小额信贷1576.6万元。

4. 低保兜底

建档立卡贫困人口38735人，已纳入社会救助兜底保障17779人，占比46%。在继续深化落实“五个一批”兜底专项政策的基础上，进一步优化兜底政策，强化实施“三减两增”专项兜底政策。通过对建档立卡贫困户的实地调研和政策试点，进一步优化兜底政策，对北票市未脱贫的2159人和人均收入低于5000元的8159人建档立卡贫困户实施专项兜底，未脱贫人口应该兜底人群2084人，已兜底2007人，兜底比96.3%；已脱贫收入低于5000元人口应该兜底人群7912人，已兜底7413人，兜底比率93.6%；综合兜底目标群体94.24%。同时，有效应对受疫情、旱情影响造成北票市贫困群众无法外出务工，近半的土地减产甚至绝收，致使家庭可支配收入降低，加大了贫困返贫的可能性等情况，县本级财政拨付灾情补助资金430万元用于此次受疫情、旱情影响的建档立卡贫困户，保障建档立卡贫困户不因突发性、紧迫性、临时性问题而使家庭突然陷入“贫困”。

5. 危房改造

实施建档立卡贫困户1190户，其中C级518户，D级672户，竣工率、验收率达到100%。完成住建部脱贫攻坚住房安全有保障信息平台中的15160户的网上核验工作。为使建档立卡贫困户危房彻底“清零”，做到住人不危房、危房不住人，完成2840户A、B级住房维修工作。

6. 健康扶贫

对健康扶贫对象实行动态参保管理，新增对象全部纳入当年度基本医保，并对符合条件的贫困人口参加本地居民医保给予全额或定额资助，新农合参保率100%。继续落实基本医保、大病保险、医疗救助、医疗补充保险“四重保障”政策，确保贫困患者住院综合报销比例达到90%，共支付在朝阳市内健康扶贫定点医院住院及门诊居家康复治疗贫困患者合计6063人次2445.90万元，支付市外住院贫困患者再保障补偿113人次72.65万元，大病保险共赔付1550人次110.70万元。

7. 教育扶贫

深化落实各项资助政策，各学段1849名建档立卡贫困学生全部享受资助政策，落实补助及免除学费135万元；免除教辅用书费、教材费、住宿费、伙食费等62.5万元；对2020年当年升入普通高校专本科贫困学生331人，发放一次性救助金110.2万元；无因贫辍学学生。全面改善办学条件，2020年共新建投用学校食堂（伙房）5个，改造水冲厕所60个，全市农村中小学小火炉取暖于2019年末彻底取消。

8. 饮水安全

继续做好农村饮水工程建设工作，2020年实施饮水安全工程21处，受益农村人口4410人，其中建档立卡贫困人口432人。开展安全饮水水质化验工作，水务、疾控部门对全市有饮水安全工程的和未建设饮水安全工程的257个村（组）进行了水质化验，并出具水质检测报告，饮水安全合格率达到100%。

9. 基础设施

围绕补好贫困边缘村基础设施“短板”，新建及改扩建村级卫生室 77 个，新建村级文化广场 17 处，新改建农村道路 282.1 km。

10. 财政投入

2020 年省以上扶贫资金 10767.4 万元，朝阳市级扶贫资金 4752 万元，已全部拨付使用。同时，投入县本级财政专项扶贫资金 2500 万元；整合各类涉农资金 30031.85 万元，占可整合资金的 57.11%。

（二）狠抓“三个到位”

1. 组织领导到位

结合机构改革，调整了北票市脱贫攻坚领导小组，严格落实党委政府主要领导“双组长”制，明确各成员单位责任任务，分兵把口、各负其责、合力攻坚。继续强化党委政府脱贫攻坚主体责任，抓住脱贫攻坚政治责任落实这个关键，全面加强党的领导，坚持市委书记负总责，市、乡、村三级党组织书记牵头抓总，压实脱贫攻坚责任。严格落实“四个不摘要求”，压责任、稳政策、夯帮扶、强监管。持续加强驻村工作队管理，进一步细化、量化驻村工作队职责任务、工作制度、管理考核、组织保障等内容，确保驻村工作队不撤、工作力度不减、帮扶成效持续提升。

2. 党建引领到位

一是开展“决胜小康、决战脱贫、奋斗有我”系列活动，聚力凝心，深入动员全市上下、社会各界共同参与脱贫攻坚、助力决胜全面小康，社会各界积极响应、迅速行动起来，各级党组织筑强堡垒，党员干部践行初心，为决战决胜脱贫攻坚贡献自己最大的力量。2020 年初以来，全市 1.2 万名党员干部累计帮助发展到户扶贫项目 148 个，帮助解决实际困难 7000 余件次，帮助安置就业 1000 余人，帮助销售农副产品 110 余万元，捐款捐物折合约 190 万元，开展义诊 4300 多人次，帮助清扫室内外卫生约 7.5 万户。二是夯实基层党组织建设。扎实推进村书记、主任“一肩挑”和村“两委”成员交叉任职工作。2020 年初以来先后召开 5 次乡镇党委副书记、组织委员参加的调度会，下发 3 次工作通报，约谈 17 个工作进展较慢的乡镇党委书记，调整年龄偏大、不在状态的村书记 114 人，劝退村主任 112 人。全市 252 个村全部实现村书记、主任“一肩挑”，其他村“两委”成员交叉任职 202 人，选配 35 岁以下村书记 36 人，能人型村书记达到 241 人，其中“企业家”村书记 89 人，村级党组织服务能力显著提升。三是抓实驻村帮扶，进一步细化、量化驻村工作队的职责任务、工作制度、管理考核、组织保障等内容。2020 年初以来，各驻村工作队帮助乡村协调基础设施项目 110 个，直接投入资金 263 万元，协调资金 1883 万元；帮助乡村领办、创办经济实体 67 个，帮助村增加集体收入 512 万元，发展产业项目 128 个，直接投入资金 965 万元，协调资金 1622 万元。

3. 督查考核到位

一是抓好问题整改。采取村自查、乡核查、县抽查同指导督导相结合的方式，对乡村脱贫攻坚工作进行全面核查督导，发现问题直接交办，全面整改清零。二是成立6个联乡指导工作组，深入乡村开展业务指导，加强市乡两级联动，帮助乡镇在产业扶贫、基础设施建设、档案内页、贫困户"一超过两不愁三保障""两想一度"等方面发现问题、解决问题，推进各项工作任务全面落实。三是严格"五个一批"奖励激励。干得好的提拔重用，干得差的约谈调整和组织处理，树立鲜明的正确用人导向，2020年初以来提拔重用扶贫领域干部53人。

截至2020年底，北票市2159人未脱贫人口"一超过两不愁三保障"全部达到退出标准并全部脱贫，8159人低收入人口年人均纯收入全部达到5000元，21个贫困边缘村全部销号。至此，北票市所有建档立卡贫困人口实现全部脱贫，贫困发生率动态清零。同时，北票脱贫攻坚工作也受到了各级媒体的广泛宣传报道，2020年初以来在上三级主流媒体累计发稿527篇，其中在《人民日报》及其客户端等国家级媒体刊发稿件7篇，在《辽宁日报》、辽宁电视台等省级媒体刊发稿件72篇，在朝阳市媒体刊发稿件255篇，在"学习强国"平台刊发稿件193篇。

二、"十三五"期间工作亮点

（一）解决人的问题

党建统领脱贫攻坚，为脱贫攻坚提供了坚强的政治保障。一是实施"点对点、人盯人"工作机制。全面加强党的领导，点对点、人盯人，倒排工期、挂图作战、挂牌督战，做到人员无死角、任务无遗漏、责任全覆盖。点对点，就是一名县级领导负责一个乡镇，一个部门帮扶一个村。人盯人，就是县级领导盯乡镇党委书记，"第一书记"和驻村工作队的派出部门主要负责人盯村书记，党员干部盯贫困户及其周边户、边缘户。二是选优配强党组织书记。全市252个村实现村书记、主任"一肩挑"全覆盖，能人型村书记241人，占比95.6%。村党组织和党员领办、创办经济实体218个，带动贫困户6084户。三是强化驻村帮扶管理。发挥第一书记、驻村工作队主力军作用，助力乡村发展。到2020年底，各驻村工作队帮助乡村协调基础设施项目556个，直接投入资金5357万元，协调资金15077万元，发展产业项目385个。四是深入开展"决胜小康、决战脱贫、奋斗有我"系列活动。组织党员干部、第一书记、"两代表一委员"、帮扶部门、国有民营企业、志愿服务团队、工商业户、"两长一兵"、贫困户九个群体深度参与脱贫攻坚，形成决战决胜脱贫攻坚的强大合力。如在"万名党员干部拉手贫困户志愿服务"活动中，全市1.2万名党员干部职工结对帮扶1.7万户贫困户，并联系帮助3.5万户周边户和边缘户，帮助贫困户打扫卫生、春耕秋收，开展消费扶贫、捐资助学等活动，累计捐款及捐物折款850余万元，帮助解决实际困难21828件，让每名贫困群众感受到社会主义大家庭的温暖。

（二）解决钱的问题

强化涉农资金整合、撬动工商资本投入、争取金融支持、引导社会捐助等措施使各类资金充分整合叠加使用，增强了资金使用的针对性，发挥出了扶贫资金的最大效益。到2020年底，累计投入扶贫资金269921.895万元。

（三）解决产业的问题

北票市始终坚持把产业扶贫作为保障贫困户稳定脱贫的重要抓手，充分结合实际，创新实施了“1+4”产业、“442”生态、“飞地产业”、“飞地光伏”等扶贫模式，对贫困户实现了产业项目全覆盖，覆盖率达到400%。

1.“1+4”政府扶贫模式

由党组织牵头、金融机构参与，选择经济实力雄厚、社会责任感强、贷款信誉好的企业建设扶贫农场，通过合作社发展产业项目，带动建档立卡贫困户脱贫致富，实现五方共赢、多方受益。“1”是指各级党委和政府，在扶贫模式中起主导作用；“4”是指银行、企业、合作社和贫困户。

2.“1+4”产业扶贫模式

通过龙头企业与合作社合资建立扶贫农场，龙头企业独立经营农场，以农场为平台，建立扶贫载体，确保龙头企业经营农场的独立性，避免原来农户经营分散、存在风险的问题，同时保证贫困户的稳定收益，特别是对于不符合金融机构贷款条件的贫困户，可利用扶贫基金通过畜牧专业合作社，参与企业发展产业，企业同样按10%定额返利，有力保障了对贫困户的覆盖带动。在扶贫农场项目建设中，政府部门负责指导、协调和监督，所在乡镇负责具体管理，相关合作方通过签订必要的合同或合作协议，明晰双方或多方的责任、权利和义务，建立健全风险共担和利益分配等相关机制，保障项目顺利推行。扶贫农场经营管理由龙头企业独立负责，可以充分利用企业技术、人才、市场优势，保证农场顺利经营和创利水平。到2020年底，“1+4”产业扶贫模式共建成肉鸡养殖扶贫农场36个，玉米制种、酒高粱种植2.8万亩，累计带动贫困户20470户43075人次，户年均收益1000元。

3.“442”生态扶贫模式

把生态建设与脱贫攻坚有机结合，采取“项目整合、资金叠加、互为配套、各记其功”的办法，整合农村集体资产发展生态产业，收益的40%用于壮大村级集体经济，40%给予承包权户或专业合作社，20%给予建档立卡贫困户。到2020年底，共发展“442”生态产业（扶贫果园）79处1.78万亩，带动建档立卡贫困户3350户6941人，每户年均收益1000元。

4.“飞地产业”扶贫模式

2020年，北票市进一步创新产业扶贫体制机制，围绕“四区两基地”建设，创新实施“飞地”产业模式，采取跨乡、跨村联合的方式，破解“有地的村没钱、有钱的村没地”这一农村产业发展的瓶颈问题，科学规划、合理布局，发展规模化、集约化产业扶贫项目163个，实现了乡村产业园、产业基地全覆盖，收益1800万元，户均增收1000元。具体模式如下：一是设施农业集聚区。依托庄头蔬菜批发市场，在21个乡镇建设蔬菜大棚770栋2388亩，通过对外签约出租或村集体自主经营方式保障项目运营投产。按投入收益率8%计算，提取收益资金420万元，带动贫困户5918户，户均收益700元。二是特色农业优势区。依托国锋辣椒合作社、四合城股份经济合作社，在马友营、台吉营等东北部 10 个乡镇，发展辣椒栽植 20 万亩，带动贫困户 450 户，户均增收 500 元，并提供就业岗位 2400 个，每人就业收入 2000 元。三是绿色农业示范区。依托华溢酒业、海峰食品、巨龙食品等企业，在龙潭、北塔等西北部 9 个乡镇，种植杂粮 30 万亩，带动贫困户 4100 户，户均增收 400 元以上。四是生态农业试验区。依托上园大枣合作社、庙下大枣合作社，在上园、下府等天鹅湖周边 5 个乡镇，发展金丝王大枣 25 处 2700 亩，带动贫困户 497 户，户均收益 500 元。五是畜禽养殖业基地。依托宏发食品、山东超润、温氏集团等农业产业化龙头企业，建设禽类养殖基地 13 处、生猪养殖基地 3 处，带动贫困户 9341 户 19983 人，户均收益 1000 元以上。

5.“飞地光伏”扶贫模式

“飞地光伏”扶贫模式是指光伏扶贫电站坐落在原来的行政村，在充分保障电站所建村集体经济收入［以地租形式发放 200 元 /（年 · kW）］的前提下，通过跨地域的统筹确权，把 89 座光伏扶贫电站按装机容量的大小统筹分配，确权给 130 个贫困村（省级贫困村 86 个、朝阳市级贫困村 44 个），按确权比例将光伏扶贫电站的资产所有权及收益权划归贫困村集体所有，确保光伏扶贫电站的扶贫属性。2020 年 5 月，北票市启动光伏扶贫电站确权工作，“飞地光伏”扶贫模式正式推广落实，明确村级扶贫电站资产确权给村集体所有，联村光伏扶贫电站资产按比例确权至各村集体，使光伏扶贫电站收益覆盖了全部 28 个乡镇 130 个贫困村 8651 户贫困户。尤其是 2020 年 5 月 21 日光伏电站被正式纳入光伏扶贫项目国家规模范围（第四批），并作为光伏扶贫项目获得国家财政补贴，每年将为 130 个贫困村增收 8 万元左右，持续 20 年，各村集体（包括电站所在的非贫困村）光伏的收益收入主要用于开展公益岗位扶贫，奖励补助扶贫和小型公益事业等，使光伏收益对贫困村和贫困户的覆盖带动成效有了显著提升和充分保障。此外，在全面实施大产业的基础上，北票市还积极鼓励和推进乡村特色产业发展。如在合作社带动扶贫方面，到 2020 年底，137 家合作社带动贫困户 3921 户 8278 人，贫困户以土地向合作社入股或流转土地总面积 1.73 万亩，贫困户通过土地股份合作社年人均增收 1265 元；在“微农场”扶贫方面，各乡镇流转土地，整合资源，建设集扶贫帮困、生态采摘、教育体验、休闲旅游于一体的扶贫微农场，共建设微型农场 35 处，占地 674 亩，带动贫困户 1656 户。

几年来的扶贫产业发展，特别是“飞地”模式的实施，使跨乡、跨村集体的荒山、荒坡等土地资源得到有效开发，资金整合使用，扶贫产业实现规模化、集约化发展，同时扶贫资金形成的资产全部确权到村集体，使村集体有长期稳定收益的资产项目，增强了“造血”功能，有力保障贫困户脱贫稳定、持续增收。同时，依托龙头企业带动以及农产品加工集聚区发展农产品深加工，增加附加值，拓展市场和销售渠道，形成产供销全产业链条，进一步提升农产品的市场竞争力和抗击市场风险能力，助推扶贫产业发展。

（四）解决脱贫攻坚与乡村振兴有效衔接的问题

围绕优化结构、产业提升、强大基地三大关键要素，加快推进农业农村经济发展，实施“党建引领、脱贫决胜、产业发展、环境整治、基础提升、服务惠民、乡村治理、乡风培塑、作风建设”九大工程，加快推进城乡“七个一体化”，进一步完善乡村基础设施，稳步提升公共服务水平，促进脱贫攻坚向乡村振兴平稳转型。如在城乡供水一体化方面，项目总投资 128300.42 万元，共计铺设输配水管路总长 7409.04 km，新建农村乡镇集中供水加压泵站 30 座，新建 5 万 m^3/d 净水厂一处，进一步改善了北票市农村 40 万人的饮水质量。

（五）解决扶贫资产监管的问题

落实县、乡、村三级扶贫资产管理责任和监督责任，对农村集体资金、集体资产和集体资源实行统一管理、统一核算、统一登记、统一运营、统一分配和统一处置，随时掌握扶贫资产运营管理、收益分配等情况。同时，将扶贫资产纳入各级巡视巡察、审计监督、行业监管，防止被闲置、灭失、毁坏和侵吞。

（六）解决内生动力的问题

深化“德耀北票、人文川州”典型引领和行动教育，实现“大环境下小我提升”，并在此基础上，开展“十星放光彩”活动，围绕遵纪守法、勤劳致富、勤俭持家、响应号召、孝老爱亲、团结邻里、环境整洁、热心公益、移风易俗、感恩奉献 10 方面内容，制定贫困户考评细则，对每户实行“星级 + 百分制 + 收益款 + 奖励资金 + 捐助款物”的实绩考评进行奖励和激励，促进贫困户对农业产业、村级公益事业的深度参与，并将扶贫收益与劳务付出挂钩，有效解决了“一分了之”“一股了之”的问题，实现了差异化分配，全面提升了贫困户的责任感和荣誉感以及社会认同感，内生动力充分激发，树立起顽强的生活勇气和信心。

三、存在问题及建议

（一）金融扶贫政策还需再放宽

建议上级能够深入与金融机构协调。一方面，进一步放宽扶贫小额信贷贷款政策，充分发挥扶贫小额信贷助力贫困户发展自主产业特别是“五小产业”（小庭院、小家禽、小手工、小买卖、小作坊）的重要作用，为贫困户稳定脱贫、持续增收提供有力的金融保障。另一方面，针对企业以及产业项目进一步加大金融支持力度，创新金融产品，优惠融资贷款政策，为基层培育龙头企业、助推产业发展提供有力的金融保障。

（二）将激发内生动力纳入社会综合治理

随着各项扶贫政策的落实，脱贫攻坚取得了显著成效，贫困群众享受到了非常多的实惠，“贫困帽子”的含金量也在不断提升，再加上部分贫困群众自主脱贫的意识和内生动力较弱，“争贫、抢贫、懒贫”的现象已经凸显，包括不诚实守信隐瞒收入、不赡养老人、无理闹访争当贫困户等行为，已经对脱贫攻坚的决胜、乡村振兴的实施产生了一定的消极影响。因此，建议将激发贫困群众内生动力工作纳入社会综合治理范畴，结合乡村治理体系建设，采取自治、法治、德治相结合的措施出台相关规定，对不良行为加以约束和惩处，为决胜全面小康和实现乡村振兴提供法治保障。

（三）强化扶贫资金资产风险防控

农事项目发展周期长、项目收益率低、抗风险能力弱、易受市场波动影响，造成了扶贫资金资产流失和缩水。建议上级部门在扶贫资金资产风险防控方面出台相关保障性政策和容错机制，保障农村产业向纵深发展。

第五章 林业技术推广与果树栽培管理

第一节 葡萄高产绿色栽培技术

一、日光薄膜温室的建造

用于栽培葡萄的日光薄膜温室，应具有足够的跨度、高度和一定的抗风与抗雪压能力，以及良好的透光性和升温保温性能，同时要造价低，容易架设。根据葡萄的生长发育特性，日光薄膜温室的跨度不应小于7m，矢高3.0~3.5m，后墙高2.5~3.0m，墙厚0.24~0.37m。每隔4~5m留一个0.3~0.4m的通风孔，棚脊与后墙距离0.8~1.0m，在棚脊下每隔5~6m设一根立柱。棚架最好用钢筋焊制，焊制时关键技术是棚面的坡度，这个斜面的坡度要大于16.5°，棚长50~100m。从实践上看，一方面，日光薄膜温室内的面积越大，缓冲力也大，效果好。另一方面，虽然是日光加温，也可以根据市场的竞争情况，实施加温或不加温，可灵活掌握日光温室的搭建。但是，要想建造有一定科技含量的日光温室，就要根据当地的具体情况设计好棚面的角度和延长走向等。

二、苗木准备与合理密植

将已选好的苗木，主根为6条以上，嫁接口以上粗度为5mm，把过长的根系适当地剪除，长度为12cm，枝蔓保留2节3个芽眼为宜，放入清水中浸泡24小时。日光温室应于上一年秋建好，可采取宽窄行定植模式定植，即株距50~60cm，窄行50~80cm，宽行120~150cm，每亩大棚可定植1200株。按照设计挖定植沟，定植沟宽0.5~0.6m，深0.5~0.6m，定植沟内最好添加牛粪（马粪）和鸡粪，牛粪或马粪与鸡粪的比例是5∶1，回填时土与粪的比例是3∶1，注意不可填没有腐熟的有机物，填完后用水沉实，把地整好。

三、定植技术

辽宁地区定植时间为4月25日—5月15日，保护地栽培需肥水充足，定植沟内混入优质有机肥，以每株施入7~10kg计算，每亩栽1200株，即需优质有机肥3.5~5吨。将土与肥充分混合后回填沟内，先填表土，后填心土，待填至距地表15cm处，灌透水，土壤下沉后，将其余的土填回。

四、单行倒 L 形整形技术

整形就是依据品种及栽培上的特殊要求，从幼树开始，通过修剪等手段，有计划地使其成为一定形状的树形。在葡萄保护地栽培中，整形比露地管理显得更重要。保护地与露地相比，光照、气温、温湿度大都不同于自然环境。整形的目的是使葡萄新梢分布更合理，创造良好的通风、透光条件，达到快速整形及优质丰产的目的。近年来，设施葡萄栽培发展很快，栽培实践证明，葡萄整形方式的优劣直接影响葡萄品质及其经济效益。辽宁地区设施葡萄整形方式最开始多数套用大田葡萄生产采用的龙干扇形和 V 字形整枝方式。由于设施栽培室内空间较小，往往会出现高温、高湿和光照不足等问题，形成与大田葡萄生长环境截然不同的特殊环境条件，造成葡萄生长习性发生明显改变。新梢生长强旺徒长，基部出现扁枝现象，花芽质量差，结果部位上移；同株葡萄果穗间不能同时成熟，品质差异较大，商品率低；叶幕过高，枝梢量大，光照严重不良，造成果实品质降低，成熟期推迟，经济效益下降；枝蔓不易更新，易出现隔年结果现象。单行倒 L 形是一种适应性较好的葡萄树形，适宜篱架栽培，由于母枝弯曲度大，对葡萄顶端优势进行有效抑制，可提高葡萄成枝力和坐果率。

研究结果表明，单行倒 L 形整形方式，结果枝生长健壮，葡萄果穗均匀分布在第一道丝之上 15~20 cm。其具有许多优点：架面低，管理简便，省工省时；光照条件好，品质优；花芽分化充分，花芽质量好；枝条萌芽整齐，新梢生长缓和，葡萄成熟一致，商品价值高；温棚利用率高，结果部位不易上移；树体结构简单，修剪容易；结果早、易丰产、稳产性好等。一次性投入，多年收益，管理简单，易于掌握，省工省时，并具有较高的经济效益。目前，该技术在辽宁省已经全面推广。

单行倒 L 形树体结构由一个直立的主干和一个水平的结果母枝组成。具体操作方法是：一棵葡萄树只留 4 个结果枝，每一结果枝冬剪时只留 2 个芽，来年萌发后只选留上部健壮芽抽枝结果，每一结果枝只留果一穗，3 年更新一次，防止结果部位上移。

（一）一年生葡萄树体整形

在辽宁地区，一般采用葡萄营养袋苗定植，栽植后应及时选留一个生长健壮枝培养，其余芽眼和枝条全部抹除。结合根部追肥和叶面肥的使用，加强前期土、肥、水管理，促进新梢生长，确保植株尽快成形；后期控制氮肥使用，加强复合肥的使用，防止葡萄旺长，促进枝条生长充实，芽眼饱满，为来年生产提供必要条件。进入冬季，葡萄成熟叶脱落，就可以拉丝建立篱架，一般设三道丝，第一道丝高度为 40 cm，第二道丝高度为 90 cm，第三道丝高度为 140 cm。冬季修剪时，选留一个健壮枝，剪除其他弱枝，在 85 cm 处剪枝定干。在保证主干垂直的前提条件下，在 38 cm 处将枝条朝走廊方向弯成直角，并用玉米皮（简单易得）或其他物品将弯曲枝条水平绑缚在第一道丝上。对于紧靠温棚通道的葡萄树剪枝后不压枝绑蔓，让其直立生长，作为走廊小棚架培养使用。冬天不撤，棚内葡萄的冬剪要在棚内刚一结冻时修剪，方法与露地单蔓整枝相同。之后放倒埋土防寒，防寒厚度要求蔓上埋土 7 cm 左右即可（现在着色香葡萄在棚内可以不用埋土防寒）。

（二）二年生葡萄树体整形

第二年葡萄萌发后，根据新梢着生位置，均匀选留 4 个健壮新梢（间隔 12 cm 左右），抹去其他新梢，使每株葡萄树上均匀分布 4 个结果枝，每一结果枝只留一个果穗，形成基本树体结构。当秋季葡萄落叶后，每一枝条选留 2 个芽眼进行修剪。对于紧靠温棚通道的葡萄树，按照小棚架修剪方式修剪，使之尽快占据行人过道，形成小棚架，提高走廊利用率。采用这一措施可提高 20%~30% 的产量。

（三）三年生葡萄树体整形

第三年葡萄萌发后，为了保证结果良好、葡萄品质一致，利用植物顶端优势和上部芽眼饱满这一特性，每一结果枝只选留上部新生枝，抹去基部芽眼，形成树上树，每一结果枝仍然只选留一个果穗。当秋季葡萄落叶后，每一枝条仍然选留 2 个芽眼进行修剪，对于紧靠温棚走廊的葡萄树，仍然按照小棚架葡萄修剪。

（四）四年生葡萄树体整形

第四年葡萄萌发后，仍然按照前三年管理方式进行管理，每一结果枝保留一穗葡萄。第四年时，因葡萄结果部位有所上移，需短剪回缩，待葡萄采收后，剪去水平结果枝组，保留基部第一直立结果枝进行培养。加强管理，促使枝条成熟，待秋季落叶后，将其弯曲成直角，绑缚在第一道铁丝上，完成一个更新周期。对于紧靠温棚走廊的葡萄树，仍然按照小棚架葡萄修剪方式整形，形成一个较大的小棚架。适宜定植密度："寸土寸金"常常被用来形容温室土地的重要性，科学合理密植是设施葡萄优质高产的基础。由于葡萄扇形整形方式往往会出现结果枝组上移，容易造成叶幕密闭，影响通风透光和葡萄的花芽分化。所以，一般只能采用单行定植，温棚利用率较低。采用倒 L 形树体整形，降低了葡萄结果部位和枝条生长高度，使合理密植成为可能。三年研究结果证明，可采取 50~60 cm × 50~80 cm × 120~150 cm 宽窄行定植模式定植，即株距 50~60 cm，窄行 50~80 cm，宽行 120~150 cm，每亩大棚可定植 1200 株左右，可最大限度地提高温棚利用率，获得良好的经济效益。

五、推广使用单氰胺，打破葡萄的休眠

（一）冬季休眠期对低温的要求

葡萄属于落叶果树，休眠是从落叶开始的。葡萄的新梢成熟，是由下向上一节节开始的，新梢上的冬芽随着落叶进入休眠，当年只在特殊条件下和经药物处理后才可打破休眠。而它的休眠期需要一定时间的低温，即在 7.2 ℃以下的温度经过 1~2 个月即可度过休眠期。

（二）葡萄休眠的解除

在休眠期如不给予足够的低温积累，花芽未充分分化，则不能结果。给予低温持续时间不足 800 个小时，虽能形成花芽且结果，但花期时间较长，而且物候期不一致。当低温

达到1000小时时，植株表现物候期正常，结果较好。打破休眠方法：辽宁地区原来使用石灰氮 $CaCN_2$（氰氨基化钙），即用20%的石灰氮涂枝，早萌发7天，萌芽率高于对照组1.4%，果枝率为对照组的129.79%。现在全部推广使用单氰胺，用2%的单氰胺喷雾，早萌发9~11天，萌芽率和果枝率都有所提高。

六、设施葡萄栽培的环境控制

（一）温度的管理

增温时注意，无论是温室还是大棚，冬季的低温均需达到7.2 ℃以下，且要持续两个月，才可满足葡萄休眠期对低温的要求，植株才可萌芽。温室增温要点：太阳出来就卷起保温帘，温度上升快，到12：00—13：00室内温度更高，最高可达到40 ℃。温室的特点是温度高、湿度大、光照不足，几乎感觉不到风的流动，在此情况下的葡萄极易徒长，枝叶组织柔嫩，抗高温能力很弱。当高温持续时，叶片就会产生大面积的水浸状灼伤。每日必须注意观察，及时开窗通风降温，通风口必须在上方，防止冷空气从下方直对植株，影响葡萄授粉受精作用，使坐果率下降。

（二）灌水量的管理

灌水要依据勤灌、少灌的原则，切不可大水漫灌，造成水分过大，对植株造成伤害。有滴灌设备的进行滴灌，可避免湿度过大，减少地下水流动。要保持棚、室的最佳湿度，还必须通过调控土壤水分和放风来解决。

（三）日光薄膜温室性能与技术调节

1. 光照

对于日光温室来说，日光不仅为温室提供热能，更重要的是提高作物的光合效率，进而提高产量。因此，温室内光照条件的好坏，对葡萄生产十分重要，也是设计温室结构、确定大棚面角度的重要原因。温室的光照条件主要包括“光质”、“光照时数”和“光照强度”。光质取决于棚膜的质量，要时刻保持棚膜干净。据测量，新膜的透光率为90%~95%；旧膜（用过一年的）透光率为60%左右；如果棚面有灰尘，透光率为30%~50%。也就是说，膜面越脏，透光率越差。如果透光率低，当棚内温度高时，易引起徒长，在开花前，就会影响花序的分化；在开花期，会影响授粉，增加后期的管理难度和影响下一年的产量。当棚内温度低时，若是在花期，会造成落花落果、后期果穗松散等。光照时数是指上午从阳光透过塑料薄膜射入温室内到下午阳光离开温室的这段时间，光照时数与温室的走向有关，偏向任何一方都会使日照时数减少。在建造温室时，要到当地有关单位了解温室的最佳走向，因为不同地区是有差别的，如果忽略当地精确走向，温室的棚面向南较好。

光照强度不论是在果树的栽培上还是在蔬菜的栽培上都是非常重要的，果树的叶片只有在一定的光照强度下才能进行光合作用。当光照强度达到光补偿点时，叶片制造的养分和叶片代谢时消耗的养分持平，光照强度只有在光补偿点以上，才有养分积累，供果实生长发育。当光照强度达到光饱和点时，其光合效率最高，积累的养分最多。在建造日光薄膜温室时，合理的角度可以获得最佳的光照强度。当然，光照强度、光质和光照时数在温室的分布会对葡萄的产量、抗性、品质等产生影响。然而，这些光照条件主要受薄膜透光率、天气状况、温室结构等因素影响。塑料薄膜对光照的影响有三个因素，当日光投射到薄膜上时，其一是光线被薄膜吸收一部分，其二是光线被薄膜反射出一部分，其三是受透光率的影响。经测试，新的干净的塑料薄膜对光线的吸收率为 10% 左右。透射率的大小与太阳光线的入射角有关，当入射角为 40° 以内时，透光率变化不大；当入射角为 40°，30°，20°，10°，0° 时，透光率分别为 86.5%，88.3%，89%，89.5%，90%。可见，入射角越小，透光越多。要想缩小阳光的入射角，只有调节好棚面的坡度。

葡萄植株留条量要适度，并要求新梢摆布均匀，及时绑缚并摘除副梢。另外，在葡萄架下部，从地面向上 50 cm 范围内不留叶片，使其形成下部通风带。植株行距合理，减少相互遮阴。适时补光：棚、室应进行人工补光，特别是温室更为必要。一般利用灯光来补光，每日定时补充。在地面铺反光材料，在行间或温室间隙部位或墙面铺设反光板或反光薄膜也可起到增加光照的作用。

2. 温度

日光薄膜温室内的温度受外界的影响较大，一天内会发生几次变化，不同的季节也会有变化。温度的变化取决于太阳的升落时间、光照、拉帘子时间早晚等因素。日出后揭开帘子，阳光射入室内，温度迅速上升，14:00 左右达到最高温，之后逐渐下降，到了 16:00，室温迅速降低，这是温室内温度的一般变化规律。如果在后墙和两侧堆土，温室前脚内挖防寒沟，膜上加一层纸被，室内的温度状况就会得到较大程度的改善，加温时间可提前 15~20 天。

3. 湿度

温室内的湿度是由土壤蒸发和作物蒸腾而产生的，白天气温高加上通风，相对湿度较低。夜间由于室内密闭，随着气温下降，相对湿度可达 90% 以上，并在冷热界面凝结水珠或在植物的茎叶上结露，易发生病害。温室内葡萄生长发育的不同阶段对空气湿度要求不同，当空气相对湿度不适宜时，要及时调节。降低湿度的方法有：采用地膜覆盖，抑制土壤水分蒸发；控制灌水以减少土壤水分蒸发；采用无滴膜等。土壤湿度的调节应根据不同葡萄品种各个生育时期进行调节。

（四）温室内温、湿度管理

日光薄膜温室可以进行人工加温，主要包括两种形式：一种是提前人工加温；另一种是不进行人工加温，靠日光加温。这里要注意，进行人工加温时，要保证开花期的温度和光照。由于不同的地方气候条件不一样，何时加温较适合应具体情况具体分析。比如在吉林省，从实践中看，人工加温可提前至 2 月中上旬，但技术要求高，投入大。不进行人工加温，可于 3 月上旬加盖防寒物加温。总的加温规律是，在葡萄没出土时尽量加温。萌芽后白天应保持 15~20 ℃，夜间要保持在 10 ℃以上，相对湿度保持在 80% 左右。展叶后至新梢长出第 7 片期间，也就是开花前这段时间，通过叶片增施一些氮素，适当促进一下生殖生长和高功能叶片形成的调控物质的形成。这期间要利用晴天进行充分换气，湿度控制在60%~80%。葡萄在开花授粉期间，要加强对温度的调控。一般白天控制在25~28 ℃，夜间控制在16~18 ℃，空气湿度控制在70%左右，如花期遇阴天或低温，可于初花喷施"营养转换剂"，防止落果。幼果膨大期对夜温要求较高，花后15天以内，夜温最好控制在20 ℃左右。以后可控制在16~20 ℃，白天保持在25~28 ℃，逐渐加大通风，直至撤除覆盖。

（五）各时期的管理

新梢与花果管理：从温室加温开始15天左右，暂不出土，这期间应把促进树液向上流动和根系活动列为工作中心，以确保萌芽率达到80%，因为80%萌芽率是防止节间过长、叶片过大的制约因素。方法是：白天适当把最高温度调节到30 ℃左右，并保持90%的棚内湿度，当出现伤流后，说明芽已萌动，即可出土。开花后的管理：在开花前5天，对不满5片营养叶时就出现生长停滞的弱势新梢，要及时掐去全部花序。紧凑穗型的培育品种，一般疏去较长枝柄的下部，保留中上部，对发育良好的花序先去掉副穗，再掐去尖上的小穗。坐果期的果穗管理：盛花后14天左右，是决定果实大小的重要时期。为了减少养分流失，在坐果结束应立即进疏穗。浆果生长期果穗管理得好坏，果粒细胞内是否蓄有丰富的养分，是影响细胞（果粒）大小的决定因素。为此，应在加强土壤耕作和提高光合效率的管理上下功夫，以便让根和叶在获得健康发育的环境中，为果粒提供充足的养分和糖分，以获得丰产和优质的果实。坐果期的新梢管理：坐果期的管理环节很多，重点应放在科学修剪和新梢管理上。所谓科学修剪，是指根据品种特性适度修剪，因为修剪重了，活根量会随着修剪量的增加而减少，也就是说，树上剪得越多，树下根系越少，造成营养供给减少，叶片变大变薄，节间变长，坐果率下降，对树体发育和结果都十分不利。所有的新梢在架面上呈均匀分布，新梢的每个叶片应接受到阳光，全树结果枝都能结出品质均一、熟期一致的果实。此外，管理得及时与否对新梢生长发育影响极大，一定要不违农时地做好每一时期的管理工作。为提高光合效率和减少光合消耗，在进入浆果生长期以后，要把叶片（通过引绑）均匀而无重叠地配置在架面上，使架下漏出网状光斑，同时要把那些消耗养分、遮挡光线的徒长枝清理掉。

（六）土壤管理

要以施有机肥为主，改善土壤环境。通过施用充分腐熟的有机肥，土壤中的放线菌等有机微生物大量繁殖起来，进而借助这些微生物的力量，促进土壤团粒化，让土壤里的空气和水分保持协调的平衡状态，为根创造一个良好的生长环境。另外，把根际微生物的活动产物（如氨基酸、核酸、矿物质、柠檬酸、糖和酶等）作为营养源，为根提供丰富的养分。施农肥，一般应春秋施。实践证明，用有机肥栽培出来的葡萄根系发达，吸收力强，树势中庸健壮，果味纯正，色泽鲜美。

（七）气体调节

温室的主要问题是有利气体不足、有害气体过多，这时就需要补充二氧化碳。二氧化碳含量一日内变化很大，早晨刚打开防寒被时，室内含量高；当温度上升光照好时，光合作用开始后二氧化碳逐渐减少甚至不足（原因是封闭不流动），补充二氧化碳应在上午揭开草帘后的 9：00—10：00 进行。有害气体包括 NO_2（亚硝酸气体）、NH_3（氨气）。防止有害气体产生可以少施化肥，多通风换气，施入有机肥时要充分腐熟。

七、果穗整形及套袋技术

果穗的整形、疏粒、套袋，可使果穗发育整齐，果皮色泽鲜艳，含糖量高，成熟度一致，减少农药施用次数和污染，减轻雹害和裂果，其果实市场售价比不套袋的高 2.0~4.0 元 / 千克。

（一）套袋前的果穗处理

葡萄开花前，应进行花穗修剪，除掉副穗，把花穗上部的 2~3 个小穗摘除或穗尖掐掉，下端的穗尖要掐掉 1~2 cm。整个花穗留 14~15 个小穗，使果穗整齐、美观。落花后 15~20 天，果粒约有黄豆大小时疏果粒。由于不同品种果穗质量和果粒大小有差异，故而留数也不相同。如巨峰每穗应留 35~40 粒，藤稔每穗应留 30~35 粒。疏粒时应先疏病虫果、裂果、日灼果及畸形果，再疏过大果、无种子的小果，选留大小一致、排列整齐向外的果粒。套袋前全园喷施一次低残留、低毒、高效杀菌剂，如 50% 的多菌灵 500~600 倍液或 70% 的甲基托布津 700~800 倍液，待药液干后套袋。

（二）果袋的选择

果袋要选择耐雨水、透光性好并有一定透气性的果袋，慎用塑料袋，不用报纸袋。一般巨峰系葡萄用巨峰专用的纯白色、经过处理的聚乙烯纸袋为宜，规格可根据不同品种的穗形大小来选用。

（三）套袋时期

一般在生理落果后（坐果后 15~20 天）进行套袋，即果粒长到黄豆粒大小时疏粒后套袋。要避开雨后高温天气或阴雨连绵后突然放晴的天气套袋，否则会使日灼加重。一般经 2~3 天，待果实稍适应高温环境后再进行，套袋时间应在晴天，以 9：00—11：00 和 14：00—18：00 为宜。

（四）套袋操作技术

套袋前将整捆果袋放于潮湿处，使之返潮、柔韧。选定幼穗后，小心地除去附着在幼穗上的杂物，撑开袋口，使袋底两角通气、放水孔张开，手执袋口下 2~3 cm 处，袋口向上套入果穗。然后从袋口两侧依次按“折扇”方式叠袋口，用捆扎丝沿着袋口旋转 1 周扎紧袋口，使幼穗处于袋体中央，在袋内悬空。袋口要扎紧，以免害虫爬入袋内危害果穗和防止果袋被风吹落。

（五）摘袋

葡萄套袋后是否摘袋，依品种而定。红色品种可以在采前 10 天左右去袋，以增加果实受光，促进着色。巨峰一般不需去袋，也可通过分批去袋，以达到分期采收的目的。去袋时，不要将纸袋一次性摘除，先把袋底打开，使果袋上部仍留在果穗上，以防鸟害及日灼。去袋时间宜在 10：00 以前和 16：00 以后，阴天可全天进行。

八、提高葡萄储运关键点

（一）栽培管理

钾元素能使果肉细密、色泽好；钙及硼元素能保护细胞膜完整、抑制呼吸作用和防止某些生理病害；采前喷施钾肥及钙肥和微量元素，有助于提高耐储性。氮肥施用过多或采前大量灌水，将造成果粒着色差、质地软、含糖量低和抗性差。因此在葡萄坐果后，要合理施肥，在葡萄采前半个月至 1 个月内要严格控制田间水分，进行长期储藏的一般雨后不宜立即采摘。采用生长调节剂诱导无核和用果实膨大剂促使果粒膨大的果实耐藏性较差，对要储藏的葡萄不宜进行无核和促进果粒膨大的药剂处理。

（二）果实成熟度

要储藏的品种，必须在果实充分成熟后再进行采收，使其糖分积累到最佳程度。充分成熟的葡萄含糖量高，果皮厚韧，着色度好，穗轴和果梗部分呈现木质化组织，从而提高了耐储力，过早采收和过晚采收都不利于葡萄的储藏。

（三）采收方法

选晴天早晚气温低时采收，将果穗轻轻剪下，剔除有病烂果、小果及未成熟的浆果，预冷后进行储藏。

（四）预冷

葡萄采收后不要立即装箱，要放在阴凉地方进行预冷，以尽快散发果实中保存的田间热，从而降低果实内的呼吸消耗。研究结果表明，一般将温度降至 9.5 ℃时，采下的葡萄呼吸率可降低一半，储藏期可延长一倍；温度降至 4.4 ℃时，真菌发育受到强烈抑制。

九、设施葡萄大小年控制技术

（一）选用良种

由于日光温室这一高温高湿的特殊栽培环境容易造成葡萄徒长，不利于形成花芽。故而在选择品种时，除了考虑早熟性好的生长特点外，还要注意选择生长势相对较弱、易形成花芽、耐弱光、耐潮湿、低温需求量小（一般 800~1400 小时）、生理休眠期短的品种，比如夏黑等。

（二）架式和定植密度

通过栽培试验，单行倒 L 形整形方式具有许多优点：架面低，管理简便，省工省时；光照条件好，品质优；花芽分化充分，花芽质量好；枝条萌芽整齐，新梢生长缓和，葡萄成熟一致，商品价值高；温棚利用率高，结果部位不易上移；树体结构简单，修剪容易；

结果早、易丰产、稳产性好等；具有一次性投入，多年收益，管理简单，易于掌握，省工省时，并具有较高的经济效益。采取宽窄行密植技术，每亩可达1200株左右，做到早产早丰。

（三）温湿度控制

萌芽前，白天室内温度控制在18~28 ℃，夜间控制在7~8 ℃。萌芽至开花前，白天室内温度控制在25~28 ℃，超过28 ℃要拉起边膜通风，夜间控制在10~15 ℃，白天揭棚，夜间关棚。根据天气状况决定开棚的程度，开花期夜温以15~20 ℃为好。

（四）光照控制

在日光温室后墙涂白漆，增强光反射，采用透光性好的聚氯乙烯膜，膜上有尘土要及时用水冲掉。

（五）整形修剪

在日光温室栽培中，树势不能太旺也不能太弱，要想很好地控制树势，就要在修剪枝条时把握留枝量和摘心尺度。如果幼树整形阶段延长蔓生长过快、过旺，芽眼不充实，冬剪又留得过长，就会造成春天萌芽不整齐，出现整段瞎眼的现象。在棚架定植的当年，幼苗长至80~100 cm开始摘心，摘心要在叶片中等大处进行，不要在叶尖处摘心。这样，摘心前枝条有顶端优势生长快，摘心后其余副梢也生长很快，这些副梢将成为第2年的结果母枝。篱架栽培应用采光效率较高的V形叶幕，以利于改善内部通风透光条件，在葡萄着色期适当去掉基部老叶，可促进果实成熟。

（六）灌水防病

覆棚前1周应灌1次大水透水，萌芽后灌中水，花前7天灌1次小水。花期不灌水，湿度控制在50%~60%，以利于授粉，同时也可防止霜霉病发生。幼果期最容易感染白粉病，一定要控制湿度，并喷保护性药剂，预防病害发生。

（七）产量控制

单位架面上新梢的密度直接影响葡萄产量和质量，新梢多，果穗就多，产量高。葡萄植株的新梢超过树体本身负载量时，营养得不到保证，易引起落花落果，或影响花芽分化，致使第2年产量大大下降，形成大小年。而且葡萄果穗和果粒也会变小，浆果着色困难，糖度低，风味差，严重影响果实品质。小棚架每平方米架面留枝量以14~16个为宜，其中营养枝应占1/3，结果枝占2/3，定植第2年亩产量控制在500 kg左右，第3年控制在1500 kg以内。

（八）采后管理

日光设施葡萄在朝阳地区5月中下旬即可成熟，从采收到葡萄进入休眠期还有5个月时间。其间应加强管理，促进树势恢复，前期可施入一定量的尿素和复合肥，使植株继续生长，后期可施入适当的过磷酸钙和钾肥，促进枝条成熟和营养回流。同时要加强对葡萄叶蝉、烟粉虱和白粉病的防治。

第二节　金丝王枣高产绿色栽培技术

一、金丝王枣高效栽培技术

日光温室金丝王枣是设施金丝王枣高效栽培模式。经栽培试验，鲜枣比露地枣早上市20~40天，比大棚枣早10~15天，经济效益是露地枣的5~10倍，是大棚枣的3~6倍。

（一）建棚与栽植

（1）建立高效节能的日光温室，日光温室金丝王枣见效快、收益高，在条件好的日光温室内，其生长旺盛，健壮、果大质好，早熟高效。辽宁省建“95352”式高效节能日光温室适于金丝王枣高产优质。该温室结构为：温室跨度9 m，脊高5 m，墙厚3 m（墙为梯形），下地0.5 m，方位面南偏西2°，温室长度一般80 m，也可利用现有的蔬菜日光温室栽植金丝王枣。

（2）苗木选择：选择纯正的金丝王枣品种，真品短枝金丝王枣更好。苗木标准为“15320”，即苗高1 m，接口上茎粗周长为5 cm，有3条以上侧根，主根长20 cm，根系发育良好，无病、虫伤的苗木。

（3）栽植方法：按照2 m × 1.5 m的密度规划株行距，新建棚，生土多，肥力差，应重施有机肥和生物菌肥。每亩施6方腐熟的厩肥（牛、羊、鸡粪）+龙腾硫基三元素（15-15-15）复合肥30~50 kg，深翻30 cm，平整好土壤，规划好行间距，挖宽、深各40 cm的栽植沟，每沟内施诺邦地龙生物有机肥或井上政生物药肥3 kg，与土混匀。栽植沟填至30 cm深时踏实，于3月中旬栽植，栽后浇水。蔬菜棚改栽金丝王枣，于2月中旬在行间挖坑栽植，每坑施菌肥0.5 kg，幼树定植后，逐年树下培土形成垄栽，低温季节根系活性高。树形培养成长纺锤形，加强水肥管理，一年成活长树，二年间套西甜瓜，三年可进入丰产期，获取较好的经济效益。

（二）扣棚时间

11月中旬上棚膜和草苫，昼盖夜揭强迫休眠；12月下旬开始升温，升温前覆盖地膜，使地温与气温同步上升1 ℃。1月易出现强寒流，2月易发生倒春寒，应加强棚室管理。

（三）温度管理

及时合理控制温度。根据金丝王枣的生长发育特点，把握生育阶段。一是扣棚后逐渐升温，一般白天18~20 ℃，晚上4~6 ℃，往后每周提温2~3 ℃，最高温度控制在30 ℃以内。二是开始萌芽时，白天温度不高于28 ℃，晚间不低于12 ℃。三是花蕾初花期，白天温度22~23 ℃，不超过30 ℃，晚间不低于15 ℃。四是盛花期，白天24~26 ℃，不高于32 ℃，晚间不低于16 ℃。五是果实膨大期，温度在25~27 ℃，不高于35 ℃比较适宜。六是转色成熟期，最适温度22~25 ℃且昼夜温差大，有利转色增糖。此期外界自然温度高，需要注意防高温日灼，遇高温时树下滴灌、树上喷水，用水调温。在极端高温和强光照时段，应于12：00—16：00在棚上盖遮阳网。适时适度通风。用通风调节温室内温度，晴天通风要缓慢开通风口，花期更应注意早通风慢升温。

（四）配方施肥

温室金丝王枣属高投入、高效益、精细栽培，应实施测土化验配方施肥；应重视施有机肥、生物肥（诺邦地龙生物有机肥）、花果多矿物肥，控制化肥使用量。前期以氮促长、以磷促根，中后期多施钾肥，补硼增钙喷施硅肥。温室金丝王枣底肥施两次，秋季收获后施一次，以有机肥为主，每亩施优质腐熟有机肥6~8m^3+诺邦地龙生物有机肥40~80 kg+土壤调理剂多元素矿物肥（花果多）30~50 kg，配施硫基控释肥或龙腾硫基三元素（15-15-15）复合肥50~100 kg，行间沟施。萌芽前施一次，施硝硫基复合肥30~50 kg，配施硫酸钾和硝酸铵钙，各施30 kg。膨果期每亩追施聚离子钾20~30 kg，叶面喷施高含钾的翠康金钾或磷酸二氢钾等。

（五）灌水方式

升温前冬灌一次，萌芽后安装滴灌系统，根据墒情进行滴灌。一般天晴时滴灌，阴雨天外界湿度大时不灌，花期应使温室湿度保持相对湿度80%~90%。

（六）坐果、保果、膨果措施

金丝王枣坐果、保果期，要严格控制旺长，达到一叶不长，集中供养，把营养供给花果。疏除过密枣吊和木质化枣吊，一般1个枣股留2~3个枣吊。对主枝上预留的更新枝，留5~7节掐头摘边心控制生长，拿枝软化，拉到有空处。枣吊摘心，即对25~30 cm长的枣吊掐尖摘心，坐果率比不摘心高10倍，而且叶大、色绿、蕾壮、花多，结果集中，幼果发育快，是一项非常值得推广的简化技术。摘心早，保花保果效果好。环剥、环割看树势，过旺的树（叶色深绿，叶平展不卷）宜在初花期环割，盛花期环剥，弱树盛花期环割。弱树和小树环割（一次环割两道，两道间留一活枝，坚决不能环割三道，间距不小于5 cm）。环剥、环割深达木质部，割剥和环割要通、要透。看花龄，大多数枣吊每吊开花8朵，即一聚伞状花序1朵，且花变黄，蜜多时最佳。对于环剥（割）部位，主干上不如主枝上效果好，粗枝上不如在细枝上效果好，树的下半部剥不如在上半部剥效果好。

（七）提倡留辅养枝环剥

传统的环剥对树势削弱太大，导致果实黑斑病提前和大量发生，甚至造成死树。而留辅养枝环剥，不仅在环剥期内依然保持树体健壮、叶色浓绿，而且稳产性、果实质量和效益都得到提高。留辅养枝环剥，坐果率提高18%~114%。主干环剥的留一弱辅养枝，主枝环剥的可留1~2个小的2次枝。环剥宽度和甲口保留的时间：环剥宽度一般控制在1 cm。开甲宽度不是坐果的主要指标因素，主要因素是看甲口愈合期的长短。从环剥开甲到甲口愈合需要30~35天，低于这个天数往往会引起落果。剥后1周内愈合，需在剥口内二次造伤。环剥具体操作技术：刮去环剥部位的枝干粗皮后进行环剥，做到切口宽窄一致，平整光滑。剥后1~2天不要用手触摸新开的甲口，更不能抹掉甲口上的树液。甲口施药：剥后

2天，待甲口晾干后，一是用菊酯类杀虫药或吡虫啉等喷涂甲口，以防甲口虫；二是在剥口下涂抹有机磷农药，以防蚂蚁上树。甲口不愈合的挽救措施：待甲口维持30天左右时，若愈合速度较慢，可用赤霉素土封住，并用塑料包扎，促其愈合。旺树先剥后喷坐果剂，幼树、弱树先喷后割。

（八）坐果剂选择

赤霉素：有促进枣树花粉萌发和刺激子房膨大作用，一般年份花期仅使用1~2次即可。使用赤霉素次数多，开始坐果多，但是幼果期脱落也较多。幼果发育到黄豆粒大小时，使用赤霉素会促进枣吊二次生长，加速幼果脱落。硼被誉为“生殖元素”，可促进花粉管萌发，对坐果有利。推荐配方：花期喷施10%~15%赤霉素+翠康金朋液1500倍混合液1~2次，或喷翠康花果灵1500~2000倍，可明显提高枣树坐果率。

（九）保果疏果

硕丰481（天然芸苔素内酯）是世界公认的第六代新型激素，可调节植物体内各内源激素平衡，具有保花坐果、促果膨大、增加果面光洁度等多重功效。剥后7天，当幼果有绿豆粒大小时是坐果、保果的关键时期，枣吊进行第二次生长。这时，就会出现枣吊生长与幼果发育争夺营养问题。解决这一问题的方法，一是喷一次0.1%硕丰481 3000倍液+翠康花果灵1200倍液，促果保果；二是对剥后仍偏旺的树，剥后7天在主枝部位进行窄环剥（剥口宽度0.5 cm），或间隔7~10天连割数次。枣吊去尖，在盛花时枣吊去尖：节约营养，促进坐果，果个均匀。膨果初期幼果坐稳后，进行疏果，每吊留2~4果。

（十）促转色防日烧措施

枣果成熟转色是提高效益的重要环节，一是叶喷翠康金钾1000倍或磷酸二氢钾600倍液；二是主枝上环割，高温强光时喷众望所硅1000倍液+移动钙1000倍液叶面肥，盖遮阳网。

（十一）采收

成熟期为了提高效益，提倡分期采收，成熟一部分，采收一部分，可提高产量和品质，使效益倍增。

（十二）病虫害防治

在扣棚前进行一次彻底的、细致的清园，喷48%毒死蜱800倍液+21%过氧乙酸300倍液+矿物油100倍液，重点防治灰霉病、炭疽病、枣瘿蚊、绿盲蝽等。花期遇阴雨连阴天，要注意灰霉病的发生与防治。严格按照金丝王枣无公害管理技术规程，采用“以防为主，防治结合，综合防治”的防治方针，制订防治方案，进行金丝王枣病虫害综合防治。在树体主干设隔离带（贴黏虫带），防止幼虫上树，深翻树盘，杀死越冬害虫及病原菌等，推广物理防治技术。化学防治中，提倡使用高效低残留农药，推广使用生物制剂，严禁使用高毒、高残留、“三致”农药和国家禁止使用的农药。

（十三）采收后延长叶片功能期

一是采收后灌水施肥；二是晚取棚膜，关闭风口，保持温度在 16 ℃以上；三是防好锈病、叶斑病等叶部病害，使绿叶晚秋脱落延迟 20~30 天。为树体后期积累营养，为连年持续丰产优质奠定良好的基础。

二、新疆红枣的栽培技术

辽宁省从 2000 年开始进行新疆红枣的引种栽培，经过多年的生产、实践，在苗木繁育、密植丰产栽培、病虫害防治方面积累了丰富经验。

（一）育苗技术

（1）土壤选择。选择地下水位低、地势平坦、灌排方便，pH 值为 7.0~7.5、有机质含量高、土层深厚的沙壤土为宜。

（2）砧木种子采集。一般在 10 月份，以酸枣、小红枣为主，采集果实脱皮后放入池内冲洗，除去果肉及其他杂物，捞出阴干。

（3）种子层积处理。12 月下旬，先将种子放入清水中浸泡 1~2 天，然后与 5 倍的湿沙（沙的湿度以手握成团不滴水为宜）均匀混合放入木箱或层积坑内，在 0~5 ℃的温度下存藏 80 天左右，3 月下旬露白前，取出种子待播。

（4）播种。播前整地：秋季深翻 20~25 cm，结合深翻每亩施入厩肥 40~50 kg，混施 80~100 kg 磷肥。开春灌水压碱、深翻、及时整地，力求土壤细碎，地面平整。播种时期：播种一般分为秋播和春播两种方式。辽宁省宜采用春播，在土壤解冻后，地温达 12 ℃以上时即可进行。播种方法：一般采用 60 cm × 40 cm 宽窄行覆膜播种，播沟深 4 cm，播种量每亩 13~15 kg，要求播沟内 3~5 cm 有 1 粒种子，覆土厚度 2~3 cm，地膜上打孔播种。

（5）播后苗圃管理。幼苗出土后，即可破膜放苗，保证苗木正常生长。有三四片真叶时进行间苗，株距 10 cm 左右，亩留苗密度 5000~6000 株，缺苗断垄应及早补种或移栽。实生幼苗期生长缓慢，需加强田间管理，勤中耕除草，保持行间土壤疏松无杂草。苗齐后，亩施尿素 5~8 kg、油渣 20~30 kg；当苗高 20 cm 时，亩施尿素 10 kg，后期适量追施磷钾肥。苗高 8~10 cm 时，结合第 1 次灌水施肥，人工断幼苗主根。根据墒情适时浇水，6 月上旬后多灌小水。苗高 30 cm 时，将砧木 20 cm 以下萌芽全部抹除。

（6）嫁接与出圃。8 月下旬，在距地面 15 cm 处，选茎粗 0.8 cm 以上的砧木采用带木质 T 形芽接。15 天后松绑，检查成活情况，未活者再进行嫁接。茎粗小于 0.8 cm 的，可在第二年 5 月下旬进行夏季嫁接。一般 6 月份以前芽接的苗，在芽上方 2~3 cm 处剪砧；6 月份以后秋接的，可翌春剪砧。出圃苗木要保持 3~4 个侧根，侧根损伤少，长度为 20 cm 左右，苗高 1 m 以上，地径为 0.8 cm 以上。苗木挖出后，要立即将根系蘸泥浆，并用塑料膜包裹根部。

（二）栽植技术

栽植方式：采用行距大、株距小的长方形栽植，南北行向。栽植时间：红枣属发芽较晚的树种，春栽在土壤解冻后至萌芽前进行，晚栽为好，辽宁地区以 4 月中旬至 4 月下旬为宜。栽植密度：采用矮化密植，株行距 1 m × 2 m，2 m × 3 m 或 2.5 m × 3.0 m 均可。栽植方法：在经过全面耕翻、细致平整的地里，南北行向放线定点，挖 60 cm × 60 cm 的定植坑，将表土和底土分放。将苗木主侧根尖端剪成光滑的斜面，并剪去不影响整形的多余枝条。苗木出圃后，要及时将苗木用兑有生根粉的泥浆水蘸根或用保水剂兑水蘸根，防止苗木根系在运输和移栽过程中失水。栽植时每穴施优质有机肥 2 kg、磷肥 0.5~1.0 kg，与表土混合，栽后及时灌水定干。

（三）土壤管理

机力深耕，全年 2 次，即春、秋两季进行。人工中耕除草，生长季节对枣树进行多次中耕，可以破除地表板结，减少水分蒸发，使土壤空气流通，促进肥料分解，全年一般进行 4~5 次。

（四）肥水管理

底肥一般春、秋两季均可施入，以秋施为好，时间应在枣果采收前后，越早效果越好。幼龄枣树株施厩肥 10~30 kg 或油渣 2~5 kg；盛果期枣树，做到每千克果施肥 2 kg。施入方法：在树冠外围挖 40~50 cm 深的环形沟，将厩肥均匀施入，然后封土。追肥在枣树生长发育期进行，以速效性肥料为主。一般进行 3 次，分别在 4 月上旬、5 月下旬、7 月上旬进行。幼龄枣树施尿素 0.4~0.6 千克 / 株，过磷酸钙 0.5~0.8 千克 / 株。成龄枣树施尿素 1.5~2.0 千克 / 株。在树冠外围挖深 20 cm 的小坑，每株挖坑 6~8 个，均匀施入。根外追肥，一般从展叶期开始，每隔 20~30 天进行 1 次，以尿素和磷酸二氢钾或果树专用肥为主。灌水一般全年 5~6 次，第 1 次催芽水，在萌芽前结合施肥进行，5~8 月每月 1 次，11 月上旬浇冬灌水，要浇足浇透。

（五）整形修剪

树形特点，树体小、成形快、光照条件好，全树有主枝 5~6 个，分 3 层着生在中心干上，第 1 层 3 个，第 2 层 1~2 个，第 3 层 1 个。主枝上直接培养大中小型的结果枝组，冠径不超过 4 m，主枝干直立，树高 3.5 m 左右。整形修剪要点：第 1 年栽植后 50 cm 定干，将剪口下第 1 个 2 次枝由基部疏除。利用主干上的主芽轴抽生枣头培养主枝。冬剪时选 3 个 2 次枝留 2~3 个短截，促其萌发枣头，培养第 1 层主枝。第 2 年对中心干留 50~60 cm 短截，剪口下第 1 个 2 次枝由基部疏除，主枝延长枝留 60 cm 短截。第 3 年中心干留 1 m 短截，并将剪口下第 1 个 2 次枝疏除，主枝留 60 cm 短截，并剪去剪口下 1~2 个 2 次枝。粗 1.5 cm，各留 2~3 芽短截，培养第 2 层主枝，以后用同样的方法培养上层主枝。夏季修剪在 5 月中旬至 6 月下旬进行，将新生枣头顶芽摘除。

（六）花期管理

5 月上旬枣头发芽后，对各级主枝及结果枝组间萌发的新枣头，如不做延长枝和结果枝组培养，应从基部抹掉。对内膛过密的多年生枝及骨干枝上萌生的幼枝，影响通风透光、不计划做更新枝用的以及冬剪没有疏掉的枝条，都应疏除。一般在枣盛花期的 6 月上中旬，选晴朗无风的上午，用喷雾器向叶片上均匀喷洒清水，每株 10 kg 左右，隔 3~6 天进行 1 次。盛花期喷 0.3% 尿素和磷酸二氢钾混合液或天赐宝有机液肥，喷施 3 次，每次相隔 5~7 天，盛花期 7 天内灌足水，盛花末期适时灌溉。

（七）病虫害防治

加强种苗检疫，选用无病虫害的良种、壮苗。加强抚育管理，增强树势，提高抵抗病虫害的能力。早秋主干束纸袋或扎草把，诱虫越冬，于 12 月将草把烧埋。冬季主干刮树皮，涂白，并将修剪下的病虫枝烧毁。3 月下旬至 4 月上旬喷石硫合剂，这是防治蚧壳虫和红蜘蛛的关键期，喷药要仔细彻底，树干喷透滴水为宜。4 月下旬至 5 月初喷 25% 敌杀死 3000 倍液灭杀枣瘿蚊。6 月下旬至 8 月上旬采用杀螨剂喷杀螨类害虫。

（八）采收

采收时期：鲜食品种在 8 月下旬至 9 月上旬，制干品种在 9 月下旬至 10 月中旬。采收方法：鲜果一般用手采摘。对成熟期不一致的品种应分期采摘，采摘时应轻摘轻放，避免碰伤，并注意果柄完整。制干品种除用长竿击落外，还可以等全树枣果熟透后，自然脱落。果类包装：鲜枣、干枣一般都用纸箱装，鲜枣装前将每个包装箱烫上 40~50 个小洞，便于保鲜。

第三节　油桃高产绿色栽培技术

一、油桃高产绿色栽培技术要点

（一）休眠期管理

1. 完成需冷量

桃树进入自然休眠期后，必须经过一定时数的低温条件，才能正常开花。若没有满足品种的需冷量，即使萌芽开花，亦不整齐，花期持续时间长，达不到促早栽培效果。目前，普遍认为一般桃品种需冷量为 600~1200 小时，设施栽培的桃品种需冷量以 500~800 小时为宜。

2. 适时扣棚降温，促进休眠

当外界气温降至 0 ℃或降霜后，日光温室覆盖塑料薄膜、草苫进行扣棚。白天盖苫降温，晚上开苫通风，创造 0~7.2 ℃的低温环境，持续 1 个月左右。冷棚在满足自然休眠后，外界气温稳定在 5 ℃左右时，开始覆盖棚膜。辽宁省可在 10 月中旬扣棚，这时夜间温度降低到 0 ℃以下，通过白天覆盖草帘、封闭盖严通风口，夜间打开通风口进入冷气，能把温度很快降低至有效休眠温度。

3. 休眠期修剪

生产上多在揭帘后进行，采用较多的是多主枝开心形、自由纺锤形。多主枝开心形：用于设施内中间以南植株，5 月中下旬选长势、角度好的 4~6 个新梢培养成预备枝，其余新梢抹除。6月上中旬，新梢长到40cm左右时摘心，促发2次枝，不做骨干培养的新梢每长20cm摘心，促发分枝，培养结果枝。自由纺锤形：用于设施内中间以北植株，树高2m左右，小主枝8~10个，均匀分布，呈螺旋形排列，无明显层次，小主枝角度70°~80°，长0.7~1.0m，主干与小主枝粗度应保持1∶0.5的比例。

（二）催芽期管理

1. 温度管理

这一时期的温度管理原则是平缓升温、控制高温、保持夜温。方法是前期通过揭开保温材料的多少控制室内温度，后期则需通过通风控制温度。控制标准是第一周室温保持在白天13~15℃、夜间6~8℃，第二周室温保持在白天16~18℃、夜间7~10℃。此后室温保持在白天20~23℃、夜间7~10℃，持续16~20天。这期间夜间温度不宜长时间低于0℃，遇寒流应人工加温，一般升温后40天左右即进入萌芽阶段。

2. 保持湿度

升温后可灌一次透水，增加土壤含水量，提高温室内的湿度，使棚室内空气相对湿度保持在70%~80%，较高的湿度有利于萌芽。

3. 其他管理

升温后1周左右喷1次石硫合剂，综合防治病虫害。在地上管理完成后，及早全园覆盖地膜，提高地温，保证根系和地上部生长协调一致。

（三）开花期管理

1. 温度及湿度管理

从萌芽至开花期，适宜温度为12~14℃，白天最高温度控制在22℃以下，夜间保持在5℃以上。桃的花粉在0~2℃，发芽率为47.2%，说明桃树在开花期可以承受短时间的不低于0℃的低温。但遇寒流时要采取人工加温措施，如在温室内加炭火、燃液化气、点蜡烛等，防止低温冻害。湿度指标：花期空气相对湿度要控制在50%~60%，打开天窗或通风口通风排湿。

2. 光照管理

花期对温度和光照反应敏感，光照又是温度的能量来源，所以光照管理至关重要。具体方法有：选择透光性能好的覆盖材料，聚乙烯无滴薄膜透光率为77%，是目前效果较好的覆盖材料。在保证温度的前提下，尽可能延长揭帘时间，合理密植、科学整形，保持良好的群体结构，行间透光、枝枝见光。在长时间阴雪天的情况下，须人工补光，可用白炽灯、卤化金属灯、钠蒸气灯等光源补充光照。

3. 人工辅助授粉

设施栽培桃品种大多自花结实，可不配授粉树，人工点授或用蜜蜂传粉可提高坐果率。

4. 新梢管理

在设施栽培管理条件下，通常复芽较多，多余的花、叶芽应疏掉，以节省养分，并且叶芽萌发较早。在开花期应进行疏芽疏梢：一是将无花处的叶芽疏掉；二是将 2~3 芽梢保留 1 个叶芽梢，多余的疏除；三是根据结果枝进行疏芽梢，短果枝留 2~3 个叶芽，中果枝留 3~4 个叶芽。

（四）果实发育期管理

1. 温度及湿度管理

果实第一迅速生长期：适宜温度为白天 20~25 ℃，夜间在 5 ℃以上，果实生长与昼夜温度及日平均温度成高度正相关。硬核期：对温度的反应不像第一迅速生长期那么敏感，这期间温度不宜高，以免新梢徒长，最高温度控制在 25 ℃以下，夜间温度控制在 10 ℃左右。第二迅速增大期：白天温度控制在 22~25 ℃，夜间温度控制在 10~15 ℃，昼夜温差保持在 10 ℃，产量最高且品质佳。温度过高或过低，品质都会下降，从果实的重量与甜味看，22 ℃时果实发育最好。

2. 光照管理

在保证室内温度的前提下，尽可能地延长揭帘时间和光照时间。晴天温度高时，加大扒缝通风口，让植株接受一定的直射光，提高花器的发育质量，对授粉受精有显著的促进作用。要经常将棚膜擦拭干净，增加透光量，遇到较长时间的阴雪天，就要采取人工补光措施。如用碘钨灯补充光照，还可以增加空气相对湿度，效果比较好；在果实开始着色期，在温室后墙和树下铺反光幕。

3. 花果管理

油桃设施栽培一般可疏果 2 次，因油桃设施生产多是早熟、中熟品种，疏果时间应适当提早。第 1 次在落花后 2 周左右进行，当果实有蚕豆大小时，疏掉发育不良果（小果、双果）、梢头果和过密果，一般优先保留两侧果，去掉背上果（朝天果）；第 2 次疏果，在硬核期之前，即在落花后 4~5 周进行，留果参考标准以中型果为例，长果枝留 3~4 个，中果枝留 2~3 个，短果枝留 1 个或不留。疏果要根据树势和品种特点，预留 10% 的安全系数，最后将产量控制在每亩 1.25~2 t。

4. 新梢管理

背上直立的、未坐果部位萌发的新梢要及时抹除，以节省营养、通风透光，坐果部位的新梢，长到 30 cm 左右时摘心。摘心后发出的副梢，除顶部留 1 个外，其余及时反复抹掉，控制新梢和副梢生长，避免其与果实发育争夺养分。下垂枝要及时吊起，扶持新梢生长，改善通风透光条件，促进果实发育。个别背上直立枝，在有空间的前提下可扭梢控制，但应与摘心配合使用，一般不提倡过多的扭梢处理，果实发育期的新梢控制不可采取多效唑处理，以利于生产无公害果品。

5. 肥水管理

在设施栽培条件下要控制化肥的使用量和使用次数，一个生长季每亩的尿素使用量控制在 10~20 kg。提倡配方施肥，可按磷酸二铵、尿素、硫酸钾为 1 ： 1.3 ： 1.8 的比例进行施肥。一般果实发育期内追 2 次肥，即落花后追坐果肥，每株追磷酸二铵 50 g 和尿素 50 g；第二次在果实硬核末期追催果肥，施桃树专用肥等各种复合肥，每株树 500 g 和硫酸钾 100 g。追肥时开 15 cm 深沟，施肥后覆土盖严，防止产生有害气体和减轻土壤盐渍化。叶面肥在坐果后喷施 0.2%~0.3% 的尿素 1~2 次，果实膨大期喷施 0.3% 的磷酸二氢钾 1~2 次，或喷高美施等叶面肥。在果实发育期内，叶面喷肥 2~3 次，最后一次在采收 20 天前进行。每次追肥后要及时灌水，即坐果后、硬核末期各灌一次水，果实膨大期灌一次水，果实采收前 15 天左右不宜灌水，以免造成裂果。

6. 果实采收

设施栽培桃果的采收期不一致，应按成熟的早晚分期分批采收。通常根据上市或外运时间，在早上或傍晚温度较低时采摘，采摘要带果柄，并要做到轻拿轻放。采果的同时将采收完的结果新梢留 3~4 节短截，为下部果实打开光照，促进下部果实着色成熟。采收的果实经过选果分级后装箱，通常用聚乙烯保温箱，运输时也要轻装轻卸，尽量避免机械损伤。

（五）果实采收后的管理

1. 采收后修剪

部分品种在辽宁地区 3 月中下旬即可采收完，可在 4 月下旬进行修剪，主要措施如下：

（1）调整树形：在有空间的情况下，主枝延长枝中短截，扩大树冠，避免树冠过小，结果空间不够，导致产量过低。可根据棚室高度将树高控制在 1.5~1.8 m，无空间时，回缩过长过高的枝头和中部大型枝组，使同一行树保持前低后高，自然开心形保持两侧高中间低，树冠间距控制在 50 cm 左右。形成合理的树体结构和群体结构，保持良好的光照条件和较大的结果空间，同时剪除病弱枝、下垂枝、过密枝和劈裂折断枝，以集中养分，促进新枝。

（2）更新枝组：注意采用双枝更新技术，防止结果枝组延伸过长，避免出现光秃带。对枝轴过长的结果枝组，及时回缩到有分枝处，使枝组圆满紧凑。对弱枝和过长枝，也可在 2 年生枝段上有叶丛枝处缩剪，使之复壮。同时对所有结过果的新梢留 2~3 个芽，促发新枝，重新培养结果枝，修剪时要留侧芽侧枝，以免发出的新梢偏旺。

（3）培养结果枝：回缩的新梢萌芽后，进行一次复剪，即对过多、过旺的新梢及时疏除，留中庸枝、平斜枝培养结果枝。个别较壮新梢，在有空间的前提下，可在 15~20 cm 时摘心，利用 2 次枝培养结果枝，摘心只能进行一次，分枝级次越多花芽分化越不好。树体成形后，不提倡摘心，可进行复剪，通过复剪达到两个目的：一是调整新梢密度，每亩保留 1.2 万 ~1.5 万个新梢；二是调整新梢的整齐度，使留下的新梢均匀一致，便于抑制新梢生长，促进花芽分化。

2. 肥水管理

修剪后进行一次追肥和灌水，每株沟施复合肥 150~250 g，施肥后全园灌透水，此后主要进行除草和排水。9月中上旬秋施底肥，底肥以腐熟的鸡粪、猪粪、豆饼等有机肥为主，并适量混入复合肥和氮肥来提高肥效。每亩施用3000 kg有机肥，掺入25~40 kg复合肥，底肥可地面撒施，撒施后要进行翻耕，将肥料翻入20 cm土层以下。雨季要严格控制水分，注意排除树盘中的积水，保证桃树正常生长。

3. 控制新梢生长

促进花芽分化，在露地管理过程中，除过分干旱外，一般不灌水，以防止新梢生长偏旺。

二、生产中油桃落花和落果原因及防治

（一）发生原因

1. 病虫发生严重

病虫害严重直接消耗了桃树的大量养分，从而导致花果养分供应不足，造成落花落果。

2. 土壤脱肥

土壤施肥量不足或偏施某些肥料都会导致土壤脱肥，进而表现为桃树缺素。一般果农比较重视氮、磷、钾肥的配合施用，但对一些微量元素肥料容易忽视，如硼、铁、钙等，而这些微量元素对桃树的保花稳果具有较好的作用。

3. 药肥过敏

施用了桃树过敏的药剂与肥料。

4. 土壤干旱

土壤干旱缺水必然导致桃树严重落花落果。

5. 雨水偏多

桃树在开花期易遇上较长时间的持续阴雨天气，这对花粉传授影响较大，使较多的花朵提早脱落。此外，雨水过多还造成土壤过湿，影响桃树根系对土壤养分的吸收，加重落花的发生。

6. 疏花疏果差

有些果农看到满树的花果舍不得疏或只疏除极少部分，这样过多的花果养分消耗量大，当桃树中的营养满足不了花果生长发育需要时，花果便自然掉落。

7. 控制不力

夏季气温高，肥效来得快，桃树易抽发夏梢。成年桃树在开花结果期既要长花果，又要长夏梢，营养生长和生殖生长同步进行，两者之间矛盾比较突出。此时如对夏梢控制不力，夏梢过多抽发消耗了大量养分，就会造成落花落果。

8. 施肥用药不当

花期气温过高时喷药或叶面追肥，均易造成桃树的药害，使花朵失水，焦花脱落。花

期喷施药剂或肥料的浓度过大也易造成落花，桃树开花期过多地使用杀虫剂会杀死许多昆虫，影响昆虫传花授粉，加重桃树落花。

（二）防治方法

1. 病虫防治

根据病虫发生危害规律，认真搞好病虫防治，减轻病虫危害，将病虫消耗的养分尽可能控制在最低限度。

2. 合理施肥

以有机肥为主、化肥为辅适当追肥，注意氮、磷、钾肥的配方施用并重视使用微肥。

3. 科学灌水

一般桃树在萌芽期、开花期和幼果膨大期这 3 个时期需水量较大，应及时灌水，这 3 次灌水可结合追肥一并进行。还应注意晴天要在早上或傍晚灌水，不要在中午高温烈日下灌水。此外，当土壤呈现旱象时也应及时灌水。若降雨过多引起园内积水，则应疏通园内排水沟，避免涝害。

4. 合理肥药

不能施用桃树过敏的药剂与肥料。

5. 疏花疏果

对花果量太多的桃树必须进行疏花疏果，疏留的花果量应根据具体树势来确定，不能过少或过多，不要疏 1 次就定果，一般疏 2~3 次，定果较佳。

6. 压控夏梢

可用多效唑兑水喷雾或采取新梢摘心的办法来控制夏梢的快速生长，集中养分供花果生长发育。

7. 正确喷药追肥

桃树开花期应尽量减少杀虫剂的施用，喷药和根外追肥时不宜在高温下进行，且药肥的浓度不能过大，同时喷施保花保果激素。

三、油桃树“一边倒”栽培技术

“一边倒”树形是山东省寿光市纪台镇农民在多次试验的基础上，经过 10 多年的探索研究出的一项以树形为基础的高产优质果树栽培新技术。这种树形全树只有一个主干，在主干上直接留结果枝组，采用南北行向，主干与地面的夹角为 45°，从而保证全树在一天的上午和下午都能受到阳光照射。株距 0.8~1.0 m，行距 1.8~2.0 m，每亩栽植 333~510 株，一边倒树形适用于所有干性果树，在主干的两侧直接保留结果枝组。

（一）选留主枝

选择壮苗定植，定植后在桃苗嫁接口上 10 cm 处定干，桃树萌发新枝后，选留一个强壮枝做主枝，抹除其余新梢和萌蘖。选好主干枝后，抹芽、剪枝要结合进行，保证主干枝能够旺盛生长。如果主干枝的长度超过了 50 cm，要用竹竿绑缚。

（二）喷生长调节剂

当树体长到 50 cm 左右的时候，要喷施一次萘乙酸、吲哚乙酸等植物生长调节剂，以刺激新梢和茎秆形成层的细胞分裂，促进果树新梢伸长，从而促进新梢生长。两个月后主枝上便布满了侧枝，而且侧枝的长度一般超过了 30 cm，此时对侧枝留 20 cm 进行摘心。摘心的目的是培养健壮的主侧枝，防止侧枝旺长，也是将营养集中在主侧枝上，培养结果枝组。

（三）培养“一边倒”树形（如图 5-1 所示）

图 5-1　“一边倒”树形

经过一段时间的生长之后，桃树长到接近 2 m 高时，先把绑缚的竹竿解开，在离主干 30~40 cm 处固定，然后轻拉主干向西自然倾斜，与地面形成 45° 角，将主干固定在竹竿上，但是不要把主枝拉成弯弓，“一边倒”树形的主枝还是直的，只是斜生。拉倒之后有些侧枝的方向与主枝垂直，形成背上枝，在“一边倒”树形的整形技术中，是不允许保留这些背上枝的，可以采用拿枝的手法，改变它们的生长方向，让背上枝变为平行枝。这样，整个树形呈鱼刺骨形状，具有平满透的特点。在以后的整形过程中，除主枝抬头外，让其余所有枝保持水平、斜向上或斜向下；让每个方位都有枝条，以占满空间，让每个部位的枝都能见光。

（四）防止枝条压弯或折断

“一边倒”树形的主枝生长期短，枝条比较软，负载量有限，所以须先在大棚里横向拉上铁丝，然后把每一根主枝都吊在铁丝上。但在绑扎的时候还需要注意，不能改变主枝的生长方向，依然保持主枝 45° 角的倾斜。

（五）采收后修剪

“一边倒”的树形就是树体成45°角倾斜生长，枝条向两侧平行展开，整个树形颇像倒着的鱼刺。果实采收后要及时疏除背直立枝和背下枝。第一年结果后要通过修剪来培养主侧枝，方法是回缩侧枝，回缩时每一条侧枝留30~40 cm，侧枝间距为10~20 cm。

第四节　樱桃高产绿色栽培技术

一、樱桃绿色高产生产技术要点

（一）休眠期管理

1. 适时扣棚与升温

甜樱桃的休眠需冷量比较大，生产上日光温室内低温量（0~7.2 ℃）累计达1200小时后，开始揭帘升温。辽宁省北票市于12月中上旬升温。

2. 休眠期修剪

甜樱桃设施栽培常见树形有纺锤形、自然开心形和改良主干形，与露地不同的是，在设施的不同部位，树高、主枝数要有所区别。如温室内的纺锤形，前底脚树的高度为1.5 m左右，主枝5~6个；中部树高1.8 m，主枝数7~12个；后排树高2.0~2.5 m，主枝数13~15个。樱桃树的休眠期修剪要轻剪缓放多留枝，切忌短截过多，修剪过重。在有空间的情况下，休眠期除主枝延长枝留40 cm左右短截外，背上直立枝、竞争枝留橛修剪，其余枝条缓放或去顶芽。控制好主枝上的轮生枝，保证主枝单轴延伸，防止树冠郁闭，条件恶化。对于过长的下垂枝组要及时回缩复壮，短枝和花束状果枝原则上不剪，回缩细弱枝，花量过大时疏花芽，对集中营养、保证开花坐果有重要作用。

（二）催芽期管理

1. 温度及湿度管理

甜樱桃在升温的第1~2周，白天温度控制在10 ℃左右，夜间温度控制在0 ℃以上。第2~3周白天温度控制在15~20 ℃，夜间温度控制在5 ℃左右，不宜长时间超过8 ℃，空气相对湿度控制在70%左右。这一时期温度管理适宜的标志是当樱桃树萌芽时，地面也长出杂草，说明地下生长与地上生长基本上是一致的。这一时期的温度不宜超过20 ℃，否则会造成雄雌蕊发育时间不够，引起花粉败育。从升温至初花必须历经35~40天，少于30天落花落果严重。樱桃在萌芽前，白天温度控制在12~15 ℃，夜间温度控制在3 ℃以上，空气相对湿度控制在70%~80%。

2. 疏花芽

花芽膨大未露花朵之前，将花束状果枝上的瘦小花芽疏除，每个花束状果枝保留3~4

个花芽。其他管理同油桃。

（三）萌芽开花期管理

1. 温度及湿度管理

甜樱桃萌芽至开花期，白天温度 18~20 ℃，夜温 7~10 ℃。据资料介绍，甜樱桃在白天温度控制在 20 ℃、夜温控制在 7 ℃和白天温度控制在 18 ℃、夜温控制在 10 ℃时，其花粉发芽率、坐果率最高。樱桃萌芽、现蕾期白天温度控制在 15~17 ℃，夜间温度控制在 5 ℃以上；开花期白天温度控制在 18~20 ℃，夜温控制在 8 ℃以上，在开花期间，温室内的空气相对湿度要控制在 50% 左右。

2. 疏花芽与疏花蕾

设施栽培条件下，对盛果期树进行疏花芽和疏花蕾，可显著提高坐果率和增大果个。疏花芽宜在花芽膨大期进行，用手轻轻一碰即可将花芽疏除。在树势较弱，花束状果枝过多、过密的情况下，可将其中 20% 左右的花束状果枝上的花芽疏除，只保留顶端的叶芽，让其抽生健壮短果枝，翌年结果。留下的花束状果枝上的瘦小花芽也进行疏除，每个花束状果枝保留 3~4 个花芽。开花时，疏除花芽中瘦小的花蕾，每个花芽中保留 2~3 朵花，到硬核后疏除小果和畸形果，最后一个花束状结果枝留 6~8 个果。最终将产量控制在 4~6 年生的樱桃每亩 300~400 kg，7 年生以后保持每亩 500~600 kg。

3. 人工辅助授粉

甜樱桃在配置授粉树的前提下，也必须进行人工辅助授粉。

（四）果实发育期管理

1. 温度管理

在果实发育前期，从落花后至幼果膨大，白天温度从 18~19 ℃逐步升到 20~22 ℃，最高不能超过 25 ℃，夜温控制在 7~8 ℃，最高不能超过 10 ℃。到果实着色至果实成熟期，白天温度控制在 22~25 ℃，夜温控制在 12~15 ℃，保证昼夜温差在 10 ℃以上，以利于果实着色和成熟。

2. 新梢管理

将剪锯口处、树冠内膛萌发的多余的萌芽及早抹除，对结果枝先端的直立旺枝、没有坐果的空枝及时疏除或留基部 2~3 片叶重截，促发短枝，有利于果实的生长发育。花后坐果期对强旺新梢留 10 cm 左右摘心，可显著提高坐果率，促进幼果时期发育。摘心后发出的副梢仍可在基部形成花芽，对当年萌发的生长过旺的部分，新梢可以采取扭梢办法控制，既可限制新梢生长，又可促进花芽分化。对角度开张不够的主枝可进行拉枝，以达到树形结构要求，改善光照条件。

3. 肥水管理

开花前，结合灌水，每株结果树追施沼液肥或豆饼液肥 10~20 kg，在此基础上从幼果期开始，每隔 7 天左右喷施一次 0.3% 尿素和 0.2% 磷酸二氢钾混合剂，共喷 2~3 次。硬核期后再补灌一次水，水量以一流而过为宜，到果实开始着色时停止追肥灌水。设施栽培樱桃在花后至硬核期前灌水会引起不同程度的落花落果，灌水越早，灌水量越大，落花越重，严重的可达 80% 以上，应引起注意。

4. 病害防治

由于设施内风较小，落花时花瓣不易散落，常附着在果实上，会导致灰霉病、褐腐病的发生，因此要尽可能除去果实上花的残留物。花芽膨大期、幼果期各喷 1 次 70% 甲基托布津 800 倍液，防治煤污病、叶斑病等，发生细菌性穿孔病用 90% 新植霉素 3000 倍液防治。

5. 果实采收

设施栽培的樱桃更要精心采收，同时注意不要折断短果枝。甜樱桃属高档果品，应将果实按大小和着色程度分级后包装，包装盒以内装 0.5~1.0 kg 为宜。不管是采收还是包装，都应在短时间内完成，最好在 2 ℃的温度条件下降温预冷后再外运。

二、果实采收后的管理技术

1. 揭除覆盖物

辽宁北票地区温室樱桃栽培果实采收后，外界还未到樱桃树的适宜生长季节，塑料薄膜不能立即撤掉，但草帘等覆盖物可以揭掉。采果以后，逐渐增大通风口的打开程度，使温室内的条件逐渐与外界接近。当外界气温不低于 10 ℃时，夜间不盖草帘、温室温度稳定在 15 ℃以上时，选择傍晚时分将塑料膜撤掉。通风时间至少要持续 15 天以上，以免撤覆盖物太急，通风时间不够，造成叶片灼伤焦枯，导致二次开花。

2. 采收后修剪

采收后修剪量要小、程度要轻。主要任务有：一是对骨干枝采取缓放、回缩办法调控，维持树冠的大小和高矮，防止树冠间的交叉和树冠顶部距棚膜过近；二是对开始衰弱的结果枝组进行回缩，更新复壮，回缩到壮枝壮芽处；三是对上部过旺新梢可少量疏除；四是对过密枝进行回缩或疏除，背上直立枝留橛 1~2 cm 疏除，改善树冠通风透光条件。修剪后萌发的新梢长到 15~25 cm 时，可连续进行摘心，促发分枝，控制旺长，使枝条尽快成熟而形成花芽，增加结果部位。对于角度不符合要求的枝条，继续拉枝开张角度，改善通风透光条件，使树冠内外长势均衡，花芽形成良好。

3. 控制新梢生长

促进花芽分化，对于树势较旺的新梢要及时摘心，可进行 2~3 次，每次留 20~30 cm 摘心，以控制生长势，促进花芽的形成和充实饱满。

4. 肥水管理

修剪后要对土壤进行一次耕翻，增加土壤的透气性。同时追施一次速效性肥料，如每株施磷酸二铵 1 kg，有利于树势的恢复，待到 8 月中下旬施一次有机肥。

5. 病虫害防治

撤覆盖物后及时喷保护叶片的杀菌剂和杀虫剂，到进入雨季的7—8月份，喷2次1∶2∶240波尔多液和1次80%大生800倍液，防治各种叶斑病、穿孔病等。二斑叶螨发生初期喷10%虫螨克2000倍液1~2次，以免早期落叶，造成二次开花，影响翌年产量。

三、甜樱桃细长纺锤形快速成型整形技术

设施农业甜樱桃细长纺锤形快速成型整形技术，是由中国农业科学院郑州果树研究所总结出来的。

（一）定植第一年

甜樱桃于12月土壤封冻之前或初春化冻之后、发芽之前定植，定植的苗木在发芽时注意防止金龟子和象甲啃食嫩芽。定干定植没有分枝的单干苗，可在干高80 cm处下剪，抹去剪口下第一和第二个芽，留第三个芽。此芽将抽生强旺枝做主干延长枝，抹去其下5~10 cm的芽，再在其下选留3个饱满芽，抽生做主枝（注意干基部的芽不必抹除）。有分枝的苗定干可按下列情况作不同的处理：基部已有3个主枝的苗，可在分枝以上60 cm处下剪，抹去剪口下第一和第二个芽，留第三个芽，此芽将萌生强旺枝做主干延长枝。抹去其下的几个芽，并选取3个方位错开的饱满芽，萌发第2层主枝。已有的主枝选留背下芽或侧生芽带头，旺枝剪留约5 cm，中庸枝和弱枝剪留10 cm。只有1~2个主枝的分枝苗，或者虽有3个主枝，但主枝以上的主干达不到60 cm，则主干延长枝根据其长度剪留30~45 cm，主干延长枝选留的芽除补足第一层的3个主枝之外，如主干延长枝的长度足以抽生第四或第五主枝，则可留长一些，有关主干枝的修剪处理与上述方法相同。定干之后剪口要涂防腐剂，在干旱多风的地方最好在干上喷防冻剂，以减少水分蒸发。

生长季整形。定植后适时浇水，促发新枝。在适宜的条件下，从主干上可抽生出4~5个嫩枝，顶芽抽生的枝为主干延长枝，让其直立生长，其他的嫩枝长到15 cm左右时，用木制衣夹夹住主干，顶压嫩枝呈近水平状，成为未来的主枝。而主干基部形成10多个叶丛枝，这些叶丛枝除起到辅养树体的作用外，部分还能在生长的第二年或第三年开花结果。主干上抽生的新枝到6月份长到60 cm时剪梢，剪去约20 cm，剪口下第一个芽选用侧生芽或背下芽，使抽生的新枝与主枝形成较大的角度。抽生的新枝为主枝上的第一级分枝，作为主干的新枝长到75 cm时剪去25~30 cm，促使主干上长出第二层主枝。夏季主干延长枝剪梢，剪口下的几个芽同时抽生新枝，长势相近，应在这些新枝中选位正、长势最旺的一枝让其直立生长，作为主干延长枝。其他的枝条长到40~50 cm半木质化时进行拉枝，使其呈近水平状，削弱其生长势。

（二）定植第二年

第二年整形修剪最根本的目的是继续加速树冠的扩大和枝条总量的增加，为第四年和第五年产量的快速增加奠定基础。到夏秋季节，注意缓和基部主枝的生长势，促使其向生殖生长转化。冬季整形修剪，基部第一层主枝只有1级分枝，主枝延长枝应在40 cm处剪截，侧枝应在30~35 cm处剪截，继续促发新枝，并拉平枝条。第一年形成的第二层主枝

留 40 cm 打顶，剪口下的第一个芽仍选侧生芽或背下芽，并抹去枝条前端的背上芽，继续促发分枝，拉平枝条。主干延长枝在第二层主枝上方 70 cm 处下剪，留 1 个饱满芽抽生做主干延长枝，主干延长枝的处理方法同定干的处理方法。如果主干某一方位上缺少主枝或某主枝的某一方位上缺少侧枝，可于发芽时采用刻芽的方法促发枝条，补上缺枝。

生长季整形修剪。基部的主枝到当年夏天已具备 2 级分枝，注意随时将主枝和侧枝延长头拉成水平状。当其长至 40 cm 左右时，及时进行轻摘心，即摘去带 2~3 片小叶的梢部，约过 1 个月，梢部又可抽生 1~2 枝 20~25 cm 的嫩梢，这时需摘心。第一次轻摘心的枝条基部即形成腋花芽，而在 2 年生枝的前部形成少量的花束状短枝。第二层主枝只有 1 级分枝，当新梢长到 60 cm 时，剪去梢部 20 cm，促发 2 级分枝。抽生的 2 级分枝长到半木质化时，拉枝开张角度，7 月底之前 2 级分枝的长度达到 40 cm，且长势较旺，则进行轻摘心，削弱其生长势，促使枝条后部的芽充实饱满。冬剪时选留的主干延长枝，春天顶芽萌生成直立旺枝，其下部抽生 3~4 个新的分枝，作为第三层主枝。当这些主枝长至 15 cm 左右时，用衣夹压枝或牙签撑枝，使其呈水平状；长至 60 cm 左右时剪去梢部 20 cm，促发 1 级分枝。而主干延长枝长到 70 cm 左右时剪去梢部 25~30 cm，促发第四层主枝。甜樱桃的枝条有直立向上生长的习性，春天拉平的枝条夏天又会抬头向上生长，故应注意随时拉枝条，这样才能保证内膛的通风透光。主侧枝上抽生的背上枝应在刚长出来时疏除掉或长至 30 cm 左右时扭梢，以免扰乱树形。

（三）定植第三年

第三年的整形修剪的原则是：冬剪时继续以扩大树冠、增加枝条总量为主要出发点。夏秋季节要控制营养生长。冬季整形修剪，基部第一层和第二层主枝及其侧枝、结果枝仍需拉至水平，除轮生枝的梢部要剪除外，其他枝不再剪截，用缓放的方法使其在第三年和第四年形成大量花束状果枝。上年夏天形成的已具备 1 级分枝的第三层主枝，仍需剪截，促发 2 级分枝。上部的第四层主枝，仍未发生分枝，剪留 40 cm，促发 1 级分枝。主干延长枝剪留 70 cm，处理方法同上，促发新枝作为第五层主枝。

生长季整形修剪。经过春季的生长，基部上的第一至三层主枝均已形成 2 级以上分枝，这 3 层枝条抽生的嫩枝长到 30 cm 左右时进行连续轻摘心，并随时拉平枝条，促进 1 年生枝的基部形成腋花芽，而 2 年生和 3 年生枝形成花束状短枝。抽生的直立枝要及时疏除，或进行极重短截，只留下瘪芽，过密枝也应疏除。5 月，当上部的第四层主枝枝条长至 60 cm 时，剪去梢部 20 cm，它们将抽生出 1 级分枝，并及时把这些新的分枝拉平。5 月主干延长枝抽生的枝条长 65~70 cm 时，留 1 枝让其直立生长，其余枝条拉平并轻摘心，形成第五层主枝。此时细长纺锤形的树体骨架已基本形成，为了使其营养生长，向生殖生长转化形成花芽，定植后第三年应控制施肥量。根据树体的生长势和枝条总量，5—8 月在叶面喷施多效唑 100~200 倍液，树势旺且枝条总量达到 70 枝时，喷施时间可在 5 月，浓度为 100~150 倍。相反，如果树势中庸或枝条总量不足 70 枝时，喷施时间可在 7—8 月，浓度可用 200~250 倍。

（四）定植第四年

定植后的第四年，整形修剪的原则是控制营养生长，促进花芽大量形成，平衡树体各个方位和上下的长势，适量增加枝条的数量，为第五年获得更高产量打下基础。修剪技术相对简单，主要是剪去轮生枝梢及病虫枝、过密枝，疏除直立枝。随时拉平枝条，轻度摘心和保证内膛的通风透光，使树体内外都能形成花束状短枝和饱满的花芽。如果树高达不到 3 m，或者主枝总数少于 15 个，则应在顶层枝中选 1 个直立生长的壮枝作为主干延长枝，剪留 50 cm，促发新的 1 层主枝。

（五）定植第五年

本年整形修剪非常简单：冬剪时剪除病虫枝（包括虫梢）、过密枝、直立枝和轮生枝梢。生长季轻摘心、疏除直立枝和过密枝。全年注意拉平枝条，控制其营养生长，防止内膛密闭。

（六）定植芽苗的整形修剪

定植的芽苗第一年形成第一层主枝，第二年春天形成第二层主枝、夏天形成第三层主枝，第三年春天形成第四层主枝、夏天形成第五层主枝，整形修剪和其他管理方法同成苗。

四、设施农业大樱桃落花、落果的原因及对策

（一）主要原因

1. 栽培品种单一或授粉树配置不当

大多数大樱桃品种不能自花结果，栽培时品种单一，缺少授粉树或授粉树配置不当、授粉不亲和等，都会影响授粉质量，造成只开花、不坐果。

2. 树体营养不良

土壤有机质含量低、根系浅、生长发育受阻、树体储藏养分匮乏、树势和营养状况下降，都会引起坐果率降低。

3. 温湿度控制不合理

花前花后温度过高，棚内白天超过 25 ℃，会使花器官受伤，柱头萎缩干枯，有效授粉时间缩短；花粉生命力降低，幼果发育慢，新梢徒长，加重生理落果；花期湿度过大，也易造成花粉吸水失活或黏滞，扩散困难，影响坐果。

4. 管理粗放

对病虫害发生时期、规律、最佳防治时期把握不住，以及对农药防治的范围、对象不清楚，常造成流胶病、穿孔病、早期落叶病，使树体积累营养减少，加重了落花落果。

（二）合理管理

1. 选择优良品种

设施栽培大樱桃要选择早熟、树体紧凑矮小、成花快、坐果率高的品种。另外，需配

置2至3个与主栽培品种花期一致、花芽量大、花粉发芽率高、经济价值高的品种为授粉树，主栽品种与授粉树的比例以3~4：1为宜。如果授粉树不足，可在原有树体上高接授粉品种，配置授粉树的樱桃园也要在花期棚内放蜂传粉，一般每亩放2~3箱蜜蜂。

2. 加强树体管理

大樱桃果实发育期较短，需肥量相对集中。果实采收后，要结合深翻断根、增施有机肥，并配合使用果树专用肥，以促进花芽形成，提高树体储藏营养水平。

3. 合理修剪

设施栽培大樱桃的修剪应在生长季节完成，主要疏除过密枝、徒长枝，利用短枝和花束枝平衡树势，协调营养与生殖生长的关系，以避免因长势旺而不坐果，或因结果多而造成树势衰弱、花器官退化。多年生树还应注意更新修剪，以维持树势；改善棚内通风透光条件，使树体自然通光率保持在30%以上。

4. 温湿度调控

设施栽培的大樱桃从扣棚升温到萌芽，温度最高应该控制在16~18 ℃，萌芽到开花初期20~22 ℃，花期22 ℃，落花后至果实膨大期22~25 ℃，果实着色至采收时期不能高于25 ℃。发芽后棚内温度低于2 ℃时要生炉加温，高于25 ℃要通风降温。棚内湿度从扣棚升温到萌芽保持相对湿度70%~80%，花前50%~60%，花后到果实采收60%左右。

5. 病虫害防治

设施栽培大樱桃病虫害防治应以预防为主，防治结合，要求发芽前喷5°石硫合剂，铲除残留树体的病虫害。开花前后喷70%代森猛锌可湿性粉剂500倍液防治花腐病，花谢后至果实采收前，每隔10~15天喷70%甲基托布津可湿性粉剂800倍液或用72%硫酸链霉素可湿性粉剂3000倍液，防治烂果病、穿孔病、流胶病。发生红蜘蛛或二斑叶蝉时，喷20%哒螨灵可湿性粉剂1200~1500倍液。

第五节　果树常用的修剪方法和技术模式

在果树种植过程中，果树修剪是非常重要的一项技术。实践证明，果树修剪能够让果树充分地得到阳光的照射以及吸取水分，促进果树更好更快地成长。但是如果不能科学、合理地修剪果树，就会影响果树正常的生长以及产量。所以，熟练掌握果树修剪的技术要点具有非常重要的现实意义。果树修剪是进行果树科学管理的重要组成部分，直接决定着果树的产量。

影响果树生长和产量的因素比较多，其中对果树进行自然通风是促进果树更好生长以及提高产量的一个重要条件，而营造良好的自然通风条件需要进行科学合理的果树修剪。只有这样，才能够保证营养物质的顺利输送。有些果农在种植果树的时候沿用的是传统的种植模式，缺乏科学合理的种植技术，没有及时地对果树进行修剪，导致果树生长得越来越慢，产量越来越低，降低了果农的经济效益。因此，科学合理的果树修剪非常重要。

一、果树修剪的原则

果树修剪的目的就是让果树更好地生长以及提高产量，保证果农的经济效益。所以，在果树生长过程中，一定要保证小树的正常生长，延缓老树的老化。小树枝数量比较少的时候，应该促进枝梢的生长，扩大冠幅；大树枝数量比较多的时候，产量也就会相应提高，所以应该注意枝梢的生长，从而保证产量，促进生产，提高果农的经济效益。果树修剪常在两个季节进行，分别是夏季和冬季。在夏季修剪可以促进果树之间的自然通风，增大光照面积；在冬季修剪能够塑造树形和调整树冠。只有遵守果树修剪的原则，才可能提高果树的产量和质量。

二、果树修剪的意义

第一，提高成果率。在果树成长的每一周期，都需要不断地对其进行修剪，这样才能够让枝条不过于繁密，影响果树正常的生长和产量。果树的大力度修剪主要在幼苗期、结果期和衰老期。在这三个阶段，果树需要大量的营养，因此进行枝条修剪，可避免营养的大量流失。另外，果树修剪能够降低病虫害发生率，让果树健康地生长；还能够增加光照面积，提高果树的成果率。第二，维持树体良好的结构。果树的修剪能够有效地防止一根枝条上有过多的花和芽，避免养分的流失；还能够防止树冠过大，使果树平衡生长。

三、果树修剪的方法和技术要点

（一）依据果树的生长特点进行修剪

果树的品种有很多，不同品种果树的生长特点也存在一定的差别。因此，在果树修剪的时候，应该根据果树的品种、生长的特点等来进行修剪，保证修剪部分能够符合果树正常的生长需求。另外，应根据标准来调整不同品种果树的高度。

（二）拉枝开角

拉枝开角在一定程度上决定着果树的产量，是果树管理中非常重要的一项技术。拉枝开角不仅能够降低树枝的密度并使树枝张开，还能够增加果树被阳光照射的面积，促进枝条吸收营养，提高开花和结果的速度。不同品种的果树拉枝开角的角度也会不同，比如苹果树和梨树，拉枝开角的角度就会比较小，而桃树拉枝开角的角度则需要根据桃树本身的树形结构来决定。

（三）摘心

果树在幼苗阶段的核心修剪环节就是摘心，摘心能够大大降低树枝的开杈，促进主干以及有效枝条的生长，避免不必要的营养流失。所以，在每年的 9 月中旬之后，幼苗期树苗上不必要的分支枝条并没有停止生长，这时就需要对其进行往下扭转 180° 摘心，为果树的正常生长储备更多的养分。

（四）根据季节特点进行果树修剪

对果树进行修剪，应该根据季节的不同而选择不同的修剪方式。在春季的时候，果树生长比较快，这时候果农应该对长得特别快的枝条进行修剪，避免这些枝条吸收过多的养分。另外，还应该对花数比较多的枝条进行修剪，把花数控制在有效的数量，保证果树的果实质量。在夏季的时候，应该修剪比较繁密的枝条，提高果树自然通风的条件，并营造良好的光照条件，保证果树有效地进行光合作用。需要注意的一点就是，在果树修剪完之后要进行浇灌，补充果树需要的水分。在冬季修剪的时候，不仅要修剪掉多余的枝条，还要对结果的枝条进行合适的修剪，以保证下一年果树结果的质量。在冬季进行果树修剪的时候一定要根据品种以及土壤的湿度来进行。

（五）扭梢和拿枝

每年的5—6月中旬，是扭梢和拿枝的最佳时期，因为在这个阶段果树的枝条还没有完全长成，这样可以让果树的枝条积攒更多的营养，提高花芽长出的速度，提高结果效率。在这个时期进行扭梢和拿枝可以避免果树树枝过于繁密，让果树更好地进行光合作用。

（六）增加果枝数量，提高单株产量

对果树进行科学合理的修剪不仅能够保证果树营养均衡，还能够均匀分布果枝的发芽数，增加果实的结果面积，从而提高单株果树的结果质量和产量。如果没有对果树的枝梢进行科学有效的控制，就会很难稳定产量，进而难以保证果农的经济效益。

（七）根据果树的花芽量进行修剪

不同品种的果树，花蕾也会有所不同，而花芽的数量直接决定着果实的产量。果树在发芽的过程中会生长出许多枝条，果农应该根据果树花蕾的实际情况对果枝的数量和长度进行修剪；在果树开花的过程中，果农应该根据开花的实际情况进行修剪，即修剪掉没有开花的树枝，避免营养流失，保证开花树枝的养分；在果树结果阶段，应该修整结果分支的距离，保证每个果实有充足的生长空间。

果树修剪是果树种植过程中非常重要的一步。对不同品种的果树进行科学合理的修剪，能够防止果树的枝条过于繁密，造成营养流失；能够增加果树被光照射的面积，提高光合作用的效果；能够让果实有充分的生长空间，提高结果的质量；还能够让果树保持正常的生长结构，延长果树的寿命等，只有对果树进行科学合理的修剪，才能够保证果树更好更快地生长，提高产量和质量，既让人们吃到更优质的水果，还增加了果农的经济效益。

第六节 果树园艺技术与果树营养诊断措施探究

果树的健康生长直接影响着果实的质量，所以，针对果树实施科学管理与果树营养诊断至关重要。应积极掌控先进的技术与营养诊断措施，为果树创建较好的生长环境，保障果树的质量与产量，提升果树的观赏性。

果实的质量与产量和果农的经济效益存在直接的关联，在果树种植过程中，应严格遵

照合理的管理办法加强果树的管理，而其中最重要的工作内容就是防治病虫害以及营养诊断工作。传统的果树种植和管理工作一般是果农凭借着自身的种植经验进行管理，但在果树病虫害的防治以及营养诊断工作方面却出现很多问题，对果树的顺利生长造成严重影响。鉴于此，需要对果树园艺技术加强学习，采用合理有效的措施进行果树营养的诊断，最大限度地确保果树顺利生长。

一、果树园艺技术的介绍

园艺通常是指蔬菜、果树、花卉、观赏树木的培育技术。果树园艺属于园艺的一种，是果树栽培管理方面的一种技术。

（一）果树的栽培技术

果树的栽培应该对树木的质量进行充分考虑，若树木生长旺盛、树皮表面并未出现任何的损伤并且根系发达，就代表树木拥有很好的质量，比较适宜栽培。在明确树木种植面积的过程中，应充分考虑果树本身的特征与对营养的需求，唯有如此，才可科学建立果树的栽种面积。

（二）温度对果树园艺的影响

大自然的进化过程通常会让果树的生长呈现休眠期，园艺师发现，降低温度可为果树的正常生长提供帮助。果树在生长过程中（特别是休眠期前后）对温度的要求很高，所以，园艺师需要重视此阶段的温度调节。

（三）果树生长期的影响因素

环境温度和果树生长关联密切，果树进入休眠期之后，园艺师需特别注重温度的控制，为果树在适宜的温度下顺利成长提供保障。果树成长期通常会受到病虫害的威胁，应重视病虫害防治工作的开展。除此之外，为了确保果树拥有充足的营养，应针对土壤肥力进行定期检查，并定期定量地进行施肥，满足果树对于营养的基本需求。

二、果树园艺技术的相关内容

（一）合理选择果园地址

合理选择果园地址是为了给果树提供较好的生长环境。在具体的选择过程中，应充分考虑当地的气候条件、温度、降水分布等相关条件，而选择的果树品种应该适宜在此地区种植。应结合种植品种对环境的基本需求，选择合适的地区种植，例如，山楂树应该栽种于土层很深、土质肥沃、疏松、排水较好的微酸性沙壤中，且其比较适宜生长在湿润且凉爽的环境下。

（二）果树管理技术内容

果树的管理一般包含果树品种的选择、嫁接、防虫与施肥等相关技术。选择果树品种的过程中应重视，不可盲目地选择热门树种，应充分结合种植地区的气候特征及地质条件等环境因素，合理选择树种栽种。合理选择果树之后，应着重挑选质量好的树木幼苗。挑选时应从以下几点着手：其一，观察树木的根系。根系发达的树木才可以为果树带来足够的营养。其二，详细查看树木的树皮是否出现损伤。其三，确保树木没有产生病虫害。唯有如此，才可以选择健康的树木幼苗实施种植。嫁接技术无法单纯地依靠经验实施操作，应严格遵照科学嫁接技术实施。防虫中最重要的部分就是提前进行，做好未雨绸缪。在选择防虫剂过程中，应充分结合果树品种最容易产生的病虫害，选择合适的杀虫剂。肥料方面，需要应用化肥与农家肥互相结合的方法进行施肥，使土壤营养实现最大化，为果树的营养提供保障。

（三）温度与果树园艺之间的关系

1. 温度与坐果数量的关系

为了促使果树生长，需要创建温度高于露地的环境，保障果树在规定的时间内顺利结果，并确保所结果实的质量较高，最大限度地提高果农的经济收益。一般情况下，冬天之后，落叶果树结束休眠期，开始生长并发芽，但如果环境温度低于果树生长的有效温度4.5℃，落叶果树就会处于休眠状态中，致使果树停止生长。在此背景下，应及时控制落叶果树的温度，温度过高或过低均会对果树的正常发育造成一定影响。

2. 结束果树的休眠状态

落叶果树在顺利结出果实以后，通常会自主进入休眠状态。在进入休眠状态以后，果树就会停止发芽、开花、结果。为了保证落叶果树可以顺利生长，在栽培中应该针对落叶果树实施加温操作，才能顺利结束果树的休眠状态，让果树进入生长期，达到提前结果的目的。

（四）果树营养诊断的方法

在进行果树的种植时，很容易发生各种问题，为果树的正常生长带来影响。应采取果树营养诊断方式，及时明确果树在生长过程中出现的各种问题，并针对此类问题采用行之有效的措施，促进果树的健康生长。

1. 加强对果树种植土壤的有效诊断

在种植果树时，对于土壤营养含量的需求较高，唯有满足果树生长的营养需求，才可以确保果树的正常生长。针对果树种植土壤的诊断就是从果树种植区域采集一些土壤，并利用实验室中先进的实验仪器对这些土壤进行各项营养成分的分析探究。针对土壤成分进行详细观察并对营养情况进行分析，直接决定着果树的种植面积、施肥方式与用量，这种诊断方法十分科学，具备较强的参考价值。直接测定果树的土壤成分，是园艺工作者常用的诊断方式，可为园艺栽培技术的实际应用提供良好的指导。

2. 加强对施肥的有效诊断

针对施肥的诊断方式通常是园艺工作中应用较为广泛的方法，这种方法效果理想，对果树营养的诊断帮助很大。针对施肥的诊断通常借助对叶片中营养的测试来对果树是否处在健康状态进行判断，进而建立行之有效的方案，为果树的健康生长提供充足的营养保障。应严格遵照营养供应方案，在保证高产量的条件下，有效提高果实的质量。

3. 在休眠过程中针对枝条进行诊断

处在休眠期的果树不能利用叶片进行诊断，而应利用枝条来诊断果树的健康与否。利用叶片诊断，很可能不够全面，直接影响果树的正常施肥，进而对果树的营养造成影响；处在休眠期的果树，利用枝条诊断能够对果树的营养情况进行提前预知，有助于采用行之有效的措施进行控制，为之后的施肥提供参考。

针对果实实施有效管理，利用果树园艺技术促进果树的健康成长，有利于确保果园的产量与果实的质量。不仅如此，在果树的生长中，应积极采取各种果树营养诊断方式，利用“四看”诊断法，精准判断果树的营养状况，才能及时发现果树的健康及营养问题，及时采取措施，提升果树的产量与质量，让果农实现经济效益最大化。

第七节　新形势下果树栽培技术研究集成与推广

果树栽培技术的进步能够增加农民收入，促进社会经济发展。在种植果树的过程中，不仅要合理运用种植技术，还要加强果树种植管理和病虫害防治的力度，以提高果树的产量和果品质量，获得更多的经济效益。基于此，本节围绕新形势下果树栽培技术的应用进行研究。目前，果树栽培工艺的运用过程中存在一些问题，部分水果中残留大量农药和化肥，对人们的健康造成威胁。必须要积极对果树栽培工艺进行改革，采取绿色栽培技术，尽量减少农药和化肥使用量以及使用频率，确保食品质量。

一、应用果树栽培技术的积极作用

（一）促进果树生长

运用传统栽培工艺，水果只能在特定的时间内成熟，果农无法依据实际需求来采摘水果。而在应用果树栽培技术之后，果农就可以通过技术手段模拟果树生长所需要的环境，根据需要调整果树生长速度，一年四季都可以收获果实。

（二）增加水果种植的产量

在传统种植模式下，特定种类的果树只能在某些特定环境中生长，生长时间较为固定，从而限制了种植产量的增长。当劳动力匮乏时，由于没有人收获，一些果实被浪费了。设施栽培工艺的应用使人们能够平衡采摘时间并提升工作效率，从而提高了水果的产量、提升了农民的经济效益。

二、果树栽培技术应用现状

（一）病虫害防治能力弱

通常情况下，使用套袋法和农药喷洒来控制果树病虫害，但是这两种方法各有利弊。

套袋法是一种预防和控制病虫害的环保方法，无害虫残留，更环保。但在实际操作过程中，工作量非常大。此外，这种方法预防病虫害的数量有限，导致其应用范围受到一定影响。农药喷洒在实际工作过程中方便省时，可以预防和控制多种病虫害，但是农药喷洒会破坏周围环境。

（二）选址不科学

在选择果园的地点时，部分果农只考虑灌溉的便利性和土地的肥沃性，没有认真考虑天气和环境等因素。此外，一些果园将地址选择在了山区，由于阳光和雨水不足，果园中的水果质量无法得到保证。同时，如果在种植过程中未测试水源水质，那么在灌溉时，可能会由于水源问题而影响水果品质。

（三）栽培技术不够先进

在实际生产过程中，许多果树都是果农在自家土地上种植的。但是，这些果农本身不是专业人士，不能有效地掌握果树栽培技术。在这种情况下，果树栽培水平始终徘徊在较低水平，导致大量水果由于品质不能满足需求而无法出售，果农也因此遭受不可估量的损失。

三、新形势下果树栽培方式

（一）种植园选址

在绿色环保背景下，选择优质的土地建设果园，不仅能够尽可能降低有毒有害物质对果树生长所产生的影响，还能减少化肥的使用量。

（二）整地

（1）选择整地时间。通常情况下，果树是在春季栽植，而整地的时间一般选择在前一个年度，这样用于栽种果树的坑穴经历一年的风吹日晒后，土地的肥力得到提升。此外，坑穴还可以积攒一些土壤，让土壤变得更厚。

（2）选择工具。一般情况下，整地工作会选择尖镐、尖铣，根据不同土地的情况使用不同的工具。如果地面较为平整，可以直接使用尖铣来整理坑穴；如果地面不平整或有石块以及杂物，就要先使用尖镐将杂物清除，然后使用尖铣处理坑穴。

（3）换土整地。如果该区域土地质量差，含有大量的巨大石块，且土壤无法支持果树生长，就要进行换土。具体方式是先处理好坑穴，将石块以及树根完全清除，然后使用优质土壤进行培土，提升土壤肥力。

（三）科学选择品种

对于果树栽培技术而言，品种的选择问题也很重要。果树品种选择的原则是“物以稀为贵”，在选择果树品种时，不仅要根据当地外部自然环境条件选择最合适的品种，同时还要迎合市场需求。此外，还可以选择一些生长速度快、产量大，对环境适应能力强的果树品种，同时选择一些当地少有的果树品种，使果树种植工作向着多样化方向发展。

（四）果树栽种

（1）定根。新购置的果树苗从苗圃中挖出时，根系不可避免地会受到损害，因此购买时，应对果树根进行筛选。购买后，应将受损树的根进行横切，也可以运用药水浸泡根部进行消毒。

（2）种植。种植时，需要先确定行距和种植间隔，然后挖出种植所需的孔并撒上底肥。最好使用完全分解的农场有机肥料作为底肥。这种方式能够让追肥发挥出理想的效果。施用底肥之后，应将果树的根浸泡在杀菌剂和营养液中，以促进根的伤口愈合。然后将根部梳理并放在坑穴中，填满土壤。根据果树的特性选择浇水频率，并用稻草等材料覆盖，减少水分蒸发。

（3）盖地膜与定干。种植果树后，可以在其半径 1 m 处覆盖地膜，以防止水分蒸发，保持低温并促进果树尽快发芽。同时，根据栽培要求，将有 3~5 个饱满芽的高度作为定干高度，以确保树冠的发育和结实率，同时防止果树因过高而难以收获。

（五）提升抵御病虫害的能力

在种植果树的过程中，病虫害问题一直都是影响农业经济效益的一个主要因素。如果果树产生了大规模病害，会严重影响果实的质量，造成大量不可出售的果实积压在果农手中，损害了果农的经济效益。因此，有必要对病虫害防治问题给予足够重视。应时刻关注天气变化，如果天气异常或个别果树中产生虫害问题，果园管理人员应采取措施消除虫害。就目前病虫害防治工作来说，化学防治是最方便、最快的方法，但对食品安全的影响最大。因此，有必要合理选择化学农药，在确保病虫害防治效果的基础上，优先选择不影响果实品质的生物或物理防治方法。

（六）田间管理

做好防旱防涝工作。果树是多年生作物，因此果农应对抗旱抗涝问题给予足够关注，建立科学的灌溉排水系统。在果树新种植约 15 天之后，应根据当地的天气和土壤条件进行灌溉以及施肥。同时，为防止果树营养供应不足，应适当进行施肥，施肥的频率控制在 15 天 / 次，根据果树的状况在不同的时间施用不同类型的肥料。在种植过程中，应尽量将种植坑扩大，通过这种方式减少根部弯曲和根部结块。将果苗放在坑中时，拉伸根系，填满土壤，并使用树枝和树叶进行覆盖，在上层和中层撒上混有土壤肥料的有机肥料，添加少量钙、镁和磷的肥料，以促进根系发育。对果树进行摘心，摘心可让果树的枝条变得更加粗壮，加快果树的生长速度，增强抵抗病虫害的能力，借助这种技术让果树能够顺利过冬。具体而言，需要将高度限定在 60~100 cm，摘心工作与果树整体结构以及果树丰产性之间存在紧密关联，因此，对剪口要仔细涂抹接蜡，减少水分蒸发。

在新形势下，有必要在果树栽培中积极推广无污染的绿色技术。在确保产量的同时提高水果质量，满足群众对水果的高要求，提高全国水果种植的综合实力。想要达到这些目标，就要从选种、选址、病虫害防治等方面全面改良果树栽种技术。

第八节　新型果树栽培的施肥技术模式

在果树种植的不同阶段，肥料供给是不可或缺的，各时期的施肥技术也各不相同。肥料不仅为果树提供需要的养分，同时还能改善土壤性质，有效促进果树生长。因此，探究绿色果树肥料栽培技术意义深远。

一、果树栽培概述

果树栽培属于园艺的一部分。它与普通种植有所差异，主要种植于温室环境或者可以有效调控果树生长的环境，实现人工控制。多年来，果树栽培方式不断完善，其中肥料施加环节尤为重要，直接影响果树后期成长水平。果树栽培的关键在于把控果实成熟期，利用施肥技术提高果实产量以及质量，抵御自然环境的影响，突破地域约束，将经济效益最大化。

二、施肥技术内容

（一）底肥

底肥是给予果树基本营养的肥料。开始种植果树时，要控制果树生根时间，将生物活性程度最佳的肥料加入相应区域。但是绝大多数果农只顾摘取果实却不重视肥料，导致果树在秋天开始步入冬眠的阶段，缺乏营养成分，最终导致果实产量以及质量低下。活性有机肥是最优的底肥选择，这是由于该肥料可以有效改善种植土的内部性质，如酸碱度、有机质含量等，提高土壤透气程度，以帮助根系生长，从而促进果树生长。

添加底肥时需注意以下几点：第一，有机肥的选取需要注意氮元素、磷元素以及钾元素的浓度，同时把握有机质以及益生菌的含量。有机肥的性状较多，包括粉末以及颗粒等，其主要功能并无太大差异，但是果农必须严格按照施肥流程，把握用量。其中，颗粒性肥料在风区占据更多优势；而粉末性肥料通常用于无风区，其在维护果树根系、促进生根方面具有更多优势。因此，果农需要根据种植区域以及自然条件选择相匹配的肥料。第二，底肥的添加时间具有严格标准，例如，秋天不宜添加混合肥料，也不能将底肥与化肥相混淆。否则，果实进入冬眠阶段依然不断生长，使得枝条过大，导致风干或者死亡，尤其是幼年果树，难以抵御气候变化，树干易于开裂。此外，造成此现象的内在原因还在于化肥与有机肥的性质有所差异：化肥的作用是促进枝条生长，而有机肥的作用是促进根系生长。第三，施加肥料时需要事先挖掘一定深度的土坑。根据调查得知，肥坑的深度范围在 20~40 cm 时效果最佳。土坑与果树的距离需要根据果实的规模来适当调整，避免伤害植物根系。果农不需要担心根系断裂，这是由于底肥量添加充足，植物的根系可以储存大量的营养物质。

（二）追肥

果树生长阶段需要大量的肥料，因此果农必须根据实际情况适当添加，为果树生长提供所需的营养物质。根据调查得知，追肥环节最好使用速效肥料，果农为果树补水或者雨水结束后将速效肥料沿果树四周播撒，此时肥料坑深度应保持在10~20 cm，避免伤害果树根系；如果果农施肥技术水平较差，可以利用施肥枪完成施肥工作。追肥工作一般在春季进行，施肥种类为化肥，重点控制肥料的氮元素含量，以促进果树发芽。需要注意的是，当氮元素含量为磷元素和钾元素的两倍时，能够取得最佳的催发效果，使果树开花整齐，而且树势较为平稳，便于果农日后管理。待果树第一次果实脱落后，果农应准备二次追肥，此时氮元素含量应与磷元素和钾元素一致，方可取得最佳效果。当第三次追肥时，不需控制磷元素含量，但尽可能保持氮元素含量是钾元素的一半，方可增加果实糖分，促进着色以及成熟，最好叶面配合喷施钾、钙、硼肥。

追肥时应注意以下几点：第一，由于果树生长时期对于营养物质的需求有所差异，因而果农需要严格控制氮元素、磷元素以及钾元素的比例。枝条生长阶段，应保持肥料中拥有充足的氮元素，保持营养生长；果实生长阶段，应将生殖生长放在首位；当果实接近成熟时，果农需要控制钾元素以及硼元素含量，其中硼元素采用喷洒化肥的方式进行补充，提高果实糖分，需要注意的是，此阶段不能采用复合肥料。第二，果树开花前夕不应施加化肥，尤其避免尿素类物质，否则极易造成果实提前脱落，最终使果农的经济效益受损。

（三）叶面喷施肥

由于科学技术的进步，施肥技术也有所改善，果农可以对果树的根部以及树叶施肥。其中，氮元素肥料主要用于萌芽时期以及膨大期，硼元素、钾元素肥料主要用于果实成熟期。一年内，化肥使用次数不宜超过3次，根部等主要部位最多使用2次，其他时间只需叶面喷洒。这样做不仅节约劳动力，而且降低经济成本，提高果实质量。叶面喷施肥种类较多，比如水溶性、钙镁锌肥料以及氨基酸等，如果果农的选用错误，便会造成果树生长障碍，导致效益受损。本节主要讲述钙元素的叶面肥料，由于肥料市场大多销售硝酸钙等无机肥料，这类肥料虽然包含较高的钙元素，但果树的吸收效率受到限制，如果没有活性酶的存在，甚至有机钙也无法被高效吸收，从而浪费种植时间以及经济成本。因此，从肥料选择阶段就应注意，营养丰富的有机活化肥料是最佳选择，如果肥料内部含有更多的活性酶成分，效果更加显著。酶合剂不仅促进钙元素的吸收，还能促进果树对其他营养元素的吸收，有效提高种植质量。此外，肥料内含有部分光合作用促进成分，可以提高光合作用效率，促进果树生长。

叶面喷施肥时应注意以下几点：第一，叶面喷施肥料需要适当稀释，但此时必须使用软水。如果直接使用凉水调配，会掺和杂质，所以需将开水冷却后再搭配肥料，施加于叶面，方可获得最佳效果。第一次施肥需降低浓度，还需严格控制施肥次数以及施肥周期，根据调查得知，周期至少为10天。第二，施肥阶段严格检测环境温度，避免下午工作，最佳施肥时间为11时前以及16时后，避免叶面被高温烧毁。第三，若需防止病虫害，则应事先利用实验观察农药与化肥的结合现象，如果没有特殊气味或者沉淀，便能够混用；一旦出现某种不良反应，则禁止混用。

三、苹果树施肥技术

在苹果生长过程中，需要从土壤中吸收氮、磷、钾、钙、镁、铁、锌、锰、硫、铜等多种元素的营养成分，才能满足其正常的生长需要。苹果树根系深，较发达，多集中在土表 20 cm 以下，根系吸收能力强，充足的养分是获得优质增产的关键措施之一。树龄不同、生长期不同，所需肥料也有所不同。生长前期以氮为主，生长中后期要增加磷、钾的比例。

（一）底肥

幼树宜在秋梢停长后施加底肥，可促进根系生长，提高光合能力和光合效率，增加树体营养的贮藏积累。成树宜在每年秋季采收后施加底肥，为翌年果树生长做好准备。底肥以有机质肥料为主，配合适量磷、钾肥。春季解冻至发芽前再施加适量肥料，可促进果树发芽、嫩梢生长。每株施农家肥料 50~100 kg、复合肥 10~20 kg，施肥量随着树龄和结果量的增加而增加。农家肥要充分腐熟腐透，减少并避免未腐熟肥料携带病虫害，引发果树受害。

（二）追肥

一般情况下每年追肥 2 次，但要根据实际情况酌情掌握，追肥要遵循“适、浅、巧、匀”的原则。开花前至坐果阶段，以磷、钾肥为主，氮肥为辅，可有效促进果树开花，增加花量，提高坐果率，并能促进新梢生长。可每株施 10~20 g 腐熟人粪尿，硫酸铵 10 g（初结果幼树每株 20 g）。果实膨大期以钾为主，可亩施氯化钾 40 kg，二铵 5 kg。及时追施膨大肥，可提高果实含糖量，促进着色，提高品质，增加产量。适量的氮、磷、钾肥不仅能增加产量、提高果实品质，还可以减少腐烂病的发生。一般幼树氮、磷、钾的比例为 1 ∶ 2 ∶ 1；成树氮、磷、钾的比例为 2 ∶ 1 ∶ 2。另外，在满足氮、磷、钾肥的同时，还要适时适量地施加钙、锌、硼等微量元素，减少畸形果、水心病、苦痘病和斑痘病的发生。

（三）叶面肥

一般叶面追肥 2~3 次。果树营养生长阶段，喷施低浓度的氮肥，如 0.3%~0.5% 的尿素；营养生长后期以喷施磷、钾肥为主，可喷 0.5% 的磷酸二氢钾、0.5%~0.7% 的尿素；花期可喷 0.2%~0.3% 的氮、硼、钙或光合微肥；落花后连喷 2 次 600~800 倍液钙宝。

适时施肥技术非常重要，它可以改善土壤，让土壤“活”起来，因此，选择绿色肥料尤为重要。生物、有机、无机三合一的复合肥是目前的主要肥料品种之一，使用这种肥料是实现“农药、化肥零增长”的主要措施。

第九节　果树发生药害后的补救措施

夏秋季果树易发生药害，药害有急性和慢性两种。急性药害在喷药后几小时至数日内即表现出症状，如叶片（果实）出现斑点、黄化、失绿、枯萎、卷叶、落叶落果等；慢性药害经过较长时间后表现出症状，如光合作用减弱、花芽形成及果实成熟延迟，果个小、畸形、风味和色泽恶化等。一旦发现果树产生药害，应立即采取措施进行补救。

一、果树常见药害及症状

（一）芽部药害

果树发芽推迟，不能正常发芽，严重时部分芽变黑枯死。特别是核果类的桃、杏等树种容易发生。

（二）叶部药害

药后 1~2 天，叶面出现圆形或不规则形红色药斑。叶尖、叶缘变褐干枯，严重时全叶焦枯脱落。药后 5~7 天，叶片部分不规则变黄，严重时全叶变黄脱落。

（三）果实药害

药后 3~5 天，幼果果面出现红色或褐色小斑点。随果实发育膨大成圆形斑，但一般不脱落。有的药后 7~10 天，幼果大量脱落，严重的全树落光。7—8 月果面因喷药出现铁锈色或“波尔多”药斑，红果变成“花脸”果，严重影响果品等级。

（四）枝干药害

从地面沿树干向上，树体韧皮部变褐，严重的延伸到 2~3 年生枝。5~7 天后，主枝变黄枯死，严重的全树叶片变黄脱落或干焦在树上。

二、药害的类型

（一）药物药害

因药物直接原因造成的伤害叫药物药害。一般来说，能够造成药害的农药大多是无机的、相对分子质量小的、含重金属和水溶性强的一些铲除性药物，在生产上常见的有石硫合剂、硫磺粉、五氯酚钠、代森铵及硫酸铜等，此外，还有一些农药在果树上使用时，有一些特定的要求，不同的果树对有些药有特定的敏感性，如猕猴桃、核果类果树对敌百虫特别敏感，不能使用该药剂；桃树对马拉硫磷特别敏感，使用该药剂时应降低浓度；梨树对螨克和克螨特敏感，不可使用这类药剂；桃、葡萄的某些品种对稻丰散敏感，应慎用该药剂；桃、李、葡萄、梨等果树幼嫩组织对石硫合剂敏感，应慎用该药剂；所有果树对 2，4– 二氯苯氧乙酸丁酯、二甲四氯都很敏感，切勿使用这些药剂。准确地讲，一种农药对果树病虫害的防治，并不是广谱的，而是有特效、有效和无效的差别，在选用时一定要有针对性，否则容易产生药物药害。

（二）生理药害

果树生长有不同的生理阶段，对外界的影响有不同程度的反应，这种反应是由药物因素形成的，这种药害即为生理药害。产生药害的时期，主要为果树新梢生长期、幼果细胞分裂期和果实迅速膨大期。在这些生育阶段，果树较为脆弱，很易受药物影响而造成药害。如百菌净、腈菌唑、戊唑醇、丙环唑等在新梢生长期使用，会因果实的蜡质层还未形成而使果实木栓化，形成果锈，特别是农药中的硫制剂、二甲苯制剂和铜制剂，极易形成果锈。在果实迅速膨大期，果实生长迅速，表皮细胞分裂速度快，对环境的影响较为敏感，若在这时使用波尔多液，会使果皮增厚，色泽发青，皮孔增大。有些梨（如砀山梨）在使用三唑类农药后，果皮会变青。有些梨（如酥梨）开花后使用双甲脒、辛硫磷，对果实无影响；但若在膨大期使用，则会使果实出现黑色块状灼伤斑，等等。因此，只要了解某种果树在某个生理阶段对农药的特殊敏感性，有针对性地选用药剂，就可防止产生这些药害。

（三）气象药害

果树在喷药期间及喷药前后，因高温、高湿和降雨等原因造成的药害，即为气象药害。在果树生产上，这类药害所占比率较高，尤其是在夏秋季节的高温阶段，稍有疏忽，就有造成较大面积药害的可能。高温药害亦称温差药害，在干旱条件下，因受地下辐射影响，药害会明显加重。如当温度达 35 ℃时，中午太阳直射温度高，极易对树体造成危害，如果此时喷施农药，对果树的伤害会更重。特别是在使用代森铵、乙磷铝、代森锰锌时，容易在果面形成不规则的黑色灼伤斑。雨后转晴时，果树易出现生理干旱现象，在这个时段施用农药，尤其应注意防止药害产生。在使用农药时，应密切注意有关的风力和风向，一般在无风或微风阶段使用农药比较适宜，如果在果园的上风头使用 2，4– 二氯苯氧乙酸丁酯，即使在微风条件下，距果园 2000 m 左右时，也有发生飘移药害的危险。

三、药害产生的原因

（一）药剂的剂型及特性

药剂的理化性质与果树的关系最大。一般水溶性强的、相对分子质量小的无机药剂最易产生药害，如铜、硫制剂。水溶性弱的药剂则比较安全，微生物药剂对果树最安全。农药的不同剂型引起药害的程度也不同，油剂、乳化剂比较容易产生药害，可湿性粉剂次之，乳粉及颗粒剂相对安全。

（二）果树对药剂的敏感性

桃、杏、李等果树在生长季节对波尔多液敏感。波尔多液中石灰量低于倍量式时，梨、苹果、山楂、柿树等都易产生药害。波尔多液中石灰量高于等量式时，葡萄易产生药害。使用 45% 代森铵，当药液稀释倍数在 1000 倍以下时，梨、苹果树极易产生药害。其中，梨品种中以鸭梨药害较重，雪花梨次之；苹果以“金冠”“乔纳金”等品种较重，“富士”“秦冠”“美国 8 号”等品种较轻。

（三）药剂的施用方法

用药浓度过高、药剂溶化不好、混用不合理、喷药时期不当等，均易发生药害。由于病虫害易产生抗药性，致使用药浓度越来越高（或误配浓度过高），也会导致药害发生。喷雾滴过大、喷粉不均匀时会造成局部药害。有些农药不能混用，混用后不但失效，还会产生药害。

（四）环境条件

环境条件中以温度、湿度、光照影响最大。高温强光易发生药害；湿度过大时，施用一些药剂也易产生药害。在有风的天气喷洒除草剂，易发生飘移药害。

四、果树药害补救措施

（一）及时补肥

在生长期增强植株长势，可提高对药害的抵抗力。果树遭受药害后，生长受阻，长势衰弱，采取补救措施后，要及时进行追肥，追施氮、磷、钾等化肥或稀薄的人粪尿，可促进受害果树尽快恢复树势。对于叶面病斑、叶缘焦枯或植株黄化等症状的药害，可根据土壤肥力和果树长势状况，每亩施尿素 5~12 kg，还可适当增施磷钾肥，并结合中耕松土，促进根系发育，增强植株抗药能力。

（二）喷水冲洗

果树树体因喷药而发生药害，如发现早，应立即喷洒清水 2~3 次，稀释或洗掉叶片、枝干上的农药，以降低树体内的农药含量。如错用土壤处理药剂，可采用田间灌溉排水法处理。在防治天牛、吉丁虫等蛀干害虫时，因用药浓度过高而引起的药害，可立即自虫孔处向树体注入清水，直至水向外流，以缓解药害。

（三）中耕松土

果树受药害后，要及时对果园进行松土（深度 10~15 cm），并对根干进行培土，以改善土壤的通透性，促使根系发育，增强果树的抗毒力。

（四）局部剪除

果树受到药害后，要及时适量地进行修剪，剪除枯枝，摘除枯叶，防止枯死部分蔓延或受病菌侵染而引起病害。在果树上采用灌注、注射、包扎等方法施药过量、过浓而发生药害时，应将受害较重的树枝迅速剪除，以免药剂继续传导和渗透，并要及时灌水，防止药害继续扩大。

（五）中和化解

无论何种药害，在叶面喷施 0.3% 的尿素溶液加 0.2% 的磷酸二氢钾混合液，每隔 15~17 天喷施 1 次，连喷 2~3 次，均可减轻药害。如药害为酸性农药造成，可撒施适量草木灰或 0.5%~1.0% 的生石灰中和化解，药害重的用 1% 的漂白粉液进行叶面喷施；对碱性农药引起的药害，可追施硫酸铵等酸性化肥。若发生退菌特药害，则喷 0.2% 的硫酸锌液。高锰酸钾是一种强氧化剂，对多种化学物质都具有氧化分解作用。喷洒 6000 倍高锰酸钾溶液，能有效地缓解药害。

（六）逆性补救

利用某些农药的逆性进行补救。若使用生长延缓剂多效唑造成药害，可用生长促进剂赤霉素来补救。

（七）暂停用药

在药害完全解除之前，尽量减少使用农药，尤其是要停止使用同类农药，以免加重药害。

在果树生长过程中，因喷洒农药过量或错用农药使果树产生药害，轻者影响果树生长，造成减产减收；重者导致果树死亡，造成重大的经济损失。因此，在使用农药时，要严格避免发生药害，一旦出现药害，应立即采取补救措施。

第六章 水利工程与流域治理及饮用水安全

第一节 水利建设中的生态水利工程设计运行模式

工程和环境一直是一个矛盾的话题，修建大型建筑、设施往往会对生态环境造成一定的伤害，水利工程建设就是如此，比如使上游水流放缓，影响水体自净能力，造成水生动植物种群数降低，对洄游鱼类造成毁灭性打击；还会引起水文、地质变化等。这并不符合我国的“建设绿水青山”发展战略，因此在进行水利工程建设时，需要加入生态水利工程设计理念，注重人与自然的和谐相处。

一、生态水利工程设计原则

进行水利工程建设时，需要考虑生态环境的可持续发展，一定要注意不能带来任何的污染问题。大坝类的水利工程和生态环境息息相关，它们可以保证水源的合理使用，同时为周围的生态系统提供环境支撑的有利条件。具体而言，生态水利工程设计原则有5个，分别是反馈调整原则、整体性原则、自我组织及恢复原则、空间异质性原则、安全及经济性原则。反馈调整原则指水利工程的措施需要根据周围环境的变化确定，若环境恶化，马上停止正在实施的措施，反之则正常推行；整体性原则主要指水利工程生态总方针需要着眼于整个区域，而不是水利工程占据的某一段；自我组织及恢复原则是指建造水利设施会影响周围的环境，但是环境是具备自我恢复能力的，根据“适者生存”的原则，淘汰不适应、留下适应的；空间异质性原则是生物群落的一种特征，空间异质性和生物多样性关系成反比；安全及经济性原则，主要是指生态水利工程的建造方案需要去一个折中，即在经济性、水利工程要求和生态环境要求三个方面去一个折中。

二、生态水利工程设计的重要性

传统水利工程会对生态系统造成严重的影响。首先，地下水位的影响。岩层的力学指标、抗压抗剪等性质都会变化，改变地质环境，引发地质灾害，对于库区地震频率的增加尤其明显。其次，降低物种多样性。水坝的建设破坏了原有的河流系统，阻断了一些洄游鱼类的路径等，物种组成、群落结构都会有相应的变化。瞬时的影响可能不太明显，但时间长了会逐渐显现。建坝对河流生态的影响是巨大的，虽然下游会留出生态水深，但各种水生物还是会受到影响。最后，还会破坏植被，造成水土流失，引起空气污染、噪声污染、施工废水污染、建筑垃圾污染等。而生态水利工程追求的是人与自然的共赢，在大的方向上兼顾经济和环境，其在尽可能不破坏环境的条件下，建造水利设施，甚至在某些区域修改原先制订的建造方案，保护环境不被损坏，保护在这里栖息的动植物不受到影响。在经济效益方面，生态水利工程的收益高于传统水利工程。在前期，生态水利工程的成本比较高，但是生态水利工程不只包含水利设施，还包括养殖场、旅游区，这些都会创造出收益，再加上生态环境调节等隐含的收益，生态水利工程的收益远远高出传统水利工程。

三、生态水利工程设计应用分析

保护动植物的生存环境。修建水库，水库和周围环境是相通的，在水库中投放鱼苗，在河边倒一些石子，营造水生生物生存的环境。

水利工程建成以后，比如水库修建好之后，工作人员会将鱼苗投送到水库中，一方面是为了增加水库中的生物多样性，另一方面也是为了增加水库中的含氧量，提高水库中的微生物含量。水库中有很多垃圾，如果没有微生物、细菌，那么这些垃圾就会将整个水库填满。水库的水是浇灌庄稼、提供城市饮水的，如果垃圾太多，将直接影响水库的水质。如果使用人工清除垃圾，成本会很大，而使用鱼苗培养微生物，既可降低清理成本，还可创造经济价值，这也是生态水利工程的魅力所在。

调节水量。丰水期：水库蓄水，削减洪峰，降低洪水对下游的威胁。枯水期：水库放水，增加下游径流量，缓解水资源短缺对下游生产、生活造成的影响。经过水库的削减洪峰、调蓄径流作用，水库下游河段的径流季节变化将变得更加和缓。

建设生态水利工程既是我国的发展战略，也是人与自然和谐相处、实现共赢的有效途径。生态水利工程符合人们的期望，更符合国家发展的长远利益，应大力推行。

第二节 水利现代化管理与水利信息化资源合理利用

水利信息化就是指信息及知识逐步成为水利生产活动的基本资源和发展动力。水利管理在社会发展中处于重要的战略地位。因此，本节对水利信息化及现代化管理的现状进行了研究，强调现代化管理的必要性及加强水利现代化管理的措施。

一、水利信息化建设对水利现代化的促进作用

（一）实时汇总信息

水利信息化能够实时汇总和分析工程的各种信息，在工程进度中，可通过信息管理系统先进的数据处理功能完成信息数据的统计和分析处理，从而达到促进工程管理工作高效有序进行的目的，在节省人力物力和降低成本方面有着很大的优势。

（二）科学管理与决策

水利信息化可以实现科学的管理与决策。科学的管理和决策是建立在各方对信息资源的有效分析与处理的基础上的。信息系统不仅能够为决策者提供全面可靠的信息资源，还

能通过其先进的数据挖掘功能为决策者在大量信息中分析提炼出重点，这在水利工程管理中是十分重要的。

二、水利信息化现状

（一）信息传输不流畅

信息化意识不强，既没有统筹管理，也没有一个能够共享资源的平台，导致领导与部门之间、部门与部门之间的信息传输不流畅，互相之间缺乏了解，提供信息时缺乏衔接，从而在综合决策时不能全面地掌握信息，造成决策失误。

（二）管理方式不规范

水利管理单位在信息化建设方面缺乏行之有效的流程或规范，往往使各部门自成体系，各部门甚至个人会建立自己的资料档案，造成资料管理混乱。当单位在进行部门调整或人员调动时，稍有不慎便会导致一些原始资料或重要技术资料丢失。

（三）专业人才匮乏

水利信息化建设对人才有着很高的技术水平要求。但目前我国在水利信息化建设方面缺乏专业型的人才，主要原因在于信息化普及的程度不高，人才培训力度不强。另外，水利信息化建设工程要求从业人员必须具备良好的身体素质与吃苦耐劳的精神，这对很多技术人员来说是一个很大的挑战。人才的匮乏在一定程度上抑制了水利信息化建设的发展。

三、加强现代化管理的措施

（一）构建信息安全体系、充分发挥水利信息化的作用

随着信息化与网络化的发展，水利信息化技术应用过程中的安全问题不容忽视。为了确保水利信息安全和各种专项业务应用系统的正常运行，在水利信息化建设过程中，应引入安全技术，构建水利信息化安全体系，维护系统运行，提高管理效率。一方面，大量的水利信息（如水资源环境监测、汛情信息、水利工程建设管理等）都迫切需要采用计算机网络技术、网络通信技术、计算机辅助设计技术，特别是3S技术的应用将会越来越广泛。因此，水利部门要根据信息化发展的特点和趋势加强技术开发，建设以计算机网络技术为主体的应用平台，确保信息化系统开发的更新升级。另一方面，在加大计算机网络技术软硬件建设的同时，加大网络技术应用的安全保障。应用各种先进的安全加密技术加强信息化软件开发和应用水平，针对现有水利信息化建设的软件数据库技术存在的时效性和应用差异性等问题，构建大众的、操作维护更简单的信息系统，保证信息系统的实用性和可操作性，保证水利业务系统建设上软件平台的开发和设计与硬件建设同步发展，使水利信息化工作真正落到实处。另外，信息化安全也是水利信息化建设的关键环节，计算机网络技术与信息要求的信息化程度高，安全问题也更复杂，必须采取更加安全的技术手段加强管理，防止计算机病毒入侵，保障水利信息的重要网络和应用系统运行安全。

（二）加强水利信息化的规范性，实现水利信息化的互通和资源共享

新技术的广泛应用实现了信息传输的数字化、网络化，增强了信息传输效率，发挥了信息的最大应用价值。因此，在水利业务发展中，应越来越多地引入全新的信息技术成果，提高系统应用的兼容性、开放性。在信息化条件下，随着计算机网络技术的发展，水利信息化建设呈现新的发展要求和趋势。如卫星等技术和地理信息系统（GIS）与网络技术的交叉应用，为水利信息化提供了更加丰富和准确的信息，也大大提高了信息传输的时效性，使水利信息处理速度快、可视化程度高、表现更直观，增强了决策支持的能力。但是，目前，水利信息标准和规范化建设体系不够健全，水利信息化应用、网络基础设施标准、信息安全标准、价格标准等缺乏统一的业务标准，这不仅造成了低水平的重复开发建设，也不利于水利信息的资源共享。因此，要加强建设水利信息标准体系建设，在认真落实执行现有的水利信息化标准和规范的同时，还要统筹规划水利信息化安全体系的建设，在统一规划、统一标准、统一领导的前提下，积极探索和建立一套行之有效的体制和制度，保证水利信息化建设规划和设计的统一性。在计算机机房环境建设方面，应逐步整合或取消各业务部门自建的内部机房，实现机房的统一利用。在计算机硬件设备和基础软件方面，要加强统一部署、集中价格和共享利用，逐步构建相对统一的基础硬件运行平台，提供统一的基础硬件环境，以提高系统的可靠性和运行效益。应尽可能依托现有的水利信息数据处理、数据分析处理等基础软件，开发各类业务应用系统。在水利信息系统安全方面要从全局出发，建立统一的防范机制和安全策略，要在统一的规划系统下，抓好基础信息采集和数据库建设，为网络化和资源共享打基础，杜绝低水平开发和重复建设。

（三）加强水利信息化人才队伍建设

目前，我国水利信息化人才紧缺，信息化应用水平不高，缺乏专业的系统建设和管理人才队伍。特别是一些水利工程中应用通信技术、计算机网络技术的建设项目，对人才的实践经验和技术要求较高。因此，要根据现有人才队伍的特点，重点强化信息化技术人员的培训，对计算机网络技术不同领域的人才进行细化，分门别类进行专门培训，促使技术人员在短时间内既掌握水利专业知识，又精通某方面的信息技术。此外，还应加大人才引进力度，对水利信息化人才的引进要注重转变人才引进方式，吸引更多的专业复合型人才积极投身水利信息化建设。同时，探索水利信息化建设资金保障市场运作途径，积极利用资本市场建立适应市场经济基本特点的运作机制，解决水利信息化建设的资金问题。随着水利机构改革的不断深入，要利用水利部门职能转变的有利条件，尽快研究出台相关的政策，努力扩大水利投资渠道，尽快健全投资体系，建立良性运作机制，形成水利资金的良性循环。应加大水利信息化科研建设，发挥其科研项目和建设项目双重身份优势，使其迅速地转化为生产力并有效地服务于水利信息化建设的需要。

只有不断加强水利信息化建设，提高现代化管理水平，逐步完善现代化水利管理体系，使之与时俱进，才能使水利工程的作用得到更好的发挥，并促进经济和生态社会的不断发展。

第三节　水利技术领域创新与水利管理能力提升

水利作为我国社会建设中的重要产业之一，其发展目的主要是确保我国人民的用水需求和用水质量，并通过有效的管理操作加强对水资源的节约保护，促进水资源的合理利用。但是就目前来看，我国农业生产、工业生产以及日常生活中的用水需求日益增长，而水资源的有效供应却日益紧张，使得用水需求与用水供应隐隐形成了两极化发展方向，这不仅影响我国经济社会的持续发展，在一定程度上也影响着我国人民的日常生活。因此，如何加强水利技术创新与水利管理能力提升是当下水利机构和相关部门的重点研究对象。鉴于此，本书针对水利技术创新与水利管理能力提升做一些分析，并提出相应建议，以为水利技术创新与水利管理能力提升提供有效价值。

一、我国水利管理的发展现状

随着我国社会经济的迅速发展，各行各业都伴随着高科技和现代化技术的引入而进入了新的发展时期，其中工业生产和农业生也从传统手工生产模式中脱离，形成了更具效率的机械化、自动化、智能化及现代化生产模式。但是，在我国社会经济的发展过程中，也相继产生了一系列问题，如生态环境的破坏、水资源的严重污染以及小型河流的消失等，这些问题不仅使得我国人民生活质量急剧下降，也极大影响了我国社会经济的持续发展。同时，在生态环境的问题日益严峻的情况下，我国各个地区的气候也产生了不同程度的变化，以致雨季时期降雨过大、降雨时期较长，极其容易出现洪涝灾害等状况。我国许多城市的排水设施已经老化，已经无法满足现实的排水需求，以致自然降水、工业污水以及生活污水等得不到及时排出，甚至会对其他水源造成严重污染，以上都是水利管理中需要重视的问题。如果不能采取有效措施解决问题，不仅会影响人们的日常生活，也会威胁我国人民的财产安全和人身安全。

二、水利技术在水利管理中的作用

通常，各项事业在发展中都会涉及许多技术领域和科学领域，而水利作为我国社会经济的重要产业，在进行管理时也应有效利用先进技术和管理方法，以保证水利事业的稳定发展。同时，水利工程是一项复杂且规模较大的工程，合理利用水利技术能够促使各种复杂工序变得简单化、系统化，有助于提升工作人员的操作效率。就目前来看，水利管理的任务主要是促进水资源的节约保护、水利工程的正常运营，并通过已开发的水源、水域及水利工程的相关设施进行水害防治工作，同时，对于水利工程的设施也要检验其是否具有科学性、合理性以及安全性，有效提高水资源利用率，而在此过程中就需要采用各种技术手段，保证水利管理工作具备有效性和科学性。此外，为促进水利事业的持续发展，需要通过水利技术的创新来提高水利管理能力，提高水利管理的工作效率，完善其工作流程，在具体的管理过程中确保水利工程建设中的施工效果、施工安全及施工进度。

三、水利技术创新与水利管理能力的提升

（一）利用信息技术提高水利管理能力

我国正处于信息技术的迅速发展阶段，信息技术被广泛应用于各个行业领域，鉴于信息技术在水利管理应用中产生的可观价值，工作人员有必要提高信息技术在水利管理中的作用，从而促进水利管理能力的提升。在进行水利管理工作中，工作人员可以考虑在信息系统中添加防汛方案，利用信息技术建立可靠的洪水预警机制并对其设定合理的水量条件，从而确保信息系统在洪水量达到设定数值的时候发出警报消息，以便工作人员和领导能够通过信息系统直观地掌握水利动态情况，从而在最佳时间内制订有效的解决方案，进一步提升水利管理能力和技术实施能力。此外，工作人员也可以将GIS系统应用到信息技术中，使工作人员能够利用便携性设备如智能手机、平板电脑及微型笔记本等实时掌握水利信息，在应用过程中还能够根据水利信息情况及时查阅相关资料，在最佳时间制定有效决策，从而提高水利管理工作效率，进一步强化水利管理能力。

（二）利用RTK技术提高水利管理能力

在传统的水利管理中，许多工作人员都采用静态测量技术，这种测量技术存在资源耗费较高、测量数据准确度较低等弊端，而RTK技术（即实时动态载波相位差分技术）作为一种新型的实时动态测量、实时结算技术，能够极大提升水利管理中的测量工作水平，保证测量数据的精准性。工作人员在运用RTK技术的过程中以载波相位为基础，从而在动态测量中得到定位值，并将得到的三维数据转成以厘米为单位的数据，为工作人员了解测量数据提供便利。RTK技术也可以应用到地形测图工作中，其可以极大降低资源消耗，不用点间通视，具有操作便捷度较高、数据误差性较低等多项优势，能够有效提升工作效率，进一步提升水利管理能力。

（三）加强水利技术创新，提高水利管理能力

随着科学技术的迅速发展，我国在水利管理方面已经与传统的管理方式脱离，逐渐形成了现代化的水利管理模式，并且取得了显著的应用效果。就水利技术的发展而言，其已经摆脱了过去的手工操作模式，在实施中更具有现代化、自动化以及机械化优势，在之后的发展中也会由此不断提升水利管理能力。水利工程作为我国重要的民生产业之一，在水利管理的持续发展中应不断加强水利技术的创新，相关部门也要合理投入资金，以支持水利行业的稳定发展，并通过引入高新技术加快水利技术的创新进度。同时，我国有些水利工程的设备设施都较为陈旧，这就使得水利管理工作无法得到有效实施，因此，为提高水利管理能力，相关部门要加强重视，对于陈旧的设备设施应及时采取措施，或进行维护修复，或进行更新补全。

综上所述，在水利管理工作中，不仅要考虑水资源的供应需求，也要促进水资源的节能保护及合理利用，还要针对水利工程进行有效管理，这就使得水利管理工作具有一定的复杂性和烦琐性。为此，要积极采取先进的水利技术提高水利管理能力，在应用过程中也

要注重水利技术的创新，从而促进水利管理的持续进步。

第四节　水利工程计划用水管理与科学调度

在水利工程计划用水管理与科学调度的过程中，一方面，确保计划用水更加合理有效；另一方面，要保证水利工程科学调度有更好的方法和措施，提高整体的调度水平。

一、水利工程管理

工程管理是整个管理工作的基础，也是一项技术性较强的管理工作。水利工程管理的内容一般包括工程的合理应用、工程的养护维修、工程的观测、工程的防汛抢险等。我国水利工程建设管理在改革开放之前都采取人工管理模式。此种管理模式主要是依照人们的长期实践经验，利用人工观测和手工测绘方式，同时结合一些较为传统的设备、工具及通信方式，利用一些比较经典的模式，实现数据的管理。这种模式需要人工做出图表，并配以文字说明，实现归档管理。直到 20 世纪 90 年代，这种模式才停止应用。随着计算机技术和通信技术的发展，现代化技术在水利工程建设管理中发挥着重要作用，但还处于初级阶段，很多情况下只是利用计算机进行简单的编程，或者制作简单的数据表格，无法充分发挥出现代技术的功效，无法将计算机技术和通信技术运用到水利工程安全管理中。近些年，计算机技术和通信技术取得了更快的发展，我国水利工程建设管理也加强了与现代化技术的结合，管理模式由以往的人工模式向现代化模式、自动化模式和智能化模式发展，保证了工情和水情监测以及信息采集的准确性、实时性和全面性。

水利工程与河川径流有着密切的关系。同河川径流一样，水利工程的变化是随机的，具有多变性和复杂性，但径流在一定范围内有一定的变化规律。要根据其变化规律，对工程进行合理规划，以确保工程的安全性和发挥最大效益。工程的合理运用主要是制订合理的工程防汛调度计划和工程管理运行方案等。由于各种主观原因和客观条件的限制，水工建筑物在规划、设计和施工过程中，难免会存在薄弱环节，使其在运用过程中出现这样或那样的缺陷和问题。特别是水利工程长期在水下进行，若自然条件的变化较大或管理不当，将会使工程发生意外。所以，要对工程进行长期的监护，发现问题及时维修，消除隐患，保持工程安全运行，以发挥其应有的作用。

水工建筑物的检查和观测工作，是工程管理工作中一项极为重要的基本工作。建筑物在运用过程中，其状态和工作情况随时都在发生变化，有的是正常变化，对建筑物安全影响不大；但是，也有的属于异常现象，一旦处理不及时或不当，就会引发事故。为了及时掌握水工建筑物的变化状况、性质及其规律，应对建筑物进行经常的、系统的、全面的检查和观测，并及时分析处理，改善和提高工程运用条件，验证设计情况，从而不断提高科学技术管理水平。防汛抢险工作是全社会的公益事业。在水利工程管理中，对于存在隐患的建筑物，应及时做好防汛的准备工作，特别是大中型病险工程，更应注意日常的管理。因为水利工程一旦出现事故，将引起毁灭性的灾难，给国民经济和人民生命财产带来难以估量的损失。防汛抢险工作中，应针对大洪水做好防汛抢险的各项准备，防患于未然，确保工程的安全运用。

二、资料分析

（一）灌溉水源分析

无坝引水和抽水灌区：主要分析河流水位、流量及其变化过程。低坝引水灌区：只分析河流流量。库塘灌区：主要确定设计年降水量、地表径流系数和水库塘坝的水量损失。机井灌区：主要调查摸清其出水量和全年供水天数。对含沙量大、含盐量较高的水源，还应进行含沙量及水质化验分析。

（二）灌区用水量的分析

灌区用水量主要指农业生产单位、林业、养殖、乡镇企业及城市和乡村人畜饮水用量、生态用水等。其中，农业用水量是根据灌溉任务和灌溉制度通过综合分析计划确定的。一方面要调查统计农作物的种植面积、种植农经比例，可由下而上按行政单位渠系进行登记；另一方面是拟定灌区的灌溉制度，合理计算各灌区的用水量，安排供水时间，力争一水多用。

（三）供水指标的分析

目前，常用的主要指标是灌溉水利用系数和灌溉效率。灌溉水利用系数是渠首到田间水的有效利用程度的指标；灌溉效率是灌溉质量与水的利用状况的综合指标，指渠首引水一个流量（$1\ m^3/s$）一昼夜的灌溉面积。

（四）其他资料

其他资料包括渠系近几年的供水总结，渠系建设情况，灌区范围内的气象、水文、地质及有关试验调查资料等。

三、渠首引水流量的确定

低坝引水灌区：当河流来水量大于渠首引水量时，即以渠首引水能力作为可能引水量。当河流来水量小于渠首引水能力时，即以河流水流量作为可能引水量。无坝引水和抽水灌区：要考虑河流水位与引（抽）水能力的关系。库塘灌区：一般只考虑各阶段及全年的可能供水量，必要时可根据各阶段的蓄水高程与闸涵放水流量关系、渠道输水能力确定各阶段可供给的水量。在多种水源灌区，应将各种水源可能利用的水量综合起来，根据不同情况分别使用，如渠塘灌区要先用渠水后用塘水，库塘灌区要先用塘水后用库水。

四、供需水量平衡轮期的划分

轮期是一个配水阶段。把灌溉季节划为几个轮期，有利于协调供需矛盾，适时进行灌水，全面均衡收益。一般在需水不紧张时，可将作物用水一次所需的时间定为一个轮期；在用水紧张且水源不足时，为了均衡收益，可将作物用水的一次时间划分为 2~3 个轮期。

五、供需水量平衡计算

在平衡计算中，若某阶段可能引入流量大于或等于灌溉需要的流量，则以需水流量作为计划引水流量；若可能引入流量小于需水流量，则采用下列措施调整。

（一）调整灌水时间和灌溉定额

在水源供水不足时，可将某种作物的部分面积适当提前或推迟灌水，也可适当减小灌水定额。

（二）挖掘潜力

充分发挥其他水源的作用，如做好渠道防渗；实行轮灌，以提高水的利用率；充分利用库塘水、地下水等一切可以利用的水源，以补充河流水源的不足。

（三）配合农业措施合理安排作物种植

如推广节水增产的优良品种或种植不同品种的作物，调整种植农经比，以缓解用水高峰，避开水源供水不足时高峰用水量。

（四）采用节水灌溉技术

在灌区内逐步推广先进的节水灌水方法及相应的灌水技术，以有效解决日益扩大的供需灌溉矛盾。

六、灌区配水计划

灌区配水计划是按渠系引水计划划分的轮期编制的，包括渠系配水计划和渠段配水计划

（一）渠系配水计划

渠系配水计划是各渠段配水计划和渠系可能供水进行综合平衡后由下而上推算各级渠道的毛流量，然后计算出干、支、斗、农的配水比例。配给水量为各级渠道毛流量乘以配水延续时间；配水比例为该渠道的毛流量与上一级渠尾流量（或者为渠首流量）的比值。

（二）渠段配水计划

渠段内各斗渠一般实行轮灌。划分轮灌期应考虑上下游各斗渠之间的均衡用水及是否有利于提高干支渠道水利用系数和便于管理等因素。

综上所述，对于水利工程计划用水与科学调度工作，我们一定要了然于胸。只有明确计划用水和科学调度的要求，才能够确保水利工程计划用水与科学调度更加有效。

第五节　农田水利建设助力农村经济与现代农业发展

随着经济社会的快速发展和城市化进程的不断推进，农民从以从事农业为主转向以从事其他非农产业为主。在现代经济社会的发展中，城镇化进程加快，更多的农村人口以更快的速度涌入大城市，这就导致农村人口日益减少，没有人愿意从事农业生产。之所以出现这种状况，其实归根结底还是因为农村经济发展的落后，且农业劳动包含了大量的体力活儿，所以很多年轻人不愿意从事这项活动，使得农村经济的发展受到了严重的影响，因此需要提高农田水利建设和管理水平。

一、我国农田水利建设的现状

相对而言，我国水资源十分缺乏，总量明显不足，分布不均，区域性、季节性缺水极为严重，人口与水资源呈现严重不平衡状况，而且有加剧的趋势，尤其是在水资源与土地整理开发中，出现极度的不协调。在我国的大部分地区，降水分布十分不均，必须加强对水利设施的调节，提高农业综合生产能力。坚持以农业为基础，不断地改善农业生产基础，提高对抗自然灾害的能力，加大以农田水利基本建设为重点的农业基础设施的投入力度，是确保国家粮食安全，不断提高我国农业竞争力的需要。

二、农田水利建设中存在的问题

我国幅员辽阔，地形复杂，气候多样，极端天气频发，因此放大了农业生产本身的弱质性。虽然近几年国家对农田水利设施建设的投入持续加大、工作不断加强，但由于农业基础脆弱，后劲不足的问题依然十分突出。

（一）水利工程老化失修，效益衰减严重

我国大部分农田水利基础设施于 20 世纪 50—70 年代兴建，一些农田水利工程老化失修、设备破损、效益衰减严重，难以为继。其中，许多小型农田水利工程的平均完好率仅为 50%，实际灌溉面积远低于设计的灌溉面积，排涝能力弱，农田积水无法排除，提灌能力差，不能满足灌溉需要。

（二）疏于管理，水资源浪费严重

农田水利基础设施受自然环境的影响，需要经常进行维护和保养，若缺乏必要的维护投入，造成基础设施“有人用，无人管”，降低基础设施的更新速度，使其老化失修，工程效益递减，从而导致水资源的开发利用效率低下，必然浪费水资源，但目前这种疏于管理的情况已经成为我国农田水利设施的普遍现象。

（三）水利结构失衡

农村水利是一个有机的系统，有功用各异的大中小型水利设施，但目前我国政策的重点倾向重大型水利设施建设而忽略了与农业生产和农民关系最直接相关的沟、塘、渠、湖

等中小型水利的建设与投入，注重平原区和大中型城市水利设施建设而忽略了偏远山区和贫困地区的水利设施建设和投入，导致各类水利设施之间缺乏互补与衔接，造成水力资源未能得到有效配置和利用。

（四）农业科技薄弱、灌溉技术落后

目前在我国广大农村，有 2/3 的灌溉面积还在沿用传统落后的灌溉方法，灌溉水利应用系数仅为 0.49，造成水资源的极大浪费。因组织缺位和资金不足，综合运用滴管、喷灌等节水技术，实施农业节水灌溉的科技兴农措施在某些地区没有得到有效推广和运用，农业生产的抗灾减灾能力依然未能体现。

（五）缺乏有效的投入保障机制

实行农村税费制度改革，建立和完善公共财政机制，对于减轻农民负担、规范税收管理、农田水利建设可持续发展具有非常重要的意义。目前，农田水利建设所需资金基本上由政府财政资金支持，吸引多渠道社会资本加入农田水利建设的机制还没有形成，这严重影响了农田水利建设的可持续发展。

三、发展农田水利建设的建议

（一）树立优先发展农田水利建设的意识，摒除城乡二元化偏见

要想从根本上解决我国农田水利建设落后的情况，必须先改变落后的思想观念，即城乡二元化的发展思路。目前我国的城市和工业体系已经基本上不再需要农村和农业的支持，应该尽快转变发展思路，尽快回到以工补农的正常轨道上来，统筹城乡的发展，认识到农田水利建设的重要性，建立优先发展农田水利建设的意识。

（二）将小型农田水利建设纳入公共财政中来

社会上对于是否将小型农田水利建设纳入国家公共财政中来存在争议，但是小型农田水利建设属于农村中公益性的基础设施，社会效益高，但经济效益较差，必须有政府的大力扶持，让农业和农民享有公益性权利。

（三）拓展筹资渠道，加大筹资力度，优化筹资结构

农田水利建设的重要性不言而喻，国家会进一步提高对农田水利建设的投资力度，同时我们也应该拓宽筹资渠道，如个人筹资、社会资金募集等。要优化筹资的结构，改变单纯依靠国家财政的模式，增加社会资金在建设中的比重。

（四）健全完善水利政策法规，合理进行利用与保护

众所周知，农业是低收益产业。在农村税费改革后，农田水利基本建设应当得到公共财政的支持。因此，政府在农业建设改革方案的实践中要建立完善的投资机制，不断加大前期投入的引导资金，同时各地还应当用足用好财政的投入政策，确保上级水利项目补助资金和地方财政配套资金及时、足额到位，调动农民群众积极性，使其产生兴修水利的热情。

（五）科学规划，统一布局，发挥整体效益

针对上述农田水利建设过程中存在的相关问题，政府在农田水利工程建设的初期，应当以长远、统一规整的思想进行设计，使得新建工程与原有工程相配套，并积极利用国内外新技术、新成果探索多种有效的形式，充分发挥已在建工程的最大效益，只有这样，才能进一步促进农田水利建设机制顺利有效地运行。

（六）加强水利宣传教育，提高群众保护水利工程的意识

政府在加强农田水利建设过程中，还应当利用各种形式进行大力宣传，不断提高农民的集体意识以及保护水利工程的意识，这样可以形成良好的利用及保护氛围，从而使农田水利建设发挥出巨大的经济效益和环境保护功能，更好地造福国家、造福社会，为人民服务。

加强农田水利建设是发展农村经济与现代农业的必经之路，有助于完善我国农田水利基础设施的不足，促进农业产业结构的调整，提升农业粮食的产量与质量，保障粮食安全与社会稳定，进而有助于提升农民生产生活的水平和社会主义新农村的构建。

第六节　建立农田水利建设新机制 完善水利建设

我国是一个农业大国，水资源严重匮乏。在这种情况下，为了确保我国农业生产，相关管理机构实行了农田水利项目的建设工作，这在很大程度上提高了我国农业生产力。为确保农业生产的顺利进行，有必要对农田水利建设新机制进行相关探讨。

一、建立农田水利建设新机制的关键含义

我国是一个农业大国，农业是我国的基本产业，同时也是我国最关键的产业之一，其对于国民经济发展拥有非常关键的影响力。我国当前的农田水利骨干项目绝大部分都是20世纪50—70年代建设，有一部分农田水利项目已经超过所要求工作的年限，水利建筑年久失修，老化程度非常严重，同时还有一部分小型农田水利项目当初属于试点项目，项目规划设计存在问题，配套效率不高，对当前灌溉地区执行全方位节水改造和续建配套等工作造成非常大的阻碍。在当前人多地少缺水的情况下，要想确保我国粮食产量、提升农业全面生产能力，一定要再次加强我国农田水利建设工作，这需要更多的经济投入。创建一个提高农田水利建设的新机制、新方法，是当下和未来一定阶段内，提升与保护我国农业综合生产能力的一项关键且急迫的任务。各级相关机构应该提高认知，统一理念，加强领导，认真完成该项任务；仔细建设试点，深入探究考察，总结经验，逐渐普及。

二、建立农田水利建设新机制的原则与指导思想

（一）建立农田水利建设新机制的指导思想

坚定统筹城乡共同发展的策略方针，切实提升公共财政对农田水利建设工作的资助力

度，将政府提供的补助资金当成导向、把农民自愿出资出劳当作关键、将农田水利建设策划当作依据、把加强我国农田水利管理制度改革当成动力，逐渐创建出保护我国农田水利建设长久发展的有效管理机制。

（二）建立农田水利建设新机制的基本原则

首先，要坚持政府扶持、民办辅助的基本原则。国家应该陆续提高对水利建设的资金投入，尤其是提高对小型农田水利建设的资金注入。将我国农村劳动力资源充足的优点完全发挥出来，尽最大能力组织和引导广大农民参与到水利建设工作中。其次，坚持民主自由、群众自愿的基本原则。应认真划分加重农民负担和农民自愿出资、出劳之间的政策界限，完善“一事一议”的筹资筹劳工作制度，在真正实现民主自由和民主管控的情况下，把政府加大成本投入当成机遇，利用高效的组织工作，引导农民出资出劳，进行农田水利建设工作。最后，要坚持规划先行、关注成效的基本原则。要将策划的全局领导作用充分发挥出来，将农田水利建设整体规划当成组织农民出资出劳的前置需求和国家进行资金投入的关键依凭，科学高效进行农田水利建设工作。

三、建立农田水利建设新机制的工作要点

（一）提高政府资金注入，逐渐建立农田水利建设资金平稳提升的机制

财务机构需要创建小型农田水利设备建造补助专项资金，对农民执行小型农田水利建设工作进行补助，同时陆续提高资金数额；在进行农业综合开发资金策划工作时，应该将农田水利建设当作中低产农田革新的一项核心内容。发展改革机构要对投资结构进行修改，真正提高对农田水利项目建设资金的投入。土地使用权转让金用来作为新加建设用地以及农业土地开发部分的有偿使用费用，应综合土地开发整理，将一部分资金用来作为完成小型农田水利建设工作的流动资金。要对我国当下所有农田水利建设资金进行整合工作，提高对其统筹管理，防止发生重复供给的情况，大力加强对资金使用效率的管控。根据中央政府和地方政府权事划分的原则，各个地方政府需要担负起农田水利建设工作的关键责任，将农田水利建设投资归入财政预算当中。

（二）仔细完成农田水利建设规划编制工作

农田水利建设规划的编制工作，应该以县为基本单位，按照从下至上的办法执行；从原则上来说，每一个县都应该归入编制当中。执行编制工作时需要统筹兼顾，逐步进行，追求成效，突显核心。当农田水利建设规划根据相关程序完成审批工作后，便能够成为国家支出补助资金的依据，不过所申报农田水利项目一定要和规划的要求相契合，否则不予批准。水利机构需要从全国和局域水资源科学使用的角度出发，加强对规划编制工作的指导。我国各个地方应该根据现实情况，积极开展农田水利建设试点工作，获得经验后推广分享。

（三）使农田水利建设项目管理工作与资金应用规范化

首先，掌握资金流向。其次，确认项目工程执行主体。执行项目的主体可以是农村集

体经济组织，也可以是农民个人，还可以是其余农民专业合作社等，所以一定要明确项目工程的执行主体。再次，完善补助形式。应用在补助项目施工的机械设施作业费、设备费以及材料费等。最后，确定补助标准。按照农民在限额内筹资筹劳和项目性质等具体情况，制订完全不一样的补助计划，筹补结合，多筹多补。

农业在我国有非常重要的社会地位，确保其综合生产能力，有助于我国经济建设社会发展，因此，一定要提高农田水利建筑的建设工作，虽然我国农田水利建设整体水平呈下滑趋势，但是随着农田水利建设新机制的逐渐完善，必然会改变当下这种情况。

第七节　基层水利信息化建设集成与示范推广

计算机技术的发展对各行业领域都起到了良好的推动作用，尤其是将信息化技术应用到传统运营管理中，使相关工作更具规范性与系统性。基层水利站是国家水利事业的重要组成部分，围绕其日常工作展开信息化技术革新，可以大幅度提升水利站的建设质量。一方面要对基层水利站的信息化建设情况展开分析，指出当前阶段存在的不足；另一方面要提出相应的优化建议，促进基层水电站的信息化建设程度。

近年来，水利事业正由传统水利向现代水利、生态水利与可持续发展水利进行转变，信息化是实现转变的重要手段。为全面推动水利信息化工作，各基层单位从顶层设计、制度保障、建设标准、建设目标等方面进行优化完善。同时，借助现代信息通信技术对水利站各项工作进行重塑，基层水利信息化建设迎来了前所未有的好机遇。然而，信息化技术作为新兴技术，在实际工作中不仅应逐步完善，还要搭配相应的基础设施，解决信息化平台运营中的各种问题，这对基层水利站的信息化革新战略具有重要意义。

一、基层水利信息化建设现状

（一）缺乏对信息化技术的重视

水利事业属于传统行业领域，虽然在近年来不断引进现代化技术，然而信息化建设程度始终存在较大的提升空间，信息化建设工作在水资源管理、防汛抗旱以及水利工程运营管理中取得一定效果，但是多数单位仍缺乏对信息化技术的重视程度，将其视为辅助型管理平台，部分领导与员工对信息化技术流程缺乏熟练度，坚持采用传统的运营管理模式，进而在发展计划的制订环节与执行环节都存在大量隐患，无法为水利工程的顺利开展提供保证。

（二）信息化技术应用范围有待拓展

信息化技术发展水平较低，未能在相关工作中进行延伸，具体内容如下：缺乏信息化数据库建设，多数水利工程管理工作采用纸质化模式办公，相关材料没有转换为数字化形式，无法发挥出信息化技术的应用优势，缺少统一标准的数据库，数据信息的准确性无法保证，不能对水利项目决策提供数据支撑；基层水利站的信息化技术应用兼容性差，在现代化技术飞速发展的背景下，信息化技术系统的革新速度较快，当基层水利站缺乏对信息化建设的整体规划时，将会受到信息流不畅通的影响，导致自身的信息化系统成为“孤岛”；缺乏有力保障，基层水利站的信息化建设是一项复杂且庞大的工程，如果没有针对性的管控制度，也会影响信息化系统的发展进程。

（三）缺少信息化配套设施

对于基层水利站来说，无法在信息化建设工作中投入大量成本，导致软硬件配套设施与行业发展速度缺乏契合性，多数基层水利站的信息建设尚停留在基础数据的统计应用水平。此外，基层水利站的运营管理工作对应用系统的专业性存在严格要求，当相关技术人员水平较低时，则不能完全发挥出软硬件设施的所有功能。因此，要想快速落实水利站的信息化建设工作，就要从多方面入手，制订科学合理的信息化革新计划。

二、增强基层水利信息化建设的优化建议

（一）加深对信息化技术的认识程度

基层水利站主要负责对基本工程项目进行管理，例如点多面广的小型水利工程，扁平化的管控模式可以取得良好效果，但在模式应用过程中却需要对大量数据信息进行整理分析，如果缺乏信息化技术平台的支持，将会降低水利工程管理效率。因此，首先要明确信息化技术的作用与价值，加深工作人员对信息化技术的认识，将被动思想转化为主动，积极执行基层水利站的发展计划，利用信息化管理平台对水雨应用情况、水文检测结果、水利建设任务以及洪水风险图等进行汇总分析，结合水利工程需求对施工计划进行调整优化，进而促进基层水利站的运营管理效果。此外，基层水利站还要加强信息化技术的推广宣传，提升工作人员对信息化管理体系的支持程度，为基层水利站信息化建设工作提供助力。

（二）调整信息化技术的应用模式

信息化技术的建设与管理工作会对基层水利站的软硬件设施提出要求，如果缺乏完善的管理制度，将会直接影响信息化系统的管理效率。因此，基层水利站要调整信息化技术的应用模式（例如，采用购买产品与服务的运行模式），根据水利工程建设计划，制定行业市场招标与定制产品的建设流程，这样不仅可以满足现阶段的基层水利站管理运行工作，而且可以避免后期应用平台升级改造时的麻烦。此外，如果基层水利站自身具备一定的信息化建设能力，仍可以采用部分功能购买的方式来引入先进的信息化管理系统，最大限度地展现出信息化技术的实用性与易用性。

（三）加强基层水利数据库系统建设

水利数据库系统是开展信息化运营管理工作的基础，正确、快速地对相关信息进行提取应用，才能保证水利工程发展决策的可行性。通过对水利工程的建设数据参数进行准确记录，可以为后续工作提供准确可靠的数据支撑。由于基层水利站开展信息化建设的时间较短，相关软硬件投入不足，大量资料都没有实现数字化，仍采用传统的纸质存储管理方式，这样会影响到水利工程管理工作的执行效率。因此，基层水利站一方面要加快数据从

传统纸质形式向数字化形式转变，还要对数据库系统的结构进行优化，保证各类数据信息的准确性与可靠程度。

（四）重视培养信息化技术人才

要积极培养信息化技术人才，为基层水利站信息化系统的整合共享提供充足的人才资源保障。在专业人才的引进方面，可以在行业市场中高薪诚聘信息技术人才，并且根据其技术水平委派相应的管理运营岗位，保证信息化建设工作的顺利开展。同时，在原有人员培养方面，要根据企业信息化发展方案制订相应的培训内容，强化相关人员对信息化系统与软硬件设施的掌控程度，做好各级教育的衔接工作，这样才能尽快弥补基层水利站的信息化人才缺口，为信息化平台的顺利运行提供助力。

基层水利站的信息化建设对我国水利事业的长期发展具有重要意义，它是水利行业的必然发展趋势，可以对水利工程的顺利开展提供保障。因此，基层水利站要在相关政策引导下，持续对自身的运营管理工作进行信息化革新，并且从资金、技术、制度、人才等方面提供充足保证。与此同时，在信息化技术深入拓展过程中，还要根据各类问题制定针对性的优化措施，如加深对信息化技术的认识、调整信息化技术的应用模式、加强基层水利数据库系统建设、重视培养信息化技术人才等，真正构建现代化的基层水利站。

第八节　生态型河道治理与河道设计技术研究

河道治理是一项长期而有历史意义的工程。现代河道治理工程与环境保护相结合，具有良好的生态功能。河道治理是一项长期的系统工程，需要一系列的设计、施工和维护。它涉及相应水生动植物的生存及其生存环境的变化，因此必须从整个生物链的良好发展入手，综合考虑相关生物的生存和环境的改善。目前，随着城市化进程的加快，城市居民的生活质量虽然得到有效提高，但同时也对河流环境造成了一定的破坏，且对此所采取的措施并没有达到预期的效果。所以，要从根本上改善当前的河流管理状况，维护我国的生态平衡，就必须加强对河道治理中存在问题的分析，有针对性地提出应对措施。

一、河道治理中存在的问题

（一）环保意识不强

目前，河道治理以防洪安全为重点，忽视了对环境的保护和生态建设。普通民众和管理者的环境保护意识相对淡薄。有些地区将生活污水和垃圾排放到河里，给水体和生态环境带来破坏和污染，一些企业为了降低生产和经营成本，甚至将工业废水直接排放到河流中，对河流生态环境危害很大。对此，虽然采取了相应的监督管理措施，但收效甚微，河流管理难度较大。

（二）围河造田削弱了河道治理的作用

在实际的河流管理中，有关人员既不能及时综合考虑某一地区的地理条件，也不能对土地的复垦进行相关的论证，甚至将上级的拨款用于围河造田。侵占坡地造成湿地面积减少，河流、沼泽快速发展，地表径流难以调节，水域生态环境遭到破坏，生态平衡和人民生活受到严重影响，使得河道治理的作用降低。

（三）责任落实机制不完善

目前在河道治理方面，部分地区相关工作的开展由多个职能重叠的部门共同负责。部门间缺乏默契合作，不能有效履行职责，影响了有关工作的开展。有些城区主要河流和部分支流污水排放量严重超标；垃圾流入河流，对水体造成了严重的污染，破坏了生态环境。另外，还有人为的对堤岸、河岸景观环境的破坏。这主要是因为缺乏完善的问责机制，使得管理人员不能相互合作，而相关的管理机制又不能有效地相互联系，导致不能实施有效管理。

（四）乱采沙石影响河道安全

河沙、砾石的开采在我国有明确的规定，其开采部门、开采范围、开采量由国家有关部门管理。但由于利益驱动，一些违法者非法私自开采，且开采的沙石随意堆放在河滩，导致原来的河床和许多水生动物生活的水体环境遭到严重的破坏，甚至河岸及河岸附近的建筑物基础也受到了严重影响。

二、生态型河道治理的基本原则

第一，人与自然和谐的科学观。人与自然和谐的科学观是传统河道治理与现代河道治理的根本区别，是人类思想进步的标志。生态河床的建设使河床得以充分形成，既满足了河床整治的需要，又实现了人与自然的协调发展，不会给河床整治带来严重的后果。第二，开发利用与保护相协调的资源观。协调资源的开发、利用和保护，在生态河流建设的实际过程中，不仅发挥了防洪、治水的基本作用，而且在改善当地生态环境方面发挥了作用。生态河流建设可以更好地支持地方社会和经济的可持续发展。生态环境建设是水利建设的重要组成部分，水利建设促进了生态功能的转变。水资源、水安全和水环境是社会可持续发展的重要组成部分。因此，水管理不能只谈论水，应将其置于经济和社会发展的总体环境中，并与国民经济和社会发展联系起来。

三、加强生态型河道设计的对策研究

（一）构建生态河道

在水利施工中，施工单位应根据实际情况对周围环境进行综合研究，保证设计方案合理科学。应把河流治理和生态保护有机结合起来，建设生态河流。河坝工程建设时，要求建设者把生态、绿化、河景等设计要素融入河道建设中，使河道建设既符合防洪安全的要求，又符合河道建设的需要和航道施工要求。建设生态型河流，其主要目标是保护生态环境。应重视河流湿地、水环境与滩涂改造，充分发挥河流的生态功能。河道生态建设既是保护居民生活环境的重要措施，也是经济和社会效益的重要基础。

（二）构建完善的责任落实机制

各相关部门在具体工作中，应根据实际情况，以地区行政主管部门为主体，设立专门的河道治理机构。应加强与各部门的协作，建立健全责任落实机制；根据具体情况，员工应对具体区域的河流治理进行研究分析，安排相关工作，根据实际情况逐个完善。与此同时，要积极建立健全沟通机制，加强部门间的沟通和交流，在各部门之间实现信息共享；积极建立健全监督机制和奖惩机制；认真落实有关规定，加强执法机构的执法能力建设，避免出现违法违规、合作不善的情况。工作成绩好的员工应该得到积极的精神或物质奖励，以鼓励他们继续努力；工作上有重大失误的员工应该受到惩罚和监督，以防止发生类似的情况。对于受污染的河流，政府部门应积极引进先进的治理技术，以净化河流的水质。

（三）加强安全措施制定和对违法行为的打击力度

河道治理工作中，要加强对河岸的保护，制定水坝、河道工程的安全措施。另外，还要实行快速、科学、合理的审批程序，监督有关部门的工作。河道主管机关及执法机关应加强对河道的检查，及时发现河道建设中的违法行为。参与单位要保证河流工程的实施质量，提高管理水平，合理、安全地运行河流工程，改善河流生态环境，最终实现河流的可持续发展。

总之，生态河流的设计需要多种因素的配合。设计者要拓宽思路，结合生态学、工程学、水力学等知识，互为补充，形成有效的设计方法。生态型河流是一种可以消除危害、满足防洪防涝安全的工程。安全性一直是这个项目的重点。生态型河流的建设既不需要我们刻意追求某种形式，形成固定的模式，也不需要我们一概拒绝艰难的工程。取而代之的是，必须从实际出发，根据当地情况进行河道管理，努力确保工程安全。

第九节　河道治理防洪工程设计及洪水计算技术模式

随着水利工程建设的不断加快，项目的施工要求越来越高，尤其是在防洪形势不断变化的情况下，对水利工程防洪堤的施工和设计也有了更为严格的要求。因此，水利工程应该贯彻落实相关理念政策，加强提高防洪堤设计的原则性和施工的技术性，在设计过程中要做到全面综合考虑，施工中要注重各个环节的控制管理。只有有效地提高了水利工程防洪堤的施工质量和设计的合理性，才能真正实现施工效益和水准的同步提高。

一、防洪设计的基本原则

全面贯彻以人为本、人与自然和谐相处的治水新思想，遵循流域规划和防洪规划统筹兼顾、全面规划、除害与兴利相结合，促进生态环境改善，严格遵循照顾现状、立足长远的指导思想。防洪堤堤身的结构设计应经济实用、就地取材、便于施工与维护。堤身设计包括断面布置，填筑材料的碾压标准、堤顶高程、护坡与坡面排水、防渗与排水设施等。堤身设计要依据地基条件、河道运行宽度、水面比降等因素综合考虑，分段设计防洪堤形式，尽量避免一个防洪堤工程运用一种横断面形式。在设计堤身过程中，应充分考虑周边环境要求。

二、防洪设计的具体措施

（一）驳岸的形式设计

前期的现场调研及沟通协调非常重要，了解现场才能确定其景观定位。前期可以根据周边的环境及空间，对驳岸做一个简单的定位，确定驳岸形式及节点位置等。若在防洪河道设计前介入景观设计，即各相关部门将景观的因素考虑进去后再对河道进行设计，那么后期设计更容易达到效果。城市防洪河道景观的设计与驳岸息息相关，根据不同驳岸形式做不同的设计。驳岸形式根据其景观生态性分为以下几种：

（1）刚性挡墙。刚性挡墙主要是指生态性差的挡墙，这种挡墙安全性较高，占用空间小，但较为生硬。其大多通过后期用植物来做软化，或者结合灯光景墙，甚至下沉式的立面空间等达到最佳的景观效果。

（2）结合型驳岸。用刚性的材料制造绿化空间，让植物融入生硬的混凝土和石材中，如反滤混凝土砌块、棕榈石、格宾笼，甚至生态混凝土等。这种形式不但具有生态性，稳定性也很高。

（3）生态型驳岸。生态型驳岸主要是指如草坡入水的方式，结合置石甚至于底部大量使用抛石形成自然的水面效果。但是这类驳岸需要具备一定的条件，如需要较大空间、必须能够控制常水位等，否则洪水期与枯水期变化较大，植物可能被冲走或者河道底裸露而杂草丛生。

（二）计算分析

在任何设计中，计算分析都是设计过程中的核心环节，只有准确地计算和分析，才能保证设计的质量和效果。在防洪堤设计中，设计人员要对地形地质条件、地基承载力、荷载组合进行精准的计算和严格的分析，以此来保证防洪堤设计的严谨性和科学性。在实际计算测量过程中，防洪堤的主要荷载包括以下几个方面：至承台梁底的上部主动土压力作用在迎水侧、背水侧挡墙的垂直和水平力，两侧挡墙自重，框架梁自重，外挡土板自重，迎水侧挡墙的静水压力和浪压力，作用承台及拉梁上的填土自重。由于设计水位出现概率不大，出现的时间也不长，并且防洪堤身所采用的黏土渗透系数也不大，所以，可以按建筑物本身荷载组合作为计算荷载。只有做好了工程规划和计算分析，才能有效地保证防洪堤工程顺利施工，进而也能保证防洪堤的施工质量和整体防洪效果。

（三）防洪堤横断面设计结合环境保护的有效措施

在防洪堤横断面设计过程中，要以防洪堤设计的相关规范为前提，结合现状和环境保护要求来设计。在保障防汛安全的前提下，创新设计思路，开放设计理念，综合考虑防洪与环保的深度结合，拓展设计视野，考察其他地区较为成熟的设计方案，引为已用。针对大部分防洪堤基础容易损坏的实际情况，设计防洪堤横断面基础时不可一味地要求深度。

深度越大，施工难度越大，成本也会越高。针对洪水的特性，设计防洪堤横断面基础时应以“不被冲走”为目的，即使基础被冲出，裸露河床，只要其保存完整，防洪堤护坡可依旧保持完好。铅丝石笼或者较大抛石不易被洪水冲走，且施工简易，维修方便。在抛石距离工地较远的下游河道，可浇筑不规整大块混凝土，抛于防洪堤基础部位。基础深度以保障最大冲刷深度时不掏刷为主。

针对防洪堤坡面宜垮塌的实际情况，可考虑用格宾笼铺设防洪堤护坡。格宾笼为软性材料，即使堤身塌陷，护坡依旧可保持完整；由于格宾笼有很好的透水性，因此无须考虑地下水对护坡的影响。防洪堤后坡面水土流失问题可考虑通过种植草木来解决。

（四）郊野型水系景观设计

水系两岸用地空间宽敞，周边主要为山体、农田、自建民居等，是城市与郊区发展的过渡区域。功能定位：城市生态格局、城市旅游、城市休闲游憩空间。发展策略：郊野型水系两岸多为开发程度较低区域，生态基底良好，通过恢复自然原生型景观形式，丰富植物群落，维护生物多样性，布置生态休闲、娱乐空间，适当增加休闲旅游设施，营造城市周边生态休闲和旅游场所。主要措施：结合该类型水系两岸空间宽裕的优势以及生态驳岸的特点，建设结合型驳岸或生态型驳岸，植物种植形式以灌木和大草坪为主，且建设生态滞留带，保障郊野型水系的水质，适当增加休闲旅游设施，建设城市郊野滨水公共绿地空间。

在水利工程中，防洪堤是一个极其关键的组成部分。它关系着人们的生命安全和财产安全，并且对整个水利工程项目的效益以及社会都有深远的影响。因此，在水利工程施工建设过程中，应该高度重视防洪堤的设计与施工，要结合防洪堤施工的难点和问题，制定出完善的规章制度，以此来提高施工的科学性和设计的原则性。只有保证防洪堤的工程质量，才能使防洪堤充分发挥出应有的作用，进而为国家和人民的安全提供保障。

第十节　河道泥沙治理的水文测验及其治理技术

水利工程是国家经济发展的支柱性行业，国家欲实现长治久安，一定要加强河道泥沙的治理力度，明确河道治理要点。由于河道泥沙治理工作较为复杂，因此治理单位一定要重视水文测验工作。在一定程度上，只有完成对落后水文测验方式的改变，才能使管理层决策能力和速度得到进一步提升，促进水文测验的创新，全面提高河道治理水平。河道泥沙治理是水利工程中较为复杂的难题之一，相关部门关于泥沙治理讨论的方案和出台的政策很多。为了加强河道泥沙治理，最大化提升水文测验效益，一定要基于自然规律落实相关工作，不破坏生态系统，强化预报洪水、防洪抗洪的能力，实时监控水资源，优化水资源的开发，进而达到人与自然和谐发展的目的。

一、河道泥沙治理的水文测验内容及现状

在各个区域河流的河道运营建设中，河道泥沙水文观测都是重点工作之一，这项工作主要包含了河段上、中、下游的所有测验重点和细节。在现代水文观测体系中，水文测验

主要包括以下几点内容：首先，要保证及时对河道水文状况了如指掌，对河道流速、流量、水位及水下地形情况等信息进行实时观测，进而预测水力学和相关水文情报；其次，应随时掌握河道与河床变化情况和实际水流条件状况；最后，应当掌握河道水面流速情况，包含固定断面测量与渗漏测量两个方面。由于河道泥沙的存在，必须在固定断面处进行加密布设，防止因测验断面少而使泥沙测验断面代表性较差，应重视落实固定断面测验工作的落实，保证水文测验精度。

在水文测验的传统方式中，完成一次流量测量工作耗时 2 小时之上，不仅速度较慢，而且也容易出现较大误差。显而易见，这种工作方式已无法适应新时代的要求，无法达到水文事业的更高水准。只有通过对水文仪器设备的不断开发和革新，改进河道泥沙测验方式，才可以不断对水文测验技术推陈出新，从而使水文事业实现可持续发展。河道泥沙治理工作是基于河床演变规律开展的，如果河段治理不够完善，则会导致水流流向规律性不强，河道会不断出现新问题，为河道泥沙治理的水文测验带来现实挑战。

二、河道泥沙治理的水文测验问题

河道泥沙治理的水文测验应当注重方法和技术的双重革新，精益求精，这也和水文测验工作最终质量息息相关。河道泥沙治理的水文测验需要不断在工作思路上推陈出新，使水文测验不断向现代化和自动化发展，以提升水文测验技术水平。除此之外，水文测验应在遵循自然规律的基础上进行，以不破坏当地生态系统稳定性为前提。在当前社会背景下，河道泥沙治理的水文测验不仅在预测洪水、防洪抗洪方面有较高要求，而且强调河道水文条件的智能化检测，以达到优化水资源利用的目的。目前看来，水文测验工作侧重自动化采集流量、水位和泥沙，配合水文信息来推动数字化治理方式的发展，因此可以在数据传输工作上提升速度，实现自动化，同时要加快科研生产，使涉及该项工作的各个部门都能适应现代化发展需求。

具体来说，水文测验工作中不能忽视河道泥沙测验断面的加密布设工作，最大限度地规避泥沙测验断面代表性差的现象。同时，应当保证工作的合理性，使治理工作中的水文测验精度得以提高。对于河道泥沙的客观运动规律，应当第一时间掌握，并基于河道泥沙演变情况，对河道泥沙的情况进行科学评估，制订可行性高的泥沙治理方案，对河道演变状况加强实时监测。除此之外，应当降低驻站测验的工作占比，防止因水文测验对现代化发展产生负面影响。

基于此，除了个别河道水位固定测站因为现实条件约束，无法对主站测验模式进行改变之外，其余水文测站都需要在测验技术上进行必要的革新，着力发展远程遥测和流动巡测技术，实现水文测验的数字化与智能化发展，使水利行业生产力得到极大解放。另外，在水文测验巡测工作上，应当多倡导遥测方式，使水文资料收集范围能够进一步扩大，实现对基层水文工作环境的改善。

在信息技术大力发展的时代背景下，水文测验技术的革新一定要迎头赶上，要正视信息技术的优势，完善科学技术的自动化应用，给予河道泥沙水文测验更有效的技术支持。比如，在进行河道上游泥沙环境和水环境的监测时，可以和断面监测工作相配合，使河道泥沙水文测验工作具备较高精度。除此之外，应当致力于监测和通信手段的现代化发展，对河道泥沙变化状况进行实时监测，为后续制订河道泥沙治理方案打下良好的科学基础。

三、河道泥沙治理方案

通常情况下，河道泥沙治理方案主要着眼于三个区域：沉沙区、蓄水区和排沙区，方案制订上应该各具针对性。

（一）沉沙区治理方案

通常情况下，拦沙区会设在河道中段，由拦沙坝组成。拦沙坝应该设置在河道宽阔区域，这样就可以在水流流速较低的情况下，使河道泥沙落淤更方便。通常情况下，拦沙坝结构都是钢丝石笼透水坝，梯形横断面，背水坡和迎水坡比例在 0.7：1 左右，在沉沙区深度达到 1 m 之后，应用 0.6 m 钢丝石笼水平防护沉沙区，进而令沉沙区泥沙治理方案达到要求。

（二）蓄水区治理方案

蓄水区主要设在河道中上游位置，在其河底位置会配备防渗体系，主要组成结构为混凝土挡墙。通常情况下，河道两侧排水管会设置在堤坝位置，以降低蓄水高度，缓解河道两岸排水管压力。为使河道主体泥沙冲刷能力得到提升，可以在河道高程位置设置浅槽，令水流速度提升，加强冲沙效果。

（三）排沙区治理方案

排沙区设在蓄水段末端，通常河道下挖深度应当遵循河床走势开挖，将深槽挖在中间、浅槽挖在两侧，达到更好地治理泥沙的效果。

水文测验对河道泥沙治理的作用不言而喻，应当重视泥沙治理水平的提升，促进水文测验不断向自动化、现代化方向发展。

第十一节　集中式饮用水水源地保护与安全措施

在集中式饮用水方面，应加强饮用水水源地的保护工作，保证人民群众的生命财产安全，建立健全水源地保护的相关法律和法规，落实饮用水水源地的污染防治工作，加强应急备用水的水源建设工作、加强对水质和水量的实时监控，确保居民饮用水的安全。

一、集中式饮用水水源地保护存在的问题

随着我国经济的不断发展，人口增长的速度很快，城市化进程也不断加快，使得水环境面临着很多的污染问题，饮用水水源地的安全性也存在很大的隐患。一些水源地的水质很差、供水量不足，严重影响了人民的生产和生活。集中式饮用水水源地保护存在的问题体现在以下几个方面。

（一）没有建立成熟的管理和运行机制，执法力度和监管力度不足

水源地的管理涉及很多方面，包含住建、水利、交通、国土资源、农业、林业等多个部门。有些部门之间协调不足，职责存在明显的交叉和重叠，各个部门没有统一的协同机制，导致水源地保护、水环境污染等问题没有得到及时有效的解决。水源地的保护工作没有专项资金和投资渠道，每年的经费投入非常少。

（二）污染因素多，水质的安全隐患比较大

饮用水水源地保护区周边有很多居民、工业生产企业等，很难对水源地进行全方位的保护。有些居民的生活污水不经过处理就直接排放，养殖废水和农业施肥、喷水农药等也造成很多污染，废水经过地表径流和渗流等方式进入水体之中，造成饮用水水源地周边的有机污染非常严重。有些饮用水水源地虽然被设置为一级保护隔离区，但是相关的隔离防护装置不齐全，很难对水质的好转产生明显的影响。

（三）没有建立合理的水资源配置格局

目前，从全国来看，水资源分布不均匀，水资源的综合管理和控制严重不足，造成水资源的利用率比较低，水资源的供需矛盾比较突出，供水的安全没有得到有效保障。一些地区的水源比较单一，没有足够的备用水源，当出现紧急情况时，很难满足地区的发展需求。

（四）水源地的监管能力不够

目前，集中式水源的水质监管设备不足，水源地的水质监测仍然使用传统的人工采样监测的模式，很难监测水源地动态的水质变化。一旦发生污染问题，难以精准地定位污染位置，确定污染物浓度、时间、地点等。建立区域水质的模型困难比较大，很难对水源地出现的水质污染问题进行预警和预报。

（五）农村集中式饮用水水源地没有有效的管理机制

农村集中式饮用水水源地的保护区划定工作比较落后，不能对饮用水水源地进行有效的监管和保护等相关工作。一些农村水源地周边有厕所和生活垃圾，加之在农业生产过程中产生农药和化肥污染，导致一些农村水源地水质迅速恶化。同时，水源地水质检测的更新速度非常慢，相关监测部门无法掌握水源地水质的准确信息，造成严重的安全隐患。

二、集中式饮用水水源地的保护对策

（一）建立集中式饮用水水源地保护相关法律法规

建立健全水源地保护的相关法律法规，运用技术、法律和行政多重手段，不断提高对城市饮用水水源地保护区的环境安全、防治污染、环境监察的执行力度，建立全面的监察管理体系，水利、环保、农业、住建、畜牧、林业等多个部门通力合作，各司其职，将饮用水水源地的污染防治工作落到实处。建立水源地保护的专项资金，不断提高对水源地保护的投入经费和人员，切实提高水源地水质。

（二）落实集中式饮用水水源地的污染防治措施

《中华人民共和国水污染防治法》和《中华人民共和国水法》是饮用水水源地保护的重要法规，有关部门应该对饮用水水源地进行分级管理和综合保护。对重点污染源地区的治理力度和监管力度需要加强，对生产废水执行排放许可证制度，严格控制生产废水直接排入河中，污染物必须经过处理达标后才能排放。加大城市污水的处理能力和处理力度，大型生产企业需要建立自己的污水处理厂，加大污水回收利用率，加强节水措施的管理工作。解决农村的垃圾处理和生活污水的排放问题，建立农村生活污水收纳系统和处理系统，最大限度降低对农村集中式饮用水水源地的污染程度。

（三）加强对农村集中式饮用水水源地的管理

加大农村饮用水水源地保护工作的力度，完善水源地的防护设施，在保护区附近设立饮用水水源保护区的警示牌。加强对水源地周边农业面污染源的控制力度，保证水体的总体质量。集中解决农业生产过程中化肥、农药、农膜、禽畜粪便等处理情况，不过量使用化肥和农药，减少农业的面污染问题。相关部门必须在饮用水源附近的农业种植上科学合理使用化肥和农药，减少化肥和农药的使用量。加强对分散禽畜养殖业的管理，将禽畜养殖业集中在一个区域，便于对排泄物进行处理，提高废弃物的使用率。对水源地的水质定期监测，获取水量和水质的变化情况，把握水质、水量的一手数据。

（四）加强城市应急和备用水源的建设工作

随着城市进程的不断加强，需要在城市建立备用水源，建立备用水源输水管网的配套工程，以应对突发应急水污染事件、生活缺水等问题，保障城镇居民的用水安全。同时，对应急水源地和备用水源地进行水源保护范围的规划。加强对城市备用水源地的配套设施的建设，开展水源地保护工作和水污染的防治相关工作。实现备用水源和自来水管网的互通，采取积极措施保证各个城镇供水能力的提高，保证城镇安全用水。

第十二节　强化农村自来水设施建设 确保饮水安全

随着现代农村经济的不断发展，人民的生活水平逐渐提高，平均收入有所增长，人们最迫切的愿望之一就是发展农村与乡镇的自来水工程。自来水工程的建造不仅可以很好地解决人民群众的饮水问题，还有利于人民生活水平的提高。当下社会，农村饮水安全工程的建造意义重大。农村自来水工程的不断发展与完善解决了农民吃水难的问题，降低了由饮水引发的疾病的发生率与医药费，确保了农民的身心健康与农村经济的可持续性发展，提高了农民生产的积极性，使农民的生活条件一直呈现上升的趋势。

一、确保农村饮水安全的重要意义

要想解决农村饮水不安全的问题，需要建设农村饮水安全工程。能够确保农民饮用安全的水、提升饮用水的质量，是落实以人为本、全面协调可持续发展的科学发展观，构建社会主义和谐社会的具体表现。使农民群众饮用放心、安全、卫生的自来水，切实保障农民群众的身心健康，全面促进农村经济的协调与可持续发展，是顺民心、合民意的德政工程。确保农村饮用水安全是政府应履行的责任。

二、要通过多个渠道筹集资金，确保工程的顺利实施

在基础设施的建设之中包含农村饮水工程的建设。饮水工程投资大且周期较长，并且收益比较低，这就需要政府与当地的群众进行共同的投资来进行建设。在对农村饮水工程进行建设时，要充分利用中央专项资金，采取国家提供一些、地方资助一部分、群众筹集一点的方法，来促进以中央专项资金的投资为主，以地方的配套资金为辅，以当地农民投劳折资为补充的多元化工程融资管理体系的形成。在促进该体系形成的同时，要充分吸收社会的资金，使参与建设的农民的工作积极性得到提高，加快饮水工程建设的进度。负责工程建设的单位，要设定专用的账户来对项目资金进行管理，以更好地管理、使用项目建设资金，保证项目资金专款专用，从根本上来确保农村饮水工程建设的顺利进行。

三、确保农村饮水安全所要解决的问题

（一）对水源保护区进行划分，强化对水质的保护

严格遵守法律法规的要求，以水环境条件与水源保护的要求为依据，对水源保护区进行合理的规划。第一，对水源地水体的保护范围进行明确，划定水源保护区，制定相关的保护方法，避免饮用的水源受到工业污染等，时刻保护好水源环境。第二，对地下水的开采进行严格的把控，避免水源的枯竭与水源污染。第三，合理科学地使用农药与化肥，发展有机农业。第四，在受到污染的水源保护区，要控制渔业与禽畜养殖业的大规模发展，对养殖的布局方法进行相应的调整，进而降低水体的被污染程度。

（二）严格实施水源保护措施

要想将水质净化监测体系建立起来，就必须先从源头入手。要根据相关的规定，科学合理地划分水源保护区，强化对水源地的保护，使水源免遭污染或者人为的破坏。要在农民施肥时对其进行指导，进而减少污染，同时做好生活污水、生活垃圾、牲畜粪便等的处理与分类，整治好农村的卫生环境。在对农村饮水工程的建设进行管理时，要以水源的实际情况为依据，采用合适的净化方法，并且要强化对水质的检验，以确保供水的安全。

四、强化技术培训与推广新技术

要对基层的水利工作人员进行定期的供水技术知识培训，推广具有高技术含量且实用的一体化设施技术。在进行水处理等关键的环节，要请经验丰富且资质深厚的专业人员进行培训。在进行农村饮水安全工程实施前，必须对相关的工作人员与管理人员进行严格的培训，将岗位的培训制度建立起来，使工作人员能够掌握管道的安装、设备的维修与保养、水源的保护等基本的知识。将管理人员的业务素质进行逐步的提高，强化农村安全饮水管理水平，使得农村安全饮水工程得到良性的循环。

五、对工程管理进行严抓，确保工程长久运行

第一，在农村自来水运行的管理中，乡镇政府扮演着重要的角色，要以充分尊重受益群众意见为依据，对村落实行统一的管理。在对饮食安全工程的经营与管理的方面，可以采取租赁的方式对其进行管理。要集中供水工程，将农村饮水站的建立规模化，制定出相应的管理规章制度，形成良好的用水养水运营机制，并且针对相应的问题制定出科学的、合理的管理措施。

第二，将水费的收取规范化。制定合理的水价，按量进行收费，做到以水养水。用水的农业用户要根据所用的水量与供水的价格及时缴纳水费。负责供水的单位要定期向农民群众公布水价、水量与水质和水费的缴纳情况，对水价进行严格的核定并且实施公开的收费。实施超额累积涨价与水费账务公开的制度，要对水量、水价、水费进行公开处理。

对于农村自来水工程，相关部门在进行工作时要端正态度，提高工作人员的责任意识与服务意识，全心全意地献身于农村饮水安全工程建设工作。当前，必须踏踏实实地向前辈、同事或者基层的技术人员进行净水与输水的技术理论学习与实践经验吸收，要不断地对工作进行总结与反思，积极配合前辈或同事的工作。政府部门要始终坚持以人为本，为人民服务，积极地将良好的工作环境营造起来，对农民群众的意见与建议及时地进行记录，对农民群众在饮水方面的各种问题进行及时的解答，强化在工作和生活中的自身修养，从各个方面的细节问题来严格要求工作人员。为农村饮水安全工程的建设贡献出自己的一份力量。

第十三节　自来水水质化验分析技术集成与推广

进入21世纪后，我国的经济得到迅速发展，但是在经济飞速发展的同时，环境污染问题也日益显现出来，尤其是水污染问题。所以，水质化验技术越来越受到重视。研究人员要着力于水质化验技术，因为只有水质得到大幅度的改善，人们的生活水平才能得到提高。

一、水质化验技术研究阶段

（一）第一阶段

早在新中国成立之初，我国就已经着手开始水质化验技术研究，直到十一届三中全会之后，才取得一些成果。尽管如此，还是不能满足人们对水质的要求。这一阶段的主要成绩体现在净水设备的改进上。净水设备采取最先进的絮凝池，并在其中加入网格等。这项新成果有效地改善了生活用水的质量问题，使我国的水质化验技术取得了很大的进展。同时，其对平流沉淀池做了重大改进，从而使其具备浅显和狭长的双重特征；对进水池也做了改进，应用了气水反冲技术，确保臭氧氧化工艺全面投入使用。净水设备的改进对检测水质的浑浊度有重大帮助，于是市场上出现很多检测设备。

（二）第二阶段

20 世纪 80 年代，水质化验技术取得质的飞跃，体现在以下几个方面。首先，通过多年的实践，臭氧生物活性炭技术开始变得越来越完美，这项技术在很大程度上减少了毛细管柱气相色谱的一些数值，并且把原水由阳性转变成隐性。其次，我国的水质化验技术成功地应用了遗传毒理学原理。这是我国首次把气体融合到水质量的检测中，使水质化验技术取得了飞速进步。最后，我国采用的塔式生物滤池，将会减少水里杂物，特别是可以消除水中的氯气等物质的消除。

（三）第三阶段

第三阶段为 20 世纪 90 年代至今，这是我国水质化验技术取得飞速发展的阶段。随着人们生活水平的提高，水质化验技术得到更多的关注，这项技术不但被划到重点研究区域，还建成了很多检测站，且在检测站内引进了许多具有国际标准的新仪器。不管是检测站的建成，还是新仪器的引进，都表明我国在水质化验技术方面取得了飞速发展。

二、水质化验分析方法研究

人们的日常生活与水质有着巨大的关联，并且在某些方面，水质也决定着某些区域工业化水平的高低。多项研究和实践结果表明，经过多年的发展和努力，我国的水质化验技术在逐步提高，下面将对水质化验技术过程中常用的几种分析办法做出简要的评价，并总结出这些方法适用于哪些对象。

（一）氯化亚锡还原光度法

这种方法一般需要在酸性环境中应用。正磷酸盐和钼酸铵互相作用，经过一段时间后会产生磷钼杂多酸，此时再加入还原剂氯化亚锡，就能够生成蓝色络合物，一般在某些研究领域将其称为钼蓝。这种方法应用上限为每升 0.6 mg，最低检出浓度为每升 0.025 mg，主要应用于测定地面水中正磷酸盐的含量。

（二）离子色谱法

此种方法一般适用于离子交换的环境中，可以对各种阴离子实施定性和定量的分析。这种测定下限一般为每升 0.1 mg，能够在一定时期内不断地对地下水、饮用水、雨水和地面水中的硝酸根离子、溴离子、氯离子等进行测定。

（三）电化学探头法

这种方法应用到的氧敏感薄膜通常是由选择性薄膜和两个金属电极组成。这里的薄膜起到关键性作用，其可以分离开水和可溶解物质，但是溶于水的氧气或者其他气体却可以自由通过。电极还原了透过薄膜的氧气，能够产生较微弱的扩散电流，如果各种条件稳定，那么水样溶解氧含量与电流大小是成正比的。这种方法所用仪器决定了其测定下限，一般情况下可应用于溶解氧含量大于每升 0.1 mg 的水样检测中。

（四）高锰酸钾修正法

这种方法应用于含有悬浊物的水样，对其进行溶解氧测定。（硫酸铜－氨基磺酸絮凝修正法也同样适用）假如发生严重的干扰，那么就用氟化钾消除。

（五）明矾絮凝修正法

如果水样中有不透明的悬浮物以及藻类，或者有颜色的水样，在酸性条件下会消耗碘而干扰测定，此时必须要应用明矾絮凝修正法将杂质、悬浮物和杂色去除。

三、水质检测方法

人们的生命健康必须有优质饮用水才可以真正得到确保，所以水质研究部门要认真对待自己的工作，切实确保水质监测数据精确、真实。假如监测质量和任务出现矛盾，要坚持把质量放在第一位，保证人们的生活用水没有质量问题。在进行水质检测时，对数据的分析一定会出现误差，那么相关的工作人员要尽可能地运用最先进的方法将误差减少到最小。这就对工作人员提出以下要求：

（1）注重化验人员个人水平的提高。必须要注重政治理论学习和思想道德学习，深入学习国家相关部门的政策法规；在深入学习的同时，还要明晰自己的工作责任，认真努力完成工作，争取做尽职尽责的好员工。

（2）促进工作人员的专业成长。工作人员的专业成长，首先要坚持“走出去”，学习并吸收外面的先进经验，只有走出去才能够开阔眼界、打开思路。其次，在学习外面的经验的同时，还要在工作中运用外面的先进经验来完善自己的工作。再次是定期对工作人员进行业务知识抽查。单位要组织检测技术、质控等相关专业技术上的培训，能够在单位内部经常进行经验交流和沟通，共同进步，依据单位的需求指派工作人员出去参加不同类型的学术交流会，以提升工作人员的专业水平。要多与外界交流，并引进世界先进的检测仪器，然后对工作人员进行实际操作技能和理论知识方面的培训。

（3）提升计算机操作水平。进入信息化时代，计算机在生活中扮演着越来越重要的角色，工作人员除了要掌握专业技术知识外，还要能熟练操作计算机。

（4）正确处理人际关系。作为企业的化验人员，要明确自己的地位，正确处理人际关系。一方面要对自己的工作尽职尽责，必要时能提出适当的意见，帮助领导决策；另一方面，要有团队协作精神，遇到问题时要顾全大局。

通过上面的分析可以看出，面对水质污染问题，要深入地对水质化验技术进行详细的论述，并对水质化验技术做简要的分析。随着我国社会主义制度的逐步完善，水质化验技术也取得了突破性进步。伴随着我国科技力量的提升和经验的不断累积，以及不断地引进先进技术，水质检测精度在不断地提高，给人们的生活带来了保障，给我国的工业快速发展提供了动力。目前，我国对水质化验质量极为重视，在水质化验技术的资金和科技投入上也加大了力度，由此可见，水质化验技术的发展前途光明。

第十四节　自来水工程施工常见问题分析与解决措施

随着我国城市建设速度的加快和城市居民生活质量需求的不断提高，城市基础设施的建设要求也有了相应程度的提升。自来水建设工程是城市建设工程中的基础，完善的自来水设施才可以为城市的工业发展和居民的正常生活提供优质的水源。自来水工程已有多年的建设经验，但随着城市建设的发展，地面的复杂建筑和大量的地下管道使自来水施工中仍然存在着许多问题。要保证自来水工程的建设质量，必须提高自来水建设工程的施工技术水平，加强对施工质量的管理。

自来水工程是关系国计民生的重要工程，施工环境多位于人口稠密的市区，纵横交错的地下管道和复杂的地面建筑都使自来水工程的施工难度不断增加，加大了城市自来水管道在运行过程中出现漏水、爆管等不良现象的概率，严重影响城市正常的工业生产及居民生活。

一、在零部件和材料采购中应注意的问题

自来水工程质量的决定性因素是工程中需要使用到的零部件和材料。零部件的优劣直接关系着自来水工程质量的高低。自来水工程中使用的零部件主要有水龙头、管道、阀门等，制作粗劣的零部件如果使用在自来水工程中，则有可能因零部件的故障引发自来水大量外流的情况。在施工过程中使用的建筑材料主要有混凝土、水泥等，在进行地下管道铺埋时，质量较差的混凝土和水泥会很容易遭到破坏，不能起到固定和保护自来水管道的作用，从而引起自来水系统出现供水量不足甚至中断供水的故障。要避免这些问题的出现，就要求施工单位在进行建筑材料和零部件的采购时严格遵照国家或工程设计需求的使用标准，全面把控各类建筑材料的质量，从基础上夯实自来水工程的质量，整体提升市政自来水系统的运行效果，保障城市的正常运转和居民的正常生活。

选用自来水工程中的管材时应注意，好的管材应该具备内壁光滑、摩擦阻力小、水力条件好、耐腐蚀、防二次污染、接口严密、复杂地形的适应能力强等特征。供水系统中采用的钢管一般选用钢板制作，它的韧性良好，管道和管件都耐高压，易加工。此外，在保证质量的同时，还要正确选择钢管的规格。钢管的规格通常用钢管的外径表示，一种是英制规格转换为公制的大口径钢管公称外径的规格，另一种是公称通径表示的规格。公称通径一般等于钢管的实际内径或钢管内衬后的实际内径，这样的内径和水泥压力管、球铁管的内径在连接时趋近一致。

二、自来水管道清理中应注意的问题

自来水工程投入使用后，要保证在一个比较长的时期内做到不间断地正常运行，要实现这一目标，就要在质量过硬的前提下做好日常的系统维护工作。在影响自来水系统使用寿命的各类因素中，影响力最大的是自来水管道的清理问题。如果不能定期及时地对自来水管道进行清理，日积月累的泥沙和尘土会导致自来水管道出现堵塞，随之而来的是自来水水质下降、供水压力不足等不良现象，严重影响自来水系统的正常运行。在施工时，要

对所有管道内壁存在的垃圾杂物做彻底的清理，在此基础上，还要针对不同材质的管道采取相应的防腐措施，以便在使用过程中进行日常维护。在一个完善的自来水运行系统中，优质的施工材料是工程质量的前提，在施工过程中采用高标准要求是工程质量的基础，完善的日常维护则是工程质量的保障，只有在这三个方面都做到尽善尽美，才能在设计使用年限内尽可能地延长自来水系统的使用寿命。

三、施工准备工作中应注意的问题

自来水工程的施工环境相当严峻，施工过程也相当复杂。在进行地下管道的铺设时，不能影响城市正常的运行和居民的日常生活，地面工程部分在施工时要保证电力、通信等线路的正常使用，还要保证施工过程的安全进行，避免对居民的生活造成危害。因此在施工之前必须进行完善细致的准备工作。

第一，对施工环境进行准确细致的测量，绘制科学的施工图纸。在工程开始施工之前，工程技术人员应使用先进的测绘仪器和测量方法对所有需要施工的地点进行严格准确的测量，并将测量结果详细地登记在册。在施工地点出现情况时，可以参照原测量数据进行再次测量，以保证数据的准确性和真实性，为施工图纸的绘制提供第一手的准确数据。技术人员根据测量数据在施工图纸中标明工程管道的每一个具体位置，便于施工人员从整体上把握自来水管道的水准点，保证定管和动管的中心线处在同一水平线上。只有合理标准的设计图纸和规范的组织施工设计相互配合，才能保证自来水工程施工项目设计的标准化和科学性。

第二，制订合理的施工计划，安排各个施工段的进度和进程，合理分配施工的人力、物力、财力。

第三，预测施工过程中可能出现的问题并制订解决预案。在自来水工程开始之前，技术人员应依照自来水施工工程的设计要求，对照设计图纸逐一对施工现场进行详细的地质勘探，重点探测红线范围内的建筑物、燃气管道、自来水管道、电缆线路等重要设施的位置和尺寸，并进行精准的定位，对施工过程中可能出现的影响因素进行详细的分析并制订相应的解决预案，使施工项目工程计划尽可能贴合实际情况，便于施工人员全面掌握现场情况，避免因不明原因对工程质量造成影响甚至延长工程的完工日期。

四、定位预留口时应注意的问题

定位预留口是自来水工程施工过程中极其重要的一个环节，但受种种因素的影响，恰恰是这个环节容易出现很多的问题。主要原因是技术人员在设计图纸时考虑整体需要而设计预留口的位置，但在施工过程中，施工人员会受施工现场或施工条件的影响不得不变动预留口的位置。要解决这个问题，就要求现场施工人员在出现施工难度时第一时间与设计人员进行沟通，把现场情况及时准确地反馈给技术人员，经过详细的考察后再由技术人员对施工图纸进行变更，施工人员必须严格按设计图纸进行施工，不得随意对施工位置和计划进行变动，才能提高预留口定位的精确性，从而保证自来水工程的整体质量。

五、管道连接中应注意的问题

管道连接中出现的问题一般多由施工人员的不规范操作造成。例如，在对不同的管件或配件进行法兰连接时，施工人员会出于节省时间或人力的目的，只安装一部分螺栓，这样就会导致安装橡胶垫片时达不到标准要求，使管道密封性较差，在使用过程中往往会出现漏水的现象。要避免这类问题的出现，一是要在施工前对相关人员进行培训，提高施工人员的安全意识和责任意识，在施工过程中要严格要求施工人员进行规范的操作，并对自己的工作项目进行及时的反复检查，确保每个零件都安装到位。工程质量督管人员也要不定时地对工程质量进行检查，重点排查螺栓连接等关键性的细节部分。一旦发现违规操作，要做到责任到人，对相关人员进行不同程度的处罚，强化施工人员的安全意识。二是在对管道进行水压试验前，先仔细检查每个设施井内阀门等管配件的安装情况，封实各试验管段的所有开口，检查法兰连接部位的严密性，在确保管道连接严密的情况下再进行水压试验。

我国目前的城市自来水工程在施工过程中仍然存在着各种问题。要杜绝影响工程质量的问题出现，施工单位就要做到对施工工程进行科学的安排和合理的组织，加强对施工相关人员的针对性培训，提高对外力影响因素的控制能力，才能进一步提高自来水工程施工过程中的安全性，确保工程的施工质量。

第十五节　农村供水工程设计问题探究模式

解决农村居民的饮水安全问题不仅可以满足广大农村群众的迫切需求，保障农村群众的健康饮水，还能推进水利事业的建设，为构建和谐的社会主义新农村奠定良好基础。下面将对农村供水工程设计中存在的问题进行分析和探讨，为解决我国农村供水工程问题找出相应的对策。

一、农村供水工程中存在的问题

（一）工程设计不完善使得供水量不足

在工程设计上并没有较为长远的考虑，我国部分农村地区供水设施工程设备还很简陋，无法满足当地农村百姓的用水要求。尤其是在较为贫困或地理环境较为复杂的西部地区和边远的山区，在那里因为工程设计的不完善使得水库中的水质无法得到保证，并不能满足农民的需求，有时还会出现季节性的供水量不足问题。那里人口分布不均、地理环境较为复杂，给供水工程的改建和管理都增加了不少的困难。

（二）缺乏水源保护意识，监管保护措施不到位

在我国，有一部分村民并没有意识到保护水源的重要性，常在农业生产中过量使用农药、化肥，且随意地排放生活垃圾，从而使水源遭到污染。加上水资源有限，而且农村也缺少严格的监管部门进行监控，从而导致用水量下降。

二、农村供水工程设计中的要点问题

（一）水源选取

水源的选取在农村供水工程设计的过程当中占据着非常重要的地位。农村供水水源点的选取必须要结合农村居民的用水需求、地形地貌、居民分布以及卫生条件等的实际情况，并从水质、工程投入、运行成本等方面进行合理的分析后才能择优而定。相关的工作者在选取供水水源点时，一定要对当前选取的水质资源客观条件进行科学的勘察，并对其多年的旱季与雨季的供水量等数据库进行对照分析，提前做好科学合理的规划措施，用科学发展的眼光来看待问题，以保证水源的可持续利用和发展。从我国传统的农村供水情况来看，大部分农村的水源都是井水、河水或者水库水等。而井水或者河水的水质难以达到国家所规定的安全标准。因此，在对我国农村供水工程设计的问题上，相关工作者应该考虑充分利用水库水来满足农村居民的生活和发展，合理地安排水资源在生活饮用以及生活灌溉等方面的用量分配。

（二）供水规模的确定

供水规模是指供水工程建成投产后所能达到的日最大供水能力，由供水范围内的最高日用水量确定。农村供水按供水的方式分为集中供水和分散供水。供水规模包括：居民生活用水量、饲养畜禽用水量、企业（乡镇工业）用水量、公共建筑用水量等。建议在计算设计供水规模时，按照以下步骤和方法确定：第一，调研当地类似供水工程的实际人均用水量，优先使用当地实际调研的数量或附近地区的用水定额值。如果没有相关资料，可以按照区域划分，执行相关标准规定的生活用水定额。第二，结合当地地形地貌、供水情况、用水现状及需求、经济条件和发展潜力，确定设计范围内的综合供用水条件，确定是否供水到户，是否全日制供水；再根据卫生洗涤条件，如是否有洗涤池、洗衣机、冲水厕所等，进行用水条件分类，从而合理确定居民生活用水定额的范围值。第三，综合农村生活用水量的实际调查结果，并结合目前一些分散小水源较多或生活杂用的用水条件，且处理工艺难度较大、水价较高、当地经济社会条件一般、用水户卫生安全意识认识不到位的地区以及山区与半山区，确定用水定额时，宜选取标准中规定用水定额的下限值。

（三）供水系统的选择

供水系统可以分为两种：集中式供水系统和分散式供水系统。集中式供水系统的特点是集中取水、净化、配水，是目前我国农村最常见的供水系统。这类系统的优势在于供水保证率高，水质好，方便农民的日常生活，在管理和维护方面也比较简单。一般有条件的农村地区，都应当选择这种供水系统。分散式供水系统的特点是分散取水，没有配水管网，居民需要自行取水。这种供水系统的水质难以得到保证，很容易受到污染，居民在用水方面也有诸多不便，一般应用在居住分散、没有合适水源的地区。

（四）供水形式的选取

村庄供水可采用新城市政管网延伸、乡镇集中供水、联村供水、单村供水 4 种形式。供水形式选择优先原则为：新城市政管网延伸 > 乡镇集中供水 > 联村供水 > 单村供水。

（1）根据区域供水工程规划，近期或远期纳入新城市政管网、乡镇集中供水工程覆盖范围内的村庄可采用新城市政管网延伸、乡镇集中供水形式。远期纳入的村庄需考虑近远期衔接，近期可利用现有供水工程，不达标的可进行改造。

（2）不在新城市政管网、乡镇集中供水工程覆盖范围内，且村庄位置相对集中的平原区村庄，宜采用联村供水形式。

（3）村庄位置相对分散的山区村庄，可采用单村供水形式。农村供水工程供水形式的选择一直以来都遵循以上原则，因为优先新城市政管网延伸和乡镇集中供水，可以最大限度地发挥集中供水工程的优势，减少管理主体。但部分山区村庄位置相对分散，供水形式的选择，应进行经济技术比较后确定，不能为了集中而集中，为了联村而联村，如果仅仅为了集中供水而花费巨额的管道费用，是得不偿失的。

（五）强化水泵节能设计

我国水泵设计单位在对水泵进行优化设计的过程中，要根据当前行业的发展趋势，及时建立健全相应的管理制度，要结合供水系统的性能要求，不断加强水泵的节能设计工作。首先，要加大对技术人员的培训力度，定期开展形式多样的职业技能培训，使得供水系统的技术人员能够学习最科学、最先进的理论知识和技能，不断提升自身的综合素质和职业素养，适应当前供水工作的能力要求。其次，供水单位要加大节能宣传力度，尤其是要强化市场中各类消费群体节能环保的意识，为客户普及相关的节能常识，并提供更加节能环保的水泵产品，使得市场中各类水泵使用者能够自觉选用节能的水泵进行生产活动。同时，供水单位要加强技术的研发创新，要加大研发资金的投入，积极向国外发达国家学习最先进的水泵节能设计成果，并结合我国的供水系统实际运行情况，对水泵进行充分的优化设计，使得水泵节能技术能够有巨大的发展，适应当前我国的节能环保的发展趋势。最后，技术人员应当不断提升水泵的综合性能，可以通过建模的形式对水泵进行设计实验。在具体设计的过程中，技术人员应当从整体出发，对供水系统各环节进行充分的考虑，提高零部件的精准程度，充分发挥设备的应用价值。水泵设计人员要关注水泵在供水系统运行中各指标的变化情况，不仅要注重对水泵的节能设计，还要保证水泵设计的质量和使用寿命。

随着经济的不断发展、农村建设的不断完善，党和政府对农村供水工作的开展力度也在不断加大。因此，相关的工作者应该了解到解决农村居民饮水安全的重要性和紧迫性，在农村供水工程设计方面努力分析所存在的问题，并积极探讨从根本上解决这些问题的对策，帮助广大农民群众解决生活中的饮水问题。

第十六节　农村供水中集中供水管理模式

水质及水量是我国农村地区居民饮水安全的主要影响因素，集中供水工程可以很好地解决这两类问题，最大限度地保障广大农村地区居民的饮用水安全。由农村集中供水供小于求的现状，结合农村集中供水方式存在的主要问题，可以看出现今迫切需要一种良好的管理模式来发展农村集中供水事业，同时也急需一套良好的运营管理方式来优化已有的和新建的集中供水工程。

一、农村集中供水的现状

党和政府对农村供水问题高度关注，多年来，投入了大量的人力、物力、财力，使得农村供水事业取得了较大的进步。党中央为解决农村供水问题，出台多部文件，不断更新供水方式，解决不断出现的供水问题。水资源供需矛盾直接影响我国可持续发展的进程，影响国民经济的发展。先前，分散式供水是我国农村最普遍的供水方式，这种供水方式安全性差，水质差，微量元素超标。目前通过创新，我国东部地区超过一半的人口开始使用集中式供水，解决了水资源损失严重、饮水安全等问题。农村供水包括多个方面：居民生活用水、农业生产用水、畜牧业用水等，可以说农村的需水量不亚于城市发展对水的需求。供水也不只是满足对水的需求，还要保证水的质量。农村集中供水效率低，根本原因在于管理模式传统、落后，必须要制定出一个新兴的管理模式来解决供水工程后期管理维护中存在的问题。

二、农村集中供水管理模式和运营管理方式

管理模式落后是造成农村集中供水供需失衡的主要原因。要想解决农村居民饮水安全问题，使农村集中供水事业得以良好发展，选择何种管理模式至关重要。一个好的管理模式能激发社会力量更多地参与农村集中供水事业的发展，从而早日解决农村地区居民的饮水安全问题。

（一）农村集中供水管理模式

1. 完全公有管理模式

完全公有管理模式是目前应用较多的一种管理模式。在这样的管理模式下，供水公司属于政府的一部分，供水的各种情况也直接受政府部门的管理，使得供水受到当地政府的影响过大，不利于人民群众的用水需求。

2. 授权私营管理模式

授权私营管理模式即将供水的工作承包给一定的企业，但企业并不拥有供水设施的所有权。这样的管理方式存在一些较为严重的弊端。首先，各企业单位是以赢利为目的对供水工作进行承包的，会在一定程度上影响居民生活用水的质量或者提高生活用水的费用等。其次，由于协调工作不到位容易产生投资滞后等问题，对于居民用水有着较大的影

响。最后，企业单位的供水工作缺乏有效的监督，不能够保证长期有质量地供水。

3. 完全私营管理模式

完全私营管理模式就是由一定的企业来完成全部的供水，且该企业对于供水设施有处理权。这种供水方式需要有专门的监督管理部门对其进行监督和管理，确保供水的水质和水量。该供水方式存在着一定的优势。企业会对供水方式进行研究和试验，能够提高供水技术以及供水质量。但该种供水方式也存在着经济投入较大等问题，针对我国的综合国情来说并不适合。

4. 公有水务公司模式

公有水务公司该模式指公共水务公用事业依照《中华人民共和国公司法》组建有限公司，但股权所有者为各级地方政府，特殊情况下可以有代表中央政府的官方或非官方机构。公有水务公司的本质是利用公司法作为缓冲，从而减少水务运营过程中公法领域规则制度的负担。公有水务公司模式的经验可以归结为以下几点：

（1）总体而言，这种模式可以成功地利用公司法的保护来避免政治干预。公有水务公司的总经理比公有事业单位或法人化公有事业单位的同行享有更多实质性自主权。

（2）公有水务公司在成本回收以及运营管理方面相对于完全公有事业单位具有明显的优势。

（3）公有水务公司虽然坚持全成本回收，但其通常并不以利益最大化为目的，这样就减少了授权私营管理模式和完全私营管理模式所具有的滥用垄断权力等负面影响。

（二）农村集中供水运营管理方式

在农村集中供水运营管理过程中，所涉及的内容比较多样，这就要求对各个环节予以重视，主要包括以下两个方面。

1. 注重集中供水厂选址规划控制

为保障集中供水运营管理的质量水平提升，需要从供水厂的选址规划方面提高重视，在这一环节要考虑农村的人口以及村落和地形等因素。供水系统中的供水厂是比较关键的组成，与取水以及输水、配水等都有着紧密联系，所以要与村镇建设规划要求紧密地结合起来，靠近用水区，减少配水管网工程造价，选址在工程地质条件良好的地区，地基承载大、湿陷性等级不高的位置。水厂的选址要选择环保条件好的地方，周边卫生条件要符合水厂选址要求。

2. 注重农村三级供水方式的运用

在农村集中供水运营管理过程中，要充分注重三级供水方式的运用，供水水站是重要的部分，农村集中供水网当中建立有加压以及储水功能的水站，有助于分区分压供水。为提升设备使用效率，水站加压过程中要配备多台加压泵，固定每台加压泵为指定对象服务，降低水站加压工作效率。

（三）农村集中供水管理模式的应用

1. 将一体化管理新模式应用其中

一体化管理新模式，指的就是在集中供水运行管理过程中，结合当地实际，建立起一个由县、镇、村共同参与的一体化新模式，然后依托相应的管理平台，实现区域性集中供水的一体化管理。对于县级供水站而言，其主要的工作内容为对全县范围内农村集中供水进行宏观指导；对于镇级供水站而言，其主要工作内容是对区域内的集中供水工作进行协调、指导现场供水工程建设以及突发问题处理等；对于村级供水站而言，其主要工作内容就是对供水工程管道、设备进行维护以及水费抄核收等。县、镇、村共同协作，可以在较大程度上提升集中供水运行管理整体水平。

2. 建立完善的收缴管理机制，确保后续工程维修资金到位

在实践中，应当根据各地区的情况，科学合理地制定水价和缴费制度，足额收取费用是确保集中供水工程效益得以实现的基础。为了能够加强后期管理，建议采用以水养水的措施和方法，保证供水工程能够有序运行。为此，需规范水费计收办法，采用计量措施进行收费。其中，水价核定以及水费计收等，均应当严格按照补偿成本、优质优价以及合理收益和公平负担等原则进行操作，确定科学合理的供水价格。同时，水费收缴及其应用也应当规范化操作，供水单位应当强化财务管理；建立完善的供水工程折旧制度，确保水费能够专款专用。在农村集中供水工作后期管理与养护过程中应当立足实际，结合本地区的特点，建立完善的工程维修基金管理与应用机制，确保其能够正常地安全供水，实现工程建设效益。同时，应当因地制宜地建立集中供水工程运维基金，以此来解决后续工作开展时资金不足等问题。

农村集中供水管理模式的运用，为农村供水的问题解决起到了积极作用。在运营管理过程中，可结合农村集中供水的情况对该模式进行优化，保障其得到科学应用，从整体上提升供水管理质量，保障集中供水的模式发挥最大价值。

第十七节　节水灌溉技术在高标准农田建设中的应用

为推动现代农业发展，应着力建设高标准农田。灌溉是农业生产的基础，面对着紧张的供水形势，更应重视节水灌溉，不断寻求技术上的突破，降低农田灌溉水源损耗。

一、节水灌溉技术应用需考虑的要素

为优化农田灌溉系统，在进行节水灌溉设计时，始终绕不开环境因素，主要涉及两方面：一方面是硬环境因素，也就是在特定时空条件下，可能影响节水灌溉的环境、人文及经济条件。在研究农田灌溉时，当地气候、地形地貌、水源等环境条件是节水灌溉设计基础，而劳动人口数量、经济条件、人文素质等也关系着节水灌溉的必要性及技术应用效果。另一方面是软环境因素，需要重点关注如下内容：首先是政策因素。农田节水灌溉改造离不了政策与资金支持，而这需得到政策及政府层面支持。其次是技术因素。也就是在

农田灌溉基础设施条件下，研究技术的适应性，并寻求更高效的给水灌溉技术。再次是社会因素。主要是从社会化服务角度考量，节水灌溉的实施需要获取相关技术信息，为节水灌溉设施建设提供条件。最后是组织因素。主要是在节水灌溉系统运营管理方面，良好的组织管理可使节水灌溉系统发挥长效作用。

二、节水灌溉技术的具体分类

（一）喷灌灌溉技术

该技术用于大面积农田灌溉，能够实现均匀平喷的效果。在完成设施铺设后，便能自动完成农田灌溉，省去了人工环节，在灌溉效率上有所提升。因其水源来自管道运输，喷灌可保持较高的水资源利用率，使输送损失大大降低。同时，在喷灌方式下，灌溉强度与水量较易控制，不仅可使灌溉更为均匀，也可避免出现渗漏损失，农田整体节水效率可达30%。并且，喷灌技术适用性强，多种农作物均可采用，并不易受农田地形影响，即使在有坡度的情况下，也可采取喷灌灌溉技术。然而，若喷灌时机不对，如风力等级较大，则会妨碍喷灌过程，因为在风力作用下，喷灌水源达不到应有射程，使农田灌溉水量不均匀。通常来说，若实际风力大于 4 级，则要避免进行喷灌灌溉。喷灌对能耗需求较高，在建设投资时需尤为注意。

（二）滴灌灌溉技术

在农田灌溉节水效率上，滴灌技术有更大优势。在灌溉形式上，直接将输水管道与植物根部相连，通过预设小孔可使水源直达根部，进而实现高效节水效果，相比常规地表灌溉，其节水效率可达 50%。同时，在灌溉控制上，滴灌系统也更具优势，出水量控制更为精确，有效改善农田灌溉均匀度，使灌溉水源得以充分利用。由于滴灌本身无须过高压强，也就不会有较高能耗，而且可满足各类土地灌溉需求，可持续满足农作物灌溉需要。但滴灌技术也有缺点，即直接灌溉所用滴水器孔径较小，泥沙、杂物阻塞情况多发，影响滴灌效果。

（三）提水灌溉技术

针对河流众多、落差明显且地形复杂的耕地区域，应当优先考虑使用提水灌溉技术，弥补原有滴灌技术体系的不足。该技术通常涉及进水口、进水管、水泵和高位水池等。使河流与取水口处于连接状态，并与进水池相连接，结合实际情况布置适量的进水管。此时需要保证水泵和管底相连，其上水管和出入口应当处于连接状态，并在此基础上使高位水池和上水管互相连接。在完成上述工作后，借助相应的配水管道来进行田间供水灌溉工作。在设置灌溉系统的过程中，一定要将水泵进水口与水池底产生的落差控制在一个合理范围内，原则上不应当低于 2 m，而灌溉农田和高位水池产生落差原则上不应当低于 10 m，以利于产生足够的压力，提高灌溉效率。提水灌溉技术成本更高，灌溉设施建设难度较大。

（四）自动节水灌溉技术

原有的农田灌溉形式十分依赖人力，这些方式的弊端就是很难保证灌溉过程的均匀性和稳定性，使灌溉过程很容易受到地形特点（区域高低落差不明显等）的限制，影响土壤蓄水的均匀性，不利于农作物的正常生长，导致收成下降。但是随着科技的不断进步，在原有技术的基础上出现了自动化节水灌溉技术。这种灌溉系统的主要组成部分有储水器、电机和进出水管等。储水器形状一般为圆柱状，应当将进水管和出水管分别设置在其底部左侧和外壁位置；还应当注意将水泵安装于进水管处，通过支架来固定出水管，将其安装在储水器位置。

三、节水灌溉技术应用推广策略

（一）加强资金保障力度

技术推广需要有资金支持。为打造高标准农田，节约灌溉用水，需建设大量配套设施，而在节水灌溉资金投入上，政府财政是主要来源。为此，应结合农田标准与市场因素，对资金投入做出调整，合理划拨财政资金，用于节水灌溉设施建设。还要出台政策规定，明确节水灌溉推广责任部门，并确保财政资金真正落地，切实保障高标准农田建设。此外，为推广节水灌溉技术，还可借助社会资本，将其引入高标准农田建设中，提高农田附加产值。

（二）发挥示范引领作用

在示范田建设中引入节水灌溉技术，既能积累节水灌溉改造经验，还可发挥良好示范作用，助力高标准农田建设。实际实施时，在灌溉条件上，所选取的农田应具有示范性，应考察其地形、水文与气候，并从农业经济条件入手，优选节水灌溉技术，提高农田灌溉的经济性，更好地建设高标准农田。

（三）健全节水灌溉管理体制

要想节水灌溉系统真正落地，还需从制度层面将节水灌溉确定为发展方向，明确高标准农田建设规范，指导农田水利设施建设，还要结合区域差异，提高节水灌溉管理灵活性，以免错误选用灌溉技术。在此期间，要逐步完善节水灌溉管理体系，政府引领与指导整个过程，并且节水灌溉各参与方也要提高并统一认识，提高节水灌溉实施成效。对国内而言，农业现代化是必然趋势，高标准农田建设更是基础工作，但在技术发展背景下，如何发挥节水灌溉优势，关系着农田建设成效。为此，政府更需担负起节水灌溉推广重任，通过资金支持与政策指引，使节水灌溉技术服务于更多的农田。

在水资源紧缺的态势下，农业灌溉用水也受到制约。然而农田产出依赖于灌溉条件，为此，在建设高标准农田过程中，首先要解决的便是节水灌溉问题。对于常见的喷灌、滴灌、提水灌溉及自动灌溉等技术，在使用前，要明确其技术特点，优选节水灌溉技术，保障其与农田环境的适应性。在节水灌溉技术推广中，需发挥政府引领作用，确保充足的资金保障，并积极推进高标准示范田建设。此外，还要不断完善节水灌溉管理体制，更好地提高农田灌溉的节水效能。

第十八节　新时代智慧水利建设的技术模式应用

水利建设要结合新时代的发展和自身的实际情况来进行。智慧水利的提出其实是水利信息化的进一步体现。智慧水利指的是要全方位解决我国的水利安全、水利管理以及水利生态等问题，补齐水利工程存在的短板，从而不断提升对水利工程的监管力度。

一、智慧水利内涵

我国早已引入“智慧水利”的概念，逐步在我国的一些地区进行智慧水利的建设，并对智慧水利建设的必要性进行了相关的论述，提出以高层次、高标准以及高水平的方针进行智慧水利的推进。可以将其简单理解为，智慧水利的发展与信息化技术的发展息息相关，也可以说，信息化技术推动了智慧水利的发展。在智慧水利中所建成的智能化超大型系统，弥补了现阶段我国水利工程技术的短板，从而不断加强智慧水利建设的技术力量。

二、智慧水利目标

从智慧水利所能实现的集成、实用、安全以及智能的特点来看，它可以在信息化技术的帮助下，减少洪涝灾害的发生，还能够有效进行水资源的综合调度，从而保证水环境的生态平衡。但是智慧水利的目标不止于此，其目标还在于落实我国水利工程的“三大红线”，构建从乡镇到城市的水体感知系统，从而真正实现信息化平台的数据化，将其中所有的水利业务融合到一起，实现对水利工程的智慧化管理。

三、智慧水利建设内容

互联网技术与水利工程的相互融合，可以帮助我们推进水资源、水安全以及水环境的发展，从而构建智慧水利的五大体系，下面针对这些体系进行逐一的介绍。

（一）规范透彻的数据监测感知体系

数据是建设智慧水利的基础，所以说为了有效地获得准确的数据资源，需要将互联网技术融入其中，不断地强化自身的感知手段，保证能够及时地、准确地接收到所检测到的信息，从而保证立体监测感知系统的建成。

1. 防洪除涝减灾

一般洪涝灾害多发生在一些江、河、湖泊分布比较多的地区，这些地区一到雨季，很容易出现泥石流、山洪灾害等情况。为了对抗洪涝灾害，可以在这些地区建立实时的雨量监测站。监测站可以对将要发生的高强度降雨的数值进行监测和报警，在提高预测精度的同时，提高监测系统对风险以及灾害的预判能力和快速处理的能力。

2. 防旱抗旱调度

防旱抗旱调度主要是对土地的土壤墒情、出海口的盐度以及水量进行监测，在不断扩大监测范围的同时，将所监测的信息第一时间进行反馈，从而做好防旱抗旱的措施。

3. 水资源的管理和利用

我国的水资源主要由地表水和地下水构成。所建立的监测系统需要定期对水资源的水质和水量进行监测，使其满足气候和环境变化的需求，从而提高农用水的使用率。

4. 水土保护和生态修复保护

在进行水土保护以及生态修复的过程中，需要加强对坡耕地以及对侵蚀沟的监管，从而提高对小流域的保护。对于一些生态脆弱的河流而言，可以对其进行积极的生态保护，全面开展对该地区的检测和治理。

5. 供水管理

要想保证供水管理，需要做好水厂以及水泵的管理和检测工作，对供水采取动态的管理，为一些突发的供水应急情况提供技术保证。

6. 水利的综合监管

除了对各部门的水情以及水况进行管理外，还需要进行水利的综合监管。综合监管就是对其进行全过程监控，在全过程监控中，建立一个统一的检测标准，保证各部分的水利建设可以安全运行。

（二）高速稳定的通信网络互联体系

建设高速稳定的通信网络互联体系的目的主要包括以下三点：第一，提升政务骨干网络通信的效率和保障的能力。第二，充分满足通信网络的互通需求。第三，确保应急通信能力。基于以上三点，才能够保证水利工程有效地、安全地运行下去。

（三）集约整合基础设施平台体系

集约整合基础设施平台体系是为了对所使用的信息设施进行统一的规划和使用，并将所有的信息统一迁移到一个平台上。

（四）协同智能的业务融合应用体系

协同智能的业务融合应用体系主要为进行集约建设深度融合水利业务的大系统，建立一种精细化的、智能化的协同系统，使得水利业务可以进行深度的融合。同时，它还可以帮助人们打破政府各部门之间的数据壁垒，提高政府对水利工程的治理能力。

（五）保障安全的保驾护航标准体系

可以建立一套标准的水利业务共享系统，从而实现信息之间的共享。在这种技术体系的支持下，可以开启应急处理机制，从而保证水利工程可以安全地运行下去。

第十九节　大凌河流域水文特征与河道治理

一、流域概况

大凌河是辽宁省西部最大的河流，发源于建昌县的水泉沟，海拔高程 1150 m，流经建昌、喀左、凌源、建平、朝阳县、北票、义县、阜新、凌海、盘山后注入渤海，流域面积为 23235 km^2，其中山地丘陵占 89%，平地占 11%。大凌河在辽宁省境内流域面积为 19989 km^2，占全流域面积的 86%。全河长度为 435 km。大凌河在宫山咀水库以上地势较陡，河道坡度在 5‰以上，宫山咀水库以下地势趋向平缓，河道坡度在 1‰左右。大凌河流域呈西东向，地理坐标为东经 118°53′~121°52′，北纬 40°28′~42°38′。大凌河流域北与老哈河、教来河相邻，以努鲁尔虎山为界；南与小凌河、六股河相邻，以松岭为界；东邻绕阳河，以医巫闾山为界；西邻滦河支流青龙河。大凌河的支流多集中于西侧，较大支流有老虎山河、凉水河、牤牛河及细河。

二、工程概况

大凌河上游建有一座大Ⅱ型水库——宫山咀水库，控制流域面积 656 km^2，占全流域面积的 2.8%；大凌河中上游建有阎王鼻子水库，控制流域面积 9482 km^2，占大凌河流域面积的 41%；大凌河中下游建有白石水库，控制流域面积为 17649 km^2，占大凌河流域面积的 76%，其中山地、丘陵占 94%。三座水库控制了义县以上的洪水。

三、气象

大凌河流域中游属寒温带夏雨炎热型气候，受南来的温暖气团与北来的大陆气团交替影响以及季风环流影响，年内气候变化较大，夏季炎热，冬春少雨干燥，是辽宁省的干旱地区，有“十年九旱”之称，严重影响工农业生产的发展。本次河道治理工程以北票气象站作为代表站。代表站以 1961—2000 年 40 年气象资料为基础统计其气象特征。经统计分析，多年平均气温 8.6 ℃，极端最高气温 42.3 ℃，极端最低气温 -26.4℃。多年平均相对湿度为 52%。多年平均降水量为 480.6 mm，多年平均蒸发量（直径 20 cm 蒸发器）2013.8 mm。多年平均风速 2.8 m/s，最大风速 17 m/s，同时风向为 NNW。最大积雪深度为 15 cm，最大冻土深度为 147 cm。

四、水文基本资料

大凌河流域有水文站 18 处，其中观测资料年限较长的站有宫山咀、上窝堡、朝阳县、大凌河（义县）和凌海等 12 处；水位站 7 处，观测年限不长；雨量站近 100 处（包括汛期站）。阎王鼻子水库初设时采用朝阳水文站资料。大凌河水文站在白石水库坝址下游 370 m 处，白石水库初设时主要采用大凌河水文站、周家屯站、义县站等测流资料。大凌河流域水文资料曾于 1960、1973 年做白石水库及上窝铺水库初步设计时被审查，1988 年做大凌河水文分析工作时，在以往工作的基础上，又补充了水文资料的观测情况，包括断面冲淤变化、水位—流量、水位—面积、水位—流速及上下游的水量平衡等分析工作，从各大水年的水位—流量关系看，无明显的不合理情况。

五、设计洪水

（一）洪水特性分析

大凌河流域洪水主要由大暴雨形成，其主要天气系统为华北气旋、台风、高空槽。如1930年洪水的天气系统为台风，1962、1963年均为高空槽。由于大凌河流域面积较大，且受地形影响，降水在地区分布上极不均匀，除大水年外，一般多为局部产流。根据新中国成立后的资料统计，大凌河洪水主要来源于干流上窝堡以上及左侧支流老虎山河、牤牛河、细河等。洪水多集中在7—8月，洪水陡涨陡落，峰高量大，一次洪水历时一般为3~5天，双峰间隔时间3~4天。大凌河站自1930年以来洪峰流量超过10000 m^3/s的就有6次，1949年洪峰流量达30400 m^3/s。

（二）洪水资料

由于大凌河干流上建有宫山咀、阎王鼻子、白石水库，所以需进行水库还原计算。本次大凌河洪水系列洪量按连续最大值法选样。因收集到的各水库观测资料时段较长，无法进行洪峰还原计算，所以用洪峰与5日洪量相关图插补大凌河干流各站2010—2015年洪峰。大凌河流域一次洪水历时3~5天，从各站大水年不同时段统计分析，5天洪量占7天洪量的80%~90%，少数在90%以上；5天洪量占10天洪量的比重也多在80%以上，因此设计时段选用5日洪量分析计算。

（三）历史洪水

1. 历史洪水调查及文献资料

大凌河干、支流主要站历史洪水于1958、1961年做过调查，1962年大洪水后又对个别站做了核对。1988年做大凌河水文分析时对主要站进行了复查和核算。1994年大凌河发生洪水时又对大凌河洪水进行了调查。本流域较大的历史洪水有1790、1886、1930、1949、1962、1994年洪水，其中1949年的洪水是大凌河站历史上的特大洪水，其洪峰流量为36500 m^3/s，白石水库调查时复核认为1949年洪峰值可能偏大，因为朝阳、凉水河子、迷力营子三站洪峰之和才32920 m^3/s，故洪水频率分析中适线时做了考虑。初设时再次进行分析核定，认为1961年调查计算成果更接近实际，故采用1961年成果，其洪峰流量为30400 m^3/s。1962年洪水为实测系列最大，大凌河站实测洪峰流量为17300 m^3/s（受支流老虎山河德力吉水库垮坝影响），忽略垮坝影响，应为14000 m^3/s。

2. 历史洪水重现期分析

设计洪水过程线采用实测大洪水中全区各站资料较好的1962年为典型年，按峰、量（5日洪量）同频率控制放大。相应洪水过程线的推求采用：由两个设计点的设计量相减得相应量，然后由相应量查设计峰－设计洪量关系线推求相应洪峰，再按峰、量同频率控制放大，求得相应情况下的洪水过程线。

3. 施工期洪水

本次治理河段上游为阎王鼻子水库，其于1999年9月建成，拟建工程处施工期洪水为阎王鼻子水库建成后朝阳站与朝阳－拟建工程区间施工期洪水之和。其中，朝阳站资料系列为2000—2015年计16年，朝阳－拟建工程区间临近凉水河流域，两流域气候及下垫面特性相似，可借鉴凉水河流域的凉水河子水文站，该水文站实测资料系列为1960—2015年计56年，区间施工期洪峰采用面积比的2/3次方进行计算。根据施工要求和洪水的季节特性，对施工期洪水按两段划分，即汛前（1月1日—5月31日）、汛后（10月1日—12月31日）。

第二十节　顾洞河流域河道治理工程和规划技术

顾洞河是大凌河左岸的一条支流，流域内植被较差，水土流失严重，河水含沙量大，是国家级水土保持综合治理区。顾洞河来洪水时导致周边村镇受灾，大量泥沙随河水入大凌河并最终被带入渤海。顾洞河发源于平顶山南侧的金厂沟梁镇，位于敖汉旗南部，努鲁尔虎山北麓，与辽宁省北票市接壤，属两省（区）两市（旗）交界处。其自北向南沿途流经北票市龙潭镇、哈尔脑乡至朝阳市双塔区桃花吐镇，于桃花吐镇坤头营子村汇入大凌河。顾洞河全长56 km，流域面积458 km^2，其中内蒙古敖汉旗段长度1.72 km，辽宁段长度54.31 km（北票市段长度41.94 km，双塔区段长度12.37 km）。顾洞河上游建有石门水库和龙潭水库，龙潭水库流域面积200 km^2，河长25.82 km，比降11.77‰。龙潭水库下游顾洞河流域面积为258 km^2，河长30.18 km，比降5.14‰。

一、流域概况

（一）社会经济情况

北票市隶属中国辽宁省朝阳市，位于朝阳市的东北部，大凌河中游。北票市东与阜新蒙古族自治县毗邻，南与锦州市义县、凌海市相邻，西、西南与朝阳市区、朝阳县接壤，北与内蒙古自治区敖汉旗、奈曼旗交界。位于亚沿海地区，西、北与承德、赤峰两市，东、南与锦州、阜新两市构成两个经济三角区。地处东经120°15′~121°18′，北纬41°23′~42°17′，东西长83.25 km，南北长129.5 km，面积4469 km^2。总人口60万人，其中城市人口20万人，乡镇人口40万人、辖29个乡镇、7个城市管理区、1个省级经济开发区，是辽冀蒙中心区域、环渤海经济圈的重要组成部分。

龙潭镇是辽宁省北票市辖区，位于北票市西北部，处于北票、朝阳、内蒙古交界处。龙潭镇东邻西官营镇，南靠哈尔脑乡，西与朝阳市龙城区古山子乡接壤，北与内蒙古赤峰市敖汉旗金厂沟梁镇相连，全镇人口1.73万人，辖11个行政村。全镇面积206 km^2，耕地面积2600 hm^2，有桃来线、北金线、华西线三条公路，形成四通八达的交通网络，境内黄金、铁矿厂、石灰石、大理石等矿产资源丰富，现有铁矿8个，金矿4个，企业总数达到了15个，工业总产值占社会总产值的70%，同时形成了畜牧、林果、粉丝、保护地四大主导产业。

哈尔脑乡位于北票市西部，红石山下，西、南分别与朝阳市龙城区、双塔区接壤，北靠龙潭镇，东与大三家乡相连，全乡人口 1.83 万人，辖 10 个行政村。全乡总面积 200 km^2，耕地面积 3533 hm^2。哈尔脑乡政府所在地距朝阳市 29 km、北票市 33 km，桃来线纵贯南北，大召线横穿东西，长深高速公路由此穿过，距国道 101 线 15 km，距阜朝高速公路 7 km。此外，村级公路四通八达，交通运输非常便利。哈尔脑乡以农业大乡著称，境内拥有富饶的耕地，盛产谷子、花生、芝麻、绿豆等特色杂粮；以肉鸡、生猪养殖为主的畜牧业发展势头强劲，现有标准化养殖小区十余处。哈尔脑乡同时还拥有膨润土、沸石、玄武岩、煤等矿产资源，膨润土资源尤为丰富。

（二）位置及范围

顾洞河（北票段）河道治理工程上游起点鸡冠子沟处（省界处），下游位于 G25 长深高速公路上游处（县区界），河道长度 41.94 km，其中龙潭镇段内河长 26.01 km，流域内有万杖子村、沟门子村、三井子村、东四家村、大杖子村、榆树底下村、龙潭村、三家梁村 8 个行政村，哈尔脑乡段内河长 15.84 km，流域内有水库村、铧子炉村、黄土梁村、哈尔脑村、小官营子村、平洼村、新亭村 7 个行政村，全部共计 15 个行政村。为方便后期工程描述，将项目区依据主河槽进行桩号布置。上游起始位置桩号为 0+000；经纬度坐标：经度 120°17′51.38″、纬度 41°56′10.12″。2000 坐标：Y=524206.05、X=4644332.73。项目区下游末尾桩号为 41+940；经纬度坐标：经度 120°32′29.40″，纬度 41°41′58.19″，2000 坐标：Y=544643.05，X=4618169.24。

（三）背景情况

顾洞河（北票段）河道治理工程是贯彻落实“防汛抗旱水利提升工程”，加快水利薄弱环节建设和水利工程补短板的需要，是加强水利行业监管和全面落实河长制的需要，同时也是促进乡村振兴战略实施的需要。上级部门高度重视水旱灾害防治工作。加强自然灾害防治关系国计民生，要建立高效科学的自然灾害防治体系，提高全社会自然灾害防治能力，为保护人民群众生命财产安全和国家安全提供有力保障。要加强生态环境系统保护修复。从生态系统整体性和流域系统性出发，追根溯源、系统治疗，防止“头痛医头、脚痛医脚”。要找出问题根源，从源头上系统开展生态环境修复和保护。要加强协同联动，强化山水林田湖草等各种生态要素的协同治理，增强各项举措的关联性和耦合性。要把修复生态环境摆在压倒性位置，构建综合治理新体系，统筹考虑水环境、水生态、水资源、水安全、水文化和岸线等多方面的有机联系，推进上中下游、江河湖库、左右岸、干支流协同治理，改善生态环境和水域生态功能，提升生态系统治理的稳定性。

（四）工程任务与规模

顾洞河（北票段）河道治理工程位于北票市龙潭镇万杖子村至哈尔脑乡新亭村段（桩号 0+000 至 41+940），现状项目区河道均为无堤段，部分河道无明显滩槽，河道岸坡、险工多无保护，现状岸线杂乱无序，局部岸坡存在百姓自发堆积的沙堤或间歇石笼顺坝，防洪、防护能力差。随着顾洞河两岸社会经济建设步入快车道，对防洪也提出了更高的要求。为改善顾洞河防洪能力和防护能力，促进沿河乡镇经济可持续发展，进行顾洞河（北票段）河道治理。顾洞河（北票段）河道治理工程的建设任务是提高河道行洪能力，稳固河道河势，保障沿河村屯耕地、林地、建筑物等安全，保证沿河人民群众的生命财产安全，同时进一步落实河长制从“有名”到“有实”的转变，改善区域水生态、水环境、水景观，为区域未来发展打好坚实的基础。

本次治理为顾洞河（北票段），治理河道长度 38.887 km，干流治理长度 36.340 km，支流治理长度 2.547 km，河道治理防洪标准为 10 年一遇。工程主要建设内容包括：新建顾洞河（北票段）干流工程护岸 36 处，共计 23.252 km（其中左岸 19 处 13.602 km，右岸 17 处 9.650 km）；拆除破旧护岸，重建工程护岸 4 处，共计 5.882 km（其中左岸 2 处 2.945 km，右岸 2 处 2.937 km）；新建植物护岸 9 处，共计 6.312 km；河道平整 32.462 km（其中干流 30.350km，支流 2.112 km）；新建支流护岸 4.465 km（含 7 条支流 13 处）；一体化雷达水位自动监测站 2 处。

二、气象水文

（一）气象资料

顾洞河流域属于北温带大陆性季风气候，夏季多雨炎热，冬春少雨干燥，一年四季变化分明。其特点是：雨热同步，干冷同期，昼夜温差大，积温高，光照充足。

（1）降水。多年平均降水量为 475 mm。年内分配不均匀，主要集中在 7—8 月。

（2）蒸发。年内平均蒸发量（以 20 cm 蒸发皿为准）是 1900 mm。

（3）气温。该河段属半干旱性质的大陆性气候，夏季多雨，冬季干燥，多年平均气温为 8.5 ℃，极端最高气温可达 40.7 ℃，最低气温 -31.1 ℃。

（4）日照。多年平均日照时数是 2772.55 小时，是辽宁省光照高值的中心，全年太阳的总辐射量为 142.1 kW/cm^2。

（5）相对湿度。多年平均相对湿度为 60%。

（6）风速。风向以季风为主，夏季东南风偏多，冬季以西北风较多，而大风的风向多为西北风和西南风，多年平均风速为 2.9 m/s，最大时可达 18 m/s，一般情况下年内平均风速为 2.0~4.4 m/s，汛期多年平均最大风速为 13.84 m/s，偶尔也会出现龙卷风。

（7）积雪及冻土。多年平均冻土深度 120 cm，最大冻深可达 1.5 m。积雪最大深度 20 cm。

（二）设计洪水

本次规划龙潭水库下游控制断面考虑与龙潭水库错峰计算，龙潭水库汇流历时 2.12 小时。龙潭水库入库的最大洪峰流量出现在第 26 小时末时间段，出库的最大泄量出现在第 28 小时末时间段，水库滞洪时间为 2 小时。项目区终点距离龙潭水库坝址 18 km，水库下泄洪水经 1.3 小时左右到达项目区终点。区间洪水汇流历时 2 小时。本次规划河道最下游控制断面 6 处 10 年设计洪峰流为 719.57 m^3/s，即 10 年一遇的设计流量为 719.57 m^3/s。

三、地质

（一）工程地质

北票市附近地层一致由东南向西北方向倾斜，从震旦系至上火山岩系依次出露，形成单斜构造。在项目区内没有由褶皱形成的较大背斜和向斜，只有个别地点在断层附近（如南天门）才见因牵引而形成的小褶曲。朝阳—北票断裂分为南北两段。北段为低角度逆掩断层，出露较好。断层走向北东，倾向北西，倾角40°左右。震旦系、侏罗系地层分别逆冲到中侏罗系和白垩系地层上，破碎带中的糜棱岩、挤压扁豆体等均很发育，宽达几十米。两盘地层陡峭、褶皱，褶曲轴向与断层走向一致。背斜褶曲出现在断层上盘，挤压特征明显。

（二）水文地质

项目区多数钻孔内见地下水，地下水类型为潜水：地下水赋存在层砾砂、层圆砾、层粗砂及以下含水层内，水位埋深为0.5~9.5 m，高程为215.73~554.28 m。项目区的地下水主要以大气降水及河水渗透补给为来源，排泄以地下径流或蒸发为主，钻孔zk27、zk28、zk29、zk30、zk31未见地下水，经现场调查，周边存在采矿区，地下水以采矿方式排泄，造成地下水位降低。地下水位变化常年受季节降雨影响。

（三）结论及建议

工作区地震动峰值加速度为0.10 g，地震动反应谱特征周期值为0.35 s，属地震基本烈度Ⅶ度区。勘察期间所揭露的地质条件下，地基土不发生液化。由区域构造条件及构造活动历史分析判定，工作区域地质构造相对简单，新构造运动和地震活动较弱，处于区域构造相对稳定区。

（1）经取地下水样化验分析，综合判定工作区地下水对混凝土具有微腐蚀性，对钢筋混凝土结构中的钢筋在长期浸水时具有微腐蚀性，在干湿交替时具有微腐蚀性；判定环境土对混凝土结构具有微腐蚀性，对钢筋混凝土结构中的钢筋具有微腐蚀性。

（2）岸坡岩性主要为中砾砂、圆砾土，红褐色，中密状态，颗粒磨圆度较好，粒径范围集中在60~200 mm，约占25%，个别最大粒径可达300 mm，少量黏性土充填，砾石成分多为凝灰岩、花岗岩、玄武岩等。受水流对岸坡的冲刷，造成局部岸坡水土流失严重，形成小规模的坍塌现象，岸坡整体稳定性差，急需进行河道整治。根据地勘颗分试验成果统计砾砂中值粒径平均值为1.01 mm，圆砾中值粒径平均值为14.96 mm。

（3）岸坡土体由中砾砂、圆砾土组成，在汛期，堤岸土体饱水，抗剪强度降低，不利于堤岸稳定，水流的顶流冲刷和侧蚀作用对岸坡稳定不利，建议对堤岸进行防护。

（4）根据《水工建筑物抗冰冻设计规范》（SL 211—2006）砾砂和圆砾为不冻胀性土，可不考虑发生冻胀性破坏。

顾洞河沿河滩槽明显岸坎陡峭、弯道险工多无保护，两岸抗冲能力差，兑岸严重，造成河岸崩塌甚至导致河势变化。为保护人民群众生命财产安全，防止岸坡冲刷造成土地冲兑，减少河道水土流失，需采取有效的护岸整治措施，保证河岸稳定性。在护岸工程布置中，本次设计以多保护耕地、稳定河势为主，少动迁，少征地，不占用国家基本农田，并尽量利用现状岸坎，不缩窄天然河道。

河道平整疏浚目的是疏导水流流态、稳定河势，扩大河道的行洪断面，确保防洪安全，恢复和提高行洪排涝能力，增强水体流动性，改善水质。本项目河道平整长度 32.462 km，其中干流 30.35 km，支流 2.112 km。平整余土应就近推至河道两岸加高培厚岸坎，形成沙坝。表层非有害淤泥或熟土应直接或者改良后用于护坡表层种植土。

工程设计根据建设条件及任务，结合区域特点，引入节能理念，并从技术、经济、社会、环境等方面进行多方案技术经济比较。施工组织设计遵循因地制宜、有利生产、方便生活、易于管理、安全可靠、经济合理的原则，选用合理的施工方案，减少不必要的能耗。工程在施工技术、施工方案和施工进度设计时，参考众多已建和在建河道治理工程的成功经验，因地制宜地结合本段工程实际的地形地质条件，合理布置格局，不断优化设计，选出适合本工程的最佳的施工技术和施工工艺。

工程施工采取的方法、工艺简单可行，工区布置合理，选用的设备先进、能耗低，最大限度地发挥各种机械设备的功效，满足工程进度要求，保证工程质量，降低工程造价，节能降耗显著。本工程布置设计主要在荒地处，尽量避开林地、耕地，充分考虑少占地的原则。所需建筑材料除回填土料大多取自河道中，运距适中，适宜开采。岸坡防护主要采用石笼型式，节约水泥和钢材的用量，从根本上节省了工程投资和永久运行的能耗。

顾洞河（北票段）河道治理工程是一项提高防洪、防护能力及改善生态环境的水利工程项目。结合辽宁省堤防管理实际情况，各级堤防工程管理实行水系统一管理和行政区划分级管理相结合的管理体制，工程采用分散—集中管理模式，由龙潭镇和哈尔脑乡水利服务站与河道沿线受益行政村村级河长管理负责人、巡河员共同负责岸坡的日常维护与管理。

北票市水务局作为工程项目的主管部门，北票市河库水利工程建设管理处作为项目法人单位，负责本项目的组织、协调、指导等具体建设管理工作。同时，负责本项目的具体实施工作、承担项目法人并负责组建建设管理机构、实行集中建设管理模式的现场管理机构应明确现场技术、质量、安全等负责人。主管部门和项目法人、设计、监理及施工等单位要按照规定，建立健全工程质量管理监督体系和安全管理监督体系，严格把关，确保工程质量、安全和进度。组建的建设管理机构对项目建设负总责，明确项目建设行政责任人，成立协调组织机构，负责工程建设期间的组织领导，地方资金落实和征地、拆迁、移民安置等有关协调工作。北票市水务局对质量和安全监督工作负总责。

河道山洪灾害的防御策略是“以防为主，防重于抢”，防御防治的方法是既要采取工程措施，提高工程防洪标准；也要采取非工程措施，建立综合防洪减灾体系，提高防灾抗风险能力。为了准确及时地对河道山洪进行预测，提前进行预警，建立山洪灾害监测预警系统，这是防治山洪灾害的一项重要的非工程性措施。根据顾洞河（北票段）现状条件，为完善项目区流域内水文信息监测，及时做到山洪监测和预警，减小山洪灾害对下游村屯的威胁，在项目区内拟定布置雷达水位监测设施 2 套，分别位于龙潭水库上游董家湾桥处和下游新亭村桥处。工程总投资 8011.35 万元，其中建筑工程费 6697.58 万元、临时工程费 134.32 万元、独立费用 592.97 万元、基本预备费用 371.24 万元、环境保护投资 119.87 万元、水土保持投资 95.37 万元。

顾洞河（北票段）河道治理工程实施后，将改善顾洞河北票段的防洪排涝能力和防护能力，保障区域环境安全，提高顾洞河水质量，恢复健康水生态系统，为沿河各乡镇经济可持续发展提供助力，社会经济效益明显。本项目资金来自政府资金，由经济评价成果可知，本工程经济内部收益率为 8.66%，经济净现值为 322.726 万元。国民经济评价指标认为，经济效益费用比大于或等于 1.00 时，该项目在经济上是合理的；本工程经济效益费用比是 1.04，大于 1.00，因此该项目在经济上是合理的，项目经济评价指标较好。本工程属于政府财政投资，其项目本身有一定的防洪效益，主要是在一定程度上减少水土流失，减少河道冲刷，保证两岸乡镇、耕地和林地安全，促进社会经济稳定发展的社会效益。

第七章 畜牧养殖与兽医技术推广

第一节 鸡的生物学特征

一、新陈代谢旺盛，具体表现为“三高”

（一）体温高

鸡体温 40.9~41.9 ℃，平均 41.5 ℃。成年鸡的体温高于雏鸡。

（二）心率高

鸡的心率一般为 160~470 次 / 分。血液循环快，其中雏鸡的心率比成年鸡高、母鸡的心率比公鸡高。

（三）呼吸频率高

鸡的呼吸频率一般为 22~110 次 / 分。母鸡比公鸡高，但因环境温度、湿度和安静程度不同而有差异。鸡对缺氧十分敏感，耗氧量高于家畜 2 倍以上。

二、生长速度快、繁殖潜力大、性成熟早

肉鸡 52 天最大可长到 4 kg 多，一般为 2.5~3 kg。蛋鸡 130 天就开始产蛋，最短 110 天就见蛋。

母鸡虽然右侧卵巢退化，仅剩左侧卵巢，但繁殖力相当强，一年最高可产蛋 300 多枚。在显微镜下观察可见上万个卵泡，但在发育过程中大部分退化或萎缩，成为部分成熟卵细胞的营养，而每个蛋就是一个卵细胞，按出雏率为 20%~80% 计算，一年一只母鸡可孵 200 多个后代。公鸡繁殖力也是很强的，每天交配 10 次属于正常现象。一只公鸡可配 15~20 只母鸡，最高可配 30 多只，而精子在母鸡输卵管中存活可达 10 余天，远远超过家畜。母鸡卵巢排卵后不生成黄体，而腺垂体分泌黄体生成素，主要是促卵泡成熟与排卵；分泌的生乳素可使母鸡抱窝与换羽。母鸡产蛋多少与生殖系统发育好坏有关，也与外界环境与营养状况有关。外界环境的温度与光照和饲料品质对其影响最大。所以自然条件下，产蛋有季节性。现代养鸡由于人为控制，提供了良好条件，所以母鸡全年性产蛋。

三、体温调节机能不完善，对环境温度变化敏感，昼夜节律变化明显

鸡属恒温动物，依靠产热、散热和隔热来调节体温。其中，产热是依靠体内营养物质在转化过程中产生热量。隔热靠丰满的羽毛和皮下脂肪。散热是靠传导、对流、蒸发和辐射。但由于鸡无汗腺又有羽毛隔热，因此当外界温度高时，对流、辐射与传导散热易受到限制，只能靠加快呼吸频率，排出水蒸气来散热。一般鸡适宜的温度为 20 ℃左右，低于 5 ℃或高于 42 ℃则会影响鸡的发育和生产。超过 45 ℃，在一定时间内，易造成鸡昏迷死亡。

四、营养水平要求高，饲料利用率也高

肉鸡在发育过程中肉料比为 1∶1.85~2.00。蛋鸡蛋料比为 1∶2.3。

五、鸡消化道短，仅为体长 4~6 倍

饲料通过消化道的时间远远低于家畜。由于消化粗饲料仅限于盲肠，而从小肠到盲肠的食物仅有 10%左右，致使鸡对粗饲料的消化能力差，所以鸡饲料中粗纤维的含量不宜过高。

六、抗病能力差

主要是因为鸡肺小，有气囊，胸腹腔间无横膈膜，没有淋巴结，法氏囊和胸腺随日龄增加而退化，无单独的尿道和生殖道，而与粪道一个通道，很易感染。鸡群居性强，适于集约化饲养。

第二节　鸡的饲养环境调控技术模式

随着鸡数量的增加、管理水平的提高，现代养鸡对环境越来越重视。在饲养过程中需人为调控鸡的饲养环境，尽可能满足鸡的生长发育、繁殖、产蛋、育肥需要，减少疾病，降低成本，提高效益。

一、鸡舍的布局和类型

鸡舍的布局应科学合理，规划时主要考虑环境保护问题，考虑鸡群的防疫卫生与安全，保证生产区与生活区人们的生活、工作正常进行，同时避免互相感染。将非生产区、生活区建在上风向，生产区建在下风向，生产区净道与污道分开，鸡舍入口处设消毒池和消毒室，所进人员和车辆必须严格消毒。鸡舍类型：鸡舍的建设是环境控制的先决条件，从现代养鸡看，鸡舍大体分开放式鸡舍、封闭式鸡舍和简易式鸡舍。

（一）开放式鸡舍

开放式鸡舍又称有窗或普通鸡舍。其特点是四面有墙，南北有窗，自然通风与光照和人工通风与光照相结合，为鸡提供正常生长发育条件。目前农村绝大部分饲养商品鸡都采

用这种鸡舍。其优点是造价低，结构简单。缺点是自然通风透光，舍内环境不稳定，受外界自然条件影响大，尤其是光照；不能很好地控制鸡的性成熟。开放式鸡舍在建造中要注意地面铺上水泥，这样易于清扫和消毒。内墙壁做 1.5 m 高水泥墙裙，以防潮和利于冲洗。房顶是钢框结构，外扣铝塑板（内含苯板）或水泥盖板，外铺灰渣，以防寒保暖。跨度一般 7~8 m 就够，长度根据养殖量和管理水平而定，一般在北方地区不能超过 100 m，舍高 2.2~2.5 m 即可，南窗稍大，北窗适当小些。墙体要做保暖，一般用 10 cm 苯板就行。

现在有一种新型建筑材料，耐酸碱，可以根据设计要求自行组合，保暖性能、通风状况都很好，并且造价很低，省工省料，很适合农村或者大型养鸡场使用。

（二）封闭式鸡舍

封闭式鸡舍又称无窗鸡舍或控制环境鸡舍。鸡舍内小气候完全通过各种设施控制和调节，以适应鸡体的生理需要。这种鸡舍不受外界环境因素影响，人为地来控制舍内环境变化，有利于鸡群的生长发育，减少应激反应出现，能够充分发挥鸡的生产性能。缺点是耗资太大，对电的依赖性太大，饲养技术要求严格，完全人工加光，机械通风。该类型鸡舍适用于种鸡或大型肉鸡生产。

（三）简易鸡舍

在农村常见，大部分是利用旧房屋和闲置大棚改造，冬季大棚扣塑料、草帘子保暖。这种鸡舍的优点是省钱，充分利用闲置场所，适用于小规模、资金缺乏的养鸡户使用。但昼夜温差大，冬季湿度大，养鸡规模受限制。

二、鸡舍温湿度调节

（一）热量来源

鸡舍内的热量主要来源于两个方面：一是鸡体自身产热量的释放，但产热量大小与鸡的品种、品质等方面有关，肉鸡比蛋鸡高；二是鸡舍取暖设施和保温程度。如果舍内温度低于鸡正常生长生产需要，鸡则需要消耗大量饲料的能量来维持鸡体生命活动需要，而不能发挥生产性能。

（二）温度影响

鸡对温度变化很敏感。高温时，鸡饮食集中在早晚，如不能提供足够的食物，则摄入营养受到影响，还可引起鸡抱窝和换羽。寒冷时，鸡饮食集中在中午，同时，还易冻伤裸露的皮肤及皮肤衍生物。所以夏季通风降温，防热应激，冬季注意防寒。温度主要对鸡的采食量、饮水量和体热排出量影响大。温度高，鸡饮食量减少、饮水量增加，排粪少而稀薄，呼吸加快，排出气体多，带出水分也多；对于鸡来讲，最适宜的温度为 13~25 ℃，但刚孵出的雏鸡体温较低，对环境温度要求高，如肉鸡雏出壳后三天内要求环境温度为 36~38 ℃，这样才有利于卵黄吸收。而蛋鸡环境温度超过 30 ℃时，减蛋、耗料、畸形蛋数量增加，死亡率也会增加，相对于冷刺激来说，对育成和产蛋鸡影响幅度较小。成年鸡可抵抗 0 ℃以下低温，但饲料利用率会大大降低，生产性能不能发挥出来。鸡舍内温度是否合适，一般可以从鸡的行为表现上看出来。温度过高，鸡张嘴喘息、伸翅；温度过低，雏鸡表现拥挤、尖叫；温度适宜，鸡安详、叫声正常，雏鸡分布均匀。

（三）湿度影响

鸡适宜的湿度为60%~65%。湿度过大，形成高湿，鸡通过蒸发散热。同时，湿度大易使舍内空气浑浊，阻碍散热，发生热射病。低湿影响可能比高湿更大些，易引起鸡脱水，羽毛蓬乱，卵黄吸收不全，还使鸡易得呼吸道疾病。

（四）控制措施

通过鸡舍保温结构、窗户开启与关闭等方面，利用自然通风。舍内外温差形成空气流动。这样做一方面将污染空气和有害气体排出，补进新鲜空气；另一方面还可降低舍内温度。除此之外，很多养殖户在夏季还采用机械通风，即利用吊扇通风机、排气扇等工具通风，一般纵向通风效果较好。通风除以上方式外，夏季还有向房上、外墙壁喷凉水，向舍内喷雾，窗户上挂遮阴网或水帘等方法，达到降温目的。冬季升温常用暖风炉、暖气、电热育雏伞、火炕、火炉等。当前，四位一体养鸡户利用沼气产热使冬天寒冷季节舍内温度提高是一个很好的途径，既节约能源又做到废物再利用。另外，通过降低鸡群密度、在地面喷洒凉水等简易方法在一定时期内和一定程度上降低温度，保持舍内湿度。

三、光照管理

光照一方面作为信号刺激，使鸡释放激素，促使排卵；另一方面也满足了鸡饮水、吃食光亮所需。光照随鸡日龄增长，要求也不一致。

育雏期——主要利用光来保证鸡能看到饲料、水源，进行正常吃食与饮水，提高增重速度，一般采用连续光照13~18小时、闭灯1~6小时方式。

育成期——通过合理光照，控制鸡的性成熟、体成熟。时间长短根据鸡体需要决定，若达不到标准，适当延长光照时间，使鸡的体重在性成熟时达标，提高产蛋潜力。该期一般要求最长光照时间不超过18个小时，进入产蛋期达到16小时即可。

产蛋期——光照适当逐渐增加，使母鸡正常排卵产蛋，但要注意的是，增加光照时间要考虑鸡体重因素，否则鸡生殖系统发育与体重增长不同步，产蛋量上不去，产蛋高峰也不会持续很长时间。另外，光照对母鸡采食、饮水、休息等方面也有很大帮助。在实际生产中，有时也利用一些特殊灯光，如红外线光，一方面可御寒，另一方面可促进生长发育；紫外线光可促使皮肤胆固醇转化为VD3和具有杀菌作用。鸡对光照颜色的反应也不一样，一般对红、黄、蓝敏感。

光照强度在不同品种、不同阶段中的利用也有差别，但要求相对恒定。光照过强，鸡易发神经质、炸群和异食癖；光照过弱，影响采食、饮水和产蛋量。舍内光照亮度要求均匀，光源距鸡体1.0~1.5 m，以40~45 W灯泡为宜，灯泡表面要经常擦拭，保持足够的亮度。

第三节　蛋鸡饲养日常管理技术要点

一、4 周内

饲养方面：提高口粮质量（全价颗粒饲料）。主要是增加蛋白质和维生素含量，目的是使身体各个系统、各种机能完全发育，三周龄体重不低于 200 g。疾病方面：主要防控沙门氏菌病、支气管炎、大肠杆菌病、支原体病、法氏囊病和球虫病。管理方面：按雏鸡饲养管理要点进行管理。

二、8 周龄

饲养方面：8 周龄未达到体重标准，要推迟育成料更换。要注意控制体重，为以后限饲、完善内脏系统发育做准备。胫长不短于 8 cm，体重 640 g，否则影响体形。一般来说体重和胫长决定鸡生产性能的 80%。对个别不达标的可分群饲养或淘汰。疾病方面：主要控制新城疫、传染性支气管炎、禽流感和喉气管炎。

三、9—18 周龄

饲养方面：从第 9 周起开始换育成料，降低饲料营养水平，目的是增加鸡的采食量，提高其耐精料和胃肠吸收能力。采食量最好超过标准 5% 左右。16 周后增加蛋白质、钙、磷含量，为产蛋做准备。体重控制，如前期超标可适当限饲，即在 13 周末将体重降到标准范围内。如前期体重不足，不要盲目增加营养，以免后期出现脱肛和蛋鸡疲劳综合征。13 周后鸡生殖系统快速发育，此阶段超重不可过分限饲，否则影响生殖系统发育，对以后产蛋产生影响。18 周龄后体重应为 1.4~1.5 kg，最高不要超过 1.5 kg。疾病控制：要注意新城疫防治、驱虫、禽流感、传染性喉气管炎。

四、19—24 周龄

饲养方面：开产初期，对饲料要求是正常见蛋就换料，换料经 7~10 天。若发育不好，则见 5% 蛋后再换，过早易早产或早衰，过迟则高峰上升快，鸡易瘫痪、脱肛。在此期间蛋白质、Ca、P 供给要满足，但不要添加过多、过快，否则易拉稀。疾病控制：做到以下几点：一是产前驱虫；二是防止输卵管炎；三是控制新城疫、大肠杆菌及软皮和沙皮蛋。

五、产蛋高峰期

用产蛋高峰料。37 周后注意补充营养，特别是维生素和微量元素。光照要稳定，疾病控制要注意输卵管炎、非典型新城疫、减蛋综合征及大肠杆菌病和各种应激反应，用药上要注意禁用影响产蛋药物。

六、产蛋末期

在管理上不断调整鸡群结构，饲料上增加维生素和 Ca、P 含量，同时限制蛋白量或限食，应根据产蛋量高低、市场价格，适时淘汰。

七、做好工作记录

每天记录鸡群变化情况、产蛋数量、饲料用量、饮水用量、用药等及临时出现的特殊情况。

八、维持环境相对恒定

定人定舍、保持安静，不要经常穿着色泽鲜艳的衣服，工作程序不要轻易变化，谢绝外人参观，减少突然声响等。

九、饮、喂定时定量

一般每天投放三次料即可，早上投料多些，中午少些，晚上多些，注意料槽中料要均匀。给水要充足，通常是给料量的 2 倍，冬季是 1.5 倍，炎热季节是 4~6 倍，要求水质清洁，定期清洗水槽。

十、观察鸡群情况

喂料后观察不上前采食的、吃食速度不快的，需察看形态、被毛等状况，若不好，及时挑出。观察粪便，正常粪便灰褐或灰黄色，有一块白色尿酸盐沉积，呈堆状或粗条状。如果出现过稀并有异常色泽，则是有病表现。再有，经常看笼、槽等设备有无破损，是否刮鸡、跑鸡等。

十一、环境卫生管理

保持清洁卫生。舍门口常用消毒液喷洒，舍内通道用火碱（3%）喷洒。消灭蚊蝇，防动物进入。鸡粪定期清理，堆放好发酵，雨天防溢流。死鸡观察后要深埋或焚烧，并对现场进行消毒。接种后的药液空瓶、接种器等不要乱扔，要深埋或焚烧，防止复染。

第四节　蛋鸡的季节管理技术模式

一、蛋鸡春季管理技术

春季提高饲料中蛋白质水平。春季温度逐渐回升、日照时间逐渐变长，使鸡群进入了产蛋期。此时鸡需大量营养物质来满足产蛋和长体重的需要。此季节日粮中能量应为 11.30~12.14 MJ/kg。由于初春温差大，撤掉防寒设施时要根据实际情况进行。春季温度上升，微生物繁殖能力强，易引发疾病传播，因此要经常搞好环境卫生，加强防疫，减少疾病发生和传播。初春对鸡群进行一次检查，发现不产蛋的鸡、残鸡及时淘汰，可减少饲料浪费，提高经济效益。

二、蛋鸡夏季管理技术

高温高湿是夏季重要特征，防暑是本季节重要任务之一。鸡无汗腺，高温使鸡张口喘息，采食少、饮水增加，易造成产蛋率和体质下降。这时需做到：遮阴挡光，增加隔热设施，减少阳光入舍辐射热量。加大通风能力：采取各种方式通风，减少热应激和舍内污气。鸡体喷雾，降低舍温，还可在窗口安装湿帘。给鸡提供充足的清洁凉水。喂料少给勤添，集中早、晚给料。调整日粮浓度：可在饲料中加入吸收利用率高的油脂。饲料中加多种维生素，提高抗热应激能力，水中加抗暑药，降低热喘息。定期消毒：定期清洗饲槽、水槽，按说明在水中加消毒剂，杀死水中大肠杆菌等，减少疫病传播机会。注意饲料放置于阴凉干燥处，防止霉变和氧化。饲料中可拌入"蝇蛆净"，防止粪便蝇、蚊滋生，减少疾病传播。酷暑期间，尽可能减少疫苗接种次数，确实需要接种，应选择早、晚凉爽时进行。

三、蛋鸡秋季管理技术

秋季日照渐短，天气转凉，昼夜温差大，正是换羽阶段。应注意：

（1）由于昼夜温差大，冷应激与保温措施会对鸡产生影响。如保温引起舍内氨气浓度升高、缺氧、湿度大，会对鸡免疫系统产生抑制作用，所以在保暖的同时，也要注意通风（一般中午），避免鸡得呼吸道疾病。

（2）补充光照，使光照保持在14~16小时。

（3）秋季正是鸡群恢复体力、养精蓄锐时机，为了使鸡有充沛的体力、维持高产性能，要给予其充足的营养。注意营养水平、浓度与平衡，补充维生素。

（4）尽量延缓换羽时间。做到环境稳定，减少刺激，如正换羽，可在饲料中适当增加蛋白质，特别是蛋氨酸、胱氨酸等，还要补充少量钙、硫，以利于羽毛生长。

（5）做好防疫、净化工作，在饲料中拌入一些抗病毒类药物和一些生物添加剂，同时做好防寒准备。

四、蛋鸡冬季管理技术

冬季，防寒保温是关键。产蛋适宜温度是13~20 ℃。冬季舍内温度必须达到8 ℃以上。从20 ℃每降1 ℃，鸡采食量就增加1%~2%，所以提高舍温有利于节约饲料。但要注意，封窗不宜过早，寒冷可促使鸡快点长出绒毛，提高抗寒力。取暖设备一般采用火炉、火墙、电炉、沼气等。补充光照，保持14~16小时。但不宜突然增加光照时间和强度。保温、通风两不误，保温是关键，但通风也不容忽视，通风不好易使舍内有害气体增加（尤其是氨气），一些微小尘埃、异物随空气流动，鸡呼吸时易吸收，引发呼吸道疾病，对此，可定期投放预防呼吸道疾病的药。提高日粮中能量水平，降低粗蛋白水平。

第五节　蛋鸡产蛋期发生问题与原因分析

一、产蛋率上升慢并且无高峰原因

育成鸡转群入笼后，各方面都良好的鸡群在22~23周龄产蛋率可达50%，24~26周龄后可上升到80%以上，27~28周龄后可超过90%。但实际生产中，有的鸡群产蛋率上升速度缓慢，达不到高峰或高峰期没达到90%以上，之后又迅速减少。这可能有如下几方面原因：

（1）品种有假，不纯。

（2）育成鸡没有育好，体重参差不齐，均匀度也差，尤其是12周龄体重和均匀度都没有达标。

（3）饲料品质差，原料掺假，配方不合理，氨基酸比例不当，维生素失效，降低效能。

（4）鸡群开产期间不适，采食量不足。

（5）鸡群处于某些疫病潜伏阶段或受某些疫病影响，特别是传支感染后，对鸡输卵管影响最大，影响产蛋。

（6）药物使用错误。在产蛋前后用了不应使用的药物，抑制了卵泡发育成熟。

（7）应激反应。

二、产蛋率突然下降原因

正常产蛋量呈曲线分布，上下波动在0.5%左右，幅度不会太大，若突然下降幅度很大，可能有以下几种原因：

（1）疫病：某些传染病感染和减蛋综合征出现。

（2）饲料：品质不良，使用掺假鱼粉、豆粕或发霉原料。

（3）管理：供水不足，用药有副作用，连续高温、寒流侵入，光照强度和均匀度变化等都会引起产蛋率下降。

三、长期下小蛋原因

（1）饲料中蛋白、能量不足。

（2）摄入饲料不足。

（3）体重过低。

（4）光照增加过快，致使开产过早。

（5）输卵管炎，畸形，无黄。

四、鸡蛋破损率高原因

（1）疾病影响：如新城疫、传支、蛋壳薄、表面粗糙，甚至有血斑、蛋形不正、软壳、无壳蛋多。

（2）饲料影响：Ca、P不够，比例不当，维生素缺乏。使用某些不应使用的添加剂与抗菌素等致蛋壳色浅而薄。

（3）设备影响：滚蛋网坡度大，滚动撞击网边速度快，易撞破；坡度小，蛋常留笼内被踩破。

（4）高温高湿：产蛋后期吸收能力减弱。

（5）人为因素：捡蛋、装箱、摆放时不注意。

（6）体内酸碱不平衡，夏季热应激，鸡喘息呼出CO_2多，碱中毒，使蛋改色、破损，软蛋多。

五、笼养鸡疲劳症

这是特有的营养代谢病，越高产越易得，主要是饲料中 Ca、P 不足，比例不适，VD3 不足，消化机能紊乱等原因造成的。防止该病发生应从管理方面入手，保证饲料中 Ca、P、VD3 含量，Ca、P 比例高峰期为 5~8：1，即 Ca 含量为 3.5%，P 为 0.35%~0.42%，VD3 至少为 3000 国际单位。初发病时多晒太阳，紫外线照射，可痊愈。

六、异食癖原因

（1）饲料方面：蛋白质含量、硫氨酸及盐、硫、镁、锰等微量元素不足，维生素 AD3 缺乏。

（2）环境方面：通风不良，有害气体多、温度过高、光线过强等。

（3）疾病方面：寄生虫、肠道病、外伤等。

（4）管理上：密度大，笼养时调笼引起争斗，外伤及脱肛不及时处理。

（5）防治方法：最好断喙，发现有此癖鸡，抓出隔离或淘汰。适当降低红色灯光光照强度，喂安神药、喙羽灵、喙肛灵等，补充沙砾，提高消化率，按日粮 0.5%~1% 掺入。

第六节　肉种鸡的饲养管理技术模式

肉种鸡的饲养目的是获得较多的优质蛋白和种蛋受精率。肉种鸡管理任务是解决肉种鸡产肉和产蛋的矛盾。关键措施是使肉种鸡在育成与产蛋期体重合适，发育均匀一致，开产时间整齐，产蛋曲线升得快而高。

一、育雏期饲养管理

（一）育雏期温湿度

雏鸡体温调节能力不健全，必须人工提供合适的温湿度条件才能进行正常的生长发育，所以育雏期间雏鸡周围环境温度应为 36~37 ℃，湿度为 60%~65%。温湿度尽量相对恒定，并随鸡龄增长而逐渐适时降温。这一点根据雏鸡表现来决定。合适的温湿度可保证雏鸡的卵黄吸收良好，机体抵抗力提高，所以工作人员必须每天都要有记录，根据雏鸡表现灵活调控温湿度。

（二）育雏期饲喂

育雏料要求营养均衡。要制成大小均匀的颗粒状，适口性好。喂食少给勤添。前两周随意采食，越多越好，第三周（最迟不超过第四周）开始限饲。公鸡在第六周开始限饲，要求第四周末体重为 420~450 g。种公鸡前四周饲养是关键，关系到体型和繁殖性能。

（三）育雏期饮水

育雏期舍温较高，向水中加入葡萄糖等营养物质。同时注意水槽和饮水器卫生，防止引发疾病。

（四）断喙

为防止浪费饲料和异食癖发生，肉种鸡要求精确断喙，一般在7~8日龄进行。

（五）光照管理

现代肉种鸡对光照的刺激反应不十分敏感，除考虑光照的基本原则外，注意使增加光照的时间适当提前，光照强度一般在育成期为10 lx（每平方米2.7 W），开产前1个月开始增加光照，每次增加光照1~3小时，强度不少于30 lx（每平方米8.1~10.8 W），时间太少、强度太小不起作用，达不到预期效果。人工补光应采用早晚补光的方法，夏季高温季节一般不用补光，如需补光，应在清早进行。

二、育成期饲养管理

（一）限制喂饲，控制体重

4~24周龄为育成期，是生长发育关键阶段，对于以后产蛋数量和质量极为重要。可使鸡的生长发育符合该品种要求，控制性成熟，使性成熟适时化、同期化，使鸡按时开产，提高种蛋数量和受精率，节约饲料，降低成本，提高经济效益。可采用限量的方式来限制喂饲，可用每日限喂、隔日限喂、每周停料两天喂饲等方法综合限饲。限饲注意：限饲前必须及时淘汰病鸡、弱鸡。7~8日龄断喙，同时要考虑均匀度。均匀度是衡量品种质量及各阶段饲养管理方面的一个重要综合指标。限饲时在饲料配给上必须要考虑该问题。正常情况下，16~24周龄鸡群均匀度要达到85%以上。

（二）称重

称重是为了掌握鸡群发育情况，确定下一周喂料量。从第3周龄开始进行抽样称重。抽样称重时间固定，依据称重算出平均体重和均匀度。喂料量多少取决于体重，如果体重高于标准体重，则下周少增料或不变，不可减料，体重轻也不可猛增。

三、产蛋期饲养管理

22周龄后转入产蛋期管理。这时应将育成料改成产蛋前期料，产蛋前期种母鸡增重很快，每周增重15 g左右，体内各器官生长发育很快，这时期增加营养摄入量，可满足生长和生殖器官的发育需要，为产蛋做好准备。因此产蛋前期应喂产前专用饲料，要求粗蛋白15.6%~16%，代谢能12.00 mg/kg。光照的使用一般要求40 W灯泡均衡排列，光照逐渐增加到16~17小时。在管理上，要求保持蛋鸡小环境恒定，因这时母鸡处于临产状态，精神紧张，极易炸群等。舍温是影响采食量的主要因素之一，正常应保持在21~25 ℃。

24周龄后鸡群陆续产蛋，应将饲料改成种鸡料，增加饲料喂量，产蛋率达45%时，喂给最大饲料量，使产蛋量达到高峰并持续一段时间。产蛋高峰过后，产蛋量开始下降，但此时蛋重还在增加，对营养物质的需求总量仍未减少，应保持产蛋高峰期的喂料量。当产蛋率下降到80%以下时，为防母鸡过肥，导致产蛋量下降、种蛋受精率和孵化率下降，应逐渐减料。开始每周每天减料 1~2 g，并同时观察鸡群产蛋率，以后产蛋率每下降 4%，就减一次饲料量，直到产蛋结束。减料期间，当环境因素、饲喂方式、光照或鸡群健康状况改变、产蛋不正常时，应停止减料。肉种鸡在管理上要认真，每月称重一次。公鸡、母鸡比例要合适，分槽同栏饲喂。

第七节　毛驴的起源和基本特性

一、毛驴的起源

马、驴、骡为马属动物。按照动物分类学，马、驴和斑马都属于脊索动物门脊椎动物亚门哺乳纲奇蹄目马科马属。在马属动物中，现存的只有马、斑马和驴三个种。由于它们来源相近，是同属而不同种，有共同的起源及亲缘关系，因此互相交配都能产生异种间的杂种，如公驴配母马或公马配母驴，均可产生其种间杂种马骡或驴骡。

我国的家驴是由亚洲野驴驯化而来的。亚洲野驴存在几种类型，迄今仍有少量野驴生活在亚洲内陆，如阿拉伯、叙利亚、印度、中亚细亚及我国新疆、西藏、青海、内蒙古的偏僻沙漠和干旱草原。我国家驴中现有部分驴仍保留着野生驴的某些毛色、外形特征和特性。

二、毛驴的基本特性

毛驴性迟钝，胆小而执拗，耐劳苦，疾病少，适应性强。鸣声长而洪亮，与马、骡不同。体小，力量不大，但人类使用驴的历史比使用马还要早。驴的身体特点包括：头大，耳长，无门鬃，尾根部无长毛，尾端长毛稀短，仅前肢有附蝉。毛色以灰色为多，灰色驴背中有背线，肩部有暗黑色肩纹，腮有横斑，腰椎 5 个，蹄小而竖立。驴的体温平均为 37.4 ℃，比马低，因此能量消耗比马少。驴的抗病能力较强，发病率只占驴群的 10% 左右，驴对传染性贫血不易感染，但易感染鼻疽病。

第八节　驴饲料调制及饲喂技术模式

夏秋季节，除抓紧放牧外，刈割青草或青作物秸秆，铡碎后与其他干草、秸秆掺和喂驴。同时，也应尽量采收青饲料晒制干草或制作青贮饲料。青草的刈割时间对于草质量的好坏影响很大，禾本科青草应在抽穗期刈割，而豆科青草则应在初花期刈割。玉米带穗青贮，即在玉米乳熟后期收割，将茎叶和玉米穗整株切碎进行青贮，这样可以最大限度地保存蛋白质、碳水化合物和维生素，具有较高的营养价值和良好的适口性，是驴的优质饲料。玉米带穗青贮后，其干物质中含粗蛋白 8.4%、碳水化合物 12.7%。刈割后的青草主要用自然干燥的办法调制成干草，分两个阶段晒制：第一阶段，将青草铺成薄层，让太阳暴晒，使其含水量迅速下降到 38%左右；第二阶段，将半干的青草堆成小堆，尽量减少暴晒的面积和时间，主要是风干，当含水量降为 14% ~17%时，堆垛储存，草垛要有防雨设施。调制好的青干草色泽青绿，气味芳香，植株完整且含叶片量高，无杂质、无霉烂、无变质。鲜草调制为青干草后，就成为粗饲料。

一、青贮饲料

青贮饲料优质多汁，营养丰富，适口性强，肉驴喜欢食用。但如果饲喂技术不科学，则难以收到良好的效果。驴是草食动物，其食草尤以干、硬、脆的农作物秸秆为佳。例如，玉米、谷子、豆蔓等质地较硬的秸秆，用铡草机切成3~4 cm长的短段，最忌喂半干不湿、折之不断的饲草，因为此类饲草最易让驴闹结症。青贮玉米秧、花生秧、甘薯秧是可以喂驴的，但一定要搭配干草饲喂，并且限制喂量。青贮饲草属于发酵饲草，更有利于反刍动物消化吸收。驴对饲草的消化吸收主要是靠大结肠内的微生物，而青贮饲草有可能改变结肠内的酸碱度，降低消化率，因而饲喂量不能过大。一般多胃动物，青贮玉米的用量不超过日粮的40%，建议给驴的日喂量要显著低于这个标准。原则上每次饲喂时先添上单草（即草样秸秆）让其食至大半饱时，再喂合草（即将秸秆再掺以苜蓿、豆蔓等含蛋白质较高的饲草），以此诱其食欲。待其有停食的表现时，再喂拌草（即把槽底所剩的草，再掺以豌豆、玉米、炒棉籽等整粒饲料或掺以小麦麸皮及少量水），以诱其达到最大摄食量。每天早、中、晚各喂一次，以晚饲为主。要耐心驯饲，逐渐过渡。初喂青贮料时，一些家畜（肉驴）会因不习惯而拒食。这就需要进行驯饲。在肉驴空腹时先喂少量青贮料，再喂其他饲料；然后将少量青贮料与精饲料混合后饲喂，最后再喂其他饲料。重要的是将青贮料放在饲槽的底层，上层放常喂的草料，以便让肉驴逐渐适应气味。也可以将青贮料与其他常用草料搅拌均匀后喂给。在驯饲的基础上，青贮料的用量可由少到多，逐渐增加。品质好的青贮料可以多喂一些，反之则应少喂；铡得过细的青贮料对肉驴不利，要与优质干草结合起来饲喂。要注意饲喂卫生：每次饲喂前都要将槽内剩料清理干净，以免陈饲料污染新饲料，影响肉驴食欲。冬季若青贮料上冻结冰，应融化后再喂，冰冻的青贮料易造成母畜流产。饲喂青贮料可提高哺乳母驴的产奶量，可适当多喂；因青贮料含有大量的有机酸，有轻泻作用，为防止流产，妊娠后期的母驴以少喂为宜。同样因青贮料酸度过大会影响种公驴的精液品质，因此种公驴也以少喂为宜。每日青贮料的参考喂量为5~8 kg。青贮料保存不受季节限制，可长年供给。对于一些无条件放牧的大型肉驴育肥场，要备足青贮料，四季均衡供应。

二、粗饲料

粗饲料是含粗纤维较多、容积大、营养价值较低的一类饲料。它包括干草、秸秆、干蔓藤、秕壳等。粗饲料的特点是粗纤维含量高，消化率低。各种粗饲料中，粗蛋白质的含量差异很大，秸秆类粗饲料的处理主要有物理和机械处理、氨化处理及微生物处理。物理和机械处理是把秸秆切短、撕裂或粉碎、浸湿或蒸煮软化等，用铡草机将秸秆切短直接喂驴，此法吃净率低、浪费大。也可将秸秆用盐水浸湿软化，提高适口性，增加采食量。把秸秆或优质干草粉碎后制成大小适中、质地硬脆、适口性好、浪费少的颗粒饲料，这是一种先进的方法。使用揉搓机将秸秆搓成丝条状直接喂驴，此法吃净率大幅提高，如果再将其氨化，效果会更好。氨化处理就是利用液氨、碳氨或氨水等，在密闭的条件下对秸秆进行氨化处理。被处理的秸秆应含15%~20%的水分，放在密闭的容器或大塑料罩中通入氨气或均匀洒入氨水，氨量占秸秆干重的3.0%~3.5%为宜。氨化时间1~8周不等，根据处理温度而定，温度高所需时间短。取用前要摊开，使氨气逸净后再喂。工作中要注意个人防护，佩戴眼镜、手套和口罩。用尿素氨化不仅效果好，操作简单安全，也无须任何特殊设备。微生物处理是用纤维素分解酶活性强的菌株培养，分离出纤维素酶或将发酵产物连同培养基制成含酶添加剂，用来处理秸秆或加入日粮中饲喂，有效提高秸秆的利用率。这是秸秆处理的最佳方式，但仍存在一些问题有待解决完善。

三、肉用驴肥育技术

肉用驴肥育，就是科学地应用饲草、饲料和管理技术，以较少的饲料和较低的成本，在较短的时间内获得较高的产肉量和高质量的肥育肉驴。要使驴尽快育肥，给驴的营养物质必须高于正常生长发育需要，所以育肥又叫过量饲养。

（一）影响育肥效果的因素

由于驴种和个体差异，不同驴种肥育的效果不同。同一驴种的不同个体，由于体貌和体质的不同，育肥的速度也不同，而正因为如此，才给驴种内肉用品系的选择提供了可能。驴种和个体相比较，往往品种内的差异大于品种间的差异，因而肉驴生产要重视品种内的系统选育。不同品种的驴，在育肥期对营养的需要有较大差别。不同的年龄阶段，驴的生长发育速度不同。驴驹生长发育快，饲料利用率高，肉质好。驴驹0.5岁生长发育速度最快，但产肉少，不划算；1.5—2.5岁肥育效果最好。据调查，经豆科牧草育肥60天，1.5岁驴驹平均日增重633g，4岁的驴平均日增重377g，而12—15岁的驴平均日增重127g。不同生长阶段的驴，在育肥期间所要求的营养水平也不同。通常单位增重所需的营养物质总量以幼驹最少，老龄驴最多。年龄越小，育肥期越长，如幼驹需要1年以上；年龄越大，则育肥期越短，如成年驴仅需3~4个月。

环境温度对育肥驴的营养需要和日增重影响较大。驴在低温环境中，饲料利用率下降。而在高温环境中，驴的呼吸次数增加，采食量减少。温度过高会导致停食，特别是育肥后期的驴膘较肥，高温危害更为严重。根据驴的生理特点，适宜的温度为16~21℃。饲养调控是提高肉产量和品质的最重要的手段。饲料种类对肉的色泽、味道有重要影响。如以黄玉米育肥的驴，肉及脂肪呈黄色、香味浓；喂颗粒状的干草粉及精饲料，能迅速在肌肉纤维中沉积脂肪，并提高肉品质；多喂含铁量多的饲料则肉色浓；多喂荞麦则肉色淡。驴虽春秋两季发情，但秋配的驴初生重、断奶重、生长发育速度和成活率、胴体品质都远不如春产驴，因而不主张配秋驴。尽量使驴驹能产在一年之中气候和饲料条件最好的季节，如在4—5月份。若在4月份以前产驴驹，则要求有良好的接生条件和饲料条件。

要因地制宜地选择肉用驴的生产肥育方式。根据肉用驴产业化的要求，采用工厂化、集约化的肥育方式，大幅度地提高劳动生产率，是现代肉驴生产的必由之路。1.5岁的公驴已可评定种用价值。此时非种用公驴阉割后肥育，活重大，肉质好。如70天肥育晋南驴，公驴平均日增重490g，而阉驴可达700g。扩大肉驴来源首先要改善驴群结构，提高母驴比例，母驴多了才有繁殖的基础。其次要实行适龄母驴全部配种的方针，除后备驴的补充、种驴的按计划出售外，超过这些计划的、筛选后的驴驹，都可作为肉用驴进行培育。这种驴的年龄为1.5—2.5岁。育肥期一般为5~7个月。2.5岁以前肥育应当结束，形成大理石状或雪花状的瘦肉，自繁自养的除外。对新引进的青年架子驴，因长途运输和应激强烈，体内严重缺水，所以要注意水的补充，投以优质干草，两周后恢复正常。对这些驴要根据强弱大小分群，注意驱虫和日常的管理工作。饲喂的方法分自由采食和限制饲喂两种。前者工作效率高，适合于机械化管理，但不易控制驴的生长速度；后者饲料浪费少，能有效控制驴的生长，但因受制约，影响驴的生长速度。总的来说，自由采食法比限制采食法理想。

（二）肉用驴育肥技术

育肥的各类饲料比例直接影响肉驴的育肥效果，饲喂肉驴日粮中粗料和精料的比例为：育肥前期，粗料占55%~65%，精料相应为45%~35%；育肥中期，粗料占45%，精料相应为55%；育肥后期，粗料占15%~25%，精料相应为85%~75%。肉驴在育肥全过程中，其营养水平有以下几种：从育肥开始至结束，全程高营养水平；育肥前期中等营养水平，后期高营养水平；育肥前期低营养水平，后期高营养水平；育肥前期高营养水平，后期低营养水平；育肥前期高营养水平，后期中等营养水平。一般情况下，肉驴育肥营养水平采用前三种模式，特殊情况时才采用后两种模式。出栏体重由市场需求而确定。出栏体重不同，饲料消耗量和利用率也不同。一般规律是，驴的出栏体重越大，饲料利用率就越低。

同一品种中，肉品质与出栏体重有密切的关系。出栏体重小的驴，肉品质不如出栏体重大的。驴在生长发育过程中，在某一阶段因某种原因，如饲料供应不足、饮水量不足、生活环境条件突变等，会造成生长受阻。当营养水平和环境条件适合或满足其生长发育条件时，则驴的生长速度在一定时期内会超过正常水平，把生长发育阶段损失的体重弥补回来，并能追上或超过正常生长的水平，这种特性称为补偿生长。能否利用补偿生长的原理达到节约饲料、节省饲养成本的目的，取决于驴生长受阻的阶段、程度等，即补偿生长是有条件的，运用得当可以大获利益；运用不当时，则会受到较大损失。补偿的条件为：生长受阻时间不越过3~6个月；幼驹及胚胎期的生长受阻，补偿生长效果较差；初生至3月龄时所致的生长受阻，补偿生长效果不好。

判断肉驴育肥最佳结束期，不仅对养驴者节约投入、降低成本等有利，而且对保证肉品质有极重要的意义。首先从采食量判断在正常育肥期，肉驴的饲料采食量是有规律可循的，即绝对日采食量随育肥期的增重而下降，如下降量为正常量的1/3或更少，或按活重计算，日采食量（以干物质为基础）为体重的1.5%或更少，这时已达到育肥的最佳结束期。也可用育肥肥度指数来判断，可参考肉牛的指标，即利用活驴体重与体高的比例关系来判断，指数越大，肥育度越好，但不是无止境的。

（三）幼驹育肥技术

影响幼驹育肥获得成功的因素有以下几点：对育肥驴本身生产性能的选择、育肥期的饲养管理技术、饲养和环境条件。一方面，育肥前期，日粮以优质精料、干粗料、青贮饲料、糟渣类饲料为主。育肥后期增加精料喂量，以生产优质品和产肉量为主要目标，提高胴体重量，增加瘦肉产量。在育肥生产时，要考虑三点，即胴体脂肪沉积适量、胴体重较大和饲养成本低。另一方面，育肥管理采用群养，不设运动场，自由采食饮水，圈舍每日清理粪便 1~2 次；使用无公害的增重剂和促生长剂；定期驱虫保健和进行防疫注射；采用有顶棚、大敞口的圈舍或采用塑料薄膜暖棚圈技术；及时分群饲养，保证驴均匀生长发育；根据不同育肥期和增重效果，及时调整日粮；对个别贪食的驴限制采食，防止脂肪沉积过度，降低驴肉品质。

（四）阉驴育肥技术

阉驴育肥有以下几种模式：一是精料型模式。精料型模式以精料为主，粗料为辅。该模式育肥规模大，便于多养，可满足市场不同档次的需要，同时要克服饲料价格、架子驴价格、技术水平和屠宰分割技术等限制因素。二是前粗后精模式。前粗后精模式是前期多喂粗饲料，精料相对集中在育肥后期。这种育肥方式常常在生产中被采用。前粗后精的育肥模式，可以充分发挥驴补偿生产的特点和优势，获得满意的育肥效果。在前粗后精型日粮中，粗饲料是肉驴的主要营养来源之一，因此，要特别重视粗饲料的饲喂。将多种粗饲料和多汁饲料混合饲喂，效果较好。前粗后精育肥模式中，前期一般为 150~180 天，粗饲料占 30% ~50% ；后期为 8~9 个月，粗饲料占 20%。三是糟渣类模式。糟渣类饲料是肉驴饲养中粗饲料的重要来源，糟渣类饲料在鲜重状态下具有含水量高、体表面积大、营养成分含量少、受原辅料变更影响大、不易贮存、适口性好、价格低廉等特点。合理应用糟渣类饲料，可以大大降低肉驴的生产成本。糟渣类饲料可以占日粮总营养物质的 35% ~45%。不宜把糟渣类饲料作为日粮的唯一粗饲料，应和干粗料、青贮料配合；长期使用白酒糟时应在日粮中补充维生素 A，每日每头 1~10 万国际单位；糟渣类饲料应新鲜，发霉变质的糟渣类饲料不能使用；各种糟渣因原料不同、生产工艺不同、水分不同，营养价值差异很大，长期固定饲喂某种糟渣时，应对其所含主要营养物质进行测定；糟渣类饲料与其他饲料要搅拌均匀后饲喂。四是放牧育肥模式。放牧育肥模式是在有可利用草场的地区采用放牧育肥，也可收到良好的育肥效果，但要合理组织，做好技术工作。首先是合理利用草场资源。南方可全年放牧，北方可在 5—11 月份放牧，11—次年 4 月份舍饲。然后是合理分群，以草定群，依草场资源性质合理分群。中等天然草场，每头驴应平均占有 1~ 2 公顷的轮牧面积。重要的是定期驱虫防疫。放牧期间夜间补饲混合饲料，每头每日补饲混合精料量为肉驴活重的 1% ~1.5%，补饲后要保证充足饮水。

（五）成年架子驴的肥育技术

成年架子驴的肥育一定要加强饲养管理，公驴要去势，待肥育的驴要驱虫，饲喂优质饲草饲料，减少运动，注意厩舍和驴体卫生。若是从市场新购回的驴，为减少应激，要有 15 天左右的适应期。刚购回的驴应多饮水，多给草，少给料，3 天后再开始饲喂少量精料。成年架子驴指的是年龄超过 4 岁、淘汰的公母驴和役用老残驴。这种驴肥育后肉质不如青年驴肥育后的肉质，脂肪含量高，饲料报酬和经济效益也较青年驴差，但经过肥育后，经济价值和食用价值还是得到了很大的提高。成年架子驴的快速肥育分为两个阶段，时间为65~80天。成熟育肥期有45~60天。这一时期是驴育肥的关键时期，要限制运动，增喂精料（粗蛋白质含量要高些），增加饲喂次数，促进增膘。而强度催肥期一般为20天左右。目的是通过增加肌肉纤维间脂肪沉积的量来改善驴肉的品质，使之形成大理石状瘦肉。此期日粮浓度可适当提高，尽量设法增加驴的采食量。

（六）青年架子驴的肥育技术

这种驴的年龄为1.5—2.5岁，2.5岁以前肥育应当结束，形成大理石状或雪花状的瘦肉。

生长肥育期重点是促进架子驴的骨骼、内脏、肌肉的生长。要饲喂富含蛋白质、矿物质和维生素的优质饲料，使青年驴在保持良好生长发育的同时，消化器官得到锻炼。此阶段能量饲料要限制饲喂。肥育时间为2~3个月。成熟肥育期这一阶段的饲养任务主要是提高驴肉品质，增加肌肉纤维间脂肪的沉积量。因此，日粮中粗饲料的比例不宜超过40%；饲料要充分供给，以自由采食效果较好。肥育时间为3~4个月。肉驴圈舍集约化：肉驴育肥以圈厩养殖为好，一般的圈厩以上能挡雨、下可遮风就行。圈舍内设有供给食用的食槽，每头驴应留足60~80 cm的食位，在成年驴之间，按食位的距离，设置坚固的栅栏为障，以阻止其互相袭扰（公母混养的圈厩更为重要）。

第九节　母驴哺乳期饲养管理技术模式

一、接产技术

母驴临产时的表现主要是来回走动，转圈，呼吸加快，回头看腹，时起时卧，出汗，前蹄刨地，不吃食。乳头胀大，外阴潮红、肿大、松软并流出少量黏液，这时准备接产。当肉驴驹产出后，应立即擦掉嘴唇和鼻子上黏液和污物，防止窒息。接着进行断脐。断脐有两种方法：一种是徒手断脐。这种方法脐带干涸快，不易感染。即靠近胎儿腹部3指处（距腹部5~6 cm处），用手握住脐带，另一只手捏住脐带朝向胎儿捋几下，待脐脉搏动停止后，用手指掐断脐带，用5%碘酊棉充分消毒，过7~8小时再消毒一次，消毒一定要彻底。另一种是结扎法。先在距胎儿腹壁3~4 cm处，用消毒棉线结扎脐带，再剪断并消毒。这种方法易感染发炎。肉驴驹的护理：母肉驴产后，不爱舐驹身上的黏液。助产者可用软布或毛巾擦干驹体上黏液，注意保温，以防驹儿受凉。尽早让驹儿吃上初乳，以增强抗病力，排除胎粪，防止便秘；没有母乳的，可人工哺乳（用鲜牛奶或奶粉）。肉驴驹出生后要定期检查。

二、母驴难产的预防

首先是勿过早配种。过早配种，母驴身体未成熟，骨盆狭窄，分娩困难。母驴妊娠期应多供给全价饲料（即包含多种营养成分的饲料），同时加强母驴运动。早期诊断：触摸胎儿时发现胎位不正，应立即矫正。及时治疗母驴疾病。难产的情况有胎头过大、头颈侧弯、胎头下垂，腕关节屈曲、肩关节屈曲、抱头等。助产的原则是：确保母驴安全，尽量少损伤产道，万不得已时请兽医剖腹产。

三、母驴的产后护理

在分娩和产后期，母驴的整个机体特别是生殖器官发生着迅速而剧烈的变化，机体抵抗力降低。产出时，子宫颈开张，产道黏膜表层可能有损伤，产后子宫内又积存大量恶露，这些都为病原微生物的侵入和繁殖创造了条件。因此对产后母驴应给予妥善护理，以促进其机体尽快恢复健康。首先，产后母驴的外阴部和后躯要进行清洗，并用 2% 来苏儿溶液消毒；褥草要经常更换，搞好厩床卫生。其次，产后 6 小时内，应喂用温水加少量盐调成的麸皮粥或小米汤，控制精饲料，防止腹泻，以优质干草为主，多喂麸皮、豆粉或泡豆。保持产房安静、干燥、温暖、阳光充足。产后头几天，应给予少量质量好、易消化的饲料，此后日粮中可逐渐加料直至正常，这个过程约需 1 周。最后应注意产后半个月内停止使役，1 个月后方可开始使役。

四、哺乳母驴的饲养管理技术

母驴的泌乳期一般为 6~8 个月，幼驹的营养主要靠母乳。母乳充足，幼驹生长发育就快，体格健壮；反之，幼驹发育受阻，体格瘦弱。再则哺乳母驴常在哺乳期就受胎，又兼役用，所以这段时间的饲养应比怀孕期要更周到仔细，饲料中应有充足的蛋白质、维生素和矿物质。混合精饲料中豆饼应占 30%~40%，麸类占 15%~20%，其他为谷物性饲料。为了提高母驴泌乳力，应多补饲青绿多汁饲料，如胡萝卜、饲用甜菜、土豆或青贮饲料等。有放青条件的应尽量利用，这样不但能节省大量精饲料，而且对母驴泌乳量的提高和幼驹的生长发育有很大的作用。另外，应根据母驴的营养状况、泌乳量的多少酌情增加精饲料量。哺乳母驴的需水量很大，每天饮水不应少于 5 次，要饮好饮足。在管理上要注意让母驴尽快恢复体力。产后 10 天左右，应注意观察母驴的发情，以便及时配种。母驴使役开始后，应先干些轻活、零活，以后逐渐恢复到正常劳役量。在使役中要勤休息，一方面可防止母驴过分劳累，另一方面还可照顾幼驹吃奶。一般约 2 个小时休息 1 次，否则不仅会影响幼驹发育，而且会降低母驴的泌乳能力。初生至 2 月龄的幼驹，每隔 30~60 分钟即吸乳 1 次，每次 1~2 分钟，以后可适当减少吮乳次数。

第十节　提高仔猪成活率养殖技术新模式

养猪生产中，如何提高效益和仔猪成活率是重要指标。如何提高仔猪成活率，主要从哪几方面着手，这是重要问题。本节着重介绍仔猪生长期特点，各阶段管理要点，仔猪易发生疾病、防范措施。在养猪生产中，仔猪分哺乳和断奶两个阶段。在猪的生长发育过程中，这是两个非常重要的转折期。

一、发育特点

在母体内环境生长发育转为外界环境内生长发育，环境的变化、条件的变化使仔猪有一个适应过程。该期仔猪特点包括：一是生长发育快，代谢机能旺盛，利用营养能力强。

一般出生体重约 1 kg，10 日龄达到出生体重的 2 倍以上，30 日龄达 5~6 倍。仔猪消化器官不发达，容积小，机能不完善。仔猪出生时胃重仅有 4~8 g，20 日龄达到 35 g，60 日龄可达 150 g。仔猪缺少先天免疫力，易得病。因为免疫抗体是一种大分子 R– 球蛋白，胚胎期由于母体血管与胎儿脐带血管之间被 6~7 层组织隔开，限制了母体抗体通过血液向胎儿转移。只有吃到初乳，靠初乳把母体的抗体传给仔猪，以过渡到自体产生抗体而获得免疫力。二是调节体温的能力差、怕冷。仔猪出生时大脑皮层发育不够健全，神经系统调节能力差。还有仔猪体内能源储存较少，刚出生体温低于正常体温 2~3 ℃，所以要求环境温度要控制在 38 ℃左右。

由哺乳过程转为吃料过程。该期特点是：身体适应性又一次产生变化。这是仔猪一生中应激最大的一次，这次变化对仔猪来说，几乎没有任何机会从生理上逐渐适应食物和环境的变化，因此时消化能力和抵抗力还没有发育完全。

二、关键期管理

（一）第一个关键期是仔猪出生后 1 周内管理要求

1. 保温防压

保温措施是单独为仔猪创造温暖的小气候环境。因为“小猪怕冷，大猪怕热”，母猪在 18~20 ℃时表现舒适。刚出生仔猪体温低，周围温度需 38~39 ℃才行。如整个产房升温，一则母猪不适，影响采食和泌乳；二则多耗能，不经济。对于小型养猪场来说，最好的办法是在母猪圈内用砖和水泥砌一个仔猪保温箱，内吊 200 W 红外线灯泡，一侧留仔猪进出口。箱底铺电热板或草垫子等。这样仔猪既不会被冻又不会压和踩，还防潮、防凉、防感染。实际养猪中仔猪下痢大多与仔猪生活环境温度低有直接关系。

2. 吃足初乳

因初生仔猪无先天免疫能力，必须通过吃初乳才能获得免疫力。另外，初乳中含有镁盐（轻泻作用），促进胎粪排出。其他成分也比常乳高。

3. 固定乳头

仔猪初生就有抢占多乳头并固定为己有的习性。为防初生时弱小仔猪吃不上奶，强夺弱食，因争抢咬痛和咬伤乳头，必须在仔猪出生 2~3 天内人工固定乳头。即强壮仔猪固定在母猪后面乳头上，按摩乳房有力增加泌乳量；弱小仔猪固定在前面乳头上，弥补先天不足。保持全窝整齐度。

4. 过哺与并窝

当个别母猪产后无奶、死亡或仔猪过多时，就需要为仔猪过哺到别的母猪去哺育。需注意的是，两窝仔猪产期要尽量接近，过哺仔猪一定要吃足初乳，后产的仔猪往先产的窝过哺要拿大的，反之则拿小的。过哺时如遇不认或咬过哺仔猪，需通过干扰母猪嗅觉来解决。

5. 补铁

初生仔猪体内铁只有 30~50 mg，仔猪正常生长每头每日需铁 7~8 mg，而每头仔猪每日从母乳中得到的铁不足 1 mg。只有及时补铁，才能防止贫血发生。补铁需在初生 2 天、7 天各补 1 mg。

6. 剪齿、断尾

控制乳房炎和咬尾症发生。

7. 制作耳号、标识

耳号、标识对种猪场非常重要。

（二）第二个关键期开食与补料

母猪产仔 21 天后，泌乳量逐渐减少，而仔猪生长较快，食欲日增，所以需及时补料。一般从 7 日龄起，利用仔猪喜吃甜、香、乳味和喜啃盆、碗、槽边及好奇与模仿，在仔猪最活跃时候，把营养丰富、易消化饲料调成粥状，让仔猪舔食。仔猪补料原则是少添、勤添、不剩料。早期补料利于仔猪生长发育，增强仔猪生命力，提高仔猪成活率。

（三）第三个关键期是断奶期

实行仔猪早期断奶是控制疫病、提高生产效率的重要手段之一。断奶是仔猪生活中一大转折，仔猪完全靠饲料来维持生长发育，虽然在哺乳期已补过料，降低了断奶后饲料转换的应激反应，但日粮变化、环境变化对仔猪仍产生强烈的应激。此时仔猪消化器官中各种消化酶的分泌量及肠绒毛数还不能完全消化与吸收饲料中的营养物质，易造成仔猪早期断奶综合征。所以需要从以下几方面着手：（1）断奶仔猪日粮。一般分为两阶段：保育前期日粮要求每千克中含粗蛋白 20%~22%、赖氨酸 1.15%，喂量 0.5~1.5 kg。此外，由于断奶，仔猪容易发生下痢、水肿病，可在饲料中添加中草药来预防。保育后期日粮要每千克含粗蛋白 18%~20%，喂量 1.5~2.5 kg。（2）断奶仔猪饲喂。仔猪断奶后 5~7 天应限量饲喂，因为仔猪断奶前哺乳期间大约每小时吸乳一次，每次吸量不大。但所摄入的母乳中，既含有抗体又含有促生长因子，这些物质会促进肠道消化吸收和机体的健康。而断奶后饲料从液态变为固态，加上环境变化，断奶后 2 天内对饲料消耗量少，要采取少量多餐的办法饲喂。2~3 天后小猪应激感减轻，对环境有所适应，饥饿感增强，特别容易过食引起消化不良，而发生下痢。断奶一周后，过食现象消失，可以采用自由采食方式，每天饲喂 3~4 次。换料时应每天以 20% 的替换率进行过渡，即第 1 天用前期料 4 份加后期料 1 份，第 2 天用 3 份前期料加 2 份后期料，直到第 5 天全部喂后期料，可避免仔猪因饲料突变而引起腹泻。（3）断奶仔猪管理。仔猪转群后实行公母、大小分开饲养，使每栏仔猪保持一定的体况和密度，整齐良好的猪放置一栏可使猪只生长相同，便于同时出栏，实行“全进全出制”。与此同时，不要换料，断奶后仔猪仍喂哺乳期饲料，不要变料，直到转入育成舍继续喂 1~2 周，再逐渐改成保育料，使仔猪有个适应过程。控制喂料量，预防消化不良。断奶后仔猪由母乳加补料改为独立吃料生活，胃肠不适应，很容易发生消化不良。所以，对断奶仔猪要精心饲养。断奶头 1 天仔猪采食少，但第 2 天后又会猛吃，容易发生消化不良性下痢。因此，断奶后头4~5天要适当控制仔猪采食量（吃八分饱为宜）。断奶至保育阶段的仔猪，处于20~30 ℃时，将获得最佳的生长速度。断奶仔猪在分娩舍时适宜温度为22 ℃，但断奶后数天跃升为30 ℃左右，随着仔猪年龄的长大，保育舍温度可按每周2 ℃幅度降低，直到8—9周龄21 ℃为止。相对湿度维持在40%~60%最佳，同时应防止贼风的侵袭。保持清洁饮水，对于断奶下痢脱水猪，可在饮水中添加钾、钠、葡萄糖等电解质，以及维生素等，对提高仔猪抗应激能力是非常有效的。断奶后4周的仔猪应进行体内驱虫，可用左旋咪唑按每千克体重8 mg的剂量肌注，转栏前一周应进行体外驱虫，可用1%浓度的敌百虫溶液喷洒猪只，驱虫后应留心观察，若有中毒者应及时抢救。圈舍要经常清扫、消毒，保持干燥、卫生。湿度保持相对稳定，不骤变饲料，不喂发霉变质和有毒饲料。

三、控制腹泻

仔猪生命力弱，常常会腹泻，下面分析一下仔猪腹泻的原因及防治方法。

（一）发病原因

引起仔猪腹泻的原因有很多，有饲养管理方面引起的消化不良类腹泻，也有各种传染病引起的传染性腹泻，还有中毒性腹泻、寄生虫性腹泻等。

饲养管理不良分为以下几种情况：一是母猪饲养管理不当。母猪饲养管理不当致使母乳缺乏，使仔猪处于饥饿状态；乳汁过浓，仔猪食后消化不良；未及时饲喂初乳或初乳不足；圈舍或产仔母猪乳房消毒不严；保温措施不力；未按要求补充铁、硒等微量元素；补料不及时或饲料质量差；没有足够的清洁饮水；断奶措施不当造成应激等。二是仔猪饲养管理不善。没有吃足初乳、冬季保温及夏季防暑措施不力、圈舍空气污浊、消毒不彻底、圈舍潮湿、饲料品质过差、饲料不能定时定量等。

引起仔猪腹泻的病原微生物有大肠杆菌病（仔猪黄痢、仔猪白痢）、魏氏梭菌病（仔猪红痢）、仔猪副伤寒病、猪瘟、猪传染性胃肠炎、流行性腹泻、轮状病毒病等。一般来说，不论何种原因引发的仔猪腹泻，都会伴随或继发病原微生物感染。病原微生物的感染和治疗都受饲养管理、环境因素及机体抗病能力的影响。

（二）仔猪腹泻病的综合防治措施

1. 抓好仔猪饲养管理

（1）在仔猪养育过程中，有三个腹泻高峰期，即产后1~7天、14~21天，断奶后7天。重要的是抓好“出生关”的养护。

（2）确保仔猪及时吃上初乳。初乳是指仔猪出生后一周内母猪分泌的乳液，含有丰富的营养和其他任何物质都难以替代的抗体，因此，仔猪出生后应及时用干净的纱布或毛巾擦净口腔黏液，尽快固定乳头，让其吃上充足的初乳；

（3）保证圈舍干净卫生。圈舍要通风良好，卫生条件优良。

（4）高度重视保温防暑。仔猪对温度的要求较高，15—30日龄的仔猪冬夏季要保证圈舍温度为25~30 ℃。

（5）保证饮水清洁充足。

（6）严格控制外进仔猪。引进的仔猪要严格检疫，确保健康无病。

（7）实行“全进全出制”。为预防交叉感染，必须执行“全进全出制”，对圈舍严格消毒。

（8）病猪及时隔离。

（9）保证仔猪补饲的时间和饲料质量。母猪进产仔栏前，产床用2%的烧碱等消毒；母猪临产和产后，用温热的0.1%高锰酸钾溶液擦洗母猪乳房、腹部和外阴；仔猪吃初乳前，挤掉乳头前2~3滴奶水；母猪产前7天减料，每天减0.5 kg，产仔当天不喂料，产后限制喂料，逐渐加至产后7天正常给料；给予哺乳母猪营养丰富、适口性好、易消化吸收、能促进泌乳的优质饲料，并保证清洁的饮水；有条件的饲喂优质青绿饲料，对母猪生产有良好作用；及时有效地防治母猪产后发热、不食、无乳、乳房发炎等疾病。

2. 科学配合日粮

针对早期断奶仔猪消化系统紊乱的特点，应选用易消化、蛋白质适宜（一般为17%~20%）、高能值的饲料，并在饲料中适当提高日粮粗纤维水平，从而促进仔猪正常的消化吸收功能和生长发育，防止腹泻病的发生。在仔猪断奶前5~7天，适当减少母猪日粮的喂量，使母猪的泌乳量逐渐下降，促使仔猪采食较多的饲料，加强胃肠功能，为断奶的平稳过渡打好基础，同时还可预防母猪断奶后因乳汁积蓄过多而引起乳房炎。在仔猪断奶后的一周内，必须将饲料喂量控制在断奶前的65%~75%，以后渐渐增加，并以“少喂勤添”为原则。

3. 定时定量

断奶仔猪饲喂时要定时定量，少喂勤添，并在晚上安排夜餐。切勿过度饥饿，以免出现暴饮暴食，引起消化不良，导致腹泻而阻碍生长。一般采用“两维持，三过渡”的饲养制度：断奶仔猪要维持原来的饲料、饲养方式，逐步做好饲料、饲养方式和环境的过渡，减少因外界变化引起腹泻。

4. 搞好免疫

要使母猪增强主动免疫力，可用大肠杆菌基因工程苗，即K88和K99仔猪黄、白痢基因工程苗，在母猪产前3周注射一次，必要时在母猪产前一周再注射一次，对预防仔猪腹泻病有较好的作用。初生仔猪的保健：为预防初生仔猪腹泻病，可在仔猪吃初乳前，每头仔猪注射口服长效土霉素2~2.5 mL；3日龄时给每头仔猪深部肌肉注射牲血素（加硒型）1~1.5 mL，对仔猪腹泻有较好的预防作用。

5. 强化消毒与驱虫措施

仔猪对环境卫生的敏感性极强，因此在仔猪生长过程中，应对母猪产房、仔猪圈舍、母猪乳头，饲槽、出入行人和车辆等进行严格消毒，圈舍大门一般用1%的烧碱溶液消毒，圈舍及环境也需要消毒，母猪腹部用0.1%的高锰酸钾溶液消毒。定期驱虫：仔猪在断奶和转群前各进行一次驱虫，驱虫的同时应经常性地消除苍蝇、老鼠等。

6. 药物治疗

（1）对抗病原微生物或防止继发感染。庆大霉素 1~1.5 万单位 / 千克，肌注，2 次 / 天；或喹诺酮类 3~5 mL/kg，肌注或静注；也可口服杨树花口服液，后海穴注射黄连素，磺胺类药物、氟苯尼考、土霉素等也可以选用。

（2）对症治疗，调节生理机能。5% 葡萄糖生理盐水 200~300 mL，5% 碳酸氢钠 30~50 mL，VC 0.2~0.5 g，VB 0.02~0.05 g，混合后静注或腹腔注射；或者每千克饮水加补液盐（每 1000 g 含葡萄糖 750 g、碳酸钠 100 g、氯化钾 5 g）30 g，让其自由饮水至症状消失。发生严重脱水时，可用活性炭 10~20 g 或次硝酸铋 2~5 g；也可用藿香正气水止泻，有奇效。因为止泻不利于毒素排出，所以实际操作中，不到十分必要时不要轻易使用止泻药。

（3）中药煎注及穴位注射疗法。①米壳疗法。20 g 米壳加水 200 mL 用旺火煎煮开后微火煎煮药液至 100 mL 为宜，双层纱布过滤，装于 250 mL 葡萄糖瓶内，用 16 号针头刺穿橡皮塞，将装有中药液的葡萄糖瓶置于生活用高压锅内蒸煮 10 分钟取出凉温备用。用法与用量：仔猪每千克体重用药 0.5 mL，后海穴注射，一般一次治愈，稍严重的次日重复应用一次，不再复发（不可超量和重复使用）。②中药煎煮玉米疗法。对顽固性群发仔猪腹泻（如大肠杆菌仔猪腹泻），由于患病猪只多，无论肌肉注射、静脉注射或者穴位注射，注射都费时且极其麻烦，可采用中药煎玉米粒让群养仔猪采食。中药组成：可用乌梅散加减乌梅、干柿子、黄连、姜黄、米壳等，粪便带有血脓的加白头翁、地榆；粪便呈清水状的加木通、泽泻；体温普遍升高的加知母、生石膏（不煎煮而后拌玉米粒）；冬季胃寒腹泻加生姜、红糖、白酒（不煎煮）；夏季可适量加大蒜（各药物用量视猪场患病仔猪多少酌情掌握）。也可用千金止泻散加减。煎煮方法：将所选药物称重，再称取药物 10 倍的玉米粒，共置于适当大小的不锈钢锅内，加药物与玉米粒体积两倍的清水，旺火煎至药物与水等量时，微火煎煮到水分煮干为止（此时药物有效成分绝大部分混煮于玉米粒中），待温备用。服用方法：患病仔猪禁食禁水 12~18 小时（使患病仔猪有强烈的饥饿感），将选用的不易煎煮而后拌的药物与煎煮的玉米粒及药渣搅拌均匀，连同药渣及玉米少量多次地散于饲槽或者干净的水泥圈舍地面上，让其自由采食（严禁一次撒量过多，既造成浪费又使仔猪缺乏饥饿感而影响采食量）。待仔猪采食药物玉米粒后 4 小时，水槽放入 0.5% 的食盐水，供其自由饮用；2 小时后，水槽放入 1% 的小苏打水供其饮用，一般一次见效，严重的次日采用同法再治疗一次，治愈率达 95% 以上。③麸皮食醋白酒疗法。称取麸皮 1000 g，于铁锅内微火炒麸皮至发黄略带褐色，趁热加入食醋 100 mL、白酒 50 mL 搅拌均匀，凉温备用。用法：每头患病仔猪食用 50~100 g，每天一次，一般两次治愈。④韭菜柿子疗法。将韭菜 1000 g，生柿子（青柿子）切碎捣成泥状，每头仔猪内服 50 g，1 次 / 天，一般 1~2 次可治愈消化不良性腹泻。⑤大蒜木炭末疗法。大蒜 500 g 捣成大蒜泥，加木炭末 10 g、小苏打 20 g，搅拌均匀，每头仔猪内服 50~100 g，对仔猪白痢有奇效。⑥中药预防：山楂、麦芽、神曲按 1∶1∶0.6 的比例混合粉碎拌料，每头仔猪每天内服 10~15 g，做预防性用药，有增加采食量、帮助消化、促进生长、防治腹泻的作用。治疗用药时，加白头翁、黄连、黄芩、大黄、车前子、炒米等，每种药物的用量为每头仔猪每天内服 5~10 g，连用 2~4 天。

仔猪管理是养猪过程中最重要环节之一，因这一阶段仔猪生理发育与生理功能还不完善，很多时候还需人工帮助完成。如果管理上稍粗心，就会造成仔猪伤亡，给养殖户造成巨大损失。因此，要想发展养猪事业，仔猪阶段的管理最关键。

第十一节　非洲猪瘟的诊断技术要点与防控措施

我国是养猪及猪肉消费大国，生猪出栏量、存栏量以及猪肉消费量均位于全球首位，每年种猪及猪肉制品进口总量巨大，与多个国家贸易频繁；而且，我国与其他国家的旅客往来频繁，旅客携带的商品数量多、种类杂。因此，非洲猪瘟传入我国的风险日益加大，一旦传入，其带来的直接以及间接损失将不可估量。

非洲猪瘟的特征是发病过程短，但死亡率高达100%。病猪临床表现为发热，皮肤发绀，淋巴结、肾、胃肠黏膜明显出血。2018年8月3日至8月15日，辽宁沈阳、河南郑州、江苏连云港3个相隔很远的地区，接连发现3起非洲猪瘟疫情。11月23日，北京市房山区也排查出非洲猪瘟疫情。

一、临床症状

非洲猪瘟的潜伏期为4~19天，特征性临床表现就是猪只突然死亡。主要分为最急性型、急性型、亚急性型、慢性型四种。最急性型：不表现任何临床症状即死亡。急性型：体温升高，可高达42 ℃，食欲不振，身体虚弱，躺下并且蜷缩；颈部、耳、四肢、腹部皮肤有出血点，发绀，可视黏膜潮红，眼、鼻有黏液脓性分泌物；呕吐，便秘或腹泻，粪便表面有血液和黏液覆盖，尾巴附近黏附带血粪便或泥土；呼吸困难，病程延长则出现神经症状；母猪流产、死产或产弱仔；病死率90%~100%，病程6~15天。亚急性型：症状与急性相同，但病情较轻，病死率30%~70%；体温波动无规律，一般高于40.5 ℃；呼吸窘迫，湿咳；关节肿胀；病程7~20天。慢性型：多见于该病长期流行的地区，病死率小于30%；波状热，呼吸困难，湿咳；消瘦或发育迟缓，体弱，毛色暗淡；病程2~15个月。

二、剖检病变

病猪剖检后典型的识别特征包括：脾脏充血、肿大，可达正常脾脏的2~10倍，质地脆弱，边缘隆起，这是该病重要的临床鉴别特征；淋巴结肿大、出血；肾、肺、心、肝、胃等脏器可见肿大、出血。肠道见不同程度的发红，严重时可见出血。

三、诊断技术

非洲猪瘟发生后的症状并不具备特征性，且易与猪瘟、高致病性猪蓝耳病等疫病混淆，所以根据临床表现，只能作出疑似诊断。免疫过猪瘟和猪蓝耳病疫苗的猪若发生无症状死亡，或出现步态僵直，呼吸困难，腹泻或便秘，粪便带血，关节肿胀，局部皮肤溃疡、坏死等症状，可怀疑为非洲猪瘟。一旦怀疑该病，应立即向当地动物疫病预防控制机构报告，报告内容应包括发生的时间、地点；感染的基本情况以及报告人和联系方式等。同时，对发病场（户）实施隔离、监控等措施。当地兽医主管部门应及时采集样品送国家外来动物疫病诊断中心进行确诊。

四、防控管理与措施

第一，严格控制人员、车辆和易感动物进入养殖场；进出养殖场及其生产区的人员、车辆、物品要严格落实消毒等措施。尽可能封闭饲养生猪，采取隔离防护措施，尽量避免与野猪、钝缘软蜱接触。严禁使用泔水或餐余垃圾饲喂生猪。积极配合当地动物疫病预防控制机构开展疫病监测排查，特别是出现猪瘟疫苗免疫失败、不明原因死亡等现象，应及时上报当地兽医部门。

第二，在饲养过程中，防止生猪与传染源接触，可有效预防该病发生。东欧国家防控经验表明，非洲猪瘟疫情主要发生在生物安全水平较低的散养户和小规模养殖场（户），应尽量杜绝散养方式。对于有一定设施条件的养殖场，应尽量做到自繁自养和全进全出，在非洲猪瘟流行时期，应尽量避免引进生猪。如需引进，则应该隔离观察至少 15 天。杜绝用未经高温消毒处理的泔水、食物残羹直接饲喂生猪。

第三，非洲猪瘟对环境耐受力非常强，可长期在自然条件下以及血液、粪便等污染的猪圈中保持感染力，因此严格执行清洁消毒措施十分重要。但非洲猪瘟病毒不耐热，因此可通过蒸、煮、烧的方式消毒，建议猪场定期杀虫。非常时期，不要从外面引猪种购猪，不要从外面买肉和肉制品入场，发现疑似病例立即隔离、送检、上报，密切关注邻近地区和周边猪场疫情状况，可以将防控级别提升至最高水平。

第十二节　肥牛标准化培育养殖技术模式

肉牛育肥的目的是获得优质的牛肉，并取得最大的经济效益。所谓育肥，就是必须使日粮营养水平高于维持和正常生长发育所需要的营养，获得较高的日增重，缩短育肥期，使多余的营养在使肌肉生长的同时沉积尽可能多的脂肪，达到育肥的目的。对于幼龄牛，其日粮营养水平应高于维持和正常生长发育的营养需要；对于成年牛，只需高于营养需要即可。

一、育肥原理

不同品种的牛，在育肥期对营养的需要量是有差别的。以去势幼龄牛为例，乳用品种牛所需的营养物质比肉用品种牛要高出 10%~20%。不同生长阶段的牛，其生长发育的重点不同。幼龄牛以肌肉、骨骼和内脏为生长重点，所以饲料中蛋白质含量应高一些。成年牛主要是沉积脂肪，所以饲料中能量应高一些。由于二者增重成分不同，单位增重所需的营养量以幼龄牛最少，成年牛最多。当脂肪沉积到一定程度后，成年牛的生活力降低，食欲减退，饲料转化率降低，日增重减少，必须及时出栏，以免浪费饲料。公牛在丰富的饲养条件下增重极快，每单位增重平均消耗饲料几乎较母牛省 10% 以上；阉牛则介于公母牛之间，其在饲养水平高的时候较公牛易于沉积脂肪，形成“雪花”肉。

由于维持营养需要没有直接产品，所以在育肥过程中，日增重越高，维持消耗的比重越小，则用于增重的比重就越大，能量的利用率也就越高。各种牛用于增重所耗净能相差不大，这是由脂肪和肉的增重与骨的增重的不同比例所致。因此，如何降低维持能量消耗是肉牛育肥的中心问题之一。各肉牛育肥场（户）应根据市场需求和牛场所在地的可能条件（饲草料）来决定选用何种牛（年龄、品种、性别）、用什么日粮、用什么方法育肥，以取得最大的经济效益。

二、育肥方法

（一）吊架子育肥

育肥之前，按一般饲养方法让牛正常生长发育，选择最有利的育肥时机进入育肥。在吊架子期间，因为日增重不多，一般农村条件均可达到。例如，以向港澳市场出口为目标进行育肥时，要求出栏年龄3周岁以下，体重600 kg以上。可选用2周岁以下、体重380 kg以上的架子牛，日增重1000 g，育肥3个月即可达到出栏体重。具体方案是，可以利用青草季的最后3个月放牧。每天回圈于夜间每头牛补饲1.5~2.0 kg精料，以便获得700 g以上的日增重。第三个月改为舍饲，青草不限量，日补料3 kg，以便获得900 g以上的日增重，根据膘情的改善和体重来决定出栏时期。放牧育肥效果受牧草是否丰茂、草的质量、放牧行走的距离和起伏坡度等因素影响，往往不尽如人意。若牛的膘情或体重不足，则顺延育肥期。舍饲育肥成本高，但在相同精料下可较放牧育肥多增重10%以上。舍饲育肥有三种饲养方式：其一，每日定时上槽两次，下槽放于运动场自由活动、自由饮水（饮水1~2次，拴于舍外）；其二，散放饲养，每个小围栏10头牛，自由采食和自由饮水；其三为全天拴系，自由采食和自由饮水，定时补料。肉牛长期育肥的实践证明，第三种方法最好，因为设施要求低，省工又省地面；在同样粗饲料和精饲料日粮条件下，可较第一种方法多增重近10%；第二种方法的效果介于两者之间，但粗饲料损耗大。利用农副产品与干草、青贮搭配育肥，要增加精饲料。秸秆若经过氨化处理可节省精料，达到近乎青草育肥的效果。全粮食白酒糟、豆腐渣、甜菜渣等，可当作精料用于育肥。一般含籽实壳50%左右的酒糟、醋糟日喂量最高不得超过日粮的25%（按干物质计算），这类渣糟的水分含量变动很大。若按风干物计算，则每喂1 kg可节省精料0.2~0.3 kg。

（二）一贯育肥法

一贯育肥法也称为持续育肥法。使用这种方法，日粮中精料占总营养物质的50%以上。犊牛出生后即用高能量饲料以及配合代乳料喂饲，使犊牛日增重达到1000 g，使120日龄体重达到180 kg以上或7月龄体重达到280 kg。这种育肥耗费精料较多，非我国消费水平所能承受，但国外多利用此方法。这样生产的牛肉称为“白肉”。犊牛出生后，随母哺乳或人工哺育。在良好的补饲条件下，使180日龄体重达到180 kg，断奶后精料补喂量占日粮35%~45%。到1周岁时体重达到400 kg，即平均日增重在1 kg左右，获得优质的肥犊牛肉。其成本较“白肉”低得多，而且能充分地利用牛的产肉潜力，但应以星级旅游饭店为主要消费对象，以销定产。

（三）成年牛育肥

成年牛育肥的对象是西门塔尔肉用杂种牛，这类牛生长发育良好，复膘和增加脂肪的沉积量较大，牛肉的香气和嫩度得到较大改善。育肥之前应对育肥牛做全面的健康检查。治疗无效的严重疾病牛、过老且采食困难的牛不必育肥，否则浪费饲草料。成年牛育肥需要营养超过维持需要，只有增重才能达到育肥效果。瘦牛的增重以肌肉体积和重量的恢复为主，生长脂肪为辅；中等膘情、体质正常的牛，其增重则几乎都是脂肪。所以，成年牛育肥最好考虑将来的用途。若用来直接加工肉制品的，则牛不必太肥，以免浪费饲料。因此，可采取低日增重育肥，让其肌肉组织充分恢复达中上等膘即屠宰。舍饲需要供给全日粮混合饲料，充分利用优质牧草即可达到育肥目的。科学地利用氨化秸秆、青干草等搭配舍饲，每头牛每天补 3~5 kg 配合料，以获得 1200~1400 g 日增重，即可达到目的。这样育肥需 2~4 个月。若计划作鲜肉出售，则必须考虑牛肉的嫩度和味道。在设计育肥时，要求取得较高的日增重，使肉变嫩，味道鲜美。低日增重，不能达到此目的，应按高于 1 kg 日增重安排日粮。例如，全舍饲夏季每天每牛饲喂精饲料 4 kg 以上，冬季补料 5 kg 以上，若结合渣糟类和块根块茎类饲料则更好，可减少精料用量。一般育肥期为 2~3 个月，当育肥牛达到上等膘情即可出栏。

三、技术总体要求

（1）育肥牛选购。要选择体形外貌和肉用性状明显的皮埃蒙特、利木赞、夏洛莱、西门塔尔等及其杂种肉牛牛犊或架子牛进行分阶段育肥，犊牛（6 月龄以内）、育成牛（6~12 月龄）、架子牛（12~22 月龄）。

（2）贮备充足的饲草料。按头均日采食干草（氨化麦草、青贮玉米秸、苜蓿青干草等）3~10 kg，配合饲料 1.5~4.0 kg 贮备。

（3）饲草料的加工调制。麦草以氨化为主，玉米秸秆青贮，青干草晾干后及时贮存在草棚内，防止雨淋暴晒。各类饲料喂前除去尘土、铁丝、玻璃碴儿、碎石等杂物。

（4）饲喂及饮水。日喂两次，早晚各一次，间隔 12 小时，使牛有充足的反刍及休息时间。饲喂顺序先粗后精，先干后湿，少喂勤添。拌草料时，应冬拌干，夏拌湿，不喂霉烂变质的饲草料。每天饮水 2~3 次，夏天饮水 3~4 次，冬天水温应在 0 ℃以上。

（5）棚舍要向阳、干燥、通风，每头成年牛占地 3 m^2，舍内设饲槽和水槽，舍外设向阳遮阴、栓系的场地和饮水槽。

（6）保持圈舍、用具清洁卫生。每天清理棚圈内外粪便，牛床垫上 5~10 cm 长短的干草，防止腐蹄病的发生，舍内外用具每半月左右用 0.3% 的来苏儿溶液消毒，饲槽喂前彻底清扫干净，每周用 2%~3% 的火碱（氢氧化钠）溶液消毒一次，水槽勤换水，及时清洗。每天刷拭牛体 1~2 次，保持牛体清洁卫生。

（7）适当运动。育肥阶段要安静少动，尽量创造利于反刍和休息的环境，公牛要去势育肥，运动场的环境要清净、干燥、宽敞，站立或运动有一定的空间。

四、肉牛育肥技术环节

（一）犊牛（6 月龄以内）的育肥

此阶段犊牛刚断奶，瘤胃内微生物尚未发育完全，所以须特别注意其营养补给，加强饲养管理。对入舍犊牛进行编号登记，做好生产记录。每天供给以苜蓿等优质青干草或优质青绿饲料为主的粗饲料，头均喂量 2~3 kg，自由采食，少给勤添，控制氨化麦草饲喂量，头均日饲喂量 0.5 kg，粗饲料饲喂比例为氨化麦草、青干草和玉米青贮 1 : 2 : 1。头均日喂精料 1.5~2.0 kg，分三次喂给。每天饮水 3~4 次。在育肥前对所有牛只实施体内外寄生虫驱治，灌服健胃散、人工盐或补液盐 1~2 次。

（二）育成牛（6~12 月龄）的育肥

此阶段牛的瘤胃微生物区系发育基本健全，对粗饲料的利用率较高，是骨骼发育的主要阶段，应供给苜蓿等优质青绿饲料或优质青干草，搭配氨化麦草、青贮玉米秸秆等粗饲料，饲喂比例为氨化麦草、玉米青贮和优质青干草 1 : 2 : 1，实行限量饲喂，头均日喂粗饲料 4~6 kg，精饲料 2.5~3.0 kg，日喂 2 次，间隔 12 小时，日饮水 2~3 次。此外，对所有入舍牛进行分组编号，每月称重一次，做好生产记录。驱治体内外寄生虫，灌服健胃散、人工盐或补液盐 2~3 次。

（三）架子牛（13~18 月龄）的育肥

此阶段牛只生长发育较快，需要供给一定量的蛋白质、矿物质和维生素饲料，以粗为主，以精为辅。粗饲料以苜蓿、毛苕子等优质青干草或青绿饲料最好，氨化麦草和青贮玉米秸秆亦可。精饲料按营养标准合理配给。其间实行限量饲喂，每天头均喂精饲料 3.0~3.5 kg，粗饲料 10~12 kg，其比例为氨化麦草、玉米青贮和青干草 2 : 2 : 1。日饲喂 2 次，间隔 12 小时，日饮水 2~3 次，每月称重一次，做好生产记录。

（四）催肥阶段的饲养

此阶段为 3~4 个月，其间平均每天饲喂精料 3.5~4.0 kg，粗饲料 9~10 kg，其比例为氨化麦草、玉米青贮、青干草 2 : 2 : 1。日喂 2 次，间隔 12 小时，饮水 2~3 次，先喂青干草或青绿饲料、青贮，再喂精饲料。

五、饲养管理技术环节

（1）饲养人员要认真遵守饲养管理制度，按时添加饲料、供给饮水，细致观察饲草料有无发霉、变质等；观察畜禽采食、饮水、反刍、运动、休息、排粪、排尿等有无异常，若发现不正常现象，及时请兽医检查，进行诊断治疗。工作期间戴口罩，穿工作服，工作前后用肥皂洗手。

（2）饲养人员应坚持每年体检，患有结核、布病等人畜共患病者不得担任饲养工作。

（3）做好灭蝇灭鼠工作，清除的粪便及污物经堆积发酵，无害化处理后还田，实施农业的循环经济。

（4）病死动物尸体在划定地点做深埋、消毒等无害化处理，严禁乱抛乱扔，污染饲养环境。

六、消毒技术环节

（1）始终贯彻“预防为主”的方针，养殖场布局要做到生产区和管理区分开，生产区周围有必要的保护设施；场内分别设净道和污道，建有进料、出粪通道，并严格分离。生产区大门口要建立更衣消毒室和消毒池，消毒室内吊挂紫外线灯，消毒池宽于门、长于车轮一周半，池内投放消毒液并经常更换，出入人员和车辆必须消毒。

（2）畜舍及其设施设备应每天清扫干净，保持清洁、卫生、干燥，每周用20%的石灰乳液或5%的来苏儿溶液消毒一次。食槽中剩余草料每天及时清除，饮水槽要经常换水，保持槽内清洁卫生，每周彻底清洗一次。

七、免疫技术环节

（1）养殖小区内所有饲养牛，均应按照免疫程序规定的内容对各种疫病进行疫苗预防注射，各类疫病免疫率要达到100%，确保肉牛安全和人体健康。

（2）每年进行两次牛体内外寄生虫的驱治工作。春季以驱治胃肠道线虫为主，夏季防治疥癣，秋冬驱治胃肠道线虫。

（3）在使用生物药品前应仔细检查封口，胶盖是否封闭严密。如有裂纹或瓶中含有异物、霉团、摇不散的凝块等均不能使用。瓶签上有关药品名称、批号、使用方法及有效日期等应保持完整，以便查考。过期的生物药品不得使用。

八、检疫技术环节

（1）对所养殖的肉牛要定期进行检疫，及时准确掌握其健康状况。新购进的牛只，调入前由兽医人员对调出地进行风险评估，确定为非疫区的方可办理调入手续，与此同时，派出检疫人员赴调出地进行检疫和隔离观察15天以上，调入后再隔离检疫15天以上，未发现异常方可并群饲养。

（2）肉牛出栏、交易，应先报检，经动物检疫员检疫合格，凭产地检疫合格证明上市交易，出县境须办理出境动物检疫合格证明。出证条件：肉牛来自非疫区，免疫在有效期内，须佩戴免疫耳标，临床检查健康。

九、提高育肥效果的措施和注意事项

（一）育肥注意事项

从外地购牛时必须了解产地疫情，并做检疫。选牛时除应注意健康状况之外，还应注意其年龄与体重，例如，非良种黄牛断奶重（180日龄重）、周岁重、18月龄重和24月龄重不得小于100、180、230和250 kg；当地西门塔尔良种牛及其改良牛相应时期的体重分别不得小于140、340、410和580 kg。要挑选嘴宽、骨骼舒展、皮肤较松、腹部充实、不蜷腹、性情温顺的牛。此外，还应注意选择管围不得过粗，被毛正常，精神状况及外界刺激反映无异常的牛。

本场培育的牛进入育肥期时，可根据育肥计划在原基础上逐日增加精料量。体重250 kg以下的牛，每日增加不超过2 kg精料量；体重350 kg以上的牛，每日增加不超过2.5 kg精料量，直至加到最大量。从外面购入的架子牛，先在隔离圈舍检疫观察10~15天，以证实无传染病。在这期间一律不喂精料，进入育肥舍，按上述方法每天加喂精料，直至加到计划日喂量。千万避免加料过快，造成消化不良。若配合饲料以非蛋白含氮物代替饼粕类时，更要严格地遵守过渡期饲养。育肥期日粮应稳定。

幼龄牛育肥的日粮安排注意避免因育肥初期沉积脂肪过快而影响后期的育肥效果，可以采取前几个月增重 600~1000 g，最后 1~2 个月增重 1200 g 以上的方式来增重。淘汰母牛育肥不宜与公牛、阉牛混舍，应分栏育肥。育肥期要注意气温变化，夏季气温高于 30 ℃时，要严格执行防暑措施。例如，利用风扇加强通风降温，在中午、下午最热的时候给牛身上喷洒冷水。还应注意防蚊、蝇和其他体外寄生虫。应注意日常卫生，进入育肥期，每年驱虫两次。冬季暖棚牛舍育肥，可在迎风面搭防风设备，避免冷风直吹牛体。通常气温在 −5 ℃以上时对牛无不良影响，−10 ℃无大风对育肥牛影响也很小。

（二）提高育肥效果的措施

（1）饲草料调味剂的使用。例如，每 100 kg 秸秆类饲料喷洒人工盐 100~200 g 的水溶液 2~3 L，现喷现喂，可以增强饲料味道，增加牛的采食量，提高增重。

（2）精料量占 40% 以上，可配合使用人工瘤胃素，每头牛日喂 53~360 mg，可提高增重 15%~20%。

（3）缺硒缺碘地区，应针对性地选用矿物质添加剂，最方便的是选用或制作舔砖用于舍饲育肥。

（4）投入产出比超过 1∶7 的牛羊 EP 增重剂是激素类药物，效果稳定。把该药品埋植于牛的耳后根皮下，有效期 60~90 天。亦可连续埋植，增重效果在 10%~20%。注意在宰前 10 天检查埋植处药片是否已吸收完毕，否则应切开取出残片，以免牛肉中含过量激素，有碍人的健康。还可注射生长素。

（5）若加工费低廉时，可按计划增重的精粗比例搭配，制成块状或颗粒状饲料喂牛，可明显地增加育肥效果。

（6）在管理上注意，育肥牛舍的安静、尽量减少牛的活动都可明显地提高日增重和有利于肉的变嫩，并可用抗应激类药物，使牛温顺，从而加快增重。屠宰前 2 天停药。

十、肉牛场的经营管理

（一）组织机构的设置和人员配置

肉牛场的组织机构应本着精简、责任明确的原则设置。包括领导机构，即场长、副场长等；职能机构，包括生产、饲料加工、购销、后勤、财务等部门。人员编制本着高效优质、以岗定编、以岗定薪的原则，采取岗位职责明确、聘任上网、培训上岗的劳动组织形式，以确保牛场正常的生产组织形式和生产秩序。人员包括场长、副场长、畜牧技术员、兽医技术员、人工授精师、饲料加工员、饲养员、财务人员和后勤人员等。

（二）部分机构及人员的职责

各个机构必须明确责任范围，科学安排和使用劳动力，合理组织劳动分工和协作，提高生产效率。各个人员实行岗位责任制，尽可能做到人尽其力、物尽其用，不折不扣地完成规定的劳动任务。

（1）财务部门：严格遵守国家的财务制度，账目齐全、规范，能及时反映一切经济活动；做好一切统计工作，核算生产成本，向有关部门及时反映财务状况；当好经济决策的参谋，实行一支笔制度，严把财务关。

（2）生产部门：建立和健全各项生产规章制度；制定和执行生产操作规程；安全、高效组织生产。

（3）购销部门：根据生产部门的生产安排，制订购销计划；联系货源产地和产品销售地，建立长久联系；安排专业采购或销售人员，按时、保质、保量、按最经济渠道购销产品，以保证生产秩序正常运行和资金正常周转。

（4）场长：贯彻执行国家、地方的有关肉牛生产的路线、方针、政策，制订全盘计划，包括年度生产计划和肉牛场的长远规划；审查本场基建规模和投资计划；组织各部门制定或修订技术操作规程；检查各部门的工作及计划执行情况，负责肉牛场生产、销售和人事劳资等重大问题。

（5）畜牧技术人员：组织制订配种产犊计划、牛群周转计划、牛肉生产计划、饲草料使用计划等；做好生产测定工作，如体尺测量、各阶段体重、日增重、饲料转化率的测定等；做好饲草饲料的原料采购计划和制订日粮配方，检查配方生产情况和使用效果；做好养殖档案记载、配种记录、制订选种选配方案，收集并记录最基本的育种材料；积极参加科研或配合科研工作，不断推广新品种、新技术。

（6）兽医：负责全场肉牛疾病的监控和治疗；定时进行检疫和免疫注射；制订药品和器械的采购计划；做好用药记录，制订用药、休药计划，规范用药行为；定时到牛舍巡视，密切与饲养员的联系，及时发现病牛，及时治疗；做好疾病的诊治记录和总结经验；培训饲养员最基本的预防疾病的知识，降低医疗费用；刻苦钻研业务，不断提高业务水平。

（7）人工授精师：制订冻精、液氮及配种器械的采购计划和配种产犊计划；做好发情鉴定、妊娠鉴定工作，及时输精，严格按技术操作规程输精；定时检查生殖系统的疾病，做好记录，会同兽医治疗产科病；做好选配工作；统计受胎率、繁殖率等资料；定时到运动场、牛舍巡视，以便发现发情牛。

（8）饲料加工员：能按配方要求准确配合精饲料，定时定量完成工作；做好饲料原料的保管工作，做到防火、防鼠和防潮，堆放整齐、有序，节省空间；捡出原料中的异物，如铁钉、铁丝、塑料膜、石块和玻璃碴儿等，捡出霉变原料；料与包装袋要相符，把配合料准确无误地发放下去，禁止出现母牛采食育肥料或育肥牛采食母牛料等错误。

（9）饲养员：应一切行动听指挥，一切行动为牛体着想，体贴、关心、爱护牛，不允许虐待、打骂牛；按时作息，遵守劳动纪律，按劳动操作规程工作；勤添饲草，勤给水槽放水；注意检查饲草料中有无铁钉、铁丝、玻璃碴儿、塑料等，一经发现，立即捡出；做好牛舍及牛体的清洁卫生工作，清除粪便，清扫牛床，对每一头牛按一定顺序刷拭；发现牛发情、产犊、发病等异常情况，立即报告有关人员，并协助有关人员解决；做好牛场及牛舍的安全工作，下班前关灯、关窗，经过检查后方可离开牛舍。

十一、经济效益评估

牛场经济效益与经营形式（国家经营、私人经营、合资经营和集团经营等）、经营方向（产品为活牛、牛肉等）、生产规模、饲养方式（舍饲或散养）等有关。抛开这些因素之外，还与劳动生产的组织、经营活动的组织、科技含量等因素有密切关系。常用的评价指标有两个。

（1）劳动生产率指标。肉牛场的工种有饲养工、饲料工和配种员等。劳动定额因机械化水平不同而异。一般情况下，饲养工的定额为：舍饲条件下育成牛 25~50 头，育肥牛 50~100 头，产犊期加临时工。饲料工每人每天加工精饲料 1000 kg 以上，或粗饲料 4000~5000 kg。配种员负责 200~400 头母牛。

（2）技术指标。肉牛方面，包括日增重、饲料转化率、出栏日期等；犊牛方面，包括成活率、日增重等。

第十三节　肉牛的科学饲养和管理技术

随着经济发展和人民生活水平的不断提高，我国消费者对牛肉的需求量在不断增加，牛肉已经成为我国居民的第二大肉类食品。从近几年的发展情况看，肉牛的养殖效益很好，但是肉牛数量却处于下降趋势，这使得活肉牛及其产品价格一路攀升。养殖育肥牛的利润大，农民养牛的积极性很高，但可供育肥的架子牛非常紧缺。按照市场发展规律来看，未来几年，牛市行情会继续看好，大力发展养牛业是促进农民增收的好办法。

一、犊牛生长期的科学饲养和管理

第一阶段：犊牛刚生下来，在一周之内一定要让犊牛吃上初乳，把胎粪排出来，这样犊牛的消化功能就增强了。另外，初乳中含有免疫球蛋白，能提高犊牛的免疫力，如果喂不好初乳的话，就会影响犊牛以后的发育。第二阶段：2~3 周时，一般要按犊牛体重的 1/6 或 1/7 喂给牛奶，以后随着体重的增加而增加奶量。这个阶段需要注意的是圈舍要保持清洁卫生，冬季圈舍一定要保温、通风和干燥，这样才有利于犊牛健康生长。第三阶段：3~4 周后，开始训练犊牛吃草料，也就是对犊牛进行补饲。犊牛生长发育速度很快，光靠吃奶营养会不足，应及时补充草料，这时犊牛虽然吃得不多，但也能锻炼瘤胃的消化机能，如不锻炼，肠胃的消化机能会很差，后期的吸收效果也不好。按照生长发育规律，犊牛长到 4 个月以上时，应按其体重的 1%~1.5% 给料，这样做是为断奶做好准备。

犊牛补饲时需要注意的问题是：犊牛补饲是一个循序渐进的过程，在第一个 5 天内，每天每头犊牛只能喂 100 g 料，犊牛吃剩下的料给母牛吃，每次都要给犊牛换新料。经过 5~7 天人工饲喂后，就可以让犊牛自己吃料了。一旦犊牛学会吃料，饲槽内就要始终保持有料，以供犊牛自由采食。补饲的目的是使犊牛的骨骼和肌肉能正常生长，6 个月时，犊牛就可以断奶独立生活了。

二、架子牛饲养期的科学饲养和管理

犊牛 6 个月断奶，进入架子牛饲养期。架子牛生长时期，在生理和营养需要上都会有很多变化，因此，这一时期就要对日粮的营养进行合理调配，才能满足架子牛低成本、长势好的生长效果。在我国，架子牛的一般饲养方式都是以粗饲料为主，主要是为降低饲养成本。饲喂时，尽量选一些质量比较好的粗饲料，如叶子比较多的玉米秸，它的营养价值就比较高；其次选一些糟渣类，如酒糟、甜菜渣等，用这些来喂架子牛，既能让架子牛长得快，又能降低饲养成本。

架子牛最重要的就是骨骼的生长，由于粮食资源比较紧缺，不可能全程都用高精料来进行直线育肥，养牛业普遍采用的就是架子牛短期强制育肥体制。牛生长的过程就是吊架子的过程，架子牛长得好与坏，一方面要用好粗饲料，另一方面要掌握好所需营养的平衡。营养平衡包括能量平衡、蛋白质平衡、矿物质平衡和维生素平衡。能量平衡：秸秆、青贮等粗饲料基本能满足生长期的能量需要。蛋白质平衡：粗饲料中所含的蛋白质不能满足架子牛的生长需要，必须补充一定的蛋白质饲料。一头体重 200 kg 左右的牛，一天补 1 斤左右就够了。有条件的话，可以喂一些豆科牧草，如苜蓿、三叶草之类的，完全不用饲喂粮食，架子牛也能长得很好。矿物质平衡：架子牛长得好不好，最重要的是矿物质的平衡，也就是钙和磷的平衡。钙和磷是骨骼生长的主要原料，因为骨骼中 99% 以上都是钙和磷，钙和磷的平衡对架子牛的生长发育影响非常大。以粗饲料为主时，一般一天要补 60~70g 石粉，石粉是比较好的钙源。磷是最易缺乏的一种元素，因饲草中磷的含量比较低，磷酸氢钙就是磷的比较好的来源。架子牛每天每头补 50 g 的磷酸氢钙，就会有比较好的效果。维生素平衡：为降低成本，每天让架子牛晒 2~3 个小时的太阳，就能获得足够的维生素 D，就不用人为添加了。一年一次性补给 10 万 ~100 万单位的维生素 A，基本就能满足生长期维生素 A 的需要量。

有了科学的饲养技术，还要有科学的管理方法。对架子牛来说，以粗饲料为主进行饲喂，就能达到满意的增重效果。架子牛如果饲养管理得好，日增重可以达到 0.4 kg 左右，如果低于 0.4 kg，说明其生长发育得不好。如果日增重超过 0.6 kg，意味着投入的增加，这样也不经济。架子牛都是在农户中分散饲养的，由于条件不同，饲粮的配方也会有差异。一般情况下，当架子牛体重达到 250~300 kg 时，就开始进入育肥期。

选购架子牛时应注意以下几个问题：一是要选择杂交改良品种，如西门塔尔、夏洛莱、利木赞、海福特等纯种牛与当地牛的杂交后代。二是要选择年龄在 1~2 周岁，体重在 250~300 kg 的架子大但较瘦的牛。三是没去势的公牛为最好，其次为阉牛。四是让有经验，懂得饲养管理技术的人员去采购牛。多年的饲养实践表明，杂种牛与当地牛相比，不仅生长速度和饲料利用率高，而且采食量大，日增重高，饲养周期短，肥育效果好，资金周转快。

架子牛从引进到出栏，一般需要 120 天左右，分为育肥过渡期、育肥中期和育肥后期。肉牛育肥过渡期为 10~15 天。通常情况下，新购进的架子牛经过长时间、长途运输以及环境条件的改变，应激反应都比较大，所以要注意过渡期的饲养管理。其做法是：一是对刚买的架子牛进行称重，按体重大小和健康状况进行分群饲养。二是前 1~2 天不喂草料，只饮水，适量加盐，目的是调理肠胃，促进食欲。在育肥过渡期内，前一周只喂草不喂料，以后逐渐加料，每头架子牛每天喂精料 2 kg，主要是玉米面，不喂饼类。三是新购进的架子牛在 3~5 天时进行一次体内外驱虫。

过渡期完成后，也就是第 16~60 天是架子牛快速育肥的第二阶段，即肉牛育肥中期。这期间，架子牛对干物质的采食量要逐渐达到 8 kg，日粮粗蛋白质水平为 11%，精粗饲料比为 6∶4。这阶段肉牛日增重约 1.3 kg。肉牛育肥中期结束后就转入快速育肥后期，即第 61~120 天的育肥期。这时架子牛对干物质的采食量已达到 10 kg，日粮中粗蛋白质为 10%，精粗料比为 7∶3。这阶段日增重约为 1.5 kg。

架子牛经过 3~4 个月的饲养，体重达到 500 kg 左右就可出栏。在架子牛快速育肥期间，需要特别注意的是，要尽量减少新到架子牛的应激反应，让其尽快适应育肥饲料。同时，饲养管理人员要把握好饲料用量与饲喂方式。同样条件下，架子牛的肥育速度也是有一定差别的，一般公牛比阉牛的增重速度大约高出 10%，阉牛比母牛的增重速度高出 10% 左右。因此，在选择架子牛时，应考虑性别对增重的影响。

冬季寒冷，一般来说，架子牛有较强的适应性，在冬季，牛有抵抗寒冷的能力，但这是要消耗自身能量来产生热量，这样会增加饲养成本。因此，如果要减少能量消耗，就要做到以下几点：一是牛舍要挡风保温，尽量减小湿度。要保证运动场和牛床干燥。要让牛少活动，多晒太阳，多刷拭牛体。二是要合理配制日粮，提高能量水平。适当增加玉米面在日粮中的比例，保证所需维生素和微量元素的供应和平衡。增强肉牛的免疫力，减少疾病的发生。三是冬季育肥时，每天 6 时、18 时各喂一次，22 时再加一次干草，用少量水拌湿后饲喂。需要注意的是，冬季不要饲喂冰冻的饲草饲料，还要给肉牛定时饮水，有条件的话，最好用温水饮牛。肥育牛体重达到 500 kg 时就要及时出栏，否则，当体重超过 500 kg 时，日增重会下降，肥育成本就会提高，利润降低。育肥牛适时出栏，是架子牛周转快、见效快的一大特点。

第十四节　肉牛养殖中育肥技术集成与应用模式

一、肉牛高能日粮肥育技术

所谓高能日粮，是指每千克肉牛日粮中含有代谢能 10.9 MJ 以上，或日粮中精料的比例为 70% 以上。全粗料日粮型的架子牛从牧区运送到农区肥育场后，应在较短时间内向精料型的日粮过渡，120~150 天内即可育成出栏。

（一）恢复期

架子牛经过了较长距离、较长时间的运输，由于运输应激反应造成的疲劳等，需要一段时间的恢复；架子牛到农区肥育场，对农区的饲料、饲养方法、饮水条件及环境也须有个适应过程。在恢复期，日粮是以干粗粮或 50% 干粗粮加 50% 青贮饲料为主。

（二）过渡期

经过10~15天的恢复期饲养，架子牛已基本适应新的生活环境和饲养条件，便可进入日粮由粗粮型向精料型的过渡。在牧区的架子牛很少甚至从来没有吃过玉米一类的精饲料，因此，要适当调教。具体做法是：将精料和粗料充分拌匀，并加适量水，使精料能附着于粗料；或将精料和青贮饲料充分拌匀后饲喂，这样连续喂几次以后，架子牛就能习惯。之后逐渐增加精料在日粮中的比例。过渡期结束时，肉牛日粮中精饲料的比例应占40%~45%。

（三）催肥期

在催肥期内，日粮中精料的比例越来越高，1~20天，为55%~60%；21~50天，为70%；51~90天，为75%；91~120天，为80%~85%。由粗粮型日粮向精料型日粮过渡中，还应注意以下几点：

（1）一日多餐。可以防止架子牛采食过多或个别牛过量采食造成胀肚、停食或拉稀。因此，在最初几天，1天要饲喂5~6次。经过3~4天后，1日多餐便可改为自由采食，食槽内昼夜有饲料，任其采食。

（2）充分饮水。采用自动饮水设备效果最好，如果不能自由饮水，则每日应饮水3~4次。

（3）勤观察。在日粮变动的最初几天，饲养管理人员要勤观察每头牛的反刍活动、精神状态、粪便等，有异常情况，要及时处置。

（4）精粗比例。日粮中精料和粗料的比例不要各占50%。因为，肥育牛在这样的日粮条件下，会降低精饲料的消化率。由于精饲料消化率的下降，造成了精料的浪费，并延长了饲养期，增加饲养成本。

（5）饲喂添加剂。给肉牛服用的饲料添加剂种类很多，功能是促进生长或改善机能，提高饲料利用效果，提高肉牛的健康水平。

二、杂交黄牛育肥技术要点

（一）正确选购架子牛

选择国外肉用良种公牛作父本杂交的改良牛，应挑选四肢高、体形长、皮肤松弛有弹性、肌肉较薄、骨架清晰、宽而不丰满、毛密柔软和体况健康的牛。因这种牛生长潜力大，肥育效果好。要选择2~4周岁，体重318~363 kg架子大较瘦的牛，这样的牛采食量大，日增重高，肥育效果好，饲养期短，资金周转快。

（二）提高饲料利用率，降低饲养成本

（1）选择合适的精粗比和营养水平，开始30天内，精粗饲料比为3∶7~1∶1，粗蛋白质含量为12%；中间70天，精粗饲料比为6∶4，粗蛋白质含量为11%；最后10~20天，精粗饲料比为7∶3~8∶2，精料粗蛋白质含量为10%。一般在最后10天，精料日采食量应达到每头4~5 kg，粗饲料让牛自由采食。

（2）饲料加工要科学。精饲料：如玉米粉碎粒度应在 1 mm 以上，高粱粉碎粒度达 1 mm。粗饲料切割粉碎长度以 5~10 mm 为宜。

（3）合理利用啤酒糟、淀粉渣等工业副产品结合添加剂使用，就能代替日粮内 90% 的精饲料，日增重仍可达 1.5 kg。用法：啤酒糟每天每头牛喂 15~20 kg，加 150 g 小苏打、100 g 尿素、100 g 肉牛添加剂预混料。淀粉渣、豆腐渣、糖、酱油渣，每天每头牛喂 10~15 kg，加 150 g 小苏打、100 g 尿素、100 g 肉牛添加剂预混料。

（4）充分运用饲料青贮技术、秸秆氨化和发酵技术。青贮玉米是育肥牛的优质饲料，饲喂青贮料时，在较低的精料水平下，就能达到较高的日增重；按玉米青贮干物质的 2% 添加尿素，能获得很好的效果。

（三）改进饲养技术，提高饲养水平

（1）一般肉牛育肥可采用限制精料自由采食的肥育方法。

（2）公、母牛要分栏饲养。一般公牛比阉牛增重速度高 10%，阉牛比母牛高 10%，但是公牛阉割去势后 1~2 月内影响生长发育。采用药物或激素去势，用药时间长，效果差，同时有药残、激素残留，肉品不符合卫生要求，所以在选购架子牛时要考虑性别对增重速度的影响，公牛育肥期不宜去势。

（3）育肥过程中使用适当的脲酶抑制剂预混料，可提高肉牛日增重 18% 以上。

（4）做好环境卫生和进行防疫灭病工作，定期驱除体内外寄生虫，控制和杜绝传染病与内外科病的发生。

（5）肉牛肥育达 500 kg 时应尽快出栏，因体重超过 500 kg 后，日增重下降，每千克增重的耗料量增加，育肥成本提高，利润下降。

（四）选择科学的配方

（1）以青贮玉米为主的饲料配方（湿重）：青贮玉米 80.8%、玉米 17.1%、棉籽饼 2.1%。

（2）以酒糟为主（湿重）的饲料配方（以 300 kg 体重的生长肉牛为例）：玉米 1.5 kg、鲜酒糟 15 kg、谷草 2.5 kg、尿素 70 g、食盐 30 g、添加剂预混料 100 g。由于酒糟的粗蛋白降解度低，易导致瘤胃内可降解氮不足，使粗纤维消化率下降，若在酒糟日粮中加入一定比例的尿素，就能取得较好的效果。

（3）规模牛场体重 300 kg 以下肉牛育肥的配方：玉米 61 kg、麸皮 15 kg、棉（杂）饼 20 kg、食盐 1 kg、骨粉 1 kg。每头牛每天 100 g 预混料、2 kg 精料，粗饲料让其自由采食。

（4）规模牛场体重 300 kg 以上肉牛育肥配方：玉米 70 kg、麸皮 13 kg、棉（杂）饼 15 kg、食盐 1 kg、骨粉 1 kg。每头牛每天 100 g 预混料，3.0~3.5 kg 精料，粗饲料让其自由采食。

三、高档肉牛肥育技术

（一）育肥牛的选择

选择杂交后代牛育肥。利用杂交优势，如用西门塔尔、夏洛莱、利木赞等优秀肉公牛

与本地黄母牛配种，产出的一代或二代杂交肉牛，生长速度快，饲料利用率高，效益明显。这种杂交肉牛比本地黄牛犊生长速度快 40%。选 1~2 周岁的架子牛，要求个体高大，骨架明显，体格健壮，毛密皮松，嘴方大，舌尖，苔刺较硬，后裆深，这样的犊牛食欲好，消化率高，上膘快。

（二）育肥管理

牛舍宜建在向阳、干燥、通风，地下水质较好，距主要交通要道尽量远一些的地方，同时保证牛舍冬暖夏凉、清洁卫生。

第十五节　牛饲养中常见病害的诊断与治疗方法

一、犊牛大肠杆菌病

该病又称犊白痢，主要发生于 1 周龄以内的初生犊牛。临床上表现有两种类型：败血型及肠型。主要症状是腹泻，粪呈淡黄色或灰白色，恶臭。

治疗方法：加强对怀孕母牛的管理，补喂胡萝卜、骨粉、食盐、青草，做好新生犊牛断脐消毒工作，让犊牛吃足吃好初乳，保持栏舍干燥清洁，并及时给出生犊牛注射母牛血液 100~150 mL。氯霉素按 0.01~0.03 g/kg 体重肌注，每日 2 次，或硫酸黄连霉 2~4 mL 肌注，6 小时一次，连用 2 天。

二、牛结核病

该病是一种人畜共患传染病，一般以奶牛感染该病的情况较多。该病的特征是在器官和组织中形成结核结节。

治疗方法：每年春、秋两季用结核菌素对牛群进行接种（点眼及皮下注射），发现阳性病牛，及时隔离治疗或捕杀；严格消毒牛栏，可用 20% 石灰乳、20% 漂白粉或 5% 来苏儿溶液消毒；将粪便堆积发酵；对其产品（牛奶）应经 70~80 ℃消毒 30 分钟后方可饮用。病初每日用异烟肼 3~4 g 分 3~4 次混在精料中饲喂，3 个月为一个疗程；症状严重的每日口服异烟肼 1~2 g，同时肌肉注射链霉素，每次 3~5 g，隔日一次。

三、牛布氏杆菌病

该病是一种人畜共患传染病，主要特征是流产、不孕，公畜表现为睾丸炎。

治疗方法：定期对牛群进行血清检疫，及时捕杀阳性病牛，定期饮服、喂服或注射“猪型二号菌苗”；接生人员要有工作服、胶靴、口罩、胶手套等防护用品，以免感染；被污染栏舍、用具应彻底消毒，可用 2%~3% 来苏儿溶液、氢氧化钠溶液或 10% 石灰乳消毒；将粪便堆积发酵；对流产胎儿、胎衣和阴道排出物进行深埋处理。治疗本病尚未有特效药物，可试用土霉素、链霉素或“抗病 1 号”进行防治。

四、牛放线菌病和牛放线杆菌病

该病是一种人畜共患传染病，病变多在颊部、下颌骨、舌头、颈部皮肤。患部初期硬肿、疼痛，后化脓溃烂，并形成瘘管。骨发病时膨大、松脆。舌发病时肿大、硬实、伸缩不灵。

治疗方法：注意清除饲料中的尖锐硬物和谷物芒刺，或将饲料浸软后喂牛。切除界限明显的肿块，然后用5%碘酊纱布或2%碘甘油纱布填塞创口，24~48小时换一次，并在创口周围注射卢戈氏液；内服碘化钾，成年牛每天5~6 g，犊牛2~4 g，连用2~4周，或静注10%碘化钠溶液，每天50~100 mL，隔日一次，共3~5次；发现有碘中毒现象的，应停药5~6天或减少药量。

五、牛黏膜病

牛黏膜病又称为牛病毒性腹泻，2月龄到2周岁的牛易感。患病牛的口腔及消化道黏膜糜烂或溃疡，并发生腹泻。

治疗方法：畜牧良种场对奶牛试用猪瘟兔化弱毒冻干苗进行预防接种，效果很好。生产奶牛每头肌肉接种4头份（猪用量）、发育牛3头份、犊牛2头份。治疗时，在精、粗饲料中全面按2‰拌入强力益生素，同时可试用“抗病1号”。

六、破伤风

该病又叫直症，俗名“顺口风”，是由破伤风梭菌经伤口感染而引起的一种人畜共患传染病。病牛肌肉强直、吞咽困难、流涎呈线状、不愿走动、站立如木马状。

治疗方法：在常发地区定期皮下注射破伤风明矾类毒素，发现外伤立即处理，彻底清洁伤口，并涂上5%碘酊。对大而深的外伤，可皮下注射抗破伤风血清1万~2万IU。清除舍内外铁钉、铁丝、玻璃片等尖锐硬物。治疗时，将病牛置于干燥、清洁、安静的栏舍，喂稀粥或青草，多给饮水，及时处理伤口。早期可使用抗破伤风血清，成年牛每次皮下、肌肉或静脉注射30~40 IU，以后每隔3~5天注射10万IU，共注射2~3次；小牛用量为5万~10万IU。病牛出现强烈兴奋、强直性痉挛、不能采食饮水、心脏衰弱、牙关紧闭时，可采用相应药物进行对症治疗。

七、日本血吸虫病

该病为人畜共患寄生虫病。病牛主要表现生长发育不良、腹泻、粪便带血、母牛不孕或流产。通过粪便虫卵检查法或粪便毛蚴孵化法以及环卵沉淀反应法可以观察到虫卵或毛蚴，此时便可确定牛感染了日本血吸虫病。

治疗方法：严格粪便管理，确保饮水卫生，消灭钉螺。治疗：硝硫氰胺按60 mg/kg体重的份量一次内服，极量为黄牛18 g、水牛24 g。

八、乳房炎

该病是乳牛常见疾病，主要是由挤奶技术不熟练或其他原因致使乳房受损伤、感染细菌所致。病牛乳房肿胀、发热，触压后有疼痛反应，泌乳减少，乳汁变质，混有灰白絮状物，有时带有血丝，甚至有褐色脓液，味臭。

治疗方法：掌握挤奶技术，用电机挤奶必须掌握时间，避免挤出血奶。人工挤奶时，每分钟挤压80~120次，不能中断，一次完全挤干。无论用什么方法挤奶，都必须在挤奶前进行热敷、按摩乳房，并保持栏舍干燥清洁，不使乳房受外伤感染。治疗时先用3%克辽林溶液洗净乳房，挤净乳汁，然后用乳导管注入青霉素20万~40万IU、链霉素100万IU（溶于25~50 mL蒸馏水中），在乳房硬结处涂鱼石脂软膏，同时内服磺胺制剂，并肌肉注射青霉素80万~100万IU。

九、牛食道阻塞

牛食道阻塞俗称“草噎”，是以咽下障碍为特征的一种牛的急性病症。牛为反刍动物，吃草料时不细嚼慢咽，特别是在饥饿状态下饲喂甘薯、萝卜、马铃薯等块根块茎类饲料时最易发生食道阻塞。如不及时救治，会危及牛的生命。

牛食道阻塞时，患牛摇头不安，伸或缩脖颈，口鼻流涎，空口磨牙，并不断做吞咽动作，企图将阻塞物咽下去，喝水后会很快从口、鼻腔中呛出，并不断咳嗽喘息，心率增速，呼吸加快。牛发病后，根据临床症状表现，基本可以确诊。用手触摸左侧颈部，可摸到阻塞物，且牛有疼痛反应，即可确定阻塞部位；也可用胃管插入法明确阻塞部位，当胃管推送到阻塞部位时会有推进困难和抵触反弹的感觉，而病牛则表现剧痛不安。食道阻塞虽为常见病，但若不及时治疗，可危及牛的生命。治疗食道阻塞时必须小心谨慎，不可急于求成，否则会将食道划伤或破裂，引起不必要的损失。若病牛瘤胃臌气严重，可先行放气，减轻瘤胃内压，以利于阻塞物顺利进入瘤胃和避免牛因瘤胃臌气窒息而死。在采用其他方法治疗无效的情况下再选择手术疗法，因手术治疗较为复杂，而且可能有后遗症与并发症。治疗方法如下：

（1）手取法。若阻塞部位在咽喉部，可采用此法治疗。将病牛绑定，并用自制木质开口器横向塞入口腔固定。自制开口器长50 cm，两端宽6 cm、中间宽15 cm，在开口器中央钻一圆孔，并用砂纸磨光孔边缘，孔的大小以并拢五指的手能通过为宜。取阻塞物时，将牛舌从侧面拉出，右手通过圆孔到达咽喉部，用大拇指、中指和食指紧抠住阻塞物，将其慢慢取出即可。

（2）推送法。如阻塞部位在食道中央，可先将50 mL食用油或石蜡油加水50 mL灌入牛食道，让食道与阻塞物处于滑润状态；约5分钟后再将胃管插入牛食道，慢慢向下推送阻塞物，将其送入瘤胃即可。

（3）水压法。此法效果较好。把胃管插入牛食道，深度以刚过咽喉部为准，然后将胃管的外端与喷雾器管道相接，向食道内喷水500~1000 mL，借助水的压力将阻塞物送到瘤胃。如一次未能成功，可先将牛食道内的水导出，再反复喷水，直到将阻塞物送入瘤胃为止。

（4）压碎法。此法适用于块根块茎类饲料阻塞。在食道阻塞物的下端或上端垫上附有柔软物的硬木板，再将另一端垫上柔软物，用光滑的木棍轻轻挤压阻塞物，直到压碎为止，再向牛食道内灌入100 mL食油+500 mL水，把压碎的阻塞物送入瘤胃内即可。

（5）软化法。此法适用于牛因采食草料过急、过快而造成的食道阻塞。先向牛食道内灌入石蜡油 200~300 mL，然后将牛头吊高 1~3 小时，让石蜡油浸透阻塞食团，再给牛食用少许青草，在吞咽中诱导食道蠕动与扩张，使已软化的阻塞食团进入瘤胃，达到治疗目的。

（6）酥化法。此法亦称化学疗法，适用于饲草造成的食道阻塞。先将 100 g 小苏打粉用 100 mL 水溶解后灌入牛食道，接着再灌入 200 mL 米醋，在醋与小苏打发生酸碱中和反应过程中将阻塞食团酥化；之后给牛灌服 300 mL 豆油 +500 mL 水，被酥化的食团随之进入瘤胃。

（7）药物疗法。先向牛食道灌入食用油 200~300 mL，10~15 分钟后皮下注射 3% 硝酸毛果芸香碱注射液 3~5 mL，以兴奋食道和胃肠道平滑肌，促使腺体分泌。在食道、胃肠道蠕动和腺体分泌的作用下，润滑后的阻塞食团会下行到瘤胃内。

（8）手术疗法。在运用上述方法无效的情况下，当牛因长时间食道阻塞有生命危险时，必须切开胸腔，找到阻塞物，压碎或推向瘤胃，在不得已时再切开食道取出阻塞物。

十、肉毒梭菌中毒症

肉毒梭菌为梭菌属成员，是腐物寄生型专性厌氧菌。在适宜条件下，其可产生一种叫肉毒梭菌毒素的蛋白神经毒素，它是迄今所知毒力最强的毒素。其主要作用于神经肌肉接头点，阻止胆碱能神经末梢释放乙酰胆碱，从而阻断神经冲动传导，导致运动神经麻痹。同时，该病毒还会毒害中枢神经系统的运动中枢，致使呼吸肌麻痹，使动物窒息死亡。因该毒素广泛存在于自然界，在 22~37 ℃的温度条件下能产生大量的毒素，且受各种条件的限制，对该病毒的治疗效果较差，给畜牧业生产造成较大损失。由于该病多发于夏季，人们常称其为“热病”。所以，在春夏季要积极预防该病，以确保畜牧业的健康、稳定发展。

肉毒梭菌中毒症是由摄入含有肉毒梭菌毒素的食物或饲料而引起的人和动物的一种中毒性疾病，食入的肉毒梭菌也可在体内增殖并产生毒素，引起中毒。该病在我国北纬 30°~50° 的西北地区发生较多。

治疗方法：畜禽预防的主要措施在于随时清除牧场、畜舍中的腐烂饲料，不使畜禽食入，特别是动物死亡后要严格处理。禁喂腐烂的草料、菜叶等，调剂饲料要防止腐败，缺磷地区应合理补磷。发病畜禽的粪便内含有大量的肉毒梭菌毒素，应及时清除。如条件允许，在发病早期可注射多价毒素血清，毒型确定后可用同型抗毒素，在摄入毒素 12 小时内均有中和毒素的作用。内服大量盐类泻剂或 5% 碳酸氢钠洗胃灌肠也可促进毒素排出。

十一、瘤胃臌胀

瘤胃臌胀又称瘤胃臌气。牛在短时间内采食了大量易发酵的饲料，如青草、块根饲料，尤其是苜蓿、紫云英等豆科植物；或采食了大量不易消化的饲料，如菜籽饼、豆饼、豌豆或腐败变质的饲料等，这些饲料在胃内迅速发酵，产生大量气体，导致瘤胃急剧膨胀；或继发于食道阻塞、前胃弛缓等疾病。患牛常在采食中或采食后不久突然发病，腹部迅速膨大，左肷窝突出，手压有弹性感，松手后不见压痕，叩诊呈鼓音，听诊瘤胃蠕动音减弱或消失。患牛无食欲，反刍停止，时起时卧，回头顾腹或用后肢踢腹，呼吸困难，张口伸舌，两前肢张开，心跳加快，心律不齐，黏膜发绀，如不及时抢救，会因窒息或心脏停搏而死。

治疗方法：对于重症病例，有窒息危险时，采取瘤胃穿刺放气，以制止食物继续发酵。具体操作方法：选择在左肷部突出部位（左髋结节到最后肋骨垂直线的中点，距腰椎横突 10 cm）剪毛、剃毛、消毒，然后在穿刺点用手术刀将皮肤切开长 0.5 cm 的小口，左手移到皮肤切口处，右手将针尖放入皮肤切口内，向对侧肘头方向迅速刺入 10 cm 左右，用左手固定好套管，拔出内针，用大拇指堵住管口，间断缓慢放出瘤胃内的气体。气体排除后，将内针插回套管，左手压住针孔周围的皮肤、拔出套管针，并用碘酊涂擦皮肤切口消毒。对于轻症病例，采取植物油消胀通肠法治疗。可用松节油 30~50 mL 与蓖麻油 300~500 mL 加适量温水混合，一次性内服。瘤胃积食引发瘤胃臌胀时，对患牛可灌服酒石酸锑钾（吐酒石）2~4 g，并配合静脉注射 10% 氯化钠溶液 300~500 mL，以兴奋瘤胃、促进蠕动。对于泡沫性臌胀，可用 2% 二甲基硅油煤油溶液 50~100 mL，一次性灌服。为避免牛患病，应加强饲养管理，避免一次性采食大量的豆科牧草。块根饲料应加工达到一定的碎度后，再投喂。

十二、牛疔

牛疔是立夏后耕牛的常见病。病原是牛皮蝇和纹皮蝇。它们常在牛体皮薄部位，如四肢内侧、腋间、乳房、腹侧等部位停留产卵，一只雌蝇每天可产卵 500 多个，随后由卵孵化成虫，幼虫顺着毛根钻进皮肤，多在背部定居，逐渐发育形成大小不等的疮疖。这些疮疖成熟破溃后形成很多似筛孔样的孔洞，不断流血、化脓，轻则影响使役，重则造成死亡。

治疗方法：做好牛舍及其周围环境的清洁卫生，勤起粪、勤垫栏，栏内坑洼必须填平。同时做好粪便处理，经发酵后再利用，以破坏蝇类滋生地。平时注意牛体卫生，经常梳刮牛身，刮除蜱虱等体外寄生虫，还要经常让牛浸水洗浴。此外，夜间用黄荆叶点烧，驱除牛舍内的蚊蝇。治疗时，先涂上鱼石脂软膏，促进脓肿成熟，之后切开排脓，或用注射器把脓液抽出，然后注入双氧水或 0.2% 雷佛奴尔液，反复冲洗，把脓液冲洗干净，外面涂上消炎膏。对已破出血的牛疔，可用中药荆芥、防风、花椒、薄荷、苦参、黄柏各 12 g，煮沸后温洗涤患部。外用续断、干姜炭、皂角炭各 9 g，共研末，加醋调成糊状涂于患处。如常有鲜血从创口流出，则创口内有蝇蛆寄生，撒上碘仿或少许敌百虫后，则蝇蛆会自行脱落或死亡。如创口肉芽长得缓慢，可外敷脱腐生肌散，即枯矾、冰片、黄丹、煅石膏、雄黄各 15 g，陈石灰 30 g，朱砂 9 g，共研末，撒于疮口，使创口碱化而促进愈合。内治宜解毒散淤，消肿止痛。可用蒲公英、黄芩、土茯苓、金银花、紫花地丁、白蔹、赤芍、栀子、连翘、大花粉、郁金、野菊花各 30 g，甘草 15 g，共研细末，煎汤候温灌服。

十三、蜱

蜱是一种叮咬在牛羊体表吸食血液及传播多种重要传染病的体外寄生虫，俗称草爬子。牛羊的体表寄生蜱虫，可引起牛羊烦躁不安、瘙痒，甚至引起蜱瘫。蜱吸血后可以传播多种传染病，引起牛羊消瘦、贫血，威胁牛羊健康，严重时会致病畜死亡。治疗方法如下：

（1）消灭牛羊体表的蜱虫。方法一：人工捕捉。如果饲养的牛羊数量不是很多，且在人员充足的情况下，可以采取人工捕捉除蜱的方法。首先，全面检查牛羊躯体，特别是颈部、腋下、腹部、脚踝下方，可用尖嘴镊子在紧靠皮肤的地方沿着与皮肤垂直的方向拔出蜱虫。拔出蜱虫后如果伤口出血，要进行止血，同时用酒精或碘酒消毒。方法二：粉剂涂抹。可用3%马拉硫磷或5%西维因、2%害虫敌等粉剂涂抹在牛羊体表面，一般羊用剂量为30 g，牛为100 g。在蜱虫活动季节，每隔7~10天处理1次，可以预防蜱虫的发生。方法三：药液喷涂。可用0.2%杀螟松或0.25%倍硫磷、1%马拉硫磷、0.2%害虫敌、0.2%辛硫磷乳剂喷涂畜体，剂量上羊为200 mL/次、牛为500 mL/次，每隔3周处理1次。也可用氟苯醚菊酯，剂量为2 mg/kg，一次背部浇注，2周后重复1次。方法四：药浴。选用0.05%双甲脒或0.1%马拉硫磷、0.1%辛硫磷、0.05%地亚农、1%西维因、0.0025%溴氰菊酯、0.003%氟苯醚菊酯、0.006%氯氰菊酯等乳剂，对羊进行药浴。此外，可皮下注射阿维菌素，剂量为0.2 mg/kg，一次注射或口服。

（2）消灭圈舍内的蜱虫。残缘璃眼蜱多在圈舍内的墙壁、地面、饲槽等缝隙中栖身，可选用上述药物喷洒，或粉刷后再用水泥、石灰或黄泥堵塞缝隙。必要时也可隔离，停用圈舍10个月或1年，使蜱无法寄生而死亡。

（3）消灭自然环境中的蜱。当环境中有大量蜱虫存在时，可采用轮牧的方式，相隔1~2年轮牧1次，使牧地上的成虫自然死亡，也可以进行烧荒（要防止火灾），破坏蜱的滋生地。

十四、腹泻

大力发展农户饲养奶牛，增加农民收入，是发展畜牧业的重要举措。但随着奶牛数量的大量增加，由于自然环境、地理条件、人为因素等客观因素的影响，使得奶牛的腹泻病时有发生。

奶牛腹泻大多数是因饲养不当引起的，如饲喂不定量、不定时、时饥时饱、久渴失饮、突然更换饲料或饲料过冷过热，有时饲料霉败、草料过硬、含有泥沙等。有时奶牛牙齿磨灭不正，咀嚼不充分，毒物和药物的刺激，可以导致腹泻。在饲喂过程中，卫生不良，饲料单一，有时缺乏维生素和微量元素，也可以导致腹泻。在冬季奶牛饮用过凉的水，或者在夏季奶牛激烈运动后而饮水，同样可以引起腹泻。

奶牛腹泻症时，排黄色稀便，毛焦肷吊，腹细腰弓，皮肤弹性因食欲降低而减退，反刍减少，精神不振，且呈明显的颤栗症状，体温偏低，起立困难，瘤胃蠕动音减弱或消失，个别患牛瘤胃轻度膨胀，随之出现剧烈腹泻，频频排泄；如水样或稀粥样，黄绿褐色，混有少量黏液，酸臭味。腹泻分为一般性腹泻和顽固性腹泻。一般性腹泻：分为慢性、急性、产后腹泻，主要是由消化不良引起的，表现在奶牛精神沉郁，被毛无光，眼窝下陷，喜水，肠音亢进，有时可在体外听到肠音如流水，多数病例表现有轻微的腹痛症状，如弓腰收腹，两后肢骚动不安，粪便微臭，有轻微的脱水症状，产奶量明显下降。顽固性腹泻：奶牛皮肤弹性减退，很瘦弱，两侧肋骨显露，眼窝一目了然，头部呈现轻度浮肿，走路缓慢，有时肛门失禁，尾部被粪便污染，奶牛稀粪中时有血色。病牛多卧少立，行走无力，呼吸喘粗。听诊时肠蠕动音高朗，心肺无异常。

治疗方法：根据奶牛的不同发病症状，采取不同的诊治措施。慢腹泻：用10%葡萄糖500 mL加入4 g阿莫西林；0.9%氯化钠溶液500 mL加入氧氟沙星0.4 g，每日1次静脉注射，连用3天。中药选用党参120 g、山楂60 g、神曲60 g、麦芽60 g、茯苓60 g、乌梅60 g、黄连60 g、诃子60 g、厚朴60 g、藿香30 g、鸡内金60 g、肉桂60 g、干姜60 g、白术60 g、甘草30 g，研末，分3次投服，每日1次，连服3天。急性腹泻：中药选用苍术30 g、肉桂25 g、细辛10 g、茴香30 g、陈皮30 g、青皮30 g、芍药30 g、茵陈25 g、桂心15 g、藁木30 g。食欲减退者方中加入木香15 g、山楂30 g、神曲30 g；粪中带血者方中加入黄芪60 g、焦地榆30 g、黄芩30 g；粪便清稀而呈黄糊状，精神倦怠无力，常卧地不起者方中加入白术30 g，茯苓25 g，猪苓25 g。产后腹泻：奶牛在产后多发生急性消化不良性腹泻，而且发病率较高，一般占5%~8%。用10%氯化钙200 mL、10%葡萄糖1000 mL、5%复方氯化钠溶液1000 mL、20%安纳加20 mL。一次静脉注射。5%碳酸氢钠溶液500 mL，一次静脉注射。麦芽100 g、干柿50 g、米壳50 g、诃子50 g、陈皮50 g、郎子50 g、苏打50 g、黄连50 g，一次温水冲服。按上述处方用2~3次即可治愈。

对于顽固性腹泻，应加强饲料管理，每天饮温水3~4次，饲料每天小米1000 g、玉米面500 g、麦麸子500 g、食用盐40 g，加入适量水煮熟后放食用糖100 g，分上、下午2次等量喂服，再补给新鲜的干草。投服中药：厚朴60 g、白术60 g、陈皮60 g、砂仁60 g、肉蔻60 g、草果仁60 g、青皮60 g、附子60 g、茯苓60 g、干姜80 g、鸡内金60 g、莲肉60 g、熟枣肉60 g、甘草60 g、加水2500 mL，煮沸40分钟左右，用纱布滤过，取药液按同法连煎3次，第二次加水2000 mL，第三次加水1500 mL，三次的滤过液混合后，上、下午分次等量用胃管投入。西医用药：0.9%生理盐水500 mL×3瓶、25%葡萄糖500 mL×1瓶、维生素C 10 mL×4支，一次静脉滴注；10%安纳珈20 mL×2支，一次肌注，每天2次。慢病不可急治，对上述奶牛各种腹泻病单纯依靠西药是很难奏效的，必须有效地利用中药暖脾胃，调整胃肠功能，从治本入手，方能取得理想的疗效。

第十六节　高产奶牛养殖与疾病预防控制技术应用

随着我国人民生活水平的不断提高，食品消费结构发生了很大的变化，肉、蛋、奶已成为人们日常生活餐饮中的必备品，奶制品以其在食物中营养丰富、易被人体消化吸收而深受人们的欢迎，市场前景非常广阔。

一、奶牛养殖技术要领

（1）合理搭配日粮。日粮是奶牛营养的主要来源，一定要做好营养搭配工作。饲料并不是越精越好，这样反而会使有的奶牛产生新陈代谢方面的问题。

（2）合理安排挤奶时间。挤奶时间按照奶牛的具体生理特点而定。在奶牛生产后的3天里，由于身体比较虚弱，不应该将牛奶全部挤掉。另外还要注意，前3天的奶是不能够使用的，应将其扔掉，一直到第4天才可以正常挤奶。挤奶要在泌乳期内、干乳期前进行，让奶牛有充足的时间补充营养与恢复体力。

（3）干乳期要喂足饲料。奶牛经过泌乳期之后正式进入干乳期，这一时间段中，一定要注意保障饲料的营养供给。一般的标准是日采食量应达到奶牛体重的2.0%~2.5%，粗精饲料的比例应为3∶1。

（4）奶牛应有足够的活动场所。在对奶牛的养殖地进行选择时，应选择场地通风良好、空间足够奶牛活动的圈舍。在奶牛养殖过程中，切不可实行拴养，导致奶牛因缺乏运动而体质下降，增加感染疾病的风险。应为奶牛提供足够的活动场地，使其能够进行适当的自由活动。

二、奶牛乳房的按摩技巧

很多奶牛在产后都会产生乳房水肿的情况，这时应该用热毛巾对奶牛的乳房进行热敷，同时辅之以相应的按摩，并且每次要按摩和热敷各5~10分钟，这样能有效地缓解奶牛乳房肿胀情况。另外，在平时挤奶时，也可以对奶牛的乳房进行相应的按摩，促进乳腺分泌乳汁。其主要的按摩方式是：挤奶之前对奶牛的乳房表面进行按摩并轻按乳房的各部，让乳房膨胀，呈淡红色，当皮肤的温度升高、碰触感觉较硬时应立即挤奶，一般按摩时间为2分钟左右。

三、奶牛分娩后的保健养护

奶牛在分娩后，身体有大量的盐分流失，非常虚弱，因此，要对其进行特殊护理。一般在其分娩后，应该给奶牛喂30~40 ℃的盐水麸皮汤（50 kg水加食盐50 g，麸皮1.0~1.5 kg），并且在日粮上应该根据奶牛的身体特质进行适当调整，以便于奶牛的身体恢复。

四、饮水的技巧

在牛奶中，除了有钙、磷、蛋白质等营养物质外，其余大部分都是由水组成的。因此，对奶牛保证充足的饮水也是增加奶牛产奶量的一个关键。如果有条件的话，可以为其设置自动饮水环境。实验结果表明，在设置自动饮水的环境下，奶牛的出奶率比一般环境下的出奶率要高出20%。在设置该环境时，应该注意外界温度的变化，若外界温度比较低，应该对水的温度进行调整，防止由于水温过低导致奶牛患肠胃疾病。

五、奶牛的相关疾病预防和控制

对于奶牛的一些流行病，在养殖过程中要坚持“防重于治”的原则。平时要经常对奶牛进行药物预防和疫苗接种，提高其免疫力。对于圈舍、用具、草料、饮水、空气和奶牛本身都必须做到经常消毒。可以对牛舍经常进行打扫，喷雾消毒；对于用具，可以将其放在阳关下暴晒；对于工作服、医疗器具，勤煮沸消毒。在给奶牛配食前，一定要对奶牛的饲料进行细致检查，防止其出现霉变，同时应去除饲草中的杂物。还应该注意奶牛本身的卫生，防止有寄生虫传染疾病，应经常用水给奶牛刷拭身体，这样既能够保持奶牛本身的身体清洁，还能够促进奶牛身体的血液循环。在奶牛休息的地方铺设干草，经常带奶牛到牛舍外进行运动，晒太阳，以加强奶牛的新陈代谢，预防相关的肠胃疾病。应每天运动两次，每次20分钟。在奶牛运动的地方，要保持地面平整，防止牛蹄受伤。奶牛的喂食应适量，每次不能喂得太多，否则容易造成奶牛瘤胃积食，使反刍减少或停止，阻碍奶牛的正常出奶和生长，因此一定要加强管理，定时定量饲喂，少给勤添草料，秸秆类必须铡短，软化后再喂，不要突然改变饲料。

第十七节　畜牧养殖中青贮饲料的制作方法与应用

青贮饲料是将青绿多汁的饲料，在适当含水量和含糖量条件下密封于容器中，利用乳酸菌发酵，抑制杂菌繁殖，长期保存大部分营养成分而制成的饲料。青贮饲料有三种类型：其一是由新鲜的天然植物性饲料调制的青贮饲料，或在新鲜的植物性饲料中加入各种辅料（如小麦麸、尿素、糖蜜）或防腐剂、防霉剂调制成的青贮饲料，一般含水量在65%~75%；其二是含水量45%~55%的半干青绿植株调制成的青贮饲料；其三是以新鲜高水分玉米籽实或麦类籽实为主要原料的谷物湿贮，其水分含量在28%~35%，湿贮后可防止霉变，保持营养质量。

一、青贮原理

青贮就是利用青绿饲料中存在的乳酸菌，在厌氧条件下对饲料进行发酵，使饲料中的部分糖源转变为乳酸，使青贮料的pH值降到4.2以下，以抑制其他好氧微生物（如霉菌、腐败菌等）的繁殖生长，从而达到长期贮存青饲料的目的。青贮发酵的机理是一个复杂的微生物活动和生物化学的变化过程。青贮饲料成败的关键，是能否满足乳酸菌生长繁殖的三个条件：无氧环境、原料中有足够的糖分和适宜的含水量，三者缺一不可。为保证无氧环境，植物性饲料收割后，应尽可能在短时期内切短、装窖、压实、封严，这是保持低温和创造厌氧的先决条件。切短是便于压实，压实是为了排除空气，密封是隔绝空气。否则，就会使植物细胞继续呼吸，窖温升高，不仅有利于杂菌繁殖，也会引起营养物质大量损失。

二、青贮的种类、特点与选择

（一）种类

（1）一般青贮也称普通青贮，即对常规青饲料（如青刈玉米），按照一般的青贮原理和步骤，使之在厌氧条件下进行乳酸菌发酵而制作的青贮。

（2）半干青贮也称低水分青贮，具有干草和青贮饲料两者的优点，是近20年来在国外盛行的方法。它将青贮原料风干到含水量为40%~55%，植物细胞渗透压为5500~6000 kPa，使某些腐败菌、酪酸菌、乳酸菌的生命活动接近于生理干燥状态，因受水分限制而被抑制。这样，不但使青贮品质提高，而且克服了高水分青贮由于排汁所造成的营养损失。一般青贮法中认为不易青贮的原料（如豆科牧草）也都可以采用半干青贮法青贮。

（3）特种青贮指除上述方法以外的所有其他青贮。青贮原料因植物种类、生长阶段和化学成分不同，青贮程度亦有不同。对特殊青贮植物如采取普通青贮法，一般不易成功，需进行一定处理，或添加某些添加物（青贮添加剂），才能制成优良青贮饲料，故称之为特种青贮。

（二）特点

1. 青贮饲料营养损失较少

青贮饲料适时青贮，其营养成分一般损失 10% 左右。在自然风干过程中，由于植物细胞并未立即死亡，仍在继续呼吸，就需消耗和分解营养物质，当达到风干状态时，营养损失约 30%。如在风干过程中遇到雨雪淋洗或发霉变质，则损失更大。青贮对维生素的保存更为有利，如甘薯中每千克青贮饲料有胡萝卜素 94.7 mg，而自然风干后仅为 2.5 mg。其他营养成分也呈现类似趋势。

2. 青贮饲料适口性好，消化率高

青贮饲料经过乳酸发酵后，质地柔软，具有酸甜清香味，牲畜都很喜食。有些植物（如菊芋、向日葵茎叶和一些蒿属植物）风干后，具有某种特殊气味，而经青贮发酵后，异味消失，适口性增强。用青贮饲料饲喂家畜，各种营养成分的消化率也得以提高。

3. 青贮饲料单位容积内贮量大

1 m^3 青贮饲料的质量为 450~700 kg，其中干物质 150 kg。而 1 m^3 干草仅为 70 kg，约含干物质 60 kg。每吨苜蓿青贮的体积为 1.25 m^3，而每吨苜蓿干草的体积为 13.3~13.5 m^3。

4. 青贮饲料可以长期保存

青贮饲料不受气候和外在环境的影响，不仅可以常年利用，保存条件好的可达 20 年以上，可以以丰补歉，同时不受风、霜、雨、雪及水、火等自然灾害的影响。而干草即使在库房内堆放，也会受鼠虫或霉变的危害。

5. 牲畜饲喂青贮饲料，毛光亮，可减少消化系统和寄生虫病的发生

青贮饲料由于营养丰富，乳酸和维生素含量丰富，可以提高饲料的消化率。实践证明，饲喂青贮饲料的牲畜，消化道疾病较少。饲料经发酵后，寄生虫及其虫卵被杀死，故可减少内寄生虫病的发生。一些杂草种子也因发酵而失去发芽能力，可减少牲畜粪便传播杂草的机会。

青贮饲料由于具有上述特点和作用，所以许多畜牧业发达国家（如美国、俄罗斯、加拿大），不仅冬春寒冷地区大量制作青贮饲料，一些气候温暖的国家，如日本、英国、荷兰等，也广泛利用青贮饲料，甚至常年喂用。他们认为，利用青贮饲料机械化程度高，饲料成本低于青割饲料，饲料供应稳定，牲畜营养平衡，可以持续、稳定高产。青贮的缺点是建筑青贮窖一次性投资大，管理技术高，饲料维生素 D 含量低。

（三）选择

1. 青贮对象选择

青贮原料要有一定的含糖量，如含糖多的玉米、玉米秸、稻秆、红薯秧、高粱、麦秸类（小麦、大麦、黑麦、燕麦等）、大豆、苜蓿以及其他豆类作物等。在朝阳市，主要选择玉米秸、青贮（饲料）玉米和青贮（饲料）高粱。

2. 青贮饲料添加剂选择

青贮饲料添加剂主要可分为发酵促进剂（乳酸菌、酶制剂）、发酵抑制剂（甲酸、甲醛）以及营养性添加剂（非蛋白氮、矿物质）三类。前两类是控制发酵程度的，这一点既可以通过促进乳酸发酵实现（促进剂），也可以通过部分或者全部抑制微生物的生长（抑制剂）来实现。第三类营养性添加剂可改善青贮饲料的营养价值。在朝阳市，曾经推广用尿素和氨水制作青贮饲料，但现在普遍应用一些生物制剂（益生菌）制作青贮饲料。

三、青贮饲料的制作方法

（一）青贮场地的选择

不论哪种建筑形式的青贮设施，都应选地势较高、地下水位低的地方，以免雨季被水淹没或被污水污染。距厩舍要近，以免浪费人力、物力。土质要求紧密，以防下沉，这对土窖尤为重要。距池塘、粪池、厕所等要远，以保证青贮质量。

（二）修建青贮窖

青贮窖根据地下水位高低，分别建成地下窖、半地下窖和地上窖。容量大小随牲畜的数量而定，最好建成砖石水泥结构的永久窖。临时的平地青贮容易使四周的青贮饲料霉烂，营养也容易损失。青贮窖的形状：青贮量少可建成圆形；青贮量大可建成长方形。根据原料多少计算窖的体积，一般每立方米可青贮 500 kg。

（三）青贮饲料的制作要点

当使用旧窖时，要将窖底和四周清理干净。同时，组织好人员、运输工具及切割机械等。应避开下雨天气，使青贮制作过程不中断，一次完成。玉米在乳熟期或在完熟期提前 15 天收割。首先将青贮原料用青饲切割机切成 3~5 cm 长，然后装窖。装窖前可在窖底铺一层 10~15 cm 长的碎蒿秆、软草或秕糠，以防止底部潮湿并可吸收由上部压下来的汁液。原料随切随装窖，装一层压紧一层。小窖可由人踩实，大窖可用链轨拖拉机压实。青贮窖的边缘部分更要注意压紧。压紧的目的是排除空气，压实是制作青贮的关键。当窖边原料与窖口相平，窖的中间高出 60~100 cm 时可以封窖。封窖前先在青贮原料上盖 30~50 cm 厚草，将整个窖顶封好压实。封窖后要经常观察，当原料下沉，窖顶和边缘出现裂缝时要及时用湿土填实。待下沉稳定后，再在顶上加一层湿土压紧。青贮窖周围必须挖好排水沟，以免雨水渗入。

1. 选取原料

青绿饲料、野草、野菜、作物秸秆、树叶等均可青贮。鲜草含糖量高于 3%，较易青贮；豆科牧草含糖量低于 3%，难于青贮。青贮时可将两类饲草混合青贮，配比为 2：1 或 1：1。

2. 适时刈割

在适当时候对青贮原料进行刈割，可以获得最高产量和最佳养分含量。通常豆科牧草为孕蕾后期至开花初期刈割；禾本科牧草为孕穗期到开花期之间刈割。玉米秸青贮，以留1/2的绿色叶片最佳。红薯蔓要避免霜打或晒成半干状态，以含水率70%为宜。

3. 青贮饲料含水量适宜

一般青贮饲料适宜的含水量为65%~75%。以豆科牧草作为原料时，其含水量以65%~70%为宜。如果含水量过高，则糖分被过分稀释，不适宜乳酸菌的繁殖；含水量过低时，则青贮物不宜被压缩，残留空气太多，霉菌和其他杂菌滋生蔓延，产生更高的热度，会使饲料变褐，降低蛋白质的消化性，导致青贮原料腐败变质，甚至有发生火灾的可能。一般来说，将青贮的原料切碎后，握在手中，手中感到湿润，但不滴水，这个时机较为适宜。如果水分偏高，收割后可晾晒一天再贮。青贮原料如果含水率不足，可以添加清水。加水数量要根据原料的实际含水量多少，计算应加水的数量。加水数量计算公式为：以100 kg原料与加水量之和为分母，原料中的实际含水量与加水量之和为分子，二者相除所得商，即为调整后的含水量。

4. 清理青贮设备

青贮原料入窖前，要清洁青贮设备。在使用之前应将原有的青贮窖、壕、塔中及墙壁上附着的脏土铲除，拍打平滑，晾干后再用。装填青贮原料要快捷迅速，避免空气分解而导致腐败变质。青贮窖、壕的窖底须铺一层10~15 cm厚的切断的秸秆软草，以便吸收青贮汁液。窖壁四周要衬一层塑料薄膜，以加强密封性能和防止漏渗水。

5. 适度切碎青贮原料

青贮原料切碎，便于压实，能增加饲料密度，提高青贮窖的利用率。切碎有利于除掉原料间隙中的空气，使植物细胞渗出汁液湿润饲料表面，有利于乳酸菌的繁殖和青贮饲料品质的提高，同时还便于取用和家畜采食。带果穗全株青贮，切碎过程中可将籽粒打碎，以提高饲料利用率。切碎的程度可根据原料的粗细、硬度、含水量、家畜种类和铡切的工具等决定。茎秆比较粗硬的应切短些，便于装窖踩实和牲畜采食。茎秆柔软的可稍长一些。例如，玉米、甜高粱、向日葵等，切碎长度以1~2 cm为宜，可以把结节切开，提高利用率。大麦、燕麦、牧草等茎秆柔软，切碎长度为3~4 cm。青贮原料切短与否，可影响青贮的pH值、乳酸含量及干物质的消化率。对牛、羊等反刍动物，将牧草切成0.5~2.0 cm为宜。切碎工具有青贮联合收割机、青贮料切碎机和滚筒铡碎机等。高水分原料短切，pH值低，乳酸含量高，挥发性脂肪酸含量少，干物质消化率高。原料含水量60%~70%时切短与否，差异不太显著。

6. 青贮原料的填装与压实

切短的原料应立即装填入窖，以防止水分损失。如果是土窖，窖的四周应铺垫塑料薄膜，以避免饲料接触泥土而被污染或饲料中的水分被土壤吸收而发霉。砖、石、水泥结构的永久窖则不需铺垫塑料薄膜，窖底可用砖平铺而不要水泥刮面。原料入窖时应由专人将原料摊平。如遇有风天气，往往茎叶分离，应及时把茎叶充分混合。装填的原料，含水率应为65%~70%，水分不足时，要及时添加清水，并与原料搅拌均匀。水分过多时，要添加一些干饲料（如秸秆粉、糠麸、草粉等），把含水率调整到标准水分。在装填原料的同时，进行踩压和机械压实。中小型窖需要人工踩实，原料踩得越实，窖内残留空气越少，越有利于乳酸菌的繁殖生长，抑制和杀死有害微生物，对提高青贮饲料质量有至关重要的作用。大型青贮壕或地面上的青贮堆，要用履带式拖拉机反复压实。机械压实时，要特别注意四周及四个角落处机械压不到的地方，用人工踩实。青贮原料装填过程应尽量缩短时间，小型窖应 1 天内完成，中型窖 2~3 天，大型窖 3~4 天。

7. 青贮的密封和覆盖

青贮设备中的原料装满压实以后，要使原料高出窖口 40~50 cm，长方形窖形成鱼脊背式，圆形窖呈馒头状，然后进行密封和覆盖。密封和覆盖的方法：可先盖一层细软的青草，草上再盖一层塑料薄膜，并用泥土压靠在青贮窖或青贮壕壁处，然后用适当的盖子将其盖严；也可在青贮料上盖一层塑料末，然后盖上 30~50 cm 厚的湿土；如果不用塑料薄膜，需要在压实的原料上盖上 3~5 cm 厚的软青草，再在上面覆盖一层 35~45 cm 厚的湿土并踏实。要把窖四周多余泥土清理好，挖好排水沟，防止雨水流入窖内。封窖后应每天检查盖土下沉的情况并将下沉时盖顶所形成的裂缝和孔隙用泥抹好，以保证高度密封。在青贮窖无棚的情况下，窖顶的泥土必须高出青贮窖的边缘，并呈圆形顶，以免雨水流入窖内。

四、青贮饲料的品质鉴定及在动物生产中的应用

（一）青贮饲料的成熟与品质鉴定

青贮原料一般经过 4~6 周完成发酵过程即可取出喂饲。青贮饲料品质鉴定的方法有现场评定法和实验室评定法。最常用的是现场评定法，从外观上看，良好的青贮饲料呈黄绿色，有光泽，近于原色，有酒酸味或略有刺鼻酸味，结构紧密、湿润，茎脉保持原状、清晰、易分离。劣质青贮呈黄色、褐色和暗绿色，有特殊刺鼻腐臭或腐烂味，污泥状，质地黏滑或干燥，结块，结构不清。

（二）青贮饲料在反刍动物生产中的应用

青贮饲料在微生物发酵中产生乳酸、醋酸、琥珀酸及醇类，具有芳香气味，适口性好，易于反刍家畜消化吸收，提高繁殖率、增重速度、泌乳力，是发展奶牛、肉牛、肉羊不可缺少的优质饲料。近年来，随着我国农业调整的不断深入，反刍动物生产在畜牧业中的比例逐渐增加，青贮饲料不仅营养丰富而且原料的来源广泛，因此在畜牧业生产中的应用越来越普遍。

1. 在奶牛生产中的应用

青贮饲料是奶牛日粮中采食量最大的饲料，其品质的优劣及营养价值的高低是影响奶牛生产性能、牛奶品质和饲养成本的重要因素。大量的研究结果表明，玉米秸 + 青贮玉米秸可有效替代青草饲喂奶牛，降低饲养成本，而不降低泌乳性能。奶牛饲喂青贮饲料后在一定程度上能够改善牛奶品质。利用全株玉米青贮饲料饲喂奶牛，其适口性、消化率以及营养价值均优于去穗秸秆青贮，且省时省力，提升青贮饲料的质量，提高经济效益。

2. 在肉牛生产中的应用

肉牛生产的关键是合理利用廉价饲料资源，降低养殖成本，获得最佳的经济效益。青贮饲料不仅可以提高育肥牛增重效果，改善肉品质，而且可以明显提高饲料报酬，降低饲养成本，提高经济效益。

3. 在肉羊生产中的应用

在肉羊生产中，饲料营养是重要因素之一，通常占总成本的60%~70%，特别是冬春季节，由于饲料原料种类单调，营养失调，对羊群健康水平和个体生长发育均产生重要影响，适宜地补饲青贮饲料是解决该问题的重要途径之一。青贮饲料的添加不仅会直接影响母体的健康，而且会提高母羊的泌乳力，使羔羊早期生长发育良好；用青贮饲料饲喂成年羊，可以加快其肥育毛的生长速度。

（三）饲喂量及保存

用秸秆青贮饲料喂饲牛，其饲喂量为每百千克体重 3~5 kg。喂饲青贮饲料时需要搭配一些其他饲料，如玉米、豆粕等精饲料以及干草等粗饲料，以利于牛的生长发育。开始饲喂时，家畜可能不太喜欢吃，要进行调教，可以撒一些牛羊爱吃的草料，让它们慢慢适应。喂量要由少到多，逐渐增加，一般情况下，每头牛每天最多采食 20 kg，羊 3~5 kg。不可单喂青贮饲料，应与牧草或与其他干草搭配饲喂。冬季如果饲料结冰，应融化后再喂。良好的青贮饲料若管理得当，可贮存多年，甚至 20~30 年。青贮饲料一开窖，不可能一次用完。因此，取料应从一角开始，自上而下，取用量以满足当天采食为准，用多少取多少，以保证青贮饲料新鲜，取后仍要注意密封，尽量减少空气侵入，防止二次发酵，避免饲料变质。取出的青贮饲料应尽快饲喂，饲槽中牛没吃完的青贮饲料要及时清除，以免腐败。

第十八节　强化畜牧兽医队伍建设及技术推广步伐

在社会经济不断进步的今天，我国农村的经济结构呈现出了较为明显的变化。其中，畜牧业在农村经济建设过程中发挥着越来越重要的作用。然而，由于人们尚未对畜牧兽医的重要性形成全面的认识，我国畜牧兽医相关技术的推广受到了较大的阻碍。

一、畜牧兽医队伍建设存在的问题

（一）畜牧兽医人员不足且技术水平有限

因为地区广、人员少，乡村社区的疫病防治与畜牧科技的推广任务比较繁重，有时一些乡级畜牧兽医科技人员会被抽调去从事行政事务。而且很多乡镇未设置村级防疫员，在春秋季节，防疫工作只能临时找人进行。这些防疫员没有经过专业的培训，业务能力比较差，进行防疫注射时，常常对注射部位与注射剂量把握不够准确，注射反应发生后不知道如何应对，而且出现疫情时做不到及时迅速地向上级报告，所以导致疫病散播。同时，因为疫苗从出厂到注入畜体，中间经过很多的环节，虽然从省至乡有专门的冷藏装置对疫苗进行保存，但是村委会没有较好的条件，再加上工作量大而人手不足，所以防疫时间就一直拖延，造成疫苗在常温条件下放置的时间太久，使疫苗的效价明显下降，甚至最终失败。

（二）技术人员理论知识过于陈旧

一般畜牧学校毕业的相关人员，大部分就职于县或者乡镇中，在进修学习及技术更新方面比较欠缺，所以掌握的知识过于陈旧，导致乡镇防疫的技术力量较弱，难以担负起防治繁杂疫病的工作。

（三）队伍不稳定

因为基层防疫的工作条件比较艰苦且待遇不高，大部分乡镇依然缺乏畜牧兽医，在春秋季节进行防疫注射时必须临时找人来进行，因此并没有稳定的团队，整年都只是在春秋季节进行防疫。另外，对于基层兽医管理部门在公益服务角度的特殊性有所忽视，只将其视作普通的农业技术推广部门，采用一刀切方式对基层防疫站进行简单的撤并，导致很多基础兽医工作不能正常进行，进而导致畜产品的安全存在很大的隐患。而且，基层防疫队伍组织不稳定，防疫工作机制方面的问题得不到处理，使得动物防疫基础遭到动摇。

二、我国乡镇畜牧兽医技术推广存在的问题

现阶段，我国乡镇畜牧兽医技术已经达到较高的水平，但就推广应用而言依然存在一定不足。有关部门应积极发现问题，探索问题产生的根源，同时采取措施予以改善。

（一）思想认识不足，扶持力度不够

目前，有关部门对乡镇畜牧兽医重要性的认识依然不足，使得推广资金投入不到位，甚至存在一些地区基础设施过于落后的情况。其原因是我国乡镇畜牧兽医工作站由以往的集体所有制转换为当前的全民所有制，经济上自收自支、独立核算。而国家对于基础设备建设等的扶持不足，造成基层乡镇畜牧兽医相关基础设施配备过于简陋，难以应对日常应用需要。即便近些年我国逐步加大对部分乡镇畜牧兽医工作站的投入，但扶持力度依然有上升空间。

（二）人才匮乏，工作人员素养偏低

目前，我国一部分乡镇畜牧兽医工作站的人员聘用依然采取子承父业或者拜师学艺形式，因此，相关技术人员的业务水平有待进一步提高。兽医站转为全民所有制后，经济上完全依靠自我经营，因此站内工作人员的工资收入等完全依赖工作站运营情况。没有了来自政府等的辅助，农村地区的兽医工作环境及条件普遍较差、待遇低等，难以吸引到高素质人才，这加剧了乡镇畜牧兽医人才的匮乏状况。

（三）各项制度落实不到位

虽然目前国家制定了乡镇畜牧业发展保障机制，针对可能威胁人们健康及畜牧业发展的相关疫情落实强制免疫机制，但就实际实施情况而言，依然存在诸多不足。造成此类情

况的原因主要是一些地方乡镇对该方面的认识不足，加之一些饲养户对疫情防护措施认识不到位，最终导致乡镇畜牧业发展受阻。

三、畜牧兽医技术推广体系的改进措施

（一）加强自身建设，推进各项工作的实施

第一，推进技术推广工作。作为致富的重要因素之一，科技必须引起充分重视。工作人员应通过高效、优质的畜牧推广基地来强化良种猪饲养技术、暖棚饲养技术等技术推广工作。第二，加强禽畜疫病的防治。工作人员应树立防患于未然的意识，健全禽畜防疫体系，优化防疫体系。第三，重视培育良种。工作人员应在建立禽畜良种培育站的基础上进行更深入的研究，从而培育出抗病性较强的优质品种，使良种具备更高的生产性能，创建更为完善的良种禽畜培育体系。

（二）增加资金投入，优化工作平台

多数地区的兽医工作站由于经费不足，导致了基础设施以及服务手段落后的现象。为解决这一问题，必须增加投入，合理利用资金，强化技术推广平台与基础设施建设，为畜牧兽医技术的推广提供更加优质的工作平台。一方面，要加强基础设施建设，购置更多现代化的仪器与设备，以保障各项工作的开展；另一方面，工作人员应加快建设技术推广网站。现今网络技术已被应用于各个领域，因此，在进行技术推广时也应通过网络技术创建一个全新的工作平台，从而构建多功能与多层次的推广服务体系，以便各地兽医工作站的人员间进行沟通合作，促进畜牧业的快速发展。

四、加强我国乡镇畜牧兽医技术推广的对策

（一）提高扶持力度

国家及地方政府应从政策、科技及资金等方面加大扶持力度。首先，基于政策层面，国家应依据我国畜牧业发展现状，建立科学合理的乡镇畜牧兽医推广体系。其次，在科学技术投入方面，地方政府应组织专家团队及高素质技术人员对当地乡镇畜牧兽医推广潜在问题进行分析，并制订有效的改善措施。最后，政府部门应主导做好乡镇畜牧兽医与外部的联系，加强专业院校及科研单位等与乡镇畜牧兽医工作的对接，及时有效地推广新型技术及科研成果，保证地区畜牧业的健康发展。

（二）构建专业的人才队伍

当前，人员素养不高依然是乡镇畜牧兽医工作站普遍存在的问题。技术人员水平参差不齐，对于地区兽医工作的开展及技术推广等会带来一定的负面影响。因此，对于地方政府机构而言，应当重视基层兽医工作站专业人员的储备，基于政策优惠及财政扶持等为引进高技术人才创造良好环境，提高乡镇畜牧兽医工作人员的业务素养。

（三）完善保障制度，维护防疫工作

应确保各项免疫工作的有效落实，对于突发严重疫情（如禽流感等），应采取强制有效的措施进行防疫。针对不配合的饲养户，可以给予一定的处罚，强制其配合防疫工作的落实，进而确保各项免疫机制可以落实到基层。

第八章　自然资源与土地整理及收购储备

第一节　卫星遥感影像在国土资源管理与调查中的应用模式

遥感技术经过几十年的发展，已经成为一种应用范围极广的综合性探测技术，被广泛应用于军事、气象、资源及灾害等领域。随着信息技术的不断发展，遥感技术也在不断提高，如今遥感技术已经同地理信息系统进行了有机结合，各方面的功能性也大大加强，其数据收集能力和速度大大提高，覆盖范围不断扩大，使得遥感技术的应用性也大大增强，正被广泛地应用于我国国土、测绘、林业等多个领域。我国幅员辽阔，资源众多，国土资源的管理和调查是一项非常复杂而庞大的工作，将卫星遥感影像应用于其中，能够大大提升工作效率，为土地资源的监测和调查提供有效的参考数据。

一、遥感技术概述

所谓遥感，广义即遥远的感知，是指一切无接触的远距离的探测技术，是基于外层空间以及高空等范围内的信息平台，借以不同类型的传感器，获取地表相关的各种数据信息，通过相应的处理加工后，从中提取出有利用价值的信息数据，对地物空间具体的位置、形态、性质及其和周围环境的具体关系进行研究的一门重要的学科。该技术获得的相关地物信息，其真实性特征非常明显，而且非常客观，具有获取信息全面、动态性、周期性的特点，且获取信息数据及时、分辨率高，在国土资源调查中发挥着巨大的作用，成为此项工作不可或缺的重要手段。

二、卫星遥感影像在国土资源管理与调查中的应用特点

卫星遥感影像是卫星地面接收站通过接收反射到地球表面的电磁波信息，经过大量的信息处理以及光学处理，最后形成的反映地球表面形态及方位内容的影像。它是地球表面信息的一个重要载体。准确识别其中蕴含的数据信息，需要通过卫星遥感的三个关键参数，即空间分辨率、时间分辨率和光谱分辨率。除了这三个关键参数，还有一种能够综合表现出地球物体在影像中的各种性质的图像标志，这种标志是遥感影像在各专业领域应用上的基础内容。另外，卫星遥感影像在亮度和色调上和人们平时看到的影像有较大差异，它是地球上的物体反射太阳能状况后所投射在卫星接收器上的直接映像。一般来说，地球上的物体，颜色越浅、越光滑致密，湿度越低，其反射值就越高，亮度就越高；相反，如果

一个物体颜色深且粗糙、松弛、湿度大，那么其反射值就会较低，所形成的影像亮度低、色调深。除此之外，卫星遥感影像还具有图像反差的特点，这种反差是指图像中相邻区域内亮度和色彩的差值。在卫星遥感影像中，这种图像反差值越大，其中相邻的地面物体就越容易被识别出。在现实生活中，图像反差值最大的物体就是水体和冰体，水体能够很大程度地吸收辐射能，而冰雪则可以较大程度地反射辐射能。这种反差有利于人们辨别卫星影像中的物体。

三、卫星遥感影像在国土资源管理中的应用

（一）在土地利用动态监测中的应用

在经济社会高速发展的背景下，人口数量也在急剧增加，城市化建设步伐也越来越快，这些都使得土地资源本就紧张的局势显得更加严峻。1999 年以来，国土资源组织中国土地勘测规划院等很多单位，针对人口数量在 50 万以上的城市以及个别热点地区实施相关的遥感监测工作，通过分辨率较高的卫星数据以及人机互译的技术手段，对土地的实际利用情况实施调查与分析，尤其是在新增的建设用地以及耕地的占用情况、总体执行国家土地利用情况与保护基本的农田使用情况等方面发挥了巨大的作用，同时在调查生态环境与土地资源问题、管理土地资源情况与调控土地资源等问题中也发挥着巨大的作用。这些工作的有序开展，极大地提升了土地管理的效率，为相关部门实时掌握土地利用情况提供了精准的数据，使国家相关部门能够根据土地的实际情况，开展相应的工作，进行有效的应急监测，加强土地资源的管理。

（二）在灾害监测防治中的应用

在自然灾害监测与防治中，应用差分 GPS 服务系统，在卫星基础上，建设全新的遥感技术，以此开展全面监测，精准掌控滑坡、泥石流、冰川、火山等地质灾害。同时，在水库监测中，卫星遥感影像技术也得到了广泛应用，可实时掌控水电站的形变，分析其危险系数；在暴雨天气来临前，做好防洪、防涝措施。卫星遥感影像技术可实现台风天气的预测，全面了解卫星实时运行情况。就实际情况而言，卫星遥感影像技术在应用过程中，可实现 MIS，GIS，DME 等技术的结合，组建新型气象信息系统，科学应对自然灾害、实时开展防洪监测，以此保障数据获取的精准性，动态监控城市地表下沉情况，以便及时做出灾害预警。

（三）在国土执法监察中的应用

为了更加准确地对国土资源进行监察，建立土地动态遥感监测体系，卫星遥感影像通过监测到的变化图斑与之前的图斑进行比对，能够将核查错误的概率降到最低，在土地变更这一方面，是非常有效的辅助手段。这种遥感监测与国土监察执法相结合的方法，能够将打击违法行为的工作效率最大化。在一些交通不便或监察工作难以覆盖的位置，卫星遥感影像的使用可以完全替代人工测量，避免了因为监察不到位而产生的问题。卫星遥感影像在监测国土资源的变化方面有着重要的战略地位，使得土地利用规划情况、土地布局规模等情况得到了完整的数据分析监测，为强化国土资源执法监察发挥了重要作用。

四、卫星遥感影像在国土资源调查中的应用

（一）在土地变更调查中的应用

土地变更调查中，卫星遥感影像的应用能够实时掌握土地情况，就土地变更系统可及时更新，并做出对应的影像图。工作人员通过对比不同时期的土地影像图，可实现土地使用情况的监测，制定针对性的利用策略，切实发挥出土地资源的价值。通过应用卫星遥感影像，能够及时发现土地变更情况，并深入分析土地变更的合理性、科学性，一旦发现缺陷，通过及时整改，可保障地籍现势性，确保土地资源的有效性。总而言之，卫星遥感影像在土地资源调查中发挥着不可替代的作用，值得推广应用。

（二）在矿产资源调查与开发中的应用

高光谱遥感主要通过在航空航天平台中搭载成像光谱仪的方式，对不同类型的地物光谱特性进行检测，从而获得图谱合一数据，因此也在矿产资源调查和开发等一系列监测活动中得到应用，使该技术的应用与发展空间更为广阔。同时，近年来 AIS-1 在国土资源管理中得到应用，地质工作中卫星遥感影像的应用也从原来的多光谱定性描述转变为高光谱定量物质组成鉴别。所以，我国高光谱矿物填图技术的应用领域也开始向地表岩石与矿物识别等范围迈进。国土部门通过遥感技术展开矿产资源的开发、监测工作，掌握了监测区域内不同类型的矿种开采位置以及废弃物分布情况，为执法活动的开展提供参考。通过长期的实践，开发了不同类型的矿产资源开发遥感技术，这对于矿产资源开发的可持续发展有重要作用。

综上所述，卫星遥感影像技术因其便利性已经得到了非常广泛的运用，国土资源的调查和管理更是离不开卫星遥感影像技术，它可及时监测国土变化，更加方便快捷地对土地资源进行管理。卫星遥感影像技术在国土资源调查管理中的应用，标志着国土资源的信息分析处理的效率有了很大提高，不仅可以节约成本，还能够更加科学、准确以及快速地收集信息，进一步促进国土资源的可持续利用。

第二节 基于国土资源大数据应用的土地资源管理模式

随着我国市场经济的不断发展，土地资源管理也迈向了新的阶段。网络信息聚集成了大数据，为土地资源管理模式的创新提供了新的渠道。几十年发展中，国土资源大数据也更加丰富，可以为土地资源管理提供更多的信息支持，实现土地资源管理模式的创新。本节就对国土资源大数据应用的土地资源管理模式进行探讨。国土资源是我国基本国情信息，是国民经济和社会发展的前提。我国在国土资源日常管理中积累了海量数据，将大数据应用到国土资源领域，通过合理的方式对数据进行精准分析与科学管理，可为国土资源治理提供技术支持、挖掘重要价值和构建有效保障。实现创新国土资源管理方式、提升国土资源管理水平是当下国土资源信息化发展新趋势。

一、大数据在国土资源应用中的价值

新中国成立以来，我国已经积累了丰富的矿产资源信息，但是随着国家对国土资源调查与开发利用的重视，数据的分散式管理远远不能满足“一张图”建设背景下对数据应用的要求。因此构建基于国土资源大数据应用的分析，实现实时的国土监测体系，国土信息处理自动化、智能化，应急联动化，数据精准化，决策科学化的价值也越来越显著。例如，在地下水开发和利用上，依靠地下水监测系统提供的水位、水质、水温、水量等，通过大数据技术分析地下水分布情况和可利用情况，确定勘查地区能够满足多少人在多少年内生活用水的需要，有利于指导政府部门做出合理的决策。城市出租车和手机用户都已开通 GPS 定位功能，通过大数据分析得出地域活跃度的状况，从而根据人车流量情况，调整红绿灯增减及时长的控制，并通过合理设置公交车站点，规划增设立交桥、地下通道等方式解决交通拥堵状况，对城市建设进行合理规划。国土领域中道路管网、海洋渔业、矿产资源、遥感遥测、地质灾害预警预测、地质勘查基金项目管理等海量信息利用大数据整合分析，挖掘出有价值的数据，为政府决策部门提供可靠的参考依据，使决策更加贴近民生，解决老百姓的实际问题，服务民众生活。

二、存在的问题

（一）数据格式的多样性、标准不统一

2009 年国家相关部门针对国土资源管理制定了严格的制度规范，然而其中的适用标准以及范围主要涉及网络、地质以及国土资源等机构。事实上，在大数据时代，国土资源监管以及应用除了包含各项大数据之外，还包括社会、经济等各种详细信息，因此国土资源在数据来源方面显得相当复杂。一方面，国土资源相关数据来自多个部门，这些部门在信息获取以及管理过程中没有统一标准，因此各项数据之间可能存在偏差。另一方面，获得的数据来自各种各样的数据库，因此数据之间可能出现重复现象。各个数据库之间的数据口径以及基础存在差异，很容易导致不同的格式和类型，数据冲突的语义差异不仅会导致协议的数量由于过于混乱，查询起来显得相当繁杂，甚至服务器空间也会出现过度浪费的现象。

（二）数据管理水准较为滞后

在数据日常管理过程中，不管是更新速度还是共享，均显得较为滞后。有的省市建立土地资源数据发布平台后进行数据审批，如农产数据等，而该土地的利用情况却没有实时进行更新或者一直都没有更新过，信息严重失效，导致无法与土地资源数据相匹配。目前国内有的省市已经开始普及大数据，然而在接口方面并未统一，导致数据之间不能共享。各个县市在数据方面出现失衡现象，无法精准掌握当前国内土地资源数据情况，因此判断时容易出错。这对合理决策带来很大影响，同时无法对政策实施结果进行精准预测。此外，在管理方面也开始向信息化方面过渡。由于它们大部分不能响应大数据应用的核心，即数据处理、分析和应用，如果未对统计数据进行集成化分析，最终决策结果肯定会出现偏差。因此不难看出，目前国土资源在管理数据过程中之所以显得滞后，关键原因在于没

有对大数据应用产生足够重视，在信息载体方面严重匮乏，最终导致信息技术无法与数据管理进行有效融合。

（三）数据管理机制不规范

在土地资源管理过程中，大数据应用存在数据格式不规范、管理水平落后等问题，这与数据管理机制缺乏标准有很大关系。各级行政管理部门国土资源大数据的管理机制在实施过程中，缺乏对国土资源大数据制度的设计，因此在矿产以及土地资源方面无法对数据进行共享，造成数据的重复无效。如果不明确国土资源大数据应用的责任部门及其责任内容，职责不明确，导致数据应用程序过时、质量低和混乱，没有数据管理机制，就很难保证数据管理的标准化、高效率和共享。如果没有建设监督检查机构和信息披露机制，那么就会导致土地大数据的不可持续应用、转化和升级。但是，一些地区还没有认识到应用大数据服务管理和方法制定的重要性，没有把数据口径和技术资源统一起来。从制度层面上讲，没有针对数据服务模式、内容以及管理部门加以明确，因此在大数据应用方面仅仅停留在形式上。

三、大数据在国土资源领域的应用发展

（一）大数据辅助矿产资源管理

矿产是与人类生产生活密切相关又无处不在的产业，需要通过大数据的建设构建矿产资源的生态圈。在传统数据驱动预测基础上，将大数据技术引入矿产资源预测评价研究中，建立数字化的预测数据平台，以模型驱动进行矿产资源的潜力估算，实现了有利成矿信息的挖掘，从而指导了整个矿产资源预测评价流程。在城市矿产资源的发展过程中，根据大数据相关概念和技术构建城市矿产大数据共享平台来获取城市矿产产业所需信息，可推动矿产资源循环科学发展。人类基于勘察开发的大量矿产数据，利用可视化技术的发展，能对矿产资源基础信息中某类重要特征进行恰当表达，利用人机交互技术辅助人类获取大数据背后的信息，利用大数据思维的矿产资源挖掘与应用为矿产资源管理提供了新的技术与方向。

（二）推进数据共享与开放

国土资源业务管理与协同的实现离不开国土资源数据的共享与开放，因而形成国土资源大数据共享与开放机制很有必要。首先，应建立基于国土资源系统内部的数据共享平台，强化土地、矿产、地质和基础地理的空间数据框架构筑，实现国土资源内部基础数据在国土机关及直属单位的共享。其次，应大力推进国土资源部门与其他政府职能机构间的数据共享，通过确立数据共享主体的权责与义务，明晰共享范围与边界，制定数据汇交、访问、保密等标准，实现与其他政府部门相关数据的共享，有效加强国土资源管理决策的可靠性。最后，还应推动国土资源数据面向社会。国土资源数据中有部分涉及市场监管与公共服务，如土地征用、矿业审批、地质灾害等，可以通过设置公众号、APP、信息网站等，满足社会大众对国土资源数据的需求。

（三）国土资源大数据的存储和处理

日益增长的海量数据对数据的存储和处理效率有更高的要求，国土资源大数据的应用研究必须在解决数据问题的基础上开展。如何高效地存储数据，高效地处理、分析数据是迫切需要解决的问题。目前，国土资源大数据云计算平台的搭建被认为是解决这一难题的主要方法，云平台能够打破过去各自分割的数据存储，数据更容易被收集和存储，大数据的价值才能更高效地呈现在所应用的领域。此外，结合大数据相关技术，基于 Hadoop 框架，构建分布式存储与并行处理环境，充分利用现有的硬件设备，提高大数据分析效率，让数据释放更多的潜在价值。

（四）国土资源大数据建设结合实际行业需求

在基于国土资源大数据的基础上，结合实际需求，探索应用实例。武汉及其他省市国土资源部门提出了相关的应用案例，如土地利用数据的多维度耕地演变分析、审批信息的建设用地动态监管、“智慧守土”等。综合考虑现实情况，结合本省市自身数据，可以加以复制，应用到具体实例中。另外，可通过培养大数据思维，积极探索其他业务与大数据结合的应用，利用国土资源大数据实现对土地集约利用、低效用地识别以及再开发，真正实现国土资源大数据的价值。

综上所述，随着我国社会主义建设事业的不断推进，加强土地资源管理工作意义重大。国土资源大数据作为土地资源管理当中的数据基础，能够极大地提高土地资源管理质量。因此，在应用国土资源大数据的过程中，需要对大数据系统不断地进行研究和更新，这样才能够为我国土地资源管理工作提供更好的技术支持，推动我国社会的发展进程。

第三节　国土综合整治与生态保护修复探析模式

国土是生态文明建设的空间载体，国土空间综合整治与生态修复必然成为推进生态文明建设、实现乡村振兴战略目标的重大举措。根据上级业务部门对开展国土空间综合整治与生态修复提出的具体要求，进一步明确了新时期对国土空间综合整治与生态修复的要求和目标。国土空间综合整治工作虽然仍存在很多问题和不足，需要应对很多的压力和挑战，但也有一定基础，可抓住时代机遇，加快推动工作高速高质量发展。

一、国土综合整治与生态修复必要性

我国于 2018 年组建自然资源部，以加强生态文明建设，推进和落实国土空间规划，统筹新时代山水林田湖草生态保护修复，使国土整治与生态修复成为生态文明建设和国土空间规划的重要抓手。国土整治与生态修复致力于国土空间的优化和生态功能的提升，从而促进对自然资源和环境的保护利用以及人地关系的协调，因此要求改变中国传统土地整治以及生态建设中围绕单一要素搞整治和修复的做法，基于国土空间进行综合整治与生态修复，推进国土整治与生态修复的转型发展，对决胜全面建成小康社会和促进人与自然和谐共生具有重要的理论和现实意义。

二、国土综合整治与生态修复工作的意义和重大作用

第一，作为自然资源的保护与利用的新方法。此举旨在推进生态文明建设，统筹山水林田湖草系统治理，解决自然资源所有者不到位、空间规划重叠等问题。按“统一行使所有国土空间用途管制和生态保护修复职责……建立空间规划体系并监督实施”的要求，对应成立国土空间规划局和国土空间生态修复司，并将国土空间综合整治划定为国土空间生态修复司的重要职责之一，国土空间规划、国土综合整治与生态修复成为未来自然资源部门工作的主要抓手。上述工作是建立新的自然资源保护与利用格局的必要手段，需要抓紧形成新的理论框架与工作方法。第二，成为国土空间规划的重要内容和支撑。国土空间规划是对各专项规划的指导约束，是土地利用规划、城乡规划等规划的有机融合，具有全域性、统领性、战略性作用，在新的发展理念下，资源利用水平提高、生态环境质量提升等内容将是国土空间规划的重要目标和价值导向；国土综合整治与生态修复工作具有工程性、实施性、支撑性，两个工作具备较为明晰的承接和补充关系，应该是国土空间规划的编制与实施的重要内容和支撑手段，甚至成为贯穿整个规划的重要脉络。

三、国土综合整治与生态修复的主要问题

（一）国土整治与生态修复内涵、外延、目标、定位不够明确

改革开放 40 多年来，时代、国情、政策背景发生巨大的变化，国土整治的外延、内涵不断调整，新时代国土整治与生态修复的内涵、外延、目标、定位如何界定与区别，是国土整治业务开展的首要问题。回顾国土整治的历程不难发现，“国土整治”“国土开发整治”“国土综合整治”“国土江河综合整治”“国土空间综合整治”“国土空间生态修复”一系列的名词在规划文本、三定方案中层出不穷，国土整治与相关名词难以界清，亟待梳理明确关系。此外，“整治”和“修复”的关系还不够明确。

（二）国土整治实质性统筹衔接机制缺失、总体规划缺位

国土整治实质性的纲领性目标、统筹性规划和协调整合机制缺位。从改革开放以来国土整治的发展历程上看，一系列国土整治活动的区域性、系统性整治修复趋势明显，但是实质性统筹推进机制仍然缺失。其突出症结是国土整治规划缺位已久。国土规划曾作为国土整治的实施方案，并没有在全国铺展开来。社会主义市场经济确立后，部门分割下问题导向型、要素导向型专门类型的规划众多，有些规划涉及的范围很广，开展的整治工程也更多样，如全国土地整治规划、水土保持规划、石漠化综合治理规划等，但其仅是专项性国土整治规划。在深化改革时期，在新时代国土整治探索阶段，如何制订一个综合性的、既适应新时代特征和目标又全盘统筹的国土整治规划，以期作为国土整治实施开展方案，有待进一步考量。

四、国土综合整治与生态保护修复的具体措施

（一）以空间结构调整优化国土空间功能

针对国土空间不合理利用与生态空间的矛盾，以结构调整发挥国土空间作用。主要包

括化解国土空间结构布局矛盾，调配国土空间结构要素比配，确定整治规划，明确整治目标，调配非自然要素比重，调整区域范围内生产生活空间布局，实施城乡建设用地增减挂钩政策，实施低效建设用地再开发，处置棚户区、低效工业用地，优化国土空间功能，满足人们对生态生活环境的需求。

（二）以资源高效利用提升国土空间质量

针对耕地、矿山等自然与非自然资源利用不合理等问题，在城市化地区处置闲置建设用地，整治改造农村地区危旧房，提升农村建设生态区域空间利用率。调整破碎田块，整治贫瘠耕地、涝洼等生态脆弱性低等耕地。在矿山资源开发集中区复垦，利用矿山废弃地还绿还林。调整海陆连接区的土地利用结构，利用码头港口等闲置地。

（三）牢固树立山水林田湖草是一个生命共同体理念

一是在推进生态修复工作中，要牢固“生态系统”思维和“生命共同体”意识，按照生态系统的整体性、系统性及其内在规律，统筹实施“山水林田湖草”生命共同体的整体修复，增强各项治理措施的协同性和关联性，不断提升和改善生态修复治理效果。二是以小流域为基本单元，依据区域突出生态环境问题与主要生态功能定位，确定生态保护与修复工程实施区域。综合生态调查评估结果和生态保护修复关键技术，考虑地形地貌、河流水文、土地植被等自然环境，确定以流域为范围的生态保护修复工程布设片区。结合重点区域，针对矿山地质环境治理、土地复垦、山体损害修复、湿地再造、含水层保护、水土环境污染修复、生物多样性保护等重点内容，提出分区、分类的生态保护修复工程布局，全方位、全流域、全过程整体实施山水林田湖草一体化修复。

（四）完善机制建设，筑牢国土整治与生态修复保障基础

一是构建国土整治与生态修复的长效制度。根据新时代生态文明建设的要求，与国土空间规划相衔接，在全域推进整治修复的背景下，建立统一领导的协调机构和统筹推进的工作机制，逐渐构建统一的整治修复规划与实施制度，建立和完善体现新时代生态文明建设要求的目标体系与考核奖惩机制，强化统一监管能力。二是加快建立多元投入机制和完善生态补偿机制。协调财政、金融、社会保障资金来源，稳定专项资金渠道，鼓励引导多方参与，探索社会资本和金融资本设立整治修复基金和绿色债券。建立完善流域上下游、跨流域和政区间的生态补偿机制。三是加大国土综合整治与生态修复公众参与力度。国土综合整治与生态修复在政府主导“自上而下”实施的基础上，“自下而上”的公众参与是一个重要的补充修正。

国土综合整治与生态修复保护应按照“生命共同体”的理念，创新自然资源管理体制，实施自然资源统一设置、分区管控，健全用途管制，强化国土空间规划的指导约束作用，科学布局国土生产生态空间。随着中国生态文明建设战略部署的实施，自然资源部等部委全面落实整体保护与综合治理的责任形势更加严峻，要求加强理论方法研究，实验示范区验证，突破科学技术，拓展专业学科内涵。

第四节 地籍测绘在国土资源管理中重要性的探析模式

近年来，随着经济的发展及新技术不断涌现，地籍测绘技术也得到了完善和发展。地籍测绘的本质就是通过实际测绘工作提供和整合准确的数据资源、法律文件，从而达到统一管理土地资源的目的。

在国土资源管理工作中，常常需要对地块的面积大小、具体形状、界线位置等进行测定和描绘，因此测绘的精度就显得至关重要，只有保障测绘精度，才能明确地籍的权属界线等基本信息，从而方便国土资源管理工作的开展。伴随科技的进步和信息技术的发展，测绘技术不断向前发展，尤其是在精度方面取得了巨大的成绩。本节将对地籍测绘在国土资源管理中的重要作用和应用进行详细探讨。

一、地籍测绘概述

（一）地籍测绘的概念

对于我国国土资源管理来说，地籍测绘本身属于获取土地信息、鉴定土地所有权的重要手段，而结合相关文献资料与自身认知，本节将地籍测绘视作结合相关法律法规与相关条例、运用专业测绘技术、为地籍档案提供信息支持的工作形式。随着我国经济与社会的快速发展，地区资源与环境管理、工程项目立标开发、房地产开发对于地籍测绘的依赖程度日渐提升，这就使得国土资源管理中地籍测绘的重要性日渐提升。越来越多的学者提议将地籍测绘放在国土资源管理的首要位置，由此可见地籍测绘在国土资源管理中的重要性。

（二）地籍测绘的特征

在了解地籍测绘的相关概念后，还需要明晰地籍测绘的特征。结合相关文献资料与自身实际认知，本节将地籍测绘的特征概括为政府行为、可为土地管理提供参考、现实性较高、对测绘人员要求较高 4 个方面。具体来说，对于政府行为这一特征来说，其出现主要是由于地籍测绘是由政府进行的，这也是地籍测绘被称为“官方测绘”的原因；对于可为土地管理提供参考这一特征来说，其出现主要是由于地籍测绘的结果本身受到法律保护；对于现实性较高这一特征来说，这一工作所具备的动态变化是其现实性较高特征的来源；就对测绘人员要求较高这一特征来说，测绘人员所需的测绘与法律知识、严格作业要求是该特征出现的主要原因。

二、地籍测绘在国土资源管理中的应用

（一）土地利用调查

我国土地资源的基本特点就是人多地少，土地资源的短缺问题会对我国社会和经济的发展产生巨大的阻碍，地籍测绘为国土资源管理提供了重要的辅助作用。土地利用调查是测绘技术对国土资源管理的基本应用表现，利用 GPS 定位、遥感数据等方面获取土地利用现状变化情况，由数据、图件和影像等方式完成土地分析工作，对土地调查工作具有一

定推动作用。结合相关管理标准，通过收集到的数据进行科学处理，进而制定统一的国土资源管理信息数据记录，及时更新和替换土地利用信息，这也是测绘技术最根本的优势所在，对土地资源的现状分析具有实际意义。

（二）土地规划设计

地籍测绘技术还被应用在土地规划设计中，通过地理位置、价值成分、分布情况对其开展土地规划工作，将土地信息、数据图件、基本资料等方面完全呈现在设计内容中，让调查者能够一目了然地掌握土地信息。对于土地规划设计，在土地性质、数量、质量等方面，需要利用科学合理的布局方法，秉持“清晰直观”的建设理念，将土地信息准确度延展至最大化，使土地规划更具价值效益。《中华人民共和国测绘法》中明确表示，土地规划设计的制图绘制工作需要秉持“合理、长远”的观念，通过量化数据和信息模拟分析，可适当建立土地资源分布模型，对土地实际利用情况进行优化整合处理，保障土地规划设计科学化和价值化发展。

（三）土地勘测定界

土地勘测定界就是将土地征收、划拨、转用、开发和整理等作为基础，对规定范围中的土地实现实地界定，同时对界址位置和用地面积等进行确定。我国目前的土地勘测定界以“外业调查、外业测量、内业整汇、归档阶段”为主，利用 GPS 和 PTK 对其进行详细定位工作，利用流动站的实时监测系统对其进行分析对比，为土地勘测定界提供精度保障。在国土资源管理中，土地勘测定界是以土地划分范围为关键性依据的，依据《土地勘测定界规程》，对用地审批、土地测绘、权籍调查等工作进行实时管理，为土地勘测定界工作程序提供中间环节支撑服务体系。

（四）土地执法巡查

土地执法巡查存在一定的特殊性，与土地使用动态直接挂钩。将 GPS 定位系统和 PDA 技术有机结合，全面了解土地利用情况，形成“精准定位、高效服务、层次管理”综合管理手段，为现代化测绘基准提供体系保障。

三、国土资源管理中地籍测绘的完善措施

（一）完善地籍测绘管理机制

在国土资源管理工作中，通过建立完善的地籍测绘管理机制，并统一管理地籍测绘的实践应用，进一步拓宽国土资源地籍测绘的运用。通过选择分级负责及集中规划的方式来不断完善地籍测绘管理机制，确保实际地籍测绘成果与实际情况相符。另外，在完善地籍测绘管理机制过程中，还需要建立健全地籍测绘资金投入机制，按照实际情况来开展国土资源管理工作，确保资金的合理规划，全面提高国土资源的管理效果，将地籍测绘工作的重要性更好地体现出来，实现对国土资源管理工作的有效应用。

（二）强化基础测绘

为了进一步促进地籍测绘工作的有序开展，需要构建基础地籍测绘体系，并对其进行

不断完善，进一步优化地籍测绘在国土资源中的应用过程。通过建立地籍测绘基础体系，可以促进地籍测绘工作更加简化，夯实地籍测绘工作的基础，从而为国土资源管理提供重要的技术支持。

（三）落实好市场监督

所谓市场监督，是指在对地籍测绘成果进行使用时，相关的国土资源管理应当经过一个严密的申报流程，将每一项信息记录到档案之中，与此同时，还需要采取有效的跟踪监测体系，对国土资源中地籍测绘的应用效果进行严格的监督管理。因此，在地籍测绘过程中，市场监督能够发挥规范、监督的重大作用，将每一项行为的信息都可以真实地记录下来，从而为实现国土资源的有效管理奠定一个良好的基础。所以，只有对测绘过程加以监控，国土资源的水平才能够得到大大的提高。在国土资源管理过程中，通过地籍测绘工作，可以获取到有效的地籍信息，明确土地所有权。因此在实际地籍测绘工作中，需要与实际情况相结合，进一步完善相关的法律法规及规章制度，全面提高测绘人员的专业技能，使其在工作中认真负责，从而提高国土资源的管理水平。

综上所述，我们可以看出，地籍测绘在整个政治、经济生活中都发挥着不可替代的作用。所以，社会的建设工作必须要认识到地籍测绘的重要性，有效地利用地籍测绘，让我国的每一寸土地资源都得到合理科学的利用。在重视地籍测绘的同时，从社会角度来看更应该加强地籍测绘，完善机制体制，加快地理信息基础建设。

第五节　新时期国土资源档案管理工作的创新模式

档案工作者的任务就是科学地管理档案，有的放矢地开发档案信息资源，以满足社会对档案信息的需求。然而，目前传统的档案管理模式在国土系统内仍占主导地位，档案利用率仍很低，多数珍贵的档案资料处于“养在深闺人未识”的阶段。为此，各级国土资源档案管理部门必须以新时期高度发展的电子科学技术为依托，实现档案管理服务模式的创新，从社会需要、企业需要的角度出发，以多种服务方式为手段，为档案的开发利用创造一个广阔的空间，实现档案信息资源的共享。

一、国土资源档案特点

国土资源档案除了具有记录性、历史性等一般的档案特点外，还具有综合性、成套性等。这对国土资源档案管理者提出了新的要求。

（一）综合性

所谓综合性，是指国土资源档案管理涵盖了国土资源管理的各个领域和业务范畴，如城市规划管理、地籍测绘管理、探矿权管理、土地产权登记管理、国土资源征收、开发管理等，尤其是在国土资源部门改革后，新的自然资源部除了担任之前的国土资源部门职责外，还增添了编制主体功能区规划，城乡规划管理，水、草原、林地、湿地等资源调查及确权登记等综合业务。各个业务间的联系紧密，凸显了国土资源部门职能的多样性和复杂性，反映在档案管理方面，则体现出了较强的综合性特点。

（二）成套性

国土资源档案与其业务密切相关，是在各项具体业务开展过程中形成的一整套具有保存价值的档案资料。其档案收集、整理、分类和归档始终是围绕国土资源管理活动所形成的业务资料。无论是内容还是外在形式，均表现出较强的整体性、成套性特点。例如，土地管理中的土地市场类业务档案，包括国有建设用地供应、土地收购储备、地价管理等一整套资料，会按照案卷目录、卷内目录、备考表等进行成套编制。

二、国土资源档案管理工作现状

（一）管理人员的工作理念滞后，档案管理流程不规范

现阶段，国土资源档案部门在开展实践管理工作时，需要依照《中华人民共和国档案法》相关规定，对工作范围、任务、目标与形式等内容进行规范，为国土资源的规划提供可靠的保证。然而，由于经济发展格局的变化与信息利用技术的深入影响，档案的内容被不断扩充，管理需求向着多元化、差异化方向发展。但目前部分管理人员受传统档案管理理念的影响，更注重档案保管，对信息服务需求变化理解得不深刻，影响了国土信息资源的整合效率。

（二）档案管理信息化建设非常落后

基层国土资源信息化管理仍然严重滞后。电子档案在信息传输、处理及开发利用方面的高效、快捷，以及各种媒体集成性带来的直观、全面等特点，是纸质档案无法比拟的。从档案管理现代化、实现档案信息资源的合理开发利用、提高工作效率等方面考虑，大力发展电子档案、推行计算机信息技术在档案管理中的应用，是十分必要的。

（三）档案工作人员自身素质有待提高

一方面，随着我国融入国际社会速度加快，经济社会各方面都迅速地与国际接轨。另一方面，随着以计算机、网络为标志的信息技术的普及，时代对档案工作者提出了更高的要求。当前，一些国土资源档案管理工作人员缺乏新思想、新举措，难以适应新形势，文化素质、知识结构和工作能力虽比过去有较大提高，但与科学发展要求相比距离仍然很大，缺乏档案现代化管理知识。

三、新时期国土资源档案管理工作的创新路径

（一）着力深化制度改革

1. 科学建档

按照国家关于国土资源档案管理的要求，对国土资源档案进行整理、装订、分类、归档，必须做到分类科学、组卷合理、排列有序、查找方便。根据档案的具体特点，采取符

合国土资源档案管理的有效方法，提高国土资源档案管理工作水平，推动我国国土资源管理工作向规范化转变。

2. 推行岗位责任制

国土资源管理部门要明确领导分工、压实岗位责任，构建一套完备的国土资源档案管理制度，特别是在防火、防盗、防高温、防虫、防鼠、防潮、防尘、防光等方面要认真对待，确保档案的完整性。

3. 建立和健全信息反馈机制

国土资源档案管理人员要认真做好日常查阅登记工作，要对每一项、每一次国土资源档案利用的反馈情况进行登记、统计、分析、总结和反思，并从中发现问题、寻找规律，以不断提升国土资源档案管理工作水平。

（二）规范国土资源档案管理流程，创新档案工作观念

在国土资源档案信息管理实践工作中，应该从档案数据的收集阶段开始，规范档案数据的录入、归档、分类与存储、调用的工作流程，保证信息整合的系统性与标准化。针对档案管理的实际问题，管理部门应从思想层面上出发，加强对现代理念、信息知识、法律规范等内容的学习。一方面，应合理创新档案管理的实践工作形式，将数字档案的信息收集、数据积累、分类归档、存储、利用等工作与原有的档案管理形式统一起来，加强对信息平台的操作训练；另一方面，档案管理部门应加强对管理规范、法律制度与现代理念的宣传，让工作人员树立起规范管理的理念，做好常规检查工作，保证档案服务工作的质效，在现代档案管理原则的指导下，有序、高效地完成工作任务。

（三）人才资源创新

要树立人才资源是第一资源的思想，克服“见物不见人”和“重使用，轻培养”的倾向，针对档案专业人员成长和工作特点，努力营造一种尊重个性、鼓励创新的良好环境，努力造就一支业务精、作风正、工作实、纪律严的专业人员队伍。要完善档案干部终身体系，不断提高档案培训质量，提升档案管理人员的文化和专业程度，注重档案管理人员的在职培训及继续教育，如计算机课程培训、归档文件整理、相关档案法律文件、保密知识等，切实增强档案干部和馆员运用专业理论解决实际问题的能力，特别要加大对优秀青年档案工作者的培养力度，加强多层次复合型专业人才队伍的建设，注重在实践工作中培养锻炼人才。

（四）加强档案信息系统建设

建立具有行业特点的电子影像方面的档案数据库，完善信息采集工作，严格管理和维护电子影像资料信息档案，同时使这一信息资源具有和地籍管理系统之间对接的数据口，通过对土地登记的申请材料进行扫描，办理完成土地登记之后，就能够直接生成地籍电子影像的档案信息，这样便可以同时做出纸质版和电子版两套档案信息的数据。国土资源档案信息化建设必须强调突出应用，这要求在进行国土资源档案信息化建设时要认清形势，认真、深入地分析国土资源档案信息化建设需求及应用的关键内容，仔细分析技术发展情

况、人员操作能力及档案管理与应用效率，主动把国土资源档案信息化建设纳入到法制环境、技术环境及经济环境等前提条件下，统筹建设大局并强调建设实效。从国土资源档案信息化建设角度而言，建设思路必须要突出档案管理的系统建设，系统必须涵盖档案管理工作的全部环节并得到彻底的贯彻、执行与应用；从档案信息安全角度而言，国土资源档案信息化建设思路则要突出危旧档案与重要档案的异地、异质备份与抢救，以便进一步加快传统纸质档案的信息化建设进程，确保围绕档案管理的各类主体的真实需求开展建设工作。

国土资源的开发与规划需求发生了转变，以档案为基础的国土信息管理改革成为新时期土地规划的重要参考。为此，针对现阶段国土档案的实际管理问题，管理单位应通过创新档案管理理念、组建专业的档案管理队伍、完善配套的信息管理机制、加强现代技术的应用等方式，推进国土单位现代档案管理机制的建立与健全。

第六节　土地收购储备制度的探索与思考模式

土地收购储备作为一种新型的土地管理制度，已在我国各地试行。它的实施，实现了政府对土地的集约化统一管理，保障了国家作为土地所有者的权益，也为国有企业脱困以及净化土地市场创造了良好条件。但由于对实践中土地收购储备中的土地收购储备机构的设置、土地收购的性质、土地收购储备的范围等的认识尚存一些分歧，因此结合当前实际就完善土地收购储备制度做以简单的探索和思考。

一、土地收购储备的定义

土地收购储备制度是指政府依照法律规定，运用市场机制，按照土地利用总体规划和城市规划，对通过收回、收购、置换和征收等方式取得的土地进行前期开发、整理后，予以储存，以供应和调控城市各类建设用地需求和各种经营管理制度。还有人认为，土地收购储备指由政府委托或授权的机构通过征收、收购、置换、到期回收、土地整理等方式，将规划用地或分散在用地者手中的土地集中起来，并由政府授权或由政府委托的机构完成其房屋拆迁等土地整治与开发等一系列前期开发工作后，再根据土地年度供应计划，有计划地将其储备后的土地重新投入市场的制度安排。最简单的定义是：国有土地收购储备是指政府根据市场需求、土地利用总体规划和城市规划要求，对依法征用、收购、置换的土地进行储存的行为。

二、土地收购储备的来源

关于进入土地收购储备中心储备的土地，各地的规章或政府文件所设定的范围有所不同，但大致可分为五种来源：收回、收购、征收、置换、没收。

（1）收回是指政府作为国有土地使用权的出让者依照法律规定和合同的约定向土地使用者无偿收回土地使用权的行为。

（2）收购是政府或其指定的机构依照有偿原则向土地使用者赎回土地使用权的行为。收购行为可分为自愿和强制两种方式。自愿收购是政府或其指定的机构根据土地使用人的申请或储备需要与土地使用人进行协商，达成收购协议，从而收回土地使用权。强制收购是指政府或其指定的机构根据城市规划和社会公共利益需要强制收回土地使用权的行为。

（3）征收是政府部门出于建设用地的需要，将集体所有的土地转化为国有土地的行为。征收以前一直被称为征用，但征用与征收应是两个不同的概念。征收是强制变更所有权的行为，具有永久占有性。而征用并不改变所有权，只是使用权在一定时期的强制性的转移，一旦征用的法定情形消失，征用人就应返还被征用的财产。征收的特征主要表现为：①征收的主体是国家，而不是建设用地者；②被征收的对象是集体所有的土地；③征收土地适用依法补偿原则，补偿的范围、标准，法律均有明确的规定；④征收土地必须严格依照法定程序。

（4）置换指以土地资源的重新配置为目的的土地使用权的互换。置换的目的主要是：①最有效利用土地；②保护和改善城市环境；③实现城市的旧城改造。目前土地置换主要表现为企业迁移以及城市改造中个人的拆迁。

（5）没收是行政处罚机关或人民法院对违法或犯罪分子的非法财产予以没收的行政和刑事处罚。其中若涉房屋及土地使用权的收为国有。

要完善土地收购储备制度就得建立先买权制度，扩大储备土地的来源。土地先买权是指土地使用者在转让土地使用权时，政府（或其指定的机构）具有先行与之交易的权利。我国的土地交易实质上是使用权的交易，我国要设定的土地先买权制度，只能是政府在土地使用权转让市场的先买制度。土地先买制度与征用、征收、强制购买等有相似之处，即都有一定的政府强制色彩，都对土地私权进行了一定限制。笔者认为，土地先买权制度既体现和保障了土地使用者的权利，又突出了政府代表国家在土地问题上的特殊地位，比土地强制性收购制度更适合市场经济与政府实现宏观调控的要求。

第七节　国土测绘与国土 GIS 一体化集成模式分析

国土测绘是国民经济发展的基础性工作，其为社会进步和经济建设提供与地理环境相关的有效信息。随着测绘技术的不断发展，地理信息系统作为新兴学科得到了广泛应用，而国土测绘与国土 GIS 一体化集成模式的提出，促进了国土测绘的有效发展。为此，本书首先叙述了国土测绘的重要意义，以及国土测绘与国土 GIS 一体化集成模式的作用。其次，分别对我国现有 CAD 与 GIS 混合集成模式和单一 GIS 集成模式进行研究，并分析了其作用与问题。最后，针对国土测绘与国土 GIS 一体化集成模式的具体内容进行了系统的研究。

一、国土测绘与国土 GIS 一体化集成模式的意义和分类

国土测绘是国土资源信息化的主要组成部分，国土资源的管理数据也是通过国土测绘来提供的。与此同时，国土测绘为经济建设和社会发展提供了和地理环境相关的各种综合性数据信息和专题性数据信息。因此，国土测绘是国家建设的一项重要的基础工作，提高测绘技术水平非常关键。

单一 GIS 集成模式和 CAD 与 GIS 混合集成模式是我国现有的两种测绘模式。但是在

某些情况下，这两种模式在测绘的过程中还存在一些问题。随着土地资源内容的完善与测绘技术的进步，提出了国土测绘与国土 GIS 一体化集成模式，并在应用的过程中逐渐解决了上述两种模式中存在的问题，提高了测绘效率与水平。这种模式极大地满足了国土测绘生产的工作需要，解决了很多数据采集与数据更新等方面的问题，从而促进了国土测绘的有效发展。

二、我国现有的国土测绘生产的两种集成模式研究

（一）CAD 与 GIS 混合集成模式

CAD 与 GIS 混合集成模式主要通过数据的转换形式或交换形式来进行数据共享。通过数据转换形式或者数据交换形式将测绘生成的数据输入 GIS 业务管理子系统之中。为了顺利浏览数据和查询数据等，还要研究嵌入开发 GIS 组件。

（二）单一 GIS 集成模式

通过 GIS 系统，单一 GIS 集成模式可以有效完成数据生产、数据加工以及数据管理。在这一过程中，单一 GIS 集成模式以 GIS 为主进行检测作业，有效解决 CAD 与 GIS 混合集成模式遗留的问题。例如，数据生产和数据管理脱离的问题、图像数据和属性数据相脱离的问题等。除此之外，这种模式的前端数据采集与数据加工也是以 GIS 的作业系统为基础生成数据的，其生成的数据可以直接入库。

（三）单一 GIS 集成模式和 CAD 与 GIS 混合集成模式二者的运用分析

单一 GIS 集成模式是一种理想的模式，可以促进国土测绘生产和 GIS 应用一体化集成管理模式的有效应用。通过对 GIS 平台与相对成熟的 CAD 平台进行比较得出，在数据采集和数据加工以及制图方面，CAD 平台有很大的优势。因此，我国很多土地资源相关部门的作业平台依旧以 CAD 平台为主，尤其是一些比例尺较大的测绘生产，更是离不开 CAD 平台。单一 GIS 集成模式能够与业务系统有效结合，并且能在同一个 GIS 平台上进行测绘子系统的完整开发。在具体的应用过程中，运用这种连接集成模式很难充分使用现有的成熟测绘系统。所以，为了实现共享目标，针对其他 GIS 系统平台，还是需要采取数据交换或者数据转换方式来实现数据共享。

三、国土测绘与国土 GIS 一体化集成模式的具体研究内容

（一）数据模型设计

国土信息化系统中涉及的数据一共有 4 种，分别是属性数据、测绘文件数据、GIS 更新元数据以及 GIS 数据。测绘文件数据和 GIS 数据属于空间数据，空间数据又可分为业务空间数据和基础地理空间数据。业务空间数据主要有宗地红线等，基础地理空间数据主要有地形数据。一般情况下，当空间数据不发生变化或者仅发生一点儿变化的时候，可以通过引用转换或者整体转换来完成调用工作。但是，其他数据需要按照业务需求进行严格的分层组织，如用地红线数据等。

（二）多层次数据更新模式

首先，参考引用模式。参考引用模式的数据背景不会影响到数据的更新。这种模式的数据主要是影像数据和地理数据，但在其他的构建过程中主要使用影像数据。其次，定期更新模式。定期更新模式是以文件的导入进行作业的，主要应用对象为具体业务涉及较少、更新频率不高的数据空间。例如，地形数据。同时，定期更新模式可以采用机助手段或者人工手段进行定期更新。最后，实时更新模式。顾名思义，该模式需要具备实时性特点，同时还要涉及具体业务的空间数据更新。与此同时，为了实现更新数据的规范化，需要进行版本控制，从而提高数据编辑管理的合理化水平。

（三）数据更新版本控制流程

在进行国土测绘的过程中，为了保证测绘生产的质量，需提高测绘生产和数据更新版本的流程化水平。其流程主要有五步：第一，登录用户并验证用户的权限。在通过用户验证之后进行下一步操作，反之退出登录。第二，签出测绘文件。将并联的属性数据和 GIS 数据进行锁定，保证数据更新的一致性。第三，对图形数据和属性数据进行有效编辑。第四，提交更新之后的数据，并进行全面审核。第五，选择要签入的文件，点击签入，并把相关的数据进行解锁，完成 GIS 数据更新入库。

国土测绘与国土 GIS 一体化集成模式的提出，可以有效解决以往模式中存在的许多问题，促进国土测绘生产和 GIS 应用在实际工作中的有效集成。运用这种集成模式，可以提升测绘水平和作业质量，从而有效完成国土测绘。

第八节　提高国土资源行政管理效能 促进国土资源合理利用

就我国目前的情况而言，中国的国土资源分布不均，人均短缺。因此，有必要发挥政府积极调控的作用，建设高效、清洁的国土资源管理体系，以促进我国国土资源的合理有效利用。建立科学、实用的综合评价体系，制定提高国土资源管理效率的措施，对科学发展具有重要意义。

一、国土资源行政管理中存在的问题

（一）管理制度不健全、执行程度有高低

在“执法必严”的道路上，土地和资源管理方面做得还不够。法律法规的执行是国土资源行政管理部门的分内之事，但由于土地和资源处于当事人之间的复杂关系中，执法行为受到各种因素的影响而产生偏差，妨碍了行政效力的行使。在“违法必究”的道路上，土地和资源管理方面做得也是不够的。由于行政机关有一定的裁量权，在调查违法行为时，有时这种权力被故意或无意滥用，并能完全保证执法行为的相对合理、公正。加上市、乡两级的双重压力和各种因素的制约，导致难以对一些违法行为查处。

（二）个别存在国土资源违法违规的行为

随着社会的迅速发展，资源已成为社会发展的重要动力。获得资源的法律手段必须得到严格审批，并需要缴纳更多的税款。因此，有些人不惜非法开采和非法占有，以谋取高额利润。此外，资源开采过度也给资源开采带来了一系列严重问题。这些违法行为严重扰乱了我国的国土资源管理秩序。大量资源被不合理地开采，造成浪费和严重的社会问题。

（三）国土资源和矿产资源的利用率不高

土地和矿产资源属于不可再生能源。国土资源利用率低，不仅导致人均建设用地大，而且使土地利用结构的布局不合理。矿产资源利用率低主要表现在两方面：一方面，私挖乱采屡禁不止；另一方面，矿产资源回收率很低，严重浪费了我国的国土资源和矿产资源。

二、提高国土资源行政管理效能综合评价的措施

（一）保持和发展党的先进性，促进机关行政效能建设

转变干部作风，加强行政效能建设是党的先进性建设内在规律的具体体现。一是为改变干部作风、提高机关管理效率而开展的活动，是建设社会主义和谐社会的迫切需要。大力推进国土资源管理的发展是当务之急。因此，国土资源制度的各级党组织和党员必须准确把握时代的脉搏，始终跟上时代的发展，统一思想，积极参加活动。二是党的先进性建设的一个最突出的特点是以实现最广大人民的根本利益为党的一切工作的出发点和归宿，保证党始终与人民共享命运。关心群众，为人民服务，有效解决群众强烈反映和突出的问题，多做民意反馈，多做群众关心的事。加强机关的行政效能，是转变干部作风的出发点和落脚点。三是保证党的各项工作始终符合实际和社会发展规律，这是保持党的先进性的关键。因此，要提高机关的行政效率，转变干部作风，这是党的先进性建设的根本所在。四是实行干部作风改造，加强机关的行政效能，本质上是进行党的先进性建设，保证党始终领导地区的社会发展和进步。五是贯彻党对党员的控制，严格党的治理，保证党始终有活力。

（二）优化服务质量，提高服务水平

国土资源服务的对象包括单位、企业和个人。为了提高国土资源管理部门的服务质量和水平，应建立以人为本的服务体系。一是统一服务规范；二是不断完善服务安全相关措施；三是优化服务，简化服务流程。

（三）完善执行目标机制，提高工作效率

提高执政能力的最直接、最有效的措施之一是建立和完善良好的责任考核机制。要建立高效、完善的工作机制，一是建立相对严格的制度保障机制，保证施工机制的有效性和权威性；二是建立科学的绩效考核体系，提高准确性，科学、透明；三是建立相应的切实有效的投诉机制，加强监察管理。

（四）完善国土资源行政管理部门人力资源激励制度

在国土资源行政管理部门的实践中，由于我国的公务员制度法对工资的支付和职务的提升作了强制性规定，国土资源行政管理部门不能像企业组织那样，在收入和工作岗位数量方面存在普遍的激励措施。因此，在这个问题上，如何创造一个激励的环境，给干部和工作人员以激励，国土资源行政管理部门必须结合自己的特点和条件来创新。除了合理地满足干部和工人的物质需要外，还要满足他们的精神需要，加强工作人员之间的交流，充分利用“廉政文化建设”等活动，开展国家土地制度的交流、参观、学习等活动。总之，国土资源行政管理部门要认真了解干部和工作人员的精神世界和需要，提供多种满足渠道，进行激励。人力资源管理、廉政教育和职业道德教育都应以此为基础。

（五）开门纳谏，接受监察

国土资源行政管理部门的服务质量、水平和管理效率是否有所提高，群众最有发言权。加强外部监察，充分发挥群众监察的作用，是深入、持久开展行政效能监察的关键。一是建立透明机制，便利公众监察。通过设立举报箱、公布举报电话、设立国土资源网站举报栏等方式，开辟了公众持续监察渠道，方便群众监察和举报。二是建立廉政监察机制，明确职责分工，加强跟踪监察。从社会各界招聘专门的、自愿的、诚实的政府监察员，赋予他们调查、建议、认识、查询的权利。在协助国土资源行政管理部门进行效率监测的同时，监察并及时整顿效率建设的不足和问题。三是建立征求反馈机制，突显监察的协调性和重点。通过向公众发表意见和建议，广泛征求公众对土地部门效率发展的意见和建议，反映具体问题。研究确定监察的对象、内容和方法，提高有效监察的针对性。把工作作风、工作方法、工作成绩和工作效率的提高反馈到工作计划中，形成知无不言、言无不尽，有则改之、无则加勉，知错必改的良好氛围。四是畅通投诉举报渠道。面对面地接受群众的投诉，主动接受群众的监察，当场回答问题，宣传政策法规。对于群众投诉问题，要迅速地接受、调查、处理，解决可以当场解决的问题；不能当场解决的问题，要在规定时限办理完毕。

国土资源行政管理的效能直接关系到我国国土资源的利用。建设高效、清洁的国土资源管理体系，可以促进我国国土资源的合理有效利用。建立科学、实用的综合评价体系，制定提高国土资源管理效率的措施，对我国的科学发展具有重要意义。

第九节　国土资源土地整理中的农田水利设计技术模式

土地整理是增加有效耕地面积、实现耕地占补平衡的有效措施，是提高土地质量、促进土地集约化利用的重要手段。积极开展土地整理，对于缓解人地矛盾、改善农业生产条件和生态环境、促进农村现代化建设、提高人民生活水平具有极其重要的意义。

一、土地整理概述

土地整理主要指的是在一定的区域内，按照土地利用总体规划、土地开发整理专项规划，有效地确定土地的使用目的及用途，通过政治、经济手段对农田、水利、道路、农村进行合理的整治，有效地提升土地的利用效率，改善人们的生产及生活条件的过程。对土地进行整理是我国解决人地矛盾的重要措施，能够有效地缓解我国人多地少的突出问题，土地整理项目实施之后的效果对于新农村的建设以及城乡统筹发展有着重要的影响，是我国建设社会主义新农村的重要途径。尤其是某些地区发生灾情之后，土地整理项目的效果更是影响着灾后的重建，由此可以看出土地整理的重要性。

二、土地整理中的农田水利设计

（一）设计标准

在对农田进行灌溉的时候，灌溉输配水工程主要包含灌溉渠道系统和管道配水系统。灌溉输配水系统主要的作用就是将适量的水逐级输送到农田之中；在进行排水工作的时候，其作用主要是排除多余的地表水以及地下水。通常情况下，农田水利工程在进行设计的时候，需要参考的标准主要有《灌溉与排水工程设计规范》（GB 50288—2018）、《渠道防渗工程技术规范》（GB/T 50600—2010）以及《农田排水工程技术规范》（SL/T 4—2020）等，其中，农田水利灌溉设计的保证效率就是根据灌溉区的规模、农田水利灌溉的方式以及灌溉区域水土资源的具体情况等，结合相应技术的规范要求进行取值的。在农田水利进行灌溉的时候，灌溉保证效率应该不小于75%，在粮食高产区应不小于85%，在严重缺水的地区则应不小于60%。

（二）灌排渠道系统设计

1. 渠道断面设计

对于农田水利进行设计的时候，渠道断面的设计是整个农田水利设计过程中非常重要的一个环节，其能提升灌排渠道系统的利用效率。传统的农田水利渠道断面设计并不精确，只要在某个范围内保证灌溉就可以，但是随着时代的快速发展，越来越多的人意识到农田水利工程渠道断面设计的重要性，加强对这一环节设计的精确性对农田水利灌溉输配水系统有非常大的作用。对农田水利渠道断面设计中的每一个数值都进行精确的计算，并且在确定农田水利工程渠道断面的尺寸后进行校核，可以有效地保证农田水利灌溉系统的优势得到充分的发挥。

2. 输配水渠道系统

在进行土地整理的过程中，农田面积的大小、田地的布置都需要结合田地的具体情况来确定。在对农田水利输配水渠道进行设计的时候，同样也需要根据农田的大小、农田耕种条件以及现有的水利工程进行合理的配置。农田水利输配水渠道系统中经常会分为干渠、支渠、斗渠、农渠四级。在这四级渠道上需要根据农田水利的具体情况修建渠道建筑物，其中主要包括水闸、节制闸、跌水、陡坡、倒虹吸等渠道建筑物等。在设计输配水渠道系统的时候，既需要考虑到对已经存在的农田水利设施进行修复与再利用，还要根据现有的项目对主干排灌溉渠道进行合理的布局，保证设计的合理性。

3. 渠道防渗工程设计

良好的防渗漏工程可以很大程度上减少渠道中出现渗水的情况，这样对节水、保护水土具有非常重要的意义。我们要根据农田水利灌溉的自然条件以及水利的规模等因素，并且结合《渠道防渗工程技术规范》(GB/T 50600—2010）来有效地对防渗漏施工材料运用以及防渗工程进行合理的布置。通常情况下，防渗施工材料的合理使用需要因地制宜、有效地满足工程经济的可行性与符合生态保护的相对性原则。

（三）排水工程规划及水土保持

1. 排水工程设计

根据灌溉排水规范确定项目区的排水设计标准。依据当地有关资料，确定项目区设计暴雨量。对于控制面积较小的排水沟，在不超过作物允许的耐淹历时条件下，可允许地面径流短时间内漫出排水沟，因此，可用排水面积上的设计径流深在规定的排水时间内平均排除的方法计算排涝模数或排涝流量。根据项目区的地形特点、植被状况、土壤类型以及各排水沟排涝区域的特点，排水沟的排涝设计流量除应满足排除田面降雨形成的径流外，还需考虑满足排除部分山体径流的要求，但由于山体植被覆盖率较高，径流形成时间应较田面径流形成时间滞后，故只在排除田面径流的基础上适当加以修正。根据项目区地形特点和土壤性质，在保证流速不冲不淤沟床的前提下，确定沟道比降、糙率系数。排水沟沟深在正常排涝水深的基础上加 0.3~0.5 m，以满足最大排涝水位和安全超高的要求。考虑当地利用排水进行灌溉及现有排水沟的工程特点，设计排水沟采用的结构形式，并尽量保证沟顶高出田面 10~20 cm，以满足灌溉时壅高水位的要求。

2. 水土保持

在对土地进行合理利用的时候，暴雨是造成水土流失的根本原因。从农田水利工程的安全性方面进行考虑，消除暴雨对土地产生的破坏力可增强农田水利资源的供给能力。在农田水利工程进行设计时，需要加强对排出水量的考虑，及时排除农田中存在的多余水量，同时要防止土壤养分流失，有效地保证土地的利用效率，防止土地出现盐碱化的情况。可以考虑在项目区域种植农作物，以有效地保证农田的含水量，防止水土流失。

（四）田间道工程设计

根据各项目区的自然地形条件和结合利用原有田间路等因素布置交通道路系统，通过田间道路整修改造，缩短耕作半径，减少断头路和田间道路占用耕地。为便于工程施工管理，改变农业生产和生活习惯，根据项目区现有田间道路系统设施条件规划村级道路，通过村级道路将原有的贯穿部分项目区的田间道相连，使得田间道贯穿整个项目区，各村均有田间道接到干道上，起到改善项目区对外交通条件的作用。田间道主要为老百姓出行以及农产品的运输服务。

对土地进行整理是提高土地利用率的一个重要方式。对土地资源进行优化配置，提高土地的产出率，对缓解人地矛盾起着重要的作用。而在土地整理工作中，农田水利设计又是一项十分重要的内容。通过对农田水利设计的标准、灌排渠道系统设计、排水工程设计以及田间道工程设计等的论述，全面提升农田水利设计的质量水平，更好地发挥出土地整理工作的成效。

第十节　高标准农田建设促进农业现代化进程技术

高标准农田是指通过农村土地整治建设形成的集中连片、设施配套、高产稳产、生态良好、抗灾能力强，与现代农业生产和经营方式相适应的基本农田，包括土地平整、灌溉与排水、田间道路、农田防护与生态环境保护等内容。建设高标准农田是改善农田基础设施、提高农业综合生产能力的基础，是推进农业产业结构调整、促进农民增收的有效渠道。在工程推进过程中，我们深刻体会到，只有不断创新体制机制，加强项目管理，抓住重点，突出优势，才能不断提高农业综合开发水平，使农业综合开发工作迈上新台阶。

一、高标准农田建设的内涵与特征功能

高标准农田建设不仅是对水、路、渠、林的改造和配套，更是实施土地平整、土壤结构改良的一项田面工程，是一个系统完整地提升耕地持续生产能力的综合性措施，其集合了现代管理理念、良好配套基础设施、高级农业技术和先进管理理念。高标准农田建设的具体要求为：集中连片、设施配套、高产稳产、生态良好、抗灾能力强。特征功能有：基本农田生产功能、农民就业和生存保障功能、社会安全保障功能、城镇化与工业化的警戒线功能、农田景观功能。主要作用在于：为农业生产提供平台；是农村土地整治的重要内容，是优化耕地布局、提高耕地利用效率、提升耕地质量等级和生产能力的有效途径；是建设现代高效农业的基础保障；是推进新农村建设、增加农民收入、稳定农业生产、确保国家粮食安全的重要手段。因此，高标准农田建设能够保护生态环境、保障粮食安全和维护社会稳定，是关系国民经济发展、社会稳定以及国家治理的重大问题。

二、高标准农田建设的模式选择

针对地区不同的自然资源禀赋、社会经济条件以及高标准农田的建设目标，高标准农田建设模式的选择大致可以分为以下几类。

（一）集约节约型

促进土地的集约与节约利用是高标准农田建设的核心。土地是城镇化发展与粮食安全的基础，对于经济较为发达的地区，人地矛盾尤为突出，因此，这类地区未来土地利用的方向应是发展集约节约农业。高标准农田建设就是要促进农业生产的规模化、机械化。通过高标准农田建设，对土地进行成片管理。这不仅有利于发达地区的耕地保护，提高人们的耕地保护意愿，也是改善城市的生态环境、提升城市人们生活品质的契机。

（二）产业发展型

提高农业的产业化水平是高标准农田建设的目标。高标准农田建设对耕地进行统一的建设、规划与运营，有利于规模化、集约化的经营与管理，因此对于经济较为发达的地

区，围绕效益农业的要求，在做强传统产业的基础上，通过高标准农田建设项目与农业产业化发展规划，打造一批现代农业产业的示范基地。

（三）资源开发型

资源开发是高标准农田建设的关键。一些边远地区土地后备资源丰富，但往往存在干旱缺水、低温、水土流失等多种限制因素，耕地的肥力质量与利用水平低。因此，若加强对耕地的开发与建设、控制水土流失、治理洪涝旱灾等，就可以将劣等的农田转换为高标准优质农田，这有利于加强生态建设，提高生态保障能力。因此，对于这类地区，适宜加大投资改善基础设施状况，农田整理应放在坡改梯、堤岸防护、坡面防护、沟道治理等水土保持、水利建设项目上，加强小流域综合治理，增强农田抵抗自然风险的能力，充分发挥潜在耕地能力。

（四）特色运作型

地区发展是高标准农田建设的根本。囿于地理区位的限制，一味地追求对高标准农田建设的高投入并不一定带来高产出，而一味提高建设的标准则可能影响农田的可持续利用。在资源和生态约束严重的地区，应保持生态的协调，保护当地自然特色，实现农田建设与资源、生态利用的和谐发展。因此，这类地区的高标准农田建设应结合当地特色，实现资源的精细利用与生态环境的有机协调。

（五）科技引领型

科学技术水平是促进高标准农田建设的保证。技术运用方向以提高农业科学技术的运用、改善农业基础设施为目标，更新农业的产前、产中和产后技术，及时解决生产中遇到的问题。针对区域内农业生产方式落后、农业机械化水平低的特点，高标准农田建设应该重点引进先进生产技术，引导农民改进种植方法，如运用无公害生产技术和生物有机肥、推广使用高效低毒农业等，并采用综合措施，通过土地平整、治理等，提高农业机械率，以达到提高土地产出率、劳动生产率的目的，发展高效型农业。

三、推进高标准农田建设策略

推进高标准农田建设应从以下几点着手：

（1）政策激励。充分调动各地各级职能部门的积极性，使其切实担负起高标准农田建设的重要职责，层层明确目标任务，强化责任落实。县级以下政府是实施高标准农田建设的主体，担负着主人翁的角色，上级党委政府要提供帮助和支持，确保完成既定的目标任务。

（2）做好宣传发动工作，让高标准农田建设深入人心。可采取会议、电视、广播、公开栏、标语等多种形式，广泛宣传高标准农田建设的意义、内容和政策，把高标准农田建设作为为民办实事、办好事的目标予以宣传；统筹规划，实现整体推进。

（3）坚持规划引领、布局为先的原则，打破各自为政、低端重复、分散碎片的局面，着力统筹好城乡建设规划、土地利用总体规划、基本农田规划和高标准农田建设规划，做到连片开发，分期推进，确保建一片成一片。打破户界、组界、村界，按照统一规划进行土地治理。

（4）借助高标准农田建设的有利契机，抓好土地流转工作，推动适度规模经营，提高农业生产的集约化程度，有效降低生产成本，提高生产效益；加大投入，多方筹措资金。积极探索“债、贷、投”相结合的投资模式，建立高标准农田建设的投融资平台。着力统筹好各类项目和资金，包括发改、农业、水利、国土、财政等所有涉及高标准农田建设的资金。统一核定建设投入标准，并根据实际情况上下浮动掌握。

（5）出台高标准农田建设投入奖励政策，充分发挥财政资金的引导和杠杆作用，采取财政贴息、先建后补、委托代建、购买服务等方式，积极引导专业大户、家庭农场、农民合作社和农业企业等新型经营主体和工商资本投资高标准农田建设；加强监管，实现长效管护。

（6）高标准农田项目建成后，应建立统一的、规范的永久性标志牌，标明工程的范围、面积、主要设施及管护责任单位和责任人等。及时办理好移交手续，层层签订责任状，将项目管护责任层层落实。项目所在地要成立管护领导小组，明确第一责任人和管护专人。

（7）落实好工程设施的维护管理经费，确保专项管理经费足额到位。各级职能部门要对项目日常管护情况进行定期检查。

高标准农田建设是一项国家发展战略。加快现代化农业发展，必须推进农村土地整治，加快农村土地复垦，着力提高耕地质量，大规模建设旱涝保收高标准农田，夯实农业现代化基础，充分发挥高标准农田的作用与优势。

第十一节　高标准基本农田建设与土地整理分析

我国是一个大国，地广人多，改革开放以来经济发展迅速，人们的生活水平大幅度提高，已不再为吃穿担忧，但是粮食安全问题依然是国家的民生大计，一刻也不能放松对其的关注。只有粮食问题得到保障，国家才能更好地发展经济，社会才能安稳快速地向前发展。为此，国家制定了相关的文件来加快土地整治和高标准基本农田建设，从高标准基本农田建设与土地整理分析的必要性、存在的问题以及相关措施方面加以分析。

一、推进土地整治和建设高标准基本农田的必要性

（一）增强国家粮食安全保障的能力

粮食安全保障是我国经济发展与社会安稳的重要基础。当前，随着经济的发展和科技的发达，我国粮食的年产量在逐渐增加，但只能满足基本的居民食物消费和经济发展的需求，还不能达到自给自足的水平，有些粮食还需要进口。其主要原因是，我国还没从根本上摆脱靠天吃饭的局面，粮食在生长过程中很容易受到气候、土壤、自然因素等各方面的影响，这些都能减少粮食的产量，所以要不断推进农村土地整改，加快高标准基本农田的建设速度，这样才能减少自然因素对粮食的影响，增加粮食的产量，增强国家粮食安全保障的能力。

（二）推动中国特色农业现代化建设

构建社会主义和谐社会是我国的重大目标，想要实现这一目标，就要不断加快工业化和农业现代化建设。根据我国当前的资源国情，相对于工业化，农业现代化还比较落后，所以要加大对农业现代化建设的重视，提高农业的市场竞争力和抗风险力，加快农业现代化的建设。这就离不开农村土地整治和高标准基本农田建设，由此可改善农田的基础设施，提高粮食生产率，还可以降低农田对环境的污染程度，推动中国特色农业现代化建设，提高农民的收入水平。

（三）加强生态管理

在土地管理方面，我国还没有改变重数量、轻质量的管理方式，导致对土地资源的利用率较低，这进一步加深了土地资源矛盾，从而导致粮食的产出率不高，所以为了使土地的管理效果能更接近理想状态，就要推进农村土地整治和高标准基本农田建设，这样才能有效利用土地资源，提高粮食的产出率，从而使粮食、经济与生态安全形成良性的发展圈。

二、推进农村土地整治和建设高标准基本农田中存在的问题

（一）调整前期权属的难度大

当前，有些农户会对土地整治过程中出现的占地情况感到很不满。这种抵触心理加大了土地整治过程的难度，比如开展整治前的权属调整工作，由于农户的不配合和难以达到百分之百的公平，就使得土地整治的目标难以实现。

（二）中期建设的长远计划短缺

农业现代化建设的部分重点在于中低产田的改造，但是对于中低产田各部分之间的联系比较薄弱，整治过程难度大，从而导致中期建设的长远计划短缺。为了推进土地整治和高标准基本农田建设，就不得不加大投资力度和人力资源，从而使土地整治达到预期的效果。

三、推进农村土地整治和建设高标准基本农田的有效措施

（一）编制规划力度要加强

政府在土地整治之前要明确目标，做好规划，还要对国家制定的《全国土地整治规划》（2016—2020 年）高度重视，对其中的内容、方法及规范要有充分的了解，这样才能实现高标准基本农田建设的指标。政府要加快部署各级土地整治规划的编制工作，健全土地整改建设体系，让各个任务得以落实。另外，对土地的整治规划要经过严格评审，对评估工作的实施要加大重视，这样才能在高标准基本农田建设中充分发挥出整治规划的指导与控制作用。

（二）充分发挥创新工作机制的作用

所谓创新工作机制，就是在农村土地整治和建设高标准基本农田工作机制的过程中，要根据形势的变化和任务的要求，使高标准基本农田的建设达到任务的要求。所以将创新工作机制运用到土地整治和建设高标准基本农田中，能充分发挥其重要作用。创新工作机制的实施离不开各个相关部门相互协调工作，只有加强各个部门的协调性，才能充分发挥创新工作机制的作用。另外，农民的参与也是相当重要的，所以相关工作部门要引导农民积极主动参与，激发他们的热情，不断扩大土地整治和高标准基本农田建设的队伍。

（三）加强监管工作

土地整治能否顺利进行，高标准基本农田能否正常建设，离不开各级领导的监督和管理。只有领导加强管理工作，才能及时发现土地整治过程出现的问题并予以解决，这样才能更好地建设高标准基本农田。为了加强监管工作，要做到以下几点：

（1）土地整治过程最重要的就是建立完善的一把手责任制机制，这就离不开县级以上政府的监管作用。

（2）要将建设高标准基本农田的内容纳入当地经济发展的年度计划中，这离不开上级政府单位对其具体的实施情况进行监管。同时，加强对土地整治计划的管理力度也离不开政府的监管，只有这样，才能更好地解决建设高标准基本农田的政绩考核和资金分配等问题。

（3）监督工作要顺利地进行，就离不开合理的考核评价制度，所以要完善分级负责和全面监管制度的体系，特别是对工程建设进度面和建设质量差等一系列问题要重点解决。

（4）完善农村土地整治和监管系统可以促进高标准基本农田建设的发展。在监管过程中可以对项目的实施进度、竣工和验收等状况予以公开，可以更好地发挥监督作用。

（5）要加强对市场管理和廉政建设的监督，使中介服务机构和施工队伍的管理机制得以规范，从而严格执行各项招标制度。

（四）加强基础建设和提升团队的素质

土地机构整改工作的加强离不开一支专业性很强的队伍，所以为了使土地整治和高标准基本农田建设顺利进行，就要加强基础建设和提升团队的素质。可以通过提升从业人员的业务能力和加大知识培训力度来建设一支专业队伍，比如去外地学习或者请专业人员来对他们进行理论培训等。另外，要重视各级土地整治机构职能的转变，使建设任务能保质保量地如期完成。

粮食安全问题是我国的民生大计，在粮食问题得到保障的情况下，我国才能更好地发展经济，社会才能不断地向前发展。所以当前我国发展的重要战略就是推进农村土地整治和建设高标准基本农田，为粮食、经济和生态安全提供有力的保障。

第十二节　RTK测绘技术在国土资源测绘工作中的运用

RTK测绘技术在实际中的应用主要依靠多种技术来共同进行，其和科技以及经济的发展状况密切相关，需要由具有较为专业的技能和丰富的测绘经验的相关技术人员来操作。这一技术属于一种高科技，因此，对一些操作原理和所用机械设备以及相关测绘人员需要加强重视。纵观这种技术的发展，在几年的时间里经历了多个发展阶段，每一步的完善和改进都是针对现实的测绘工作需要进行的。在现今的测绘工作中，提高测绘的准确性和科学性基本上能够满足测绘需求。

一、RTK测绘技术简介

RTK测绘技术是目前工程测量、土地测绘等项目中应用较为广泛的一种定位技术，该技术主要依附于GPS技术进行定位测量，可以进行全天候定位测量。在测量过程中，系统能够将测量数据实时发送至总站，从而可以完成不同地点的数据交换和传输。RTK测绘技术通过移动观测点进行测量数据的收集和整理，并对数据进行实时分析和处理。其测量流程简单方便，具有很强的抗干扰能力，而且测量数据也较传统测量更加精准，在国土资源测绘工作中发挥了非常重要的作用。

RTK测绘技术系统主要包括三个部分：软件系统、数据传输系统和GPS接收系统。其中，对国土情况进行全天候监测的软件系统是依靠卫星监测技术实现的，这对于RTK测绘精度的提高、保障RTK测绘技术科学合理性具有重要意义。数据传输系统的主要任务是定位测量，包括接收台和发射点两方面。其依靠接收台接收卫星监测信息，然后通过发射点将数据信息传输至GPS接收系统。在GPS接收系统中，接收机分别设置在移动台和基站上。对于基站接收机放置位置要求较高，通常控制在确定坐标的位置上。为了保证RTK测绘质量，基站通常设置在较高的位置，这可以显著地增加基站的监测范围，进而提高信号的接收率。GPS接收系统在RTK测绘过程中不断地接收信息，并通过数据传输系统将监测数据发送给移动站，最终完成整个测绘工作。

二、RTK测绘技术应用于国土测绘工作的优势

通过RTK测绘技术对土地进行测绘时需根据相应土地的特点来进行，利用自身测绘技术的优势，最终得到更为精确的测绘结果。这些数据将为土地记录工作以及今后的设计工作奠定坚实的基础。完成整个土地管理工作的基础和前提是数据的真实性，只有保证基本数据的真实性，下一步的工作才能做得更好。

随着GPS RTK技术的不断发展和改进，该技术在国土资源测绘工作中发挥出了巨大的作用。其将测绘工作理论转变为实践应用，不仅提高了测绘效率，而且增强了土地测绘的可操作性。在土地开发利用前，需要对所开发的土地状况和地形特征等进行分析。这就需要借助RTK测绘技术精准地收集所测土地测量数据，为该土地开发决策的制定提供一定的参考依据，进而不断完善土地测绘开发管理工作。在RTK技术的逐渐应用过程中，数据的准确性成为测绘工作的重点内容，因此近年来相关部门对测绘数据的监管也在不断

加强，为 RTK 技术的广泛应用保驾护航。

三、RTK 测绘技术在国土资源测绘工作中的运用

（一）控制国土测量，提高测绘质量

传统的国土测量技术通常以三角网或导线网的方式进行测量，这种方法不仅耗时费力，测量数据也不准确，而且在测绘过程中无法得知测绘实时数据。只有整体测绘结束后，经过计算，才能发现测绘过程中的失误和问题，这严重影响了国土资源测绘工作质量。将 RTK 测绘技术应用于国土测绘工作中，不仅提高了测绘数据的准确性和科学性，而且显著提升了测绘效率，从而有效降低了测绘成本，使得国土资源整体测绘质量得到了全面提升。此外，RTK 测绘技术能够对测绘工作进行实时实地的监控和数据传输，将测绘数据及时分享和上传，有助于测绘技术人员对测绘数据进行实时纠正和准确掌握。

（二）地形测图

运用最初的测绘技术测地形图时，需要先建立图根控制点。后来，发展成为可以利用大比例尺测图软件，或者外业电子平板测图等方式来测四周的地貌，但是这些方法有一个致命的缺点，即它无法由一个人独立操作，至少得 2~3 人同时来操作。当执行操作时，由于无法进行实时动态定位，在测后拼图时如果发现精度不理想，那么就必须重新测量。自从地形测图的过程中应用了 RTK 测绘技术以后，就有了很大的不同。可以一个人独立操作，只需要在要测的地貌碎部点利用 RTK 仪器测 1 秒，然后输入特征编码就可以了解点位精度，不要求点间通视，测量完成之后，再利用专业的软件接口和电子手簿便能自动输出所需要的地形图。可以采用 RTK 测绘技术配合测设航海海洋测图、水库地形图、公路管线地形图、铁路路线地形图、普通测图等各种地形图。

随着通信网络技术、计算机技术、RTK 测绘技术的进一步发展，现在又发展了一种新的实时动态定位技术，即网络 RTK 测绘技术。常规 RTK 测绘技术存在较多的问题，如作业精度不高、参考站与流动站的距离不能太长、作业所需设备较多等，而网络 RTK 测绘技术刚好弥补了这些问题，它省去了重置控制坐标、架设基准站的时间和步骤，不需要去控制，也不需要架设参考站，工作时打开仪器就可以，这有力地规避了常规 RTK 测绘技术在数据的传输范围、传输效率、作业半径、测绘工作效率等方面的问题。

（三）建设用地的测绘定界

使用 RTK 测绘技术能准确确定出土地用地面积、范围界限以及界桩位置。政府的土地审批、土地地基资料管理工作的开展也需要利用该技术来完成。通常而言，测绘定界建设用地的流程主要为：先审核目标用地的相关文件与地图；再对目标土地进行实地勘测与分类；之后，根据土地分类来计算土地面积，并进行规划，将宗地图绘制出来；然后进行土地放样、测量以及重复核查；最后整齐归档土地管理资料。而运用 RTK 测绘技术则能够起到拔地定桩的作用，其能够有效精简关系距离放样的工作流程，提升建设用地的测绘工作效率，特别是在公路、铁路以及河道等线性土地的工程中表现出了强大的实用性。

随着中国经济建设的发展和社会主义改革的深入，中国国土资源事业的管理也进入一

个新的发展周期，对国土资源的管理要求也有所提高，因此引入测绘技术势在必行。测绘技术的引入不仅可以使国土资源管理的专项信息与政务信息得到强化，还为国土资源管理部门的空间辅助决策与空间数据分析提供了有效的帮助，也为实现国土资源的高效管理提供了很大帮助。

第十三节　国土资源测绘过程中 3S 技术应用的有效策略

随着信息化速度的持续增快，越来越多的新型技术在测绘时期得到了广泛的使用，并且取得了良好的效果。3S 技术属于一种新型的技术，如今我国的 3S 技术取得了一定的进步，不过由于 3S 技术起步相对较晚，因此人们还没有全面掌握，这使 3S 技术的价值以及优势难以得到充分发挥。在这种情况下，科研单位需要积极地进行研究和分析，以使 3S 技术可以更好地满足国土资源测绘工作的需求。

一、分析 3S 测绘技术

3S 测绘技术是指遥感技术（RS）、全球定位技术（GPS）以及地理信息系统（GIS）三者的统称，它是通过空间科学技术、远距离传感器科学技术、卫星定位与导航技术以及与计算机技术、通信技术进行相互结合，利用最先进的科学技术在空间领域内进行信息的收集、整理、分析、传达以及应用的现代信息技术的统称。

（一）遥感技术

遥感技术在信息获取方面的速度最快，同时技术本身可以实现数据信息的处理，能够直接获得结果，技术的应用可以显著节省调查所需的时间，同时因为减少人员的参与而有效减小了人为误差。遥感技术在数据测量期间并不是直接触碰事物，而是以远程遥控的方式获取视频资料信息，所以信息化程度相对较高。

（二）全球定位技术

全球定位技术的自动化程度较高，在具体的测量观测中，工作人员只需进行简单的设备操作，例如选择人机交互式的数据采集、实施观察仪器设备的工作状态，便可以实现相应数据的获取。该技术定位精度较高。按照相关数据的应用，在 50 km 的基线以内都能够达到百万分之一的定位精度；在 100~200 km 范围内，精度也可以达到万分之一。在土地资源管理方面，能够实现准确的信息呈现，显著提升管理工作效益。

（三）地理信息系统

这一系统主要是借助计算机实现数据的整合与处理。计算机网络的持续发展为地理信息系统的应用提供了许多的空间信息，当前该系统在资源调查方面有显著的应用空间，同时在土地资源的保护与合理开发的监督方面也展现出显著的应用价值。

二、国土资源测绘过程中 3S 技术应用的策略

与数字化测绘技术类似，3S 测量技术也是综合性的应用类技术，该技术主要应用了遥感技术、地理信息系统和全球定位系统。在具体的应用过程中，首先，利用全球定位技术对作业区的相关数据信息进行采集，在采集过程中，需要对仪器采集精准度、控制测量网布设等内容进行管控，以提高测量数据结果的准确性与完整性。其次，借助网络技术对数据信息进行传输，计算机技术可以将其进行预处理，在完成预处理之后，筛选出异常数据，对此类数据进行重新测定，提高传输数据的应用价值。最后，借助地理信息系统将采集到的位置信息与其他属性信息进行处理，借助数字可视化技术对其进行集中展现，从而提升数据处理结果的有效性。

（一）全球定位技术的应用

全球定位技术具有准确度高、获取信息快、灵活性强等特点。通过全球定位技术的充分应用，可优化土地调查与测量的全过程，精准直观地观测到土地资源利用状况的改变过程，解决了不规则地形条件下的土地测绘问题。在全球定位技术应用过程中，可根据测绘实际需求，在特定位置设定若干监测站点，并对站点一定范围内的土地信息进行精准测绘，既有效降低了人工测量所需要的人力物力，又避免了过多外界环境要素的干涉，提高了测绘数据的可靠性，促进了测绘过程中数据形成与获取的稳定性。随着国土资源管理环境的不断变化，全球定位技术所体现出的应用价值越来越高，成为提高测绘数据信息准确性，保障国土资源管理有序实施的重要技术手段。

（二）地理信息系统的应用

地理信息系统是通过计算机硬件系统和软件系统的支持，对地球表层空间中的相关地理分布数据进行采集和分析等操作的技术系统。国土测绘工程运用地理信息系统的过程中，由于其在处理地理信息方面具有突出的优势，不仅能够同时处理各种不同的信息，还可以对空间进行综合分析，提供在空间决策方面的参考，这在很大程度上提高了测绘工作的效率。

（三）遥感技术的应用

（1）在土地监测时期使用。在进行土地管理的时候，对于遥感技术的使用，需要联系相关的地理信息系统，正确地掌握土地的使用情况，预测出土地之后的发展情况，之后联系人工作业和系统，深入研究遥感图片，实现对于不同阶段图片的分析，给土地管理者提供参考。一般情况下，地理信息系统的使用主要就是进行图件分析以及输出，在系统性的研究之后，能够得到土地的变化数据，预测具体的变化情况，提升土地的使用效率。

（2）在土地调查时期使用。现阶段城市化进程持续增快，我国城市土地发生了较大的变化，在进行土地调查工作时，相关的需求也越来越多。把遥感技术当作基础，开展土地调查，可以防止产生土地面积变更和土地权属变化的情况。

（3）在耕地保护时期使用。我国有着比较丰富的土地资源，不过人口较多，人均耕地资源占有量较少，一些房地产开发商会选择随意占用耕地来开展房地产建设。在耕地保护

时期，借助遥感技术，能够有效地规划土地用地，监督城市的用地情况和耕地的变迁等问题，明确是否存在违规的情况，这样能够提升耕地保护的有效性和合理性。

三、国土资源测绘过程中 3S 技术的具体应用

（一）土地勘测

土地勘测工作的主要内容是对土地的实际情况进行测绘，基于此对可利用的土地加以确定，以此作为土地出让以及土地征用的重要依据。在土地测绘工作中采用新技术，就是要对土地面积加以计算，保证测绘所获得的数据信息的科学合理性，确保有关部门工作进展顺利。在应用测绘新技术测量土地边界时，所涵盖的内容是比较多的，包括资料的整理归档、野外测量等。应用全球定位系统，结合使用遥感技术，就可以对待测区域予以定位，将测绘所获得的信息采集之后传输到移动台，对所获得的数据进行比较。测绘新技术的优势是显而易见的，不仅操作简单，而且测绘的效率有所提高，加快了工作进度，提高了数据的准确性。

（二）土地规划

国土资源管理部门只有在对土地资源充分了解的情况下，才能对国土资源做出高效、统一的规划。运用测绘新技术可以帮助土地资源管理部门的设计人员对土地资源详细数据进行分析、计算与规划。一方面，在农业与非农业两大类之间进行分配，在保护农民耕地的同时促进城市的经济建设与发展。另一方面，对农业区的种植区、林区、牧区进行合理分配，做好植物生长情况、畜牧发育情况及农田产量的采集、调查与分析，最大限度上减小土地资源规划与土地实际情况的误差，为各区域选择适宜的土地环境，以充分发挥土地资源的自身优势。

（三）调查土地

在国土资源管理中应用测绘新技术，是基于原始土地资料展开的。应用测绘新技术的时候，要分析土地现状，做好分类工作，对土地的利用现状做进一步了解，还要对土地资源进行分类，强化管理。测绘新技术应用于农村土地测量工作中，所获得的测量数据信息更加准确，测绘工作质量和效率都有所提高。应用遥感技术测量陆地的，可对所获取的图像进行分析，获得更加准确的结果。

第十四节　土地整理中秸秆资源化利用策略分析

农作物秸秆是一种可再生、可利用的宝贵资源。全面提高农作物秸秆的利用率，形成一套比较完善的技术体系，是一个长远而复杂的过程。所以，要合理利用农作物秸秆，将各类农作物秸秆转化为重要的农业生产资源，为它的利用技术提出更有效的建议。

一、农作物秸秆资源化利用的重要性

我国是农业大国，平均每年会产生农作物秸秆逾 7 亿吨，但是目前还有很多农民对于生态环境保护以及秸秆综合利用的意识不是很强，他们的传统种植观念与过去的生活习惯让其常常会顶着“禁令”就地焚烧秸秆。与此同时，由于农作物秸秆收集储运机制还有待完善、农作物秸秆综合利用产业化与规模化有待提升、秸秆还田的成本和技术要求高等因素也使得秸秆焚烧现象无法在短期内得到有效解决。为此，必须要将具体责任落实到乡镇领导，如果发现违规焚烧农作物秸秆的现象，必须要按照相关政策法规对焚烧秸秆的行为予以严厉处罚。要真正重视焚烧农作物秸秆的危害，认识到秸秆综合利用的重要性，这样才能够摆脱我国现阶段资源约束的困境，进一步减少由焚烧秸秆给生态环境带来的压力。从这方面来看，推进研究秸秆综合利用对策，对于稳定农业生态发展、促进社会主义新农村建设而言意义重大。

二、农作物秸秆资源化利用的现状分析

（一）朝阳市农作物秸秆综合利用现状

1. 朝阳市政府引导措施

朝阳市政府在农作物秸秆综合利用方面做了大量的宣传、引导和扶持工作。每到“三夏”“三秋”时节，朝阳市及辖区各县通过流动宣传车、悬挂横幅、散发宣传单和召开秸秆综合利用现场会等形式，广泛宣传秸秆禁烧和秸秆综合利用，让农民了解焚烧农作物秸秆的害处和秸秆综合利用的方法、途径。对秸秆还田机、秸秆固定打捆机、秸秆捡拾打捆机等秸秆综合利用机械实行敞开补贴；对本地农机企业研制秸秆覆盖播种机等给予财政支持。

2. 秸秆综合利用机械装备状况

朝阳市在秸秆综合利用机械的推广方面，采取示范引进与研制相结合的办法，对于市场已经成熟的秸秆综合利用机械，直接引进推广；对于农业生产急需而又没有的机械，组织本地农机生产企业研制。

3. 农作物秸秆综合利用途径

根据农作物秸秆综合利用技术水平和农民的接受程度，通过项目带动，积极在秸秆的收集、销售、加工等方面开拓新途径，取得了明显成效。

（二）农作物秸秆综合利用存在的问题

1. 秸秆焚烧和随意堆弃加剧环境污染

农民为赶农时、抢播种、图省事、少费力，直接在田间焚烧秸秆，农忙时甚至随意将秸秆堆弃在地头、路边、沟河边，加剧了环境污染。

2. 秸秆还田增加生产成本

用大型机械作业，与焚烧秸秆相比，增加了生产成本，不能有效调动农民进行秸秆还田的积极性。

3. 回收贮运成本高，影响回收利用

秸秆回收环节多，成本高，收入与支出不成比例，直接影响了农民回收秸秆的积极性。农民抢收抢种，时间紧迫，劳动强度大，没有更多的精力收集秸秆，秸秆拉运成本高。

4. 农民认识不足，政府部门服务不到位

农民对秸秆综合利用的意义以及对保护环境的重要性认识不足，为赶农时，方便下茬作物种植，出现焚烧秸秆的现象，而且这种现象一直未能有效禁止。政府部门在秸秆综合利用方面缺乏科学有效的途径。

三、农作物秸秆资源化利用策略

（一）加强资金的补贴和支持

近年来，政府已经将农作物秸秆资源化利用政策落实到各个村，也在农作物秸秆的开发和利用方面采取了一些措施，但是由于支持力度不够，有的基础设施设备因为长期的资金不足，使得农作物秸秆利用率停滞不前。政府有关部门要积极支持农作物秸秆的开发和利用，引入最新的技术和设备，制定相关的优惠政策，加大资金的投入，提高励秸秆的开发利用率。

（二）充分发挥科技在农作物秸秆资源化利用中的作用

1. 提高农作物秸秆资源化科技水平

互联网的快速发展为秸秆的利用提供了新的契机，应充分利用此契机，缓解当前劳动力短缺问题，利用无人机或大型机械代替传统人力进行农业喷洒、收割等工作；加强个体农户与加工方之间的信息交流，节约交易时间，提升交易效率；加强不同组织加工行业的技术交流沟通次数，不断构建有效的市场机制与高效政府；完善供给、需求、竞争、投资等环节的问题，构建可解决综合问题的、拥有综合信息的自动化办公系统，解决技术问题、销售问题、资源利用等问题。

2. 加强对农户的培训力度

为合理充分利用秸秆等资源，政府应落实权责分明的责任所有制、责任追究制。号召农户主动接受并参与培训，将培训应用于实践中，扩大培训的需求量。实践案例表明，接受过有效培训的农民对当地农业发展与规划极为有利。

（三）以示范引导整体推进

政府职能部门想要引导企业进行秸秆资源的产业化应用，一方面，应该解决秸秆供应问题。政府每年都应该对秸秆产量进行综合评估，把各种信息与秸秆加工企业共享，使他们可以及时调整产业规模，规避风险和损失。另一方面，要根据实际情况在自然条件和经济发达的区域率先建立一批具有示范、引导功效的气化燃料企业和大型沼气基地，充分发挥其带动作用政府应当给予政策倾斜和资金扶持。在取得一定成效之后，归纳总结，形成模板，大力推广，逐步促进农作物秸秆资源化利用的顺利发展。

1. 农作物秸秆能源化利用

一是加快农作物秸秆燃烧项目进度，并扩大使用范围。二是启动秸秆沼气项目建设，引进一些国内外领先的企业，开发沼气项目，扩大秸秆利用量。三是开展烘干塔燃煤锅炉改造项目试点。支持粮食烘干塔燃煤锅炉生物质化，减少燃气的比率，继续扩大秸秆焚烧利用的规模。四是将生物质锅炉的使用进行推广与普及。

2. 农作物秸秆饲料化利用

继续鼓励秸秆粗饲料利用，这种处理秸秆的方法简单快捷，利用率较高，制作的方法较多，有切短、粉碎、压块、浸泡、辐射、蒸煮等方法。

3. 农作物秸秆原料化利用

加快秸秆综合利用产业化进程，持续拓展秸秆原料化利用领域。重点发展秸秆精深加工新企业、新技术，集中开展可降解秸秆纸膜、秸秆板材、秸秆造纸、生物基复合材料等多元利用项目建设，不断提高秸秆附加值。

第十五节　辽宁省北票市土地整理高标准基本农田建设模式

我国土地利用的基本国情是人口多、人均耕地少、耕地后备资源不足。土地资源是发展国民经济的重要基础，而土地资源是有限的，如何最大限度地开发利用土地是我国经济发展的重要战略任务。由于受到经济、技术以及思维意识的限制，我国的很多土地利用效率都不高，所以急需对现有的土地资源进行重新分配，在使用结构上重新调整。农村土地整理是我国为保持耕地总量的动态平衡而采取的重要措施，它对于调整土地利用方式、优化土地利用结构、改善区域生态环境、实施农村城市化战略、巩固农业的经济地位具有重要的现实意义。

北票市位于辽宁省西部丘陵山区，受温带大陆性气候影响，形成半干旱半湿润的易旱地区，是水资源严重贫乏的地区。北票古称“川州”，隶属于辽宁省朝阳市，位于朝阳市的东北部、大凌河中游。东与阜新蒙古族自治县毗邻，南与锦州市义县、凌海市相邻，西、西南与朝阳市区、朝阳县接壤，北与内蒙古自治区敖汉旗、奈曼旗交界。面积 4469 平方千米，人口为 582282 人（2020 年末），2020 年北票市全年地区生产总值实现 195.03 亿元。截至 2020 年，北票市土地总面积 441874.37 hm^2，耕地面积 116739.88 hm^2，占土地总面积 26.42%；基本农田面积达到 92631.85 hm^2，占土地总面积 21.0%；国有土地面积 19188.45 hm^2，占土地总面积 4.3%；集体土地面积 422685.88 hm^2，占土地总面积 95.7%；园地面积 18111.38 hm^2，占土地总面积 4.0%；林地面积 139073.89 hm^2，占土地总面积

31.5%，草地 117590.29 hm²，占土地总面积 26.6%，城镇村及工矿用地 23564.40 hm²，占土地总面积 5.3%，交通运输用地 8832.19 hm²，占土地总面积的 2.0%，水域及水利设施用地 16767.58 hm²，占土地总面积 3.8%。其他土地 1194.76 hm²，占土地总面积 0.2%。

北票市属于农业大市，粮食作物以玉米、高粱、谷子为主。从土地利用现状看，有耕地以中、低产田居多，大面积的中、低产田始终处于农用地和未利用地相杂、产出率极低的状态，干旱、渍涝、风沙是制约农业生产的主要因素，其土地整理潜力很大。

在辽宁省财政的支持下，在政府部门的领导下，在各有关部门的协作下，在北票市土地整理中心的共同努力下，北票市高标准基本农田建设项目土地整理工作取得了显著成效。2011—2021 年，共完成高标准基本农田建设土地整理面积 5493.02 hm²，完成新增耕地面积 398.18 hm²，施工建设中土地整理面积 1509.27 hm²，新增耕地面积 10.79 hm²，为北票市高标准基本农田建设的快速健康发展提供有力保障。

图 8–1 至图 8–4 为辽宁省北票市土地整理中心高标准农田建设施工现场及技术模式。

图 8–1 梯田施工中和梯田施工后

图 8-2　田间道施工中和田间道施工后

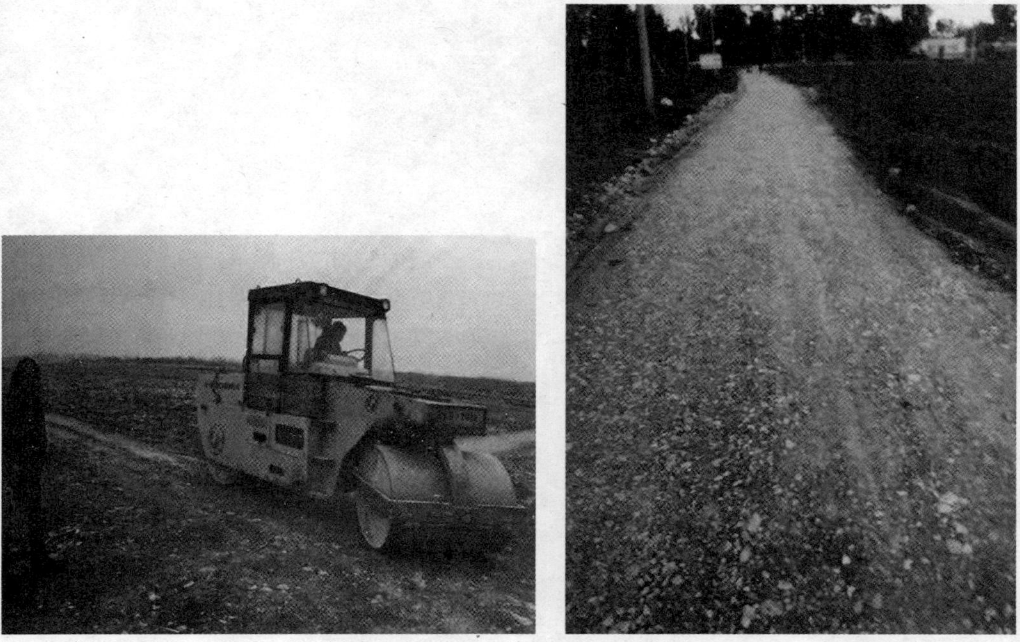

图 8-3　生产路施工后

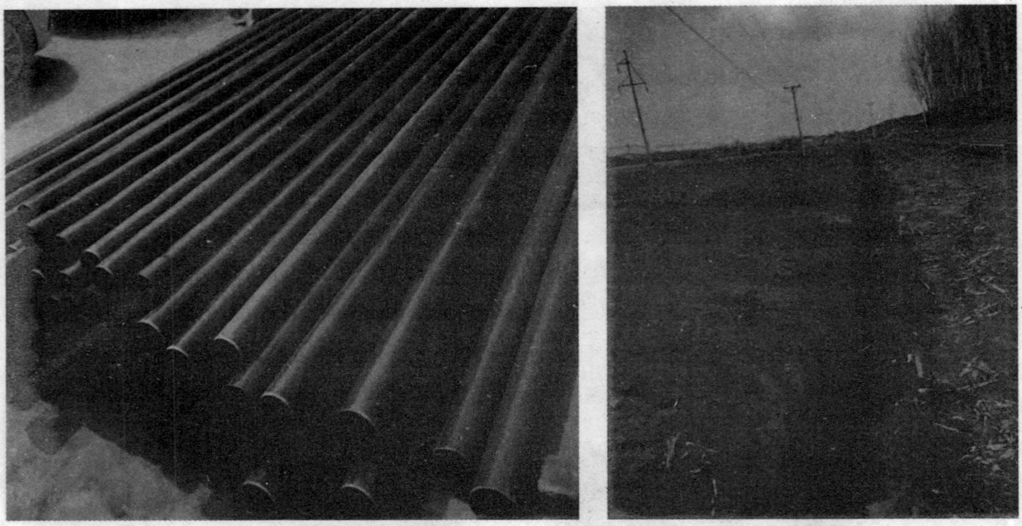

图 8-4 管网工程

第九章　科学技术成果奖与学术交流

第一节　辽宁省新型职业农民培育模式研究与实践

一、项目背景、目的和意义

（一）项目背景

大力培育新型职业农民，事关“未来谁来种地”的重大战略问题，需要凝聚共识营造培育环境，需要创新机制加快培育进程，特别需要政策跟进和制度安排创造培育条件。随着工业化、城镇化速度的加快，很大一部分农村青壮年向一线、二线城市流动，并直接转移到非农产业上来，青年农民“离农、弃农”现象严重，大量“农二代”都要“跨农门”。朝阳市农村青壮年劳动力大量向非农产业流动，使得务农的劳动力年龄偏大、文化素质整体偏低、农业后继乏人现象普遍存在。朝阳市农村劳动力的持续转移为培育新型职业农民队伍带来了巨大挑战，毕竟，发展现代农业、推进城乡一体化都迫切需要一批爱农、懂农的人。然而，农业现代化进程缓慢，“农村空心化，农业边缘化，农民老龄化”严重，单单的小农经营难以维持生计，留在土地上种地的多为妇女和老人。因此，加快培育一批愿意留在农村务农的农村从业者，是对未来“谁来种地、怎么种地、如何种好地”问题的有效回答。这三个问题已成为当今朝阳市“绕不开”和“逃不掉”的重大问题。党和国家关心、关注“三农”问题，不断在“强农、惠农、支农”上出台优惠政策，不断调整生产关系，不仅给予农民物质上的补贴，而且注重农民综合素质的全面提高。

（二）项目目的

通过培训，新型职业农民不仅有知识、有文化、懂科技、会经营，而且在农业生产过程中能够将规模化经营和专业技能有效的结合，在很大程度上推进了农村现代化和农业现代化、产业化发展和进步。在培育过程中，充分利用了各种培训资源和配需方式，加大了专业大户、青年农场主和家庭农场经营和培训，提高了农民在生产过程中的各项技能和经营管理水平。与传统农民相比，新型职业农民因掌握先进的耕作技术和经营管理技术，拥有较强的市场经营能力、善于学习先进的科学文化知识，更能适应和推动农业的产业化发展。新型职业农民就是以市场运作实现利润最大化为目的、以农业为稳定职业、具有较高素质和社会责任的农民。本项目立足于朝阳市农业发展现状，利用4年的时间，在朝阳市属北票市对新型职业农民培育工程工作进行了一系列模式探索和实践，通过总结红辣椒、设施蔬菜和玉米三大产业新型职业农民培育过程中的实践经验，努力探索适合朝阳市农业发展的新型职业农民培育的方法，提出了健全培育新型职业农民的措施和建议，构建了北票市红辣椒、设施蔬菜和玉米三大产业新型职业农民培育模式，以期对朝阳市的新型职业农民培育起到一定的指导作用。

（三）项目意义

北票市通过建立新型经营主体土地股份合作社、完善农业社会化服务体系逐步形成了新型职业农民培育模式，并取得了很好的成效，形成了以土地股份合作社为载体平台、以农业职业经理人培育为核心、以农业社会化服务为保障的北票市新型职业农民培育模式。北票新型职业农民培育模式提高了当地农民的收入，也提高了新型职业农民的身份地位，对安定当地社会有一定的积极意义，更对朝阳市新型职业农民培育体系建设有更好的借鉴意义。本项目着重对北票模式具体做法进行分析，促进了北票市新型职业农民培育的持续健康发展，并提出了完善朝阳市新型职业农民培育问题的对策建议。

二、项目概况

（一）新型职业农民概念

新型职业农民区别于原有的“农民”概念。它从一种“身份”称呼转为“职业”类型。首先，新型职业农民一般接受过比较系统的现代农业知识，熟悉国家农业政策与相关法规，具有学习能力。其次，新型职业农民具有前瞻性眼光，拥有科学发展的理念。最后，掌握专门的职业素质技能，具有相关从事农业的素质、技能和高度的社会责任感、职业道德素养。其不仅是农村先进生产力的代表，也对周围农民起到了示范带头作用。新型职业农民目前在我国没有一个统一的定义。大多数学者已经从其基本特征方面进行了界定，认为新型职业农民应当拥有深厚的农业农村情怀、鲜明的职业化和专业化特点、强烈的农业意识和先进的生产经营能力、明确的经济人属性以及较高的社会地位等。国内专家普遍认为，新型职业农民是推进农业现代化进程的主要力量，其主要特征为收入稳定、地位高、有尊严、懂农技、会管理、善经营，主要分为生产经营型、专业技能型、社会服务型三大类。

（二）本项目中的新型职业农民指的是红辣椒、设施蔬菜和玉米三大产业的职业农民

本项目中的新型职业农民以红辣椒、设施蔬菜和玉米三大产业为职业，收入主要来源于农业种植并高于一般农户，是市场主体；稳定地从事农业种植，将务农视作自己的职业；具有较高素质和农业技能，能按现代农业规模化、市场化、集约化要求进行经营管理；与其他行业职业享有同等的职业保障和权益；具有高度的社会责任感和农业现代化观念。

（三）北票模式

本项目在理论和实践研究的基础上，从土地股份及相关作物生产专业合作社、农业社会化服务体系、农业职业经理人三方面分析总结了以土地股份合作社建设为基础，以农业社会化服务体系构建为保障，以农业职业经理人培育为核心的三位一体的北票市政府行为下的市场化的新型职业农民培育模式——北票“二阶式”模式，其具备以下三个特点：一是政府公益性服务行为与生产经营主体利益形成良性机制，品种、技术、信息等公益服务与经营性服务主体市场化紧密结合，提高了政府公益性服务效率，实现了为新型职业农民培育服务的可持续性。二是建立以培育红辣椒、设施蔬菜、玉米等产业职业经理人为核心的职业农民培育模式，迅速培养造就了职业化、专业化的新型职业农民队伍，构建了包括产业扶持政策、科技扶持政策、社保补贴政策、创业补贴政策、金融支持政策等全方位系列化的扶持政策体系。三是搭建了三大产业综合服务平台，对新型职业农民（农业职业经理人）提供指向性服务，切实把科技、服务、政策、措施落实到职业农民群体，而不是基地或产业化龙头企业，并提供从知识积累、技能提升、产业发展全链条的支持与服务，为新型职业农民（农业职业经理人）营造了成长、成才、成功的良好环境。

三、项目技术关键点

（一）研究内容

在当前的新农村建设中，培育新型农民是转变农业发展方式、提高农业发展质量、增加农民收入的重要保证。本项目从理论知识与实践案例相结合的角度进行研究，分析北票市新型职业农民培育的成功模式，并提出加速北票市新型职业农民培育的对策建议。北票市新型职业农民培育模式是在一定的社会经济条件下形成的，以当地社会、经济等各种资源优化配置为目标的，在培育过程中形成的固定制度、方法的标准和理论体系。北票市新型职业农民培育模式是一个理论系统，主要包括培育目的、目标、主体、客体、层次、内容、评价、效果保障等要素。培育模式的形成过程其实就是各个要素资源优化配置的过程。培育目的就是为什么要培育新型职业农民；培育目标就是要培育什么样的新型职业农民；培育主体指负责培育的实施机构和人员；培育客体又称培育对象，是指培育过程中接受培育的农民；培育层次是指培育属于哪一层次的；培育内容是指为实现培育目标而开展的知识、能力和素质的内容，例如无公害红辣椒安全生产技术的培育；培育评价是指通过系统地收集信息、对实现培育目标而进行的培育活动进行分析和价值判断，它具有评价、监督和导向的功能；培育效果保障是指确保培育目标实现所必须配套的法律、法规、政策和措施体系，它是新型职业农民培育活动过程中不可缺少的重要环节。本项目就北票市三大农业支柱产业新型职业农民培育的特点，分析了北票市新型职业农民培育的背景及现状，包括劳动力情况、产业发展情况、培育新型职业农民的成效及存在问题等，总结北票市培育新型职业农民模式的主要做法，并对模式做了运行机制、社会效益和关键节点的分析，提出完善北票市培育新型职业农民的建议及对朝阳市新型职业农民培育的启示。

（二）技术路线图

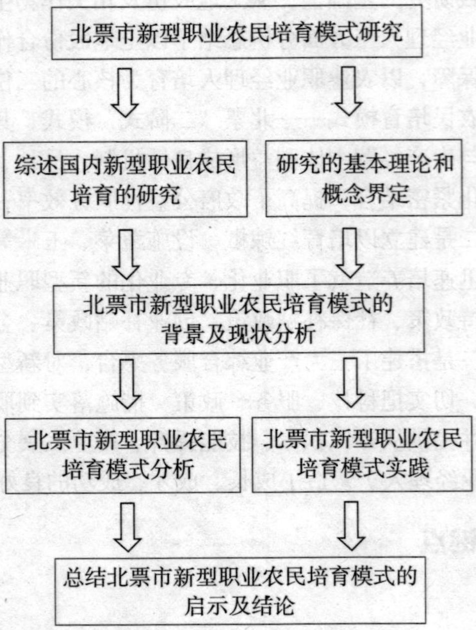

图 9-1 北票市新型职业农民培育模式研究技术路线图

（三）北票市新型职业农民培育模式的发展现状

北票市是辽宁省的农业大市，在全省“粮食、蔬菜、水果、禽畜产品保鲜和加工”等若干与农业资源开发相关的产业中处于重要的位置。北票市气候宜人，水资源和劳动力资源丰富，拥有大量的自然资源，在农业及其相关产业方面具有比较大的优势。北票市正在加快农业现代化的步伐，对农业新科技的需求极为迫切。北票市丰富的丘陵和多样的农业资源再加上优越的地理交通条件，为项目的开展提供了广阔的空间。因此，本项目抓住机遇，把新型职业农民培育与北票市三大产业有机地结合起来，构建了以土地股份合作社建设为基础、农业社会化服务体系构建为保障、农业职业经理人培育为核心的三位一体新型职业农民培育模式——北票“二阶式”模式。本项目拓展了新型职业农民培育的视野、延伸了新型职业农民培育的界限、实现了新型职业农民培育的实际意义。

（四）北票市新型职业农民培育模式的运行机制分析

1. 建立横向合作，共同推进工作机制

成立了北票市新型职业农民培育工作领导小组，在北票市农业农村局设领导小组办公室，负责农民培育工作的组织协调，实施方案制订、培训与证书评定、人才库和考核机制建设等工作；北票市财政局负责整合各类型的培训专项资金，加强对培训的资金投入；北票市人社局负责新型农民在社保方面的政策制定和措施实施；北票市科学技术局对北票市

新型职业农民的农科研发、推广、应用和转化的项目优先给予支持，并利用北票市农业科技指挥中心（北票市农技 110）网络为培育工作发布公共信息。各乡镇落实具体人员负责区域内职业农民的推荐选拔、培训组织、指导服务和日常对接工作。各乡镇和成员单位相互协调，共同引导队伍的发展方向。

2. 建立纵向联系，共同推进工作机制

北票市职业农民培育工作领导小组与北票市农业科技指挥中心整合了农技、农机、畜牧专家，组建了农业技术专家团队；在乡镇级挑选了农业技术骨干担任乡镇联络员，实行专家和联络员挂钩的职业农民制度，在全市 10 个主要乡镇对农业职业经理人开展一对一“保姆式”技术指导和跟踪服务，利用他们的理论和实践知识经验为土地合作社提供了个性化发展指导和专业化服务；在村级遴选农业职业经理人，对在合作社就业的新型农民就生产环节的关键技术进行“面对面”的指导和“手把手”的示范。

3. 建立服务体系，保障推进工作机制

通过建立以专家大院为核心、农技团队为纽带、合作社为平台、农技成果应用为价值目标的农技服务体系，搭建专家与土地股份合作社、种养大户等经营主体的桥梁，促进了科研结合、研推并进、互惠共赢。创建农业社会化服务类型的公司，依托乡镇农业综合服务站为新型经营主体提供咨询、劳务、机械化、田间配送、辣椒银行等“一站式”技术服务平台，满足了农业适度规模化经营的服务需求。通过构建农产品品牌服务体系，土地股份合作社严格遵循技术规程，切实做到统一标准化生产，进一步提升农产品品牌价值，实现农产品和市场的高效对接。通过构建农村金融服务体系，完善投融资制度，开发了农村产权抵押贷款政策，成立产业风险互助基金。

四、项目主要指标及完成情况

（一）主要指标

该项目期共 4 年，自 2014 年开始至 2017 年底结束。前 2 年通过把新型职业农民培育与北票市红辣椒产业有机地结合起来，建立以土地股份合作社建设为基础、农业社会化服务体系构建为保障、农业职业经理人培育为核心的三位一体新型职业农民培育模式——北票“二阶式”模式。2017 年，在北票市三大支柱（红辣椒、设施蔬菜、玉米）产业里全面推开北票“二阶式”农业发展模式。具体指标如下：

（1）项目期内完成新型职业农民培育人数 2000 人以上。

（2）项目期完成新建 5000 亩红辣椒标准化生产基地一个。在台吉营乡台吉营村建立 5000 亩红辣椒标准化生产基地一个。建设 5000 亩红辣椒标准化种植基地。采用膜下滴灌技术。扩大科技对红辣椒产业的贡献率，提高红辣椒单位面积的投入产出比，使得平均亩产红辣椒 300~350 kg，年产优质红辣椒 1350 t。

（3）项目期培育初级农业职业经理人 100 名。各种合作社主体达标完成数量 300 个。构建新型职业农民模式一个北票“二阶式”模式。

（二）完成情况

1. 国家财政拨款部分

国家财政拨款部分主要用于新型职业农民培育工作。4 年国家财政共拨款 368.3 万元，这些经费用于新型职业农民的基础培训、培训实训基地建设及市场考察等项目。

2. 合作社自筹部分

合作社自筹部分主要用于红辣椒高效栽培绿色生产基地的建设及新品种新技术的试验示范推广任务。

五、项目主要措施

（一）北票市新型职业农民培育发展现状研究

制约北票市农业发展的因素主要为留守在农村的农民多数是老弱病残，受到传统观念和思想的影响，大多数农民对政府政策缺乏理性的认识，农民的文化素质整体偏低。而且尽管新型职业农民已逐步形成规模，但从整体来看，其数量分布不均，文化教育素质参差不齐，供需矛盾非常突出。

（二）北票市新型职业农民培育模式研究

从 2014 年开始，北票市利用 4 年时间在红辣椒、设施蔬菜及玉米产业里建立了北票“二阶式”农业发展模式。模式特点是 1 个政策模式加上 4 个技术模式，分别是：政策支持模式和技术培训模式、品牌战略模式、市场监督模式、社会服务模式。北票“二阶式”农业发展模式创新了农业经营机制，激活了农业生产要素。订单式农业服务模式解决了农忙时节劳动力缺乏和农业生产成本的问题。北票市的土地股份合作社是农村土地改革创新的有效模式，其推动农业规模发展，引导农业经理人职业化发展，为构建农业社会化服务提供可持续发展服务。北票市农民职业教育模式的形成是一个不断实践、总结、再实践的过程，必须有规律地探索出适合北票市农业发展的职业教育模式。本项目针对知识结构和能力培养问题突出、利益与风险不匹配和支持政策不健全等问题提出了优化结构队伍和利益分配机制，强化基础设施建设和社会化服务。北票“二阶式”农业发展模式给出了北票市新型职业农民未来发展趋势的预测和构想，并提出运用市场机制进行竞争应聘的方法。

（三）建立土地股份合作社

面对北票市农村劳动力老龄化、兼业化、弱质化和土地利用效率低等问题，北票市新型职业农民培育经历了较长时间的实践探索。2014 年，北票市率先开展了新型职业农民培育工作，开始在台吉营乡进行试点，创建土地股份合作社的现代农业发展模式。北票市台吉营乡台吉营村率先按照市政府的要求，让农户把土地承包经营权按相同股数进行参股。农业职业经理人具体管理合作社，其数量和质量决定着合作社的发展。北票市成立了以政府为主导的土地股份合作社，进行规模化试点，试点地区农业生产经营由分散经营向集约化、规模化经营转变。

（四）构建农业社会化服务体系

首先，成立了农民专家大院，解决了合作社和农业职业经理人技术难题；其次，成立了农业服务超市，为合作社和职业经理人提供农业生产的产前、产中、产后的全方面一体化的农业服务，首创“辣椒银行”业务，保障了农业职业经理人的经营风险和收益风险；再次，创立农产品品牌机构，统一标准生产，实现了产品的溯源；最后，鼓励农业金融产品创新，成立土地交易中心，鼓励农村土地流转，为规模化经营打造平台。新型农业经营主体的构建、农业社会化服务体系的完善为北票市农业职业经理人培育模式的建立提供了发展基础和保障平台，在北票市逐步形成了以提高新型职业农民素质和农业技能为核心，以资格评定管理为手段，以政策扶持为动力，由政府主导整合各相关业务部门职能，联合土地股份合作社、农业服务超市等市场化主体，搭建农业职业经理人教育培训、认定管理、政策扶持”三大平台”，形成了北票市政府行为市场化下的新型职业农民培育模式。

六、项目应用效果

（一）培育模式特色

合理的利益分配。北票市新型职业农民收入由利益分成、服务收入、各种奖励补贴构成，收入水平较高。在各乡镇，合作社与经理人协商年终经营，利益分配机制不尽相同。对合作社最终收益实行按股分配，社员利益共享、风险共担，新型职业农民按比例提取收入。保底或保产剩下的纯收益，经理人和股东按照一定比例进行分配。在台吉营兴农辣椒生产专业合作社，2014 年合作社与农业职业经理人段树军（种植能手、农机手，自有辣椒地 370 亩，合作社理事，初级农业职业经理人）实行保产分红的年终经营分配机制，种植红辣椒 2000 亩以上，每亩保产 210 kg 红辣椒，纯收益按 7∶2∶1 的比例分成，70% 分配给社员，20% 作为股东公积金用于公共支出，剩余 10% 作为农业职业经理人收益。农业职业经理人段树军主动与技术推广部门联系合作，利用在培训期间所学到的理论和知识，用科学的方法来计划和指导红辣椒生产。

2015 年，他采用两种方法种植红辣椒：一是采取新品种清种加对照，新品种采用辽宁省农科院研发的辽红三号，种植面积为 1500 亩，对照品种为北京红。秋季测产，辽红三号干椒单产达到 327 kg，与对照（213 kg）比增产幅度 53%，每亩增产 114 kg，按 10 元 / 千克计划，亩增值 1140 元，亩产值 3270 元，1500 亩项目地块产值 490.5 万元。二是采取 2∶4 米椒套种形式，辣椒新品种采用辽宁省农科院研发的辽红三号，玉米品种是联达 288，种植面积 1075 亩。玉米和辣椒增加株距亩密度不变，玉米为每亩 4000 株，红辣椒为每亩 2400 株。经秋季测产，玉米折合亩产 650 kg，红辣椒单产 228 kg，玉米收购价 1.3 元 / 千克，红辣椒 10 元 / 千克，经折算亩增值为 1025 元，亩产值为 3125 元。项目区通过米椒套种新技术推广可使园区产值达到 335.9 万元，效益非常显著。2015 年是丰收年，红辣椒市场价格好产量高，当年合作社收入达到 826.4 万元，其中，超产分成近一半，去除保底产量产值，纯增值部分达到了 281 万元，按年初比例分成算，社员共分得 196.7 万元，社内公积金 56.2 万元，农业职业经理人分得 28.1 万元。随后两年虽然市场比较低落，但农业职业经理人的年收入也超过 10 万元。

（二）培育模式成效

北票市在 2017 年底累计已培养农业职业经理人和各类新型职业农民达到 1878 人，以农业职业经理人为重点培育，有力地推动了农业经济的全面发展。早在 2014 年，北票市农村的人均可支配收入达到 11796 元，全市生产总值为 240 亿元；2015 年，农业总产值实现 82.7 亿元，北票市农村的人均可支配收入达到 20170 元。2014 年，各类合作社达 700 个，到 2017 年底在工商局注册农民专业合作社 1136 个，其中种植业 556 个、畜牧业 367 个、农机服务业 144 个、林果业 63 个、其他服务业 6 个。社员总数 33547 人，注册资金总额 190843 万元。各类合作社逐步发展和壮大，有效地带动了农业耕地规模化、产业化，农业机械化率显著变化，其生产条件不断提升。

1. 农业产值增加，农民收入提高

农业收入效益低下是农民不从事农业生产最直接的因素，年轻劳动力严重缺乏影响了现代农业的发展，导致出现了“谁来种地”的问题，而北票市却很好地解决了这一问题。通过对农业职业经理人和其他类型农民的培育，他们找到了在北票市农业中的岗位，拥有了持续、稳定、较高的收入。新型职业农民带来了新技术和资金。2014 年，通过新品种、新技术的引进，再加上先进的农业生产管理水平，入社农户红辣椒单产高于未入社 83 千克 / 亩；2015 年，高出 102 千克 / 亩，入社农户每亩增收 800 元以上，新型职业农民也在其自身的成长和规模化的经营中获得了较高的收益。2016 年，北票市在岗的红辣椒产业新型职业农民的人均年收入 4.55 万元以上，远远超出了当地普通农户收入。

2. 职业农民和合作社发展壮大

土地股份合作社很好地解决了当前土地产权制度下地块碎化、土地撂荒、产出率低下等大多数土地面临的问题。截至 2017 年初，北票市建立了 1 个培训中心和 4 个实训基地，其中 30 多名农业职业经理人受聘于全市的各个合作社，管理着全市部分土地。这些土地的生产效率显著高于同期当地水平。

七、项目存在的问题和对策建议

（一）职业农民培育存在的问题

1. 新型职业农民的确认问题

针对北票市农业发展现状，根据农民的自身素质，将新型职业农民分为两种。一是生产经营型的职业农民，要求其具备专业的技能和一定的资本。同时，在生产经营过程中，要具备一定的创业能力和持续经营的能力。通常情况下，从农业收益的角度分析，这类农民有参与经营的优势。二是专业技能型的职业农民，其具有吃苦耐劳的坚韧品质，是职业农民类型中要求最低的一种。在实际的农业生产和发展农业过程中，如何调动农民的积极性是急需解决的问题。

2. 新型职业农民的培育问题

北票市新型职业农民培育存在着师资力量不足、培训内容与农民需求不挂钩、培训效果差的特点。新型职业农民培育需要完善各个方面的保障，主要有：颁发职业农民职业证书、出台相关政策、提高农民收入、改变“农业是弱势产业”的现状。完善新型职业农民的社会环境，通过建立和完善土地流转、土地使用权制度，完善有关新型职业农民培育的立法，开展农学结合、弹性学制的中等职业教育。这是新型职业农民培育的有效形式，也是提高农民综合素质和专业技能的重要措施，对解决今后“谁来种地”问题意义深远。

综上所述，对于新型职业农民培育的主要对策，主要集中在提高农民综合素质及促进农民自身的发展上，包括：加大新型职业农民培育的政策扶持、投资力度和立法保护，深入研究和借鉴国内外有关新型职业农民培育的相关经验，指导北票市进行新型职业农民培育的实践。

（二）对策建议

1. 对农民进行系统的培训

怎样培育新型职业农民，是建设社会主义新农村的一个基本问题，是解决好“三农”问题的关键。在培训过程中，不是简单地对农民进行培训，而是要从政策、环境和城镇化发展的进程等不同的方面进行综合的全面培训。北票市围绕红辣椒、设施蔬菜和玉米三大产业化经营进行培训，对课程培训的方式进行了全面改革，除了向农民传授农业技术之外，还从科技知识和经营管理方面培养农民的现代化农业发展的理念。

2. 制订培训规划，推动培训升级

新型职业农民主要包括从事规模化种植和从事农业生产经营服务的经理人、农机手等人员，他们是发展现代农业的主要依靠力量，也是今后的重点培养对象。为此，北票市充分利用各种农民教育培训资源，依托农民培训和农业项目工程，以规模化、集约化、专业化、标准化生产技术，以及农业生产经营管理、市场营销等知识和技能为主要内容，开展系统化职业技能培训，不断发展壮大职业农民队伍。同时，鼓励社会力量进入农民教育培训领域，建立科研院所与农技推广、农民教育培训专业机构紧密协作，形成科研成果、试验示范、推广应用、教育培训一条龙式工作模式，提高农民教育培训的针对性、时效性。

3. 改革培训模式，调动参培积极性

北票市新型职业农民培育工程培训将通过提高农民科技文化素质，增强农民就业创业能力，培育一批有文化、懂技术、会经营、善管理的新型职业农民，为推进新农村建设和统筹城乡发展提供人才支撑，促进农业增效、农民增收。北票市在新型职业农民培育过程中把满足农民多样化、个性化需求作为工作出发点和落脚点，充分尊重农民意愿，确定教育培训内容，选择适合农民学习特点的时间和地点，做到长期与短期、本地与异地、集中与分散、考证与学历、基础与实用相结合，通过一些灵活的教学方式不断提高新型职业农民培训针对性、实效性，从而全面提高农民参与的积极性。针对北票市红辣椒产业发展状况，培训初期就给学员提出三个思考问题。北票和开鲁的气候、土壤条件有何差异？在哪些方面北票落后于开鲁，差距有多大？是什么原因造成北票红辣椒产业停滞不前？通过对比找到差距，找到差距就知道了原因。通过这样的培训和课后异地考察，转变了学员的生产经营观念，激发学员的学习兴趣，也促使学员深度思考落后的原因。

4. 建立示范带动机制

为了鼓励更多的农民通过自身努力成才，需要建立一套合理有效的示范带动机制，新型职业农民的言传身教是最行之有效的。由此，通过选拔培养，一些新型职业农民成为一支固定的示范队伍，影响和带动周边农民学科技、用科技。通过户带户、户带组、组带村、村带乡，争当新型职业农民的热情就会迅速高涨。发挥成功创业者的示范带动作用，可使先创业者不断做大做强、后创业者少走弯路。为了增强示范效果，推动培训事业升级，北票市组织了一支由专家、教师和优秀学员组成的考察队伍，奔赴开鲁进行考察。考察前又对学员提出了三个问题：明年种什么红辣椒品种？怎么种？产品销往哪里？带着这三个问题，学员们对开鲁两个乡三个村的上万亩辣椒田、几十户农民进行了走访和调查，同时与当地乡村领导进行了多方位交流，听取了当地辣椒经贸公司及专家的经验介绍，每个学员都有了一个更高层次的认识。之后，这些学员通过自己的所见所得和言传身教，把先进的农业科技知识和经营理念带给了广大的椒农，为北票市的红辣椒产业发展打下了良好的基础。

八、北票市新型职业农民培育模式的特点

（一）以培育农业职业经理人为主要目标

北票市选取新型职业农民的一种类型，以培育一批具有较强市场意识、较高生产技能、一定管理能力和经营水平的现代农业职业经理人为主要目标，带动粮食规模生产、土地规模经营，推进都市现代农业跨越式发展。因此，北票市农业职业经理人的培训相比其他农民教育培训而言，目标更明确，其将农民的经营管理能力提高到了与生产技能同等重要的位置，主要向学员讲授现代农业经营理念、农产品营销等知识。

（二）以政府为主导

北票市农业职业经理人培训是一项由政府主导的工程，政府部门在培训政策的制定、培训的组织实施等方面都发挥了极为重要的作用，政府的主体地位明显。

（三）初步形成完整的选拔、培训、考核评价体系

北票市通过 4 年的实践探索，已经初步形成了一套完整的职业经理人选拔、培训、考核评价体系，并正在逐步建立农业职业经理人人才信息库。通过朝阳市及各区县文件及相关规定的出台，规范了农业职业经理人培训从选拔对象一直到考核评价全过程的操作流程。选拔对象条件合理、培训过程基本完善、考核评价公开透明是北票市职业农民培训探索工作中的重要亮点。

（四）反哺社会，带领群众共同致富

北票市新型职业农民培育模式充分利用国家政策在支持发展专业合作社建设、农业职

业经理人培训和社会化服务上。利用农业产业结构调整和农业种植轮作扶持等项目，发展土地股份合作社；利用新型职业农民培训工程项目增加农业职业经理人培训；利用农业社会化服务等项目引导支持农业综合服务超市的组建工作。指导以混合经营为主要内容的实现形式，引导农事企业和村集体的资产资源参股到土地股份专业合作社，发展农业适度规模经营，提高劳动生产率和土地产出率，实现土地经营收益最大化。与此同时，各合作社不忘初心，带领农民共同致富，并积极参与到脱贫攻坚的工作中来。

九、北票市新型职业农民培育模式的效益评价

（一）解决了“谁来种地”的问题

北票市通过农村产权改革，农民以土地股份均等入社，并且成为合作社股东。这种生产关系制度改革有效地解决了“谁来种地”的问题。截至目前，北票市已有新型职业农民1878人，其中生产经营型的农业职业经理人100人，受聘于土地股份合作社、家庭农场、农民专业合作组织等农业经营主体的农业职业经理人达到了23人，农业职业经理人受聘土地股份合作社覆盖面达80%。合作社土地实现了农业分散向规模化、集约化经营的转变，目前，所有合作社实现全面积覆盖。

（二）解决了“怎么种地”的问题

通过完善的培育体系，加快了农技研发和科技成果推广及应用，实现了“科学种田”，有效地解决了农技推广和科研成果转化难的问题，提升了粮食单位的质量和数量。一是提高了粮食产量。目前，北票市农业职业经理人经营的合作社玉米产量亩产平均731 kg，高于当地未入社农户82 kg，二是促进了农业增收。据测算，目前北票市合作社每亩增效14%，股东农民每亩收入多了150元。三是增加了农民收入，通过土地股份合作社产业化经营，促进了富余劳动力向城镇和二、三产业的加快转移，新增转移劳动力15%左右，短工变长工增加20%左右，增加了农民工资性收入，户均增收7000元以上。

（三）解决了“如何种好地”的问题

新型经营主体的建立、新型职业农民和农业职业经理人的培育、农业社会化服务的完善，构建了北票市新型职业农民培育模式。首先，重视加快农业科技的应用。北票市通过农业社会化服务体系的完善，建立农业专家大院，开展品牌战略，大大地加快了农技研发、农技成果的引进、推广以及农技的应用。调整了生产经营结构，使其标准化、规模化、专业化和设施化，农业产品科技含量提高，实现了科学种田。其次，加快农业现代化服务运用。成立服务超市，大大提高了农业生产效率，实现了规模效益。推出的“辣椒银行”业务，解决了晾晒、存储和销售的难题。最后，实现了农业生产现代化管理。构建以职业经理人为生产管理核心的现代企业管理运行机制，基本上达到农业专业化生产管理；通过建立多个现代农业品牌生产基地，建立了农业产品的“身份证”，实现了产品从田间到餐桌的可追溯性，农业生产市场化降低了生产成本。

十、北票市新型职业农民培育模式成功的关键、基础和保障

（一）政府推动是关键

北票市已经把培育新型职业农民纳入农业农村经济工作总体部署当中，通过制度、政策和绩效考核来鼓励和激励各方主体。同时，农业、科技、财政、人社、粮食等部门共同参与，建立了完善的农业职业经理人队伍建设标准制度，并及时地研究解决了出现的新问题，共同推进农业职业经理人队伍的健康发展。

（二）规模化经营是基础

北票市新型职业农民的培育，关键在于搭建职业农民个人成长、技能创新、产业创业的发展平台，让他们的技术和知识有用武之地。如果只有培训、认定、管理环节，没有应用的平台，无法紧密联接各类主体、形成稳定机制，培育就会流于形式。对大部分外出务工的农户来讲，其收入来源主要为打工收入，土地只发挥保障性功能。而新型职业农民以经营土地为主要业务，经营利润的多少关系到从业的去向，政府要引导以合作社、家庭农场为主的多种形式的适度规模化经营，为新型职业农民搭建产业发展平台。

（三）社会化服务是保障

首先，要充分发挥新型职业农民所在的土地股份合作社等新型农村集体经济组织的力量。以合作社为主体，积极申请各级政府关于基础设施建设的扶持资金和低息、贴息贷款，采取以政府扶持为主、合作组织自筹资金为辅的办法，尽快规划、修建成片连线的农田基础设施，以满足规模化生产的需要。其次，做好社会化服务组织的培育工作。通过政府引导、市场参与、多元合作，从完善的保障服务入手，构建农业科技、农业品牌、农业社会化服务、农村金融等服务体系，进一步完善以农业服务超市为核心的运行机制，实现农业产前、产中、产后全面需要的生产资料、劳务、运输等服务打包供应，实现服务常态化和获取便捷化，为职业农民效益提升提供持续有效的保障。

十一、项目未来发展趋势

（一）培养新型职业农民教育模式职业化

培养新型职业农民是一个系统性的工程，涉及的方向很多。这是由于农民职业教育培养内容以及配套条件具有多样性，并且还要对农村职业教育改革进行系统化设计。要强化农村职业教育培养新型农民的教育与培育制度，这一点可以通过构建考核评价体系来实现。

（二）培养新型职业农民教育模式系统化

当前，农村职业教育呈现出了灵活性、多样性等特征。发展农村职业教育既要考虑培养条件，也要考虑农民自身对知识的接受能力。农村职业教育的模式需要从培养机构、办学模式以及教学模式等方面进行全方位改革，实行多元化的办学机构、灵活化的办学模式

以及多样化的教学模式和特色化的课程体系。

（三）培养新型职业农民教育模式社会化

农业职业学校是培养新型职业农民的基础，提高农村职业教育质量是培养新型职业农民需要做的关键工作。在未来职业教育的发展过程中，要能够充分利用其他资源，并且还要完善相关的政策和制度。发展农村职业教育首先要探索“农科教结合”的发展路子，积极推动各个方面协同培养新型农民；其次，发展农村职业教育要坚持人才培养与特色产业扶持相协同的发展路子；最后，发展农村职业教育要将公共财政支持与市场推动相协同。

总而言之，发展农村职业教育、培养新型职业农民是进行农业现代化建设的必然选择。这不是一朝一夕就能完成的工作，其以国家为主体，需要社会各方面资源的协同。此外，还要结合农村发展的实际以及农民接受新知识的能力进行综合考虑、全面规划、整体改革，才能保证培养新型职业农民、发展农村职业教育工作的顺利进行。在未来的发展道路上，发展农村职业教育要不断对农村职业教育的教学模式进行创新，不断更新教学方法，只有这样，才能保证农村职业教育教学质量的提高，更好地促进农村职业教育的发展。

十二、社会效益

社会效益是指通过新型职业农民培育满足广大农民的生产需求，保证其具有良好的技术状态，为“三农”服务，促进农业增产和农民收入增加。其具体表现为培育效果，主要包括农民受职业培育的普及程度、农民积极参与职业培训程度、职业农民培育内容的针对性和到位性。农民受职业培育的普及程度是指职业农民培训的覆盖面积；农民积极参与职业培训程度是指农民是否积极参加各类职业培训，培训时间、培训形式、培训费用等都可成为影响其积极参与职业培训的因素，从而间接影响职业农民培训的效果；职业农民培育内容的针对性是指广大农民职业培训的需求选择，如蔬菜栽培、粮油栽培等，职业农民培育内容的到位性是指对上述培训内容要求的深度是否被满足。

从北票市的实践经验看，新型职业农民培育取得了明显的社会效益。一是提升了农民从业技能。通过教育培训，农民不但学到了专业理论知识、更新了观念，而且掌握了实际技能。二是促进农业各产业发展。通过培训，很多学员成了种植能手、经营高手，有的学员成为家庭农场主，有的成为农业职业经理人。三是推动了农村经济发展。教育培训能增强农民学科技、用科技的意识，改变其精神面貌；能在农村兴起爱学习、比创业的风气。同时，办学能及时将上级惠民利民政策传达给学员，调动大家参与新农村建设的积极性，增强基层党组织的凝聚力和号召力。四是实现了农民共同致富。教育培训让不少学员致富，他们致富后不忘初心，带领其他农民一起致富，既为政府分流了压力，也使自身受到了社会的尊重和认可。很多合作社、青年农场主都主动承担起脱贫攻坚的任务。由于社会化服务工作的全面开展，带动了一批新型农业经营主体迅速完成了生产资金的积累。这些新型农业经营主体不忘初心、反哺社会，吸收了大量贫困户加入脱贫致富行列，为社会作出了巨大贡献。

第二节　2BGQM-2 型谷子全膜覆盖精量穴播机示范推广项目

一、项目目的和意义

在我国北方，谷子的种植面积仅次于小麦、玉米，居第三位。谷子的营养价值高，85% 左右用作人类的优质粮食，10% 左右用作饲料，5% 用作食品加工。随着农业种植业格局的调整和人们生活水平的提高，谷子等杂粮越来越受到人们的欢迎，谷子产业的发展壮大也逐渐被人们重视。谷子的播种方法很多，常用的是耧播、犁播和机播这三种形式，耧播和犁播作为传统的播种方式，存在很大缺陷，即播量难以准确控制。为了保证不缺苗，种子播量很大，增加了后期间苗的难度，费工时、费种子。种植不均匀且播种深度不一致，影响作物的产量和种植规模，不能适应大面积种植作业的要求。在旱作农业区，全膜双垄沟谷子穴播种植农业技术是目前谷子栽培技术最先进的技术，其主要特点是 40、60 cm 大小垄相间，全膜覆盖垄面集雨，垄沟穴播种植，具有保墒蓄墒、雨水富集、就地入渗、抗旱提温、稳产增产的效果，亩保苗 4 万株左右，应大面积推广应用。近几年，谷子全膜覆盖穴播只是刚刚起步，精少量机播技术还不是很完善，有很大的改进和研究空间，北票市农业机械化推广站在这样的背景下，决定进一步开发谷子全膜覆盖精量穴播机械化技术，达到促进辽西地区谷子产业发展的目的。该项技术的开发可有效地提高谷子产业的经济效益、社会效益、生态效益，增加农民收入，改变谷子生产落后的传统技术，达到一个较高的水平，对促进农业生产现代化具有重要意义。

二、项目实施情况概述

2BGQM-2 型谷子全膜覆盖精量穴播机示范推广项目的实施大致分为考察论证机具配套方案、试制试验、示范推广三个阶段进行。

第一阶段：2014 年 5 月—2014 年 7 月。为考察论证机具配套方案，北票市农业机械化推广站成立了 2BGQM-2 型谷子全膜覆盖精量穴播机示范推广项目的课题组，由站长带队课题组主要人员先后赴河北张家口、霸州，内蒙古敖汉等地考察谷子全膜覆盖精量穴播技术。经考察分析，发现该技术的配套机具存在很多问题，北票市农业机械化推广站决定自己开发一种性能更优的机具，联系北票市兴农机械装备有限公司及站外有关农机专业技术人员协助，确定了机具研制方案，绘制图纸。

第二阶段：2014 年 8 月—2015 年 10 月。北票市农业机械化推广站根据第一阶段考察论证的机具配套方案进行机具的试制、改进。2014 年 9 月初步生产了一台样机，在北票市五间房镇刘家沟村进行了反复试验和改进，最终确定了该机的结构方案。2014 年 10 月—2015 年 10 月生产了 10 台样机，在大板镇波台沟村和五间房镇西高楼村进行了面积 2000 余亩的试验，效果良好。

第三阶段：2016 年 2 月—2017 年 12 月。在 2015 年试制试验的基础上，在长皋乡、泉巨永乡、大板镇、凉水河乡、五间房镇、龙潭乡、娄家店乡、朝阳县贾家店农场、阜新县丰田乡进行较大面积的示范性推广，谷子示范面积达 5.2 万亩，油菜试验面积 3000 亩左右，效果良好，试制样机86台。

在项目实施的整个过程中，得到了北票市农机局领导的鼓励和支持，投入了课题经费，受到了站外农机技术人员和北票市兴农机械装备有限公司的精心协助，并有农机作业人员的积极参与，保证了样机的及时生产和试验示范推广的顺利进行。

三、项目资金的投入使用情况

2BGQM-2型谷子全膜覆盖精量穴播机示范推广项目共投入资金95万元，其中北票市农机局投入资金20万元，北票市农机推广站投入资金5万元，各示范点投入资金70万元。其中，用于考察调研试验费用5.5万元，用于样机制造89.5万元。

四、项目技术方案和技术报告

2BGQM-2型谷子全膜覆盖精量穴播机的研制主要针对干旱少雨的地区的谷子栽培，与40马力[①]拖拉机配套，可一次性完成施肥、覆膜、铺滴灌带、施除草剂、精量穴播、镇压一系列工序。经过改进试验，使该机整机结构合理，各部件结构设计和工艺安全可靠，适应实际操作的需求且技术性能指标满足谷子栽培的农艺要求。该机具与其他同类产品相比较，性能更优良，运行更稳定，播种更均匀，此外还能进行绿豆、芝麻、油菜、甜菜等小粒经济作物的播种。该机主要由机架、施肥机构、铺膜机构、滴灌带铺设机构、喷药机构、播种镇压机构等组成。经过改进试验和田间播种试验，该机具整机结构合理、各部件结构和工艺安全可靠、适应实际操作的需求且技术性能指标达到了谷子播种的农艺要求。

（一）主要技术路线

主要技术路线为：差异化+结合市场需求+创新设计施肥播种机构与机架的卡头链接方式+引进“鸭子嘴”播种体设计+创新设计出土板反向调节。采用实践与设计相结合的方法，其他工作部件进行细节设计调整，与其他同类产品形成差异化。

（二）主要配置规划

以40~50马力拖拉机作为动力装置、四轮驱动。关于产品的主要内容及基本原理，以目前市面上使用最多的全膜覆盖播种机为基础。

（三）结构设计

机架由主机架、滴灌带支架、地膜支架组成，用于机具整体的支撑和其他部件的连接。开沟取土机构由半月凹形开沟器、取土护罩以及固定在链条上的半月形输土铲组成。凹形开沟器与导土下护罩的前端制成一体。调节地轮的上下位置可以调整开沟深度，调节范围为0~10 cm。开沟器开出的沟槽做种床。凹形输土铲与链条一起运动，将土输入覆土机构，开沟取土机构设计为2个。地轮机构主要由辐条形地轮、地轮轴、立柱、轴承、轴承盖组成，通过焊接在机架上的固定套连接，松开紧固螺栓，上下移动地轮立柱的位置控制开沟器的开沟深度。铺膜覆土机构由滚筒、螺旋分土搅龙、挂膜架、地膜轴、分土调节板、中间分土罩、侧分土罩组成。将开沟取土机构输送的土壤覆盖在地膜上的两个种床及

① 马力：马力是工程技术上常用的一种计量功率的常用单位，1马力约等于735瓦特。

地膜的两边，形成 4 个条形覆土带。挂膜架通过机架上固定调节套连接，用来固定和调节地膜的位置。传动机构由齿轮箱、万向节、输出轴、主动链轮和导轮组成。用于传递拖拉机输出的动力，带动取土机构和覆土机构工作。滴灌带铺设机构由导轮、轴、固定挡圈、平土器组成，滴灌带卷盘通过轴、固定挡圈固定后，安装在机架上，通过导轮及平土器平出的床面将滴灌带笔直地铺设在垄台中央。施肥机构主要由施肥箱、外槽轮式排肥器、12 V 电机、输肥管和施肥开孔器组成，12 V 电机利用配套拖拉机的电瓶电源，带动外槽轮排肥器旋转，将肥箱内的肥料均匀地排出，通过施肥管导入开沟器，施入田间。施肥量通过移动槽轮的位置来调节。开沟器设计为锄铲式，开沟沟痕小，开沟器通过机架上的固定调节套安装在机架上，通过开沟铲柄的上下移动，调整开沟器的深浅，调整范围为 0~15 cm。喷药机构主要由电动微喷器、药箱、药管、开关等构成，药箱安装在拖拉机驾驶座位附近的高处，靠药液的重量流向电动微喷器，微喷器将药剂均匀地喷洒在膜下。播种镇压机构主要由播种体、仿形架、卡头、镇压轮组成。播种体由“鸭子嘴”、滚筒、大小取种勺组成，“鸭子嘴”用螺栓安装在滚筒外侧，其大小可根据作业深度的要求来更换。大小取种勺用螺栓固定在滚筒内壁上，随滚筒而转动，当小取种勺处于滚筒下方时，取起种子，转动到滚筒上方时，多余的种子靠自重落下，小取种勺处于满种状态。当大小取种勺继续转动至下半周时，小取种勺内的种子落入到大取种勺并落入到“鸭嘴”内，当“鸭嘴”转至下方与地面接触时，“鸭嘴”打开，种子排入土壤。该排种器设计为 13 和 16 cm 两种株距，种勺取种量有 5、7、9、11 粒。播种体通过仿形架、卡头和 U 形卡连接在机架上，通过弹簧、弹簧杆的上下移动实现随地表仿形，通过整机前半部分的重量增加“鸭嘴”的入土力矩，使播种深度均匀稳定。

镇压轮通过仿形架连接在播种体后部，随地表仿形镇压，不影响播种深度，经过镇压，种子上方的土壤更加均匀、密实，有利于保墒和出苗。其工作原理为：将 2BGQM–2 型谷子全膜覆盖精量穴播机与 40~50 马力拖拉机进行三点式悬挂连接，使机具中心线对正拖拉机中心线，由拖拉机后动力输出轴提供动力，经万向节传动到齿轮箱，再经主动链轮带动取土开沟机构工作，将土壤源源不断地输送到铺膜覆土机构，均匀地覆盖在地膜上，形成 4 条覆土带。施肥箱内的化肥在 12 V 电机的带动下将化肥施入土壤。将地膜放在地膜支架上进行覆膜。将滴灌带放在滴灌带支架上进行铺设，滴灌带铺在膜下，垄中央。打开喷药泵开关，12 V 电机转动，喷药剂均匀喷洒在膜下。在施肥、铺设滴灌管、喷除草剂和铺膜工作完成后，播种镇压机构进行播种镇压。

五、结论

2BGQM–2 型谷子全膜覆盖精量穴播机经过反复的改进和性能实验以及田间试验，各项性能和技术指标均达到预期指标要求，试验方法科学合理。整机结构紧凑、质量可靠、作业稳定、故障率少、农民使用满意，能满足谷子种植先进技术要求。该机器的研发既解决了旱地双垄沟播全膜覆盖技术推广应用的现实问题，为旱作农业区粮食生产找到了突破口，也推动了谷子生产的发展，深受广大农民欢迎，有大好的推广前景。若种植谷子的地块较种植玉米的地块土质差，但采用 2BGQM–2 型谷子全膜覆盖精量穴播机种植谷子，会使劣等地块的效益高于优等地块种植玉米的效益，因此 2BGQM–2 型谷子全膜覆盖精量穴播机在辽西地区以及其他干旱丘陵地区的应用前景十分广阔，能促进农民增收、农业发展。

六、项目的社会效益

全膜覆盖精量穴播谷子种植工序多，人工完成每亩需要劳动力 6~8 人，劳动强度大。采用 2BGQM-2 型谷子全膜覆盖精量穴播机作业，包括驾驶员在内共需 3 人，每天完成作业 20 亩左右，每亩仅需人工 0.15 个人，每亩节约人工 5.85~7.85 个，且作业人员劳动强低。因此该机具的推广使用，可以大大节省劳动力，减少劳作时间，增强农民的幸福感。该机具的推广使谷子单产提高、生产面积进一步扩大，促进粮食种植业的结构调整，丰富人们的饮食，使农民增收，促进农村经济发展。该机具的研制成功，使农业机械化面积不断扩大，促进了农业机械化发展的进程。

七、项目的生态效益

2BGQM-2 型谷子全膜覆盖精量穴播机的使用提高了降水利用率，节省了灌溉用水，增加了土地积温，增强了土壤的蓄水保墒能力；减少了水土流失，促进农业的可持续发展。该机具可以在较劣质的地块播种谷子，提高了土地利用率，缓解耕地面积不足的压力；黑色地膜的应用解决了传统谷子种植不能喷除草剂的难题，有效地遏制了杂草，为谷子的生长提供了更好的环境。

参考文献

[1] 魏景超. 真菌鉴定手册［M］. 上海:上海科学技术出版社,1979.
[2] 何振昌. 中国北方农业害虫原色图鉴［M］. 沈阳:辽宁科学技术出版社,1997.
[3] 戴芳澜. 中国真菌总汇［M］. 北京:科学出版社,1979.
[4] 张彦萍. 设施园艺［M］. 北京:中国农业出版社,2002.
[5] 许志刚. 普通植物病理学［M］. 北京:中国农业出版社,1997.
[6] 邵力平. 真菌分类学［M］. 北京:中国林业出版社,1984.
[7] AGRIOS G N. 植物病理学［M］. 陈永萱,陆家云,许志刚,译. 北京:中国农业出版社,1995.
[8] 王金生. 病原植物细菌学［M］. 北京:中国农业出版社,2000.
[9] 张中义,冷怀琼,张志铭,等. 植物病原真菌学［M］. 成都:四川科学技术出版社,1988.
[10] 李喜国. 北票地区农作物病虫草鼠害绿色防控技术［M］. 沈阳:辽宁科学技术出版社,2017.
[11] 朱振华,朱永春. 寿光冬暖大棚蔬菜生产技术大全［M］. 北京:中国农业出版社,2002.
[12] 李喜国. 设施蔬果绿色栽培与防控技术［M］. 沈阳:辽宁科学技术出版社,2018.
[13] 杜永臣,梁桂梅. 蔬菜标准园生产技术［M］. 北京:中国农业出版社,2010.
[14] 吴国兴. 名优蔬菜反季节栽培［M］. 北京:金盾出版社,2002.
[15] 韩世栋,周桂芳. 温室大棚蔬菜新法栽培技术指南［M］. 北京:中国农业出版社,2000.
[16] 栗铁申. 植物检疫有害生物图鉴［M］. 北京:中国农业出版社,2001.
[17] 蒋锦标,吴兴国. 名优果树反季节栽培［M］. 北京:金盾出版社,2010.
[18] 王金政. 果树保护地栽培不可不读［M］. 北京:中国农业出版社,2004.
[19] 盖捍疆. 朝阳设施农业栽培实用技术［M］. 北京:中国农业科学技术出版社,2012.
[20] 成卓敏. 新编植物医生手册［M］. 北京:化学工业出版社,2008.
[21] 王本辉,韩秋萍. 蔬菜病虫害诊断与防治图解口诀［M］. 北京:金盾出版社,2006.
[22] 马骏,蒋锦标. 果树生产技术［M］. 北京:中国农业出版社,2006.
[23] 李天来. 日光温室棚菜栽培理论与实践［M］. 北京:中国农业出版社,2013.
[24] 李丽明. 蔬菜病虫害防治新技术问答［M］. 沈阳:辽宁科学技术出版社,1995.
[25] 孙轶. 温室大棚防灾减灾技术［M］. 沈阳:辽宁科学技术出版社.2007.
[26] 周继汤. 新编农药使用手册［M］. 哈尔滨:黑龙江科学技术出版社,1999.

[27] 郑乐怡. 昆虫分类 [M]. 南京:南京师范大学出版社,1999.
[28] 方红,赵颖. 沈阳地区农作物主要害虫识别与防治 [M]. 沈阳:辽宁民族出版社,2008.
[29] 吴国兴. 日光温室蔬菜栽培技术大全 [M]. 北京:中国农业出版社,1997.
[30] 郭金胜. 北票市主要农作物产能规划及主推广技术 [M]. 沈阳:东北大学出版社,2015.